高等学校烹饪与营养教育专业教材

U0952102

科学烹饪

孟祥忍 / 主编

KEXUE
PENGREN

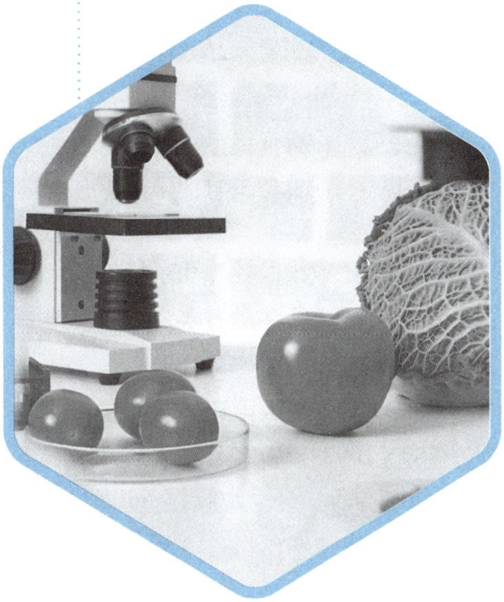

中国轻工业出版社

图书在版编目（CIP）数据
科学烹饪 / 孟祥忍主编. -- 北京：中国轻工业出版社, 2025. 2. -- ISBN 978-7-5184-5219-4
Ⅰ. TS972.1
中国国家版本馆CIP数据核字第2024VB1324号

责任编辑：吴曼曼　　责任终审：李建华　　设计制作：锋尚设计
策划编辑：史祖福　　责任校对：朱燕春　　责任监印：张京华

出版发行：中国轻工业出版社（北京鲁谷东街5号，邮编：100040）
印　　刷：艺堂印刷（天津）有限公司
经　　销：各地新华书店
版　　次：2025年2月第1版第1次印刷
开　　本：787×1092　1/16　印张：18.25
字　　数：420千字
书　　号：ISBN 978-7-5184-5219-4　定价：49.00元
邮购电话：010-85119873
发行电话：010-85119832　010-85119912
网　　址：http://www.chlip.com.cn
Email：club@chlip.com.cn

211497J1X101ZBW

本书编写人员

主　编： 孟祥忍

副主编： 王恒鹏　许志诚　沈　晖

参　编： 姜松松　吴　鹏　曹仲文

李　冰　赵琳琳　郭秀云

张兆丽　王　晶　丁香丽

PREFACE 前言

烹饪技艺，作为人类文明的璀璨瑰宝，不仅承载着不同时代的情感与智慧，更是民族发展的生动见证。每一种食材、每一道菜肴，都蕴含着丰富的历史故事和文化内涵。在人类不断进步的历程中，烹饪技艺从未停止发展的脚步。古代的烹饪，不仅是一种技艺，更是一种哲学，如“治大国若烹小鲜”所体现的智慧，标志着烹饪与哲学的交融。在历史的长河中，烹饪与文化、艺术的结合，不断在文人墨客的辞赋和历史典籍中被赋予新的生命力。

然而，在儒家文化影响下的中国烹饪，更多地被视为一种传统的技艺传承，其传播和普及往往依赖于前辈的经验传授，这就导致一些不科学、不健康的烹饪习惯延续至今。

相比之下，在19世纪初，法国烹饪就迎来了革命性的变革。法式烹饪的奠基人马丽·安东尼·卡雷姆首次提出烹饪既是艺术也是科学的观点，这一理念迅速改变了餐饮业的传统观念，并在法国乃至全球产生了深远影响。随后的“现代主义”运动，更是推动了各行各业的创新和变革，烹饪领域也不例外。这一时期的变革催生了连锁化、产业化和工业化的烹饪模式，同时也促进了食品科学的发展。在这一浪潮中，传统烹饪技艺如一叶扁舟，在变革的浪潮中前行。

到了20世纪60年代，国外烹饪界开始以更加开放和包容的态度，探索烹饪原理和新技术的应用，激发出无数创新的灵感。

在中国，真正意义上的烹饪高等教育始于1983年，随着21世纪的到来，烹饪教育与科学结合，发展到了硕士研究生层次。尽管中国的现代化进程起步较晚，但随着国家的快速发展，餐饮业也迎来了连锁化、产业化、智能化的新时代。然而，大众对烹饪的认知仍停留在传统的传承方式，对于烹饪的科学性和文化价值认识不足。

在信息爆炸的互联网时代，陈旧的烹饪观念和饮食习俗成了谣言的温床。因此，一本全面、翔实、系统阐述烹饪科学的教材，对于向大众普及烹饪饮食知识至关重要。中华民族的烹饪文化，历经千年的沉淀，积累了丰富的经验和智慧。如今，我们用科学的方法重新解读这些故事，用数据、实验和发现来验证它们的真实性。

本书共分九章，主要内容包括：科学烹饪概述、食物中的营养成分及功能、烹饪原料科学、基本加热原理及加热设备、刀工及勺工力学、烹饪感官科学、常见的烹饪变化原理及其运用、烹饪卫生与安全、合理烹饪与膳食健康。本书内容全面，涵盖了科学烹饪的方方面面，从不同角度介绍了烹饪中的科学知识。此外，每章都设置了本章导学和知识结构图，方便学生理解，还设有每章课后习题，以增强学生对课堂学习的理解和记忆。

本教材由多位长期在教学一线、拥有丰富科研经验的教授或主讲老师协力编写，第一章由孟祥忍、沈晖编写，第二章由姜松松编写，第三章由许志诚、丁香丽编写，第四章由吴鹏编写，第五章由曹仲文编写，第六章由李冰、王恒鹏编写，第七章由赵琳琳、郭秀云编写，第八章由张兆丽编写，第九章由王晶编写。本教材在编写过程中，参考了众多烹饪与食品科学的相关论著，汲取了众多专家和同行的智慧，但由于篇幅所限，未能一一注明，书后所附参考文献是本书重点参考的资料。

经过全体编写人员的共同努力，本教材得以完成。我们对所有师生、同行专家和广大读者表示衷心的感谢，并期待各位的宝贵意见，以便在未来的版本中不断改进和完善。

编者

2024年9月

CONTENTS 目 录

01

第一章 CHAPTER

科学烹饪概述

本章导学

本章是学习本课程的理论基础，通过对中国传统烹饪的学习，了解地方菜系发展等传统烹饪概念，了解国内外烹饪的差异化、特殊化，通过对技艺、文化等各方面的学习，对中国烹饪有一个完整的认知，最后延伸出科学烹饪知识，为后面章节铺设前提。

学习目标

◎知识目标

1. 了解科学烹饪的定义及基本原理。
2. 理解不同地区的烹饪文化定义及相关要素。
3. 掌握中国烹饪的发展演变过程。
4. 熟悉中国烹饪构成内容以及菜系文化内涵。
5. 了解中西方烹饪观念的差异。

◎能力目标

1. 提升学生的专业认知能力。
2. 提升学生对烹饪科学的生活化运用能力。
3. 提升学生的烹饪科学化创新能力。

◎素质目标

1. 培养学生的专业文化素质。
2. 培养学生在生活中的科学意识。
3. 培养学生在烹饪过程中的科学意识及文化意识。

知识结构图

- 科学烹饪概述
  - 中国烹饪的概念与发展
    - 中国烹饪的概念
    - 中国烹饪的发展——原始社会、夏商周时期、春秋战国时期、秦汉时期、唐宋时期、元明清时期、近现代时期
  - 中国饮食的构成与特点
    - 中国饮食的构成——主食、副食、饮品
    - 中国饮食的特点
  - 中国菜系文化概述
    - 中国菜系的概念和分类——概念、界定标准、形成原因
    - 中国四大菜系——淮扬菜、鲁菜、川菜、粤菜
    - 菜系划分的影响因素——地域环境因素、行政区划因素、饮食差异因素
    - 中餐发展现状与未来——发展现状及面临的挑战、发展趋势
  - 中西方烹饪文化的差异
    - 中西方饮食观念的差异
    - 中西方烹饪工艺的差异——刀工分解、调味工艺、火候控制
    - 中西方餐桌礼仪的差异——用餐衣着、餐具使用、座位安排、就餐氛围、餐桌用语
    - 中西方烹饪文化差异的原因——气候环境、生活方式、价值观念、思维方式
  - 科学烹饪概论
    - 科学烹饪的概念
    - 科学烹饪的基本原则——因人制宜、因地制宜、因时制宜、因物制宜、因事制宜
    - 科学烹饪的基本策略——加强烹饪从业者的科学意识、掌握科学烹饪的研究方法、提升膳食状况调查的能力
    - 科学烹饪的研究方法——烹饪工艺科学实验的研究方法、烹饪原料组分的化学研究方法、烹饪原料理化性质的研究方法，感官心理学的研究方法

第一节
中国烹饪的概念与发展

一、中国烹饪的概念

“烹饪”一词始出现于《周易·鼎》，文中道：“以木巽火，亨饪也。”“木”指燃料，如柴、草之类；“巽”的原意是风，此处指顺风点火。“亨”即烹，作加热解。“饪”的意思就是使食物成熟。两字合成“烹饪”一词，其最早的含义是：运用加热的方法使生的食料变成熟的食物。

二、中国烹饪的发展

（一）原始社会

火出现以前，人类是在茹毛饮血中走过了漫长的黑暗岁月。人类以火熟食，起初并非自觉。雷火燃起大片森林，许多动物未及逃脱而被烧死，先民于火烬中发现烧熟的动物肉，日渐认识了火的熟食功能，自然火由此开始使用。

据报道，距今243万年以前的西侯度人已经发现甚至可能学会利用火了，但还没有证据表明当时的人类已经开始了用火熟食的尝试。

直至人类发明钻木取火并开始了真正意义上的用火熟食，至少已有五十多万年的历史，可以说，距今五十多万年的北京猿人已经能够发明火、管理火以及用火熟食了。

（二）夏商周时期

夏商周时期，是中国传统烹饪由萌芽向结构模式定型的过程中最重要的积累阶段。这个阶段，粮食加工工具几乎没有多大变化：炊器、饮器、贮器、食器、礼器由陶器发展到陶器、青铜器并存，且在功用上开始有较大的分化。饮食理论以较丰富的形式出现，以道的形式，如“关于调味总论”；以技的形式，如“关于原料选择的原则”“关于调味与时令”“关于主、副食的搭配”“关于刀技”等，出现了调味生产技术。对于贮藏加工技术、方式与前代相比均有较大发展。伴随阶级的出现，出现了饮食层次、食礼和礼器。

产生这些重大变化的直接原因是科学技术的进步。科技的进步，促进了生产技术和生产工具不断改进，从而推动了农业的大发展，谋食不再是人们生活的全部，人们有更多的精力进行文化创造，于是出现了食礼、饮食理论这样的精神文明；同时，也使器物层次的改进和新的贮藏、加工方法的出现成为可能。人类自身的需要与生产的需要是食品科技进步的根本原因。例如，夏商时期，用磨盘、磨棒、石杵臼等把粮食谷物加工为粒米，费时费力，工效颇低，故不大可能在短期内把收获的谷物尽快加工。加工方式之落后与农业生产大发展之间的尖锐矛盾，迫使人们不得不探索新的加工方式以适应生产，成为新的加工工具碾盘和石磨出现的动力源泉。

（三）春秋战国时期

夏商周时已出现了饮食理论，但大多是经验性的描述，更趋于技术，至此时代，饮食理论趋向知识化、理论化、系统化。《吕氏春秋·本味篇》指出在“鼎中之变”的复杂工作中，有三个核心：其一，水之重要；其二，火之重要；其三，食物之味道这三个密切联系的环节。这里“水”“火”和“味”的饮食三元素理论，自成系统。“五味调和”即通过对五味的调制，达到饮食之美的最佳境界——这种和，既能满足人的生理需要，又能满足人的心理需要，使身和心的需要在五味调和中得到统一，具有全局、整体观念。同时，《吕氏春秋·本味篇》已经将烹饪提升到认识宇宙自然“阴阳之化，四时之数”的哲学高度。

饮食理论、贮藏（保鲜）技术、加工方法中，饮食理论知识化、理论化、哲学化、系统化；贮藏方式多样化、技术系统化、管理制度化；加工中，烹饪原料处理步骤化，烹饪方式增加到烤、煮、蒸、炒、煎、炸；生物技术应用得更广泛，后代的烹饪技术不管如何发展，都是对这三者在广度和深度上的拓宽和加强。所以，至春秋战国时期，传统烹饪技术结构框架已经确立。

（四）秦汉时期

秦汉时期，青铜器的出现逐渐代替了陶具，在炊具方面出现了釜、鼎、鬲等，蒸煮的烹饪方式也随之大量运用。谯周《古史考》中说：“黄帝时有始釜甑，饮食之道终备。”水沸而不直接接触食物，利用高温蒸汽致使食物成熟，使食物营养价值进一步提升，甑的出现成为先秦烹饪条件进一步发展的重要标志。

此外先秦时期的烹饪脱离了最基本的填饥止渴层面，带有一定的礼仪祭祀的烹饪文化内涵。《周礼》中“外饔，掌外祭祀之割亨”则详细说明款老礼孤、大小丧事、宴请宾客、出征凯旋等皆需外饔管理，进而出现了“列鼎而食，席前方丈”的场面，而“酒正”一职的出现，更是让食物第一次与饮相结合，以乐侑食、以舞侑食的风尚也随之产生。

（五）唐宋时期

秦汉以后铁器的普及使得中国烹饪进入了铁器时代，铁锻的刀具、小釜等炊具的产生大大拓展了中式烹饪的方式，尤其是刀工的精细化，使原料形态由大块改刀成更薄、细、小的形状，即片、丝、丁、条、末以及花刀等形态。宋朝《梦粱录》等书中出现了煮、蒸、煎、炸、炒、炙、烤、煨、熬等二十多种烹饪技艺。随着社会的发展，经济重心的南移，海、河水产品的利用，肉类食品的逐渐丰足使得中国烹饪菜品的种类纷繁多样，而人口流动的加强、民族融合以及对外通商，令中国烹饪具备了更多元化的发展可能。在这一时期，科举制的发展推动了文人士大夫阶级的提升，文化的繁荣进一步与饮食交织，饮食不仅仅满足生理需求，更是抒发情怀、展示文化景观的绝佳伴侣。

（六）元明清时期

元明清时期的中国烹饪到达巅峰，烹饪著作的大量增加，文人将厨师长期实践过程中积累的经验转化为文本，形成了饮食规则。同时收录各类荤素菜肴、面食等多达3000多种的长篇巨著《调鼎集》更是烹饪著作中的扛鼎之作。这一时期的封建王朝统治阶级的权力达到顶峰，宫廷贵族饮食极尽奢华，出现了如满汉全席、廷臣宴、千叟宴、蒙古亲藩宴等菜肴品种繁多、场面宏大的宫廷宴席。除此之外，官府菜、民间菜、市肆菜、寺院菜也都各自发展，在不同地区、不同族群间产生了各式各样的风味菜肴，最终形成了独具特色的地方风味。

（七）近现代时期

随着社会的进步，经济、文化的发展，烹饪的含义也在发生着变化，主要体现在以下几个方面。

1．烹饪活动的三大基本要素发生了变化

（1）烹饪原料品种的增加与改良（种植业、畜牧业等发展）。

（2）烹饪工具及能源设备向科学化方向演变（能源、工具特色和功能）。

（3）烹饪人员提升与技法更新丰富（烹的技法、调的技法丰富）。

2．人们对饮食的营养、卫生和审美要求日益提高

随着养生、食疗和现代营养、卫生学方面知识不断为人们所熟知，改变了过去只靠直觉和经验择食的状况，饮食不只是为果腹，而更加注重营养、卫生、保健，防止疾病的产生和传播；不仅注重菜肴的色、香、味、形、质，也注重饮食所用的美器、饮食礼仪、饮食情趣等。

3．各种食俗和礼仪的形成，使烹饪的社会性日益增强

从生产的角度看，烹饪最早从原料选择到成品一步完成，后分工越来越细，先表现在贵族厨房，后普及到社会，逐步形成多个独立又相互协作的部门；从消费角度看，先秦时期，人们把最贵重、最美好的东西奉献给神灵和祖先享用，同族人且歌且舞，分享食物，成为宴会的雏形，烹饪成为祭祀的重要组成部分，后来在祭祀的基础上，各种宴会日益频繁，饮食市场逐渐繁荣，烹饪的社会化属性更加突出。

第二节 中国饮食的构成与特点

一、中国饮食的构成

（一）主食

由粮食类原料制成的食品，是人们摄取热量的主要对象，不具有过高的审美意义和复杂工艺属性，以充饥为主要目的，不具有宴请馈赠的社会意义，典型品种有饭（包括饭团制品）和面（包括简单面团制品）。

1．米类主食

中国是世界上最早培植小米和大米的国家。早在几千年以前，磁山人和裴李岗人就在华北平原上开始培植小米；此后黄河流域又出现了高粱米。由于北方大部分地区盛产小米、高粱米和玉米，那个时期北方人常把它们做成小米饭或粥来作为主食。大约在七千多年以前，长江下游的河姆渡人就开始种植籼稻。目前，我国的稻产量占世界稻总产量的三分之一，产量居世界第一位，水稻产区集中在长江流域和珠江流域。

2．谷类主食

一般地说，谷类主食是指用小麦或其他粮食作物磨制加工的一种粉末状原料制成的主食，这种原料又叫面粉、小麦粉。由于小麦的产地有别，栽培方法各异，因此小麦的品种有很多，磨制成的粉末质量也不一样。按照小麦加工精度的指标，面粉按照加工精度和不同用

途，可分为等级粉和专用粉，其中等级粉又可分为特制粉、标准粉和普通粉三个等级。而专用粉则可分为面包粉、饼干糕点粉、面条粉和家庭用粉。面粉是黄河流域以北地区的主粮之一，与南方出产的小麦相比，北方小麦蛋白质含量高，面筋筋性大，韧性强，产量也大于南方。面粉可供制作多种传统主食，如馒头、饼、面条、花卷、饺子、包子等。

（二）副食

副食是相对主食而言的菜肴类食品，是主食的补充食物，主要目的是弥补主食的不足，在进餐中还起调剂口味、增进食欲的作用。这类食品具有较高的风味倾向性和复杂工艺特征。常作为宴请馈赠的对象，而具有浓烈的社会性和地方民俗气息。副食包括除主食以外的肉类、蔬菜、豆制品、果品、乳制品、调味品以及用上述原料制作出来的各式各样的美味佳肴。在副食烹饪方法上，副食的烹饪方法主要有烤、煮、炖、炒等：在烹饪技术方面，食品雕刻和花色拼盘获得了较大的发展；在烹饪原料的使用上，对动物杂碎的充分利用很具特色。

（三）饮品

茶和酒是中国人自古以来十分重视和喜爱的主要饮品。迄今为止，中国各族人民都还保留着本民族在历史文化积淀中传承而来的饮茶和饮酒的习惯。茶酒是中国饮食的重要组成部分。

1. 茶

茶是中国的“国饮”。我国是茶树的原产地，中国的西南地区，包括云南、贵州、四川是茶树原产地的中心。史料表明，中国茶业，最初兴起于巴蜀，后向我国的东部、南部渐次传播开来。至唐代以后，中国的茶文化才有了真正的大发展。早在公元7世纪，中国茶就传入了土耳其，并在唐宋以后将茶文化向外辐射，形成了一个亚洲茶文化圈。

茶的种类：

第一类是绿茶，其名品有西湖龙井、洞庭碧螺春、黄山毛峰、蒙顶茶等；

第二类是红茶，其名品有祁红、滇红、英红等；

第三类是白茶，其名品有白毫银针、白牡丹等；

第四类是黑茶，其名品有四川边茶、湖南黑茶等；

第五类是黄茶，其名品有君山银针、霍山黄芽等；

第六类是乌龙茶，其名品有武夷大红袍、安徽铁观音等；

第七类是花茶，其名品有茉莉花茶、珠兰花茶等；

第八类是紧压茶，其名品有普洱茶、六堡茶等。

2. 酒

“清醠之美，始于耒耜。”酿酒是农业发展、粮食有所剩余的产物，这在河姆渡文化和仰韶文化遗址中得到证明。我国考古发掘与研究表明，在浙江余姚河姆渡文化遗址中，调酒的陶盉、饮酒的陶杯等酒具已不少见。黄河下游的大汶口文化和龙山文化遗存中，也出现了大量的酿酒器和饮酒器。

至周以后，酿酒业已成为重要的手工业。自秦汉至隋唐，酿酒技术水平不断进步，酒的品种、产量日渐增多，各地名酒辈出，相应的饮酒之风也弥漫朝野。宋代在我国酿酒史上可谓一座里程碑，官私酿酒业的规模空前扩大，技术和产量大大提高，见于文献记载的名酒达二百余种。至南宋及金，已出现了白酒。元代后，白酒开始推广。时至明清，中国的酿酒业已进入了兴旺发达的时代。南北各地，“所至咸有佳酿”，生产规模、产品质量和产量空前提高。如今的历史名酒大多在清代时即声名已就。啤酒在晚清时亦已发展，逐步成为酒家族重要的成员之一。

我国酒的种类包括白酒、啤酒、黄酒、葡萄酒、果酒、露酒和药酒。名品有茅台、五粮液、剑南春、西凤、泸州老窖、洋河、青岛啤酒、燕京啤酒、金陵啤酒、绍兴加饭酒、丹阳封缸酒、天津王朝葡萄酒、山东张裕葡萄酒、吉林通化葡萄酒、椰岛鹿龟酒、古井亭竹叶青酒、园林青酒等。

二、中国饮食的特点

（一）中国饮食具有悠久的发展历程、深厚的文化积淀和稳定的结构体系

从北京人利用火并开始了真正意义上的烹饪活动创造开始算起，中国烹饪文化的发展历程到今天已有四五十万年的历史了，这是一部源远流长、起伏有致、环节完整、从未间断的历史。

重食：民以食为天，饮食是中国历代具有民本思想的统治者们一直重视的大问题。

重养：中国自古就已有了一套完整的食养理论体系。

重味：中国烹饪以味为核心，也是区别不同风味流派的重要标志。

重利：求福避祸的民族心态。从宫廷菜到官府菜，从寺院菜到市肆菜，这种求安祈福的民族心态无不反映于其中。

重理：中国古代的哲学家和思想家对人类烹饪活动及饮食生活的理性思考，主要表现在对饮食问题的哲学思辨和道德规范。

（二）中国饮食文化涉猎学科门类繁多，博大精深，堪称独秀于世

中国烹饪原料之广博，烹饪工具之多样，工艺技巧之复杂，菜点花色之纷繁，风味流派之众多，在人类饮食文化史上堪称世界之最。不但自成系统，而且规模庞大。从文化的价值体系看，烹饪理论所概括的领域也是相当广泛，涉及的学科众多，饮食思想非常全面。中国饮食文化包含着中国历史上各个阶层、集团所创造的饮食生产与消费过程的各个环节。从王侯将相、文人贵族，一直到社会上的工、农、商、士、僧、艺、妓等，各种社会层次的饮食文化中都有自己内部的不同层次。

（三）中国饮食具有鲜明的民族个性、强大的兼收并蓄的能力和旺盛的生命力

从人类文化的价值表现看，作为一种文化，首先是民族的，然后才是世界的。技术体系要素上，烹饪原料的广泛开拓与利用为早期人类的饮食生活提供了可靠的食源保障。价值体系要素中，中国烹饪的重食、重味、重养、重利、重理等，是中华民族特有的文化表现。兼收并蓄的气魄和极强的融合力，历史上，中原烹饪文化一直处在同周边“胡”“番”饮食文化相互影响、吸收中。直到现在，中国饮食文化还是一个以汉族饮食文化为主体的、与其他民族饮食文化相互兼容的大体系，而对其他国家、民族的饮食文化，中国历史上从来都是广开门户，从不排外。

中国共有56个民族，除汉族外，其他55个少数民族由于生活、地域、传统文化、发展水平等差异的存在，在饮食文化上又形成了各自的民族文化特色。此外，某些民族或一部分人

由于宗教原因，禁忌一些饮食，长期坚持就会在制度化的基础上形成特有的饮食文化特质，如信仰伊斯兰教的民族以清真饮食文化为核心形成了清真菜系。

（四）中国饮食技艺用料广泛、搭配灵活、刀工精细、风味多变

中国幅员辽阔，菜肴的原料极其多样。中国菜则讲究菜肴的配伍，恪守“五谷为养，五果为助，五畜为益，五菜为充”的一般规律，又能按时令、性味、荤素，以及色泽、质地、形状等不同情况挥洒自如地进行搭配，使菜肴风味、色泽、口感、营养都达到完美结合，做出丰富多彩的菜肴。中国菜肴讲究刀工形态，目的在于使形状规则、美化，利于烹制、入味。其刀工技法很多，刀工形态各异，尤以食品雕刻誉满全球，具有很强的技术性和较高的艺术性。“味”的组合多变，故中国菜肴有“百菜百味，一菜一格”的说法。

第三节 中国菜系文化概述

一、中国菜系的概念和分类

（一）中国菜系概念

中国菜系是指中国饮食在长期发展过程中形成的各种相对独立、自成系统的选料、烹调工艺和生产体系，也可以称为中国饮食风味流派。

中国菜系作为一个总名称，是由各地区颇有特色的菜系所组成的。人们在饮食生活中运用当地物产，形成了在中国菜的总体风格下不同的地方风味流派，经过漫长的演变过程，形成了自成体系的烹饪技艺。

（二）中国菜系界定标准

中国菜系的界定标准概括起来有以下几点：选料出自特异的乡土原料；工艺技法确有独到之处；菜品具有浓郁乡土气息；拥有由众多名菜名点组成的多格局的筵席；能经受住较长时间的考验。

（三）中国菜系的形成原因

1．自然、物产方面的因素

中国幅员辽阔，不同的地理特征培育出了纷繁多样的原料品种，而不同地区不同民族在此物质基础及先决条件下，形成了独具特色、滋味各异的风味菜肴，而这一因素也是中国菜系形成的关键因素。山东地处黄河下游，气候温和，境内山川纵横，河湖交错，沃野千里，物产丰富，号称“世界三大菜园”之一，东部海岸漫长，盛产海产品，故鲁菜中胶东菜以烹饪海鲜见长。江苏地处我国东部温带，气候温和，地理条件优越，东临黄海、东海，源源长江横贯中部，淮河东流，北有洪泽湖，南临太湖，大运河纵流南北，省内大小湖泊星罗棋布，有“鱼米之乡”的美誉。镇江时鱼，两淮鳝鱼，太湖银鱼，南通刀鱼，连云港的海蟹、

沙光鱼，阳澄湖的大闸蟹，桂花盛开时江苏独有的斑鱼纷纷上市产生了全鱼席。越嚼越出味的盐水鸭、鲜嫩异常的炒鸭腰、别有滋味的烩鸭掌、鸭心、鸭血等均可入馔。

2．宗教、风俗方面的因素

宗教是人类文化发展过程的必然阶段，而饮食文化作为人类文化的重要组成部分也极大地受到了宗教文化的影响。一个民族中的宗教文化往往会通过饮食习俗反映出来。不同地区不同民族的信仰等，也影响到当地居民对食料的选择和食用方法。

3．市场、消费方面的因素

任何一类饮食要形成菜系，都需要有广泛的饮食群体，即具有庞大的消费群体，这既是菜系体系构建对餐饮产业集群发展的需求，也是提升现代服务业发展对餐饮经济体量的要求。经济繁荣的重要前提是生产力的发展，经济的繁荣带来了贸易的流通，市肆饮食的兴旺离不开市场的出现以及消费者消费力的提升，这是风味流派应运而生的重要条件。典型菜系如川菜、湘菜、黔菜等，不仅具有人口数量庞大的消费人群，而且随着本地域人员的外流而将其菜系传播发展到全国乃至全世界。

4．文化、审美方面的因素

一个菜系的形成和发展，还必须有一套完整、系统、规范、科学的理论体系和文化体系。理论与文化是菜系形成与发展的理论支撑，属于菜系体系的软科学建设内容。我国有长江流域文化、黄河流域文化、辽河流域文化、珠江流域文化等不同板块，又具有江南的烟雨朦胧、清静幽雅，中原的雄壮瑰丽，塞北的苍茫辽阔，西南的森茂质朴等文化特点，不同文化特性赋予了人不同审美特性，不同的审美特性发展出各异的审美观念，这直接影响了各风味菜系的呈现形态与组配方式，文化气质与审美风格则必然地居于菜系形成的主导地位。

5．工艺、筵宴方面的因素

地方菜是菜系形成的前提和基本条件，是菜系形成的内因，起着决定性的作用。精湛的工艺，以及文化底蕴深厚、形式多彩的筵席为地方菜带来了更高的质量与知名度，而这是征服食客、推动地方菜系发展的不二法门，能够进一步完善地方菜系。一方饮食要形成一个菜系，还需要有一套完整的风味体系，如川菜“一菜一格，百菜百味”的特点就明示了其味型、风味的多样性。一个菜系要达到其菜品风味的千变万化，关键在于其系统、精湛的烹饪技法体系。烹饪技艺作为菜系之根，包括食材加工技艺、成菜刀工技艺、炉灶烹调技艺、调味调和技艺、装盘装饰技艺等，只有将技法体系融会贯通，灵活运用，善于变换，推陈出新，在发展中再创新、再突破、再完善，如此动态发展，构建支持一个菜系发展所需的系统烹饪技艺体系基础。

二、中国四大菜系

中国幅员辽阔，丰富的地理资源和人文资源造就了饮食文化的多样性和多元性。根据区域位置和民俗风情的不同，学者将中国传统菜系大致划分成为四大菜系，分别是淮扬菜、鲁菜、川菜和粤菜。四大菜系既各具特色（表1-1），又殊途同归，共同体现了中国饮食文化的悠久历史和丰富底蕴。

（一）淮扬菜

淮扬菜系是我国长江下游地区的著名菜系，发展历史悠久，文化积淀深厚，具有鲜明的

表1-1 中国四大菜系特色对照表

	民间文化	宫廷文化	文人文化	商业文化
风格	质朴	雄壮	优雅	华丽
风味	川	鲁	淮扬	粤
地域	西南	中原	江浙	岭南
原料	江鲜	山珍	湖河鲜	海鲜
口味	麻辣	咸鲜	平和	清淡

江南特色。淮扬菜系之乡有两处，即文化古城扬州和淮安，这里自古富庶繁华，文人荟萃，商业发达，因而烹饪领域高手辈出，菜点被誉为东南佳味。淮扬菜系由金陵风味、淮扬风味（含扬州、镇江、淮安、淮阴）、姑苏风味（含苏州、无锡）、徐海风味（含徐州、连云港）4个分支构成。

淮扬菜不仅历史悠久，而且也以物产富饶而著称。水产尤其丰富，内陆水网如织，水产更是四时有序，联翩上市，土地肥沃，气候温和，粮油珍禽，干鲜果品丰富，一年四季，芹蔬野味，品种众多，从而使淮扬风味原色生香，味不雷同，具有鲜明的地方特色。淮扬菜因食材原料多为江河海鲜，故以本色本味为上乘，注重鲜活，在烹饪上善用火候，讲究火功，擅长炖、焖、煨等方式。此类加工方式以水为传热介质，极少添加调味料和酱料，使得食材本身的鲜香味通过加热完全融入汤中，实现了菜肴鲜、香、酥、嫩、烂等不同特色。其特色是：菜品清鲜、平和、微甜，组配严谨，刀法精妙，色调秀雅，菜形艳丽；因料施艺，四季有别，筵宴水平高。

（二）鲁菜

鲁菜的历史可追溯到春秋战国时期的齐国和鲁国，从鲁西北平原向胶州湾推进，影响京津、华北和关外以及黄河上中游的部分地区。鲁地开化很早，是中华民族灿烂文化的发祥地之一，饮食文化和烹饪技艺随着文化的发展而源远流长，独树一帜。

鲁菜系的形成和发展，不仅因山东历史悠久，地理环境和物产资源也很有优势，山东地处黄河下游，气候温和，胶东半岛位于黄海和渤海之间的突出部，多种多样的水产品、粮油禽畜、时蔬瓜果，品质优良。此外，山东也拥有众多在国内外享有盛誉的调味品，如济南酱油、即墨老酒、洛口食醋等。这一切为鲁菜系的产生与发展奠定了丰厚的物质基础。

鲁菜系由济宁风味（含曲阜）、济南风味（含德州、泰安）、胶东风味（含福山、青岛、烟台）三个分支构成。风味特色是：鲜咸、纯正、葱香突出；善于制汤和用汤，重视火候，海鲜菜尤见功力。装盘丰满，造型大方，菜名朴实，敦厚庄重；受儒家学派饮食传统的影响较深。鲁菜的烹调方法中，最为外人称道的要数爆和拔丝。爆有油爆、葱爆、酱爆之分。油爆菜肴过油后脆嫩爽口，色泽亮度更佳，葱爆赋予菜肴充分的葱香味；而酱爆则使酱料完全裹覆于原料上，菜肴更加入味。烹饪如火中取宝，不及或稍过都不能达到预期风味，而爆这种烹饪方式充分体现了鲁菜在用火功夫上的炉火纯青。拔丝菜是鲁菜的特色菜，利用糖在加热到一定温度时具有延伸性的物理性质来制作，厨师首先要掌握好熬汤的温度，其次还要把熬好的汤汁均匀地裹在菜品上，具有时间短、火候急的特点，使得烧出的菜肴汁水少、味道香、口味鲜嫩。

（三）川菜

川菜以四川盆地为生成基地，波及整个天府，还有云贵高原和藏北、甘南、湘、鄂、陕边界以及京、沪等地。川菜技艺是巴蜀文化的重要组成部分，它发源于古代的巴国和蜀国，萌芽于西周和春秋时期，形成于秦代至战国时期。

川菜的发展有着优异的自然条件，烹饪原料丰富多样，很多特产为川菜的发展提供了必要而特殊的物质基础。在用料上，川菜系极具乡土特色，选料突出“平俗”，就地取材，用到的原料大多随处可见；刀工上，川菜讲究匀称、大小一致，精细的刀工虽看上去美观但也耗费了一定的时间精力；烹饪方法上，川菜擅长炒、煸、炸、煎，其中最广为所用的便是小炒，小炒具有时间短、火候急的特点，使得烧出的菜肴汁水少、味道香、口味鲜嫩；风味特色上，川菜是味型最为复杂的菜系，号称“一菜一格，百菜百味”。川菜在烹饪制作过程中以使用花椒、泡椒、干椒为特色，鱼香、麻辣、香辣、怪味等风味特征为其所独有。川菜中鱼香肉丝虽无鱼肉却有鱼香，色泽红棕，酸甜兼并；麻婆豆腐麻辣味厚、细嫩鲜香，豆腐入口即化；怪味鸡兼具咸、麻、辣、酸、甜、鲜，各种味道共存却不冲突，起到相辅相成的作用。

（四）粤菜

粤菜起源于秦汉时期的南越国，珠江三角洲、潮汕平原是其根据地，影响整个岭南与港澳以及京、沪，还被介绍到东南亚和欧美。粤菜系的生成环境是一个不可忽视的重要因素。广东地处我国东南沿海，山地丘陵，岗峦错落，河网密集，海岸群岛众多，海鲜品种多而奇。粤菜由广州菜（含肇庆、韶关、湛江）、潮州菜（含汕头、海丰）、东江菜（即客家菜）、港式粤菜（又称新派粤菜或西派粤菜）四个分支构成。

粤菜用料广博奇异，除鸡、鸭、鱼、虾外，还善蜗牛、蚂蚁子、蚕蛹之食。水产中的鲜鱼、鲈鱼、鲟龙鱼、鳜鱼、石斑鱼、对虾、海蜇、海螺、鳝鱼、龙利鱼被誉为岭南的“十大海河鲜”。植物性原料如蔬菜、瓜果更是四季常青。在调味品方面，除一些各地共同使用的常用调料外，粤菜中的蚝油、鱼露、柱侯酱、沙茶酱等都是独具一格的地方调味品。

粤菜口味比较清淡，追求本味，而且随季节时令的变化而变化，夏秋多选口味清淡的食材，冬春季节口味则偏厚重浓郁。例如，清明时节吃虾最为肥嫩，北风起时菜心最甜，不同时节吃不同的鱼，这一点与儒家“不时不食”的饮食观念不谋而合。广东菜中的烧鹅表皮金黄带脆，皮下脂肪渗透到鹅肉中增添了肉质的鲜美，炭火味增添了香味的深度；红烧乳鸽外脆肉嫩，色、香、味俱全；白切贵妃鸡肉质鲜美，不掺其他杂料，蘸酱即可食用，大大体现了粤菜追求本味的特点。粤菜风味特色是：生猛、鲜淡、清美；用料奇特而又广博，技法广集中西之长，趋时而变，勇于创新；点心精巧，大菜华贵，富于商品经济色彩和热带风情，还有“食在广州”的定评。

三、菜系划分的影响因素

（一）地域环境因素

古人择水而居，依山傍水是最佳居住环境，可以为人类生活提供丰富的水源、水陆食材，使得人们生存有保障，并从饮食基础上为菜系的形成创造物质条件。沿大江大河流域，不同的区域段之内，人们的饮食习惯、民风民俗整体相同或相近，并逐渐形成具有风味特色差异的菜系。如长江流域，形成了长江中上游的川菜、长江中下游的苏菜；黄河流域则形成了以鲁菜为代表的北方菜系；珠江流域则形成了粤菜等。从严格的学术标准而言，菜系命名应该严格遵循以江河之名而命名最为科学，但历史上已经形成了约定俗成的菜系，当遵循已有的命名。如川、苏、鲁、粤等菜系，就不是按照江河之名进行命名，而是以地域或城市简称命名，并经过长期的历史发展，为大众所认可。

（二）行政区划因素

目前四大菜系、八大菜系其实都是以行政区划的地域来划分。古代楚国地域分为湖北、湖南后也形成了楚菜、湘菜两个菜系；江南省在清朝时行政上拆分江苏、安徽两个省后，分别确立了苏菜、徽菜；上海，历史上长期属于江苏，古时是春申君的封地，故有申城之名，但其饮食却在上海直辖后划分出独立于苏菜之外的沪菜；北京、天津都是河北的属地，成为直辖市后分出了京菜、津菜；海南从广东划出成了海南省后，确立了琼菜；东三省及甘肃、宁夏等地有不少地方经过区域调整后划归了内蒙古，这些被划归的地方，随着区划的调整，其饮食也被划归为蒙餐（蒙菜），不再属于原有的菜系；遵义从四川划归贵州后，其饮食从川菜变为归属黔菜；镇雄从四川划归云南后，其饮食从川菜变为归属滇菜；陕西汉中的饮食与四川相同，但菜系上却归属陕菜；江苏徐州的饮食与山东相同，但菜系上却归属苏菜；湖北宜昌的饮食与重庆万州相同，但菜系上却归属楚菜；河南南阳的饮食与湖北相同，但菜系上却归属于豫菜；湖北襄阳的饮食与河南相同，但菜系上却归属于楚菜。这样的菜系划分，正是行政区划的因素所起的决定性作用，一种是从原有的菜系分离出来，形成新的菜系，如京菜、津菜、沪菜、琼菜；一种是从原有的菜系变更并入其他已有的菜系，如汉中、徐州、遵义、镇雄等地方菜。

（三）饮食差异因素

俗话说："十里不同风，百里不同俗。"不同地域之间的因素差异，形成了大大小小不同的菜系。饮食的大差异形成大菜系，小差异形成小菜系。家与家、人与人的饮食差异，也形成了各家各户不同的饮食偏好和习惯。就中国饮食体系而言，全局宏观上分为北方菜系和南方菜系；按大地域而言，又可以分为东北、华东、华南、华西、华北、华中饮食圈；按省籍地方饮食而言，每个省区市都极力证明其自身的菜系饮食与其他菜系都有明显差异特色，完全独立形成一个菜系；每个省籍菜系之下，各个地方同样不遗余力发掘自身与其他地市具有差异的饮食特色，就算差异极小，也力求以此创新打造出属于本土的区域菜系品牌。

四、中餐发展现状与未来

（一）中餐发展现状及面临的挑战

在新的历史条件下，中餐的市场发展前景更加广阔，餐饮市场在不断壮大，烹饪理论和烹饪工艺也得到了不断的完善。厨师们不断总结传统烹饪方法的经验，并且结合当代人们对食品的要求，不断改善与改良烹饪工艺，受到了更多人的喜爱，提高了中式烹饪的地位与影响力。但是，中餐在不断发展的过程中，在新时期也遇到了很多的困难与挑战，主要表现在以下几个方面。

1. 西餐带来的冲击

随着经济全球化步伐的加快和中国改革开放政策的不断深入，很多西式餐饮涌入中国市场，大量的洋快餐受到人们的喜爱，对中国传统餐饮造成了很大的冲击。

2. 消费者的要求不断提高

在新时期，人们的生活节奏加快了，生活水平不断提高，对菜肴的要求也在不断提高，中式烹饪需要满足更多方面的标准，如花样、营养和口感等，对菜品的营养程度、饮食健康、食品安全等有了更高的要求。

3. 管理制度与管理方法不健全

随着近年来人们对食品安全的关注，政府对食品安全问题更加重视，但这方面的管理制度与法律法规还有待完善。

4. 中国烹饪工作者的技术水平和专业素质还有待进一步提高

虽然中国烹饪教育获得了很大的发展，但与西方发达国家相比还存在一定的差距，在教育水平和专业技能方面还需要不断提高。

（二）中餐的发展趋势

1. 注重健康，讲究养生

健康中国引领餐饮业回归，2016年10月25日，中共中央、国务院发布了《“健康中国2030”规划纲要》。习近平同志在党的二十大报告中指出，推进健康中国建设。把保障人民健康放在优先发展的战略位置，完善人民健康促进政策。深入开展健康中国行动和爱国卫生运动，倡导文明健康生活方式。人们一开始饮食只为了果腹，而当调味品出现，人们的饮食要求提升，追求味觉的享受。随着精神文化生活的日益丰富，人们的饮食不再仅仅是满足基本需求，而是转变为多感官的盛宴。美食与歌舞、声乐以及雅致的环境相互映衬，共同营造出愉悦的用餐氛围。到了现代，人们逐渐开始重视饮食健康，养生、营养等成为餐饮新风尚。天然、绿色、健康和有保健功效的食品越来越被人们认可和追捧。菜品开始追求口味清淡，本色原味，低油、低盐、低糖、低热量。

2. 提升质量，保障安全

如今随着人们生活质量的提升，中国餐饮业进入了高质量发展阶段，为了满足人民群众对消费的新需求，努力提升餐饮安全保障，弘扬企业家精神、工匠精神，打造中国餐饮品牌、中国服务，以生态和绿色为导向，建立了绿色发展模式。2018年6月22日国家市场监督管理总局发布《餐饮服务食品安全操作规范》，内容涉及餐饮服务场所、食品处理、清洁操作、餐用具保洁以及外卖配送等餐饮服务各个环节的标准和基本规范。

3. 彰显底蕴，形成产业

“文化搭台，经济唱戏”。中国烹饪文化属性的多元化和包容性特征也已成为当前加快区域经济发展的一个重要因素。如川菜产业从种植业、养殖业、加工、营销到培训、金融、传媒，形成一个庞大的产业链，这也是烹饪多种属性的鲜明体现，通过各种属性的有效聚合去形成一条完善的产业链将会是烹饪产业化发展的显著趋势。

4. 方便快捷，研发高品质预制菜

随着经济的飞速发展，人们的生活节奏也在不断加快。传统菜肴手工化、作坊化的生产方式一定程度上限制了中国餐饮文化的发展与传播，而快速化、标准化、集约化的预制菜生产模式开始受到中式餐饮行业以及市场的关注。预制菜主要指针对传统特色菜品或者其他部

分以手工制作为主要方式的菜肴，运用标准化的加工模式，以中央厨房作为生产单位开展规模化生产，使得各个终端（消费者）通过简单的烹饪方式，即可直接成菜的便捷菜品。所谓预制菜工业化，是指在菜肴的加工中应用现代科学技术、先进生产手段和现代化管理，将其加工过程定量化、机械化、自动化、连续化。传统菜肴在选料、口味、制作工艺等方面的差异性对于预制菜的工业化设计而言是一个巨大的挑战。中餐未来的发展方向是传统手工生产与标准化、工业化生产并行的模式，所以，有效提升传统菜肴加工过程中品质控制、设备更新、安全检测、货架期延长等方面的关键技术已迫在眉睫。

第四节 中西方烹饪文化的差异

一、中西方饮食观念的差异

（一）中国饮食观念

中国人对事物的认知多以感性为主导，中国突出的道德观念促使传统中式文化趋向于价值选择而不是真假判断。并且在传统天人合一的宇宙整体观的影响下，中国人的人文主义精神具有综合性思维和以社会和谐为本的特点。

1．重食重味

中国饮食追求“色、香、味”俱全，自古就有“民以食为天，食以味为先”“食色，性也”的说法，这说明中国人具备一种感性饮食观念，比较重视“吃”，偏爱食物的味道，不仅维持生存，还用它养生，故有“药补不如食补”一说。人们对美味孜孜不倦地追求，而美味需要食材与配料相互融合、渗透，使食物的味道更加丰富。

2．重养，讲究阴阳调和

中国传统饮食以“五谷杂粮”为主，以“五谷”养“六脏”。中国饮食重视对人体的养生保健，注意各种食材的搭配，比如荤素搭配、粗细搭配，以相生相克、相辅相成等阴阳调和的理念指导烹饪。

3．重理

中国饮食倡导健康优美、奋发向上的文化情调，追求高尚的情操。吃的背后隐藏着丰富的心理意义和文化内涵，以及人们对事物的认知和理解。饮食也慢慢与精神层面的享受联系在一起，变成对社会心理调节的一种手段。

（二）西方饮食观念

1．理性饮食观念，看重营养搭配

他们对饮食的理解来源于营养学，而非味觉，他们吃饭的目的是生存，所以会吃大块肉，吃整只鸡，生吃新鲜的蔬菜，如番茄、胡萝卜、西蓝花、洋葱等，不太看重食物的色、香、味等，很少或几乎不把饮食与精神享受相联系，反映出西方人饮食观念中的实用主义。

2．选料精细，但日常饮食种类不及中餐繁多，一日三餐比较简单易做，且追求高效

西餐在选料时十分精细、考究，选料广泛，尤其是法国菜。日常生活中的蔬菜沙拉、水果沙拉等。

3. 讲究调味，调味品种繁多，但彼此的味道互不干扰

不同于中餐烹饪用的调味品，西餐惯用如牛乳、芝士、酸奶油、乳酪、果酱、柠檬、薄荷叶、葡萄酒、番茄酱等调味品，因要保持食物的原汁原味，所以这些调味品都是当成配菜。但作为菜肴，主食与辅食的味道互不干扰，比如黑椒牛排，纵然搭配有洋葱、黑椒，也是在盘中进行，各是各的味。

4. 注重色泽搭配，讲究菜之原料的形、色方面的搭配

西餐注重食物色泽鲜艳、刺激食欲，所以色彩上讲究对比、明快。

二、中西方烹饪工艺的差异

（一）刀工分解

中国人秉持着“食不厌精，脍不厌细”的原则，在烹饪方面刀工技艺的发展纷呈，原料加工形态各异，精细化程度较深，丁、丝、条、片、块、粒、泥、花刀等不同的刀工分解造就了独有的中国烹饪，这不仅是制熟工艺的要求，也是审美与道德评价标准的需要。

而西方在刀工技术上并未有中国如此丰富，对于刀工这一文化内涵并未进一步发展。

（二）调味工艺

中国调料及味型丰富，厨师对调料的运用是衡量厨艺的一个标志，运用不同的调味方法和形式，可使菜肴更具有风味个性。

西餐烹饪中调味方式稍显单一，一般使用橄榄油、黄油、番茄酱、沙拉酱等调味料，通过对味道的量化和分析进行标准化的调制。现代西餐引入科学化烹饪，通过对食物分子结构的改变和重组发展出许多新型的调味方法。

（三）火候控制

中国人对火候、烹饪方法的把握具有哲学性和形象性等特点，也取决于厨师的个人悟性，其烹调方法丰富多元，手工烹饪居多。

西方人对火候的把握离不开温度与量化数据，其烹调方法以煎、炸、烤为主，烹法相对单一。

三、中西方餐桌礼仪的差异

（一）用餐衣着

中国人：在餐馆用餐的穿着可以随便一些，即使是穿T恤、牛仔裤也是可以接受的，只有在比较重要的宴会场合才穿得庄重一些。

西方人：在高档的餐厅就餐，女士要穿套装和有跟的鞋子；而男士必须穿着整洁的衣服和皮鞋。有些场合要求穿正装，男士必须打领带。穿休闲服到餐厅用餐是绝对不允许的。

（二）餐具使用

中餐：中餐的最主要餐具就是筷子，使用筷子通常成双使用，避免一些不礼貌的用餐行为，如用筷子指人、舔筷子、将筷子插在食物上等。

西餐：西餐主要使用刀叉，使用时注意左手持叉，右手持刀，按照从外到内的顺序取用餐食，在切割完食物后，应将刀叉并排放置在盘中，表示已食用完毕。

（三）座位安排

中餐：中餐礼仪中较为重视尊卑长幼，主客之分。通常是“尚左尊东”“面朝大门为尊”。若为圆桌，则正对大门的为主客，主客左右手边的位置以离主客的距离来看，越靠近主客位置越尊，相同距离则左侧尊于右侧。若为八仙桌，则正对大门一侧的右位为主客，如果不正对大门，则面向东的一侧右席为主客。

西餐：西餐多为长桌，离门最远的那个座位通常是女主人的，与之相对的是男主人的座位。女主人右手边的座位是第一主宾席，男主人右边的座位是第二主宾席。西方国家主张女士优先，讲究绅士风度。

（四）就餐氛围

中国人喜欢热闹的就餐氛围，西方人则更偏爱安静用餐。“民以食为天”，人生之至乐为食。中国人特别喜爱聚在一起用餐，经常相互劝酒和划拳助兴，如果人数够多，场面则会十分震撼。古代酒席上还流行行酒令，是主人热情真诚的体现，反映了中国注重家庭和睦、邻里团结的文化氛围。而西方人则静静地用自己的餐，仪态端正，喝热汤时只能待汤稍凉，不能发出声响。

（五）餐桌用语

中餐：中国人爱热闹，崇尚“劝”礼，主人会多次给宾客夹菜，追求和谐的用餐氛围与环境，餐桌上中国人喜欢闲谈，话家常，甚至高谈阔论。

西餐：“分餐制”是西方人主要的用餐方式，他们习惯用自己的盘子盛装，单独进餐。西方人喜欢安静而优雅的进餐氛围，他们认为高声谈论是不礼貌的。

四、中西方烹饪文化差异的原因

（一）气候环境的不同

位于亚洲东南部的中国，由于各地区地理环境的不同，经纬度跨度较大的不同地区气候环境具有差异性，所以中国人民通常遵循着“靠山吃山，靠水吃水”的生活智慧，习惯以米、面为主食。温带海洋性气候的西方国家，其畜牧业发展迅速，使牛羊肉成为其主流饮食。

（二）生活方式的不同

中国传统文化与历史影响下，中国饮食推崇细嚼慢咽的慢节奏品尝。同时，“一热抵三鲜”更是让中国厨师热衷于明火加热对于菜肴色香味的激发。西方的现代化发展时间更长，生活节奏较快，这也促进了快餐业的发展，而西方人食用冷食的比例较高。

（三）价值观念的不同

不同的地域文化、不同生活经历造就了不同个性的价值观念，由此形成了强烈的中西方餐桌礼仪的差异。在中国的价值体系内，集体这一概念深入人心，并强调“尊老爱幼，以孝为先”。团结友爱的集体主义观念使得合餐制成为中国餐桌制度的核心并在此之上演化出一系列的中式饮食特色。而对于讲求个人主义价值观的西方国家来说，其餐饮制度通常展现出个人主义色彩和自由独立的形象。

（四）思维方式的不同

中国人的思维方式是有别于西方的，中国菜肴或是中式烹饪总透出一种和谐统一的美，我们遵从中庸之道，我们的烹饪之美蕴含了中国人独有的思维模式。“各美其美，美人之美，美美与共，天下大同”这句话是中国人思维方式的最好诠释。而西方人思维方式较为直接，偏重自我意识的表达，这也是西方饮食多以明亮、有序、迅速等特点展现，注重理性和个性的实用主义。

第五节 科学烹饪概论

随着人们生活水平的提高，对于食物的要求不再局限于温饱，更加关注食物的风味及营养价值。食材自身和烹饪方式是否科学合理，均会较大程度地影响其风味及营养价值。所以，在烹饪过程中需要重视食材的选择和烹饪方式的应用，对食物营养价值进行有效保护，在确保良好口感的同时，也能做到营养均衡搭配。现阶段，中式传统烹饪技术的整体科技含量还有较大进步空间，传统烹饪技术的科学化与标准化是必然趋势，是新时期饮食发展的需要，更是合理营养、饮食健康安全的重要保证。

一、科学烹饪的概念

饮食的物质享受和精神审美是科学烹饪所追求的双重需要。人类的饮食活动，是人与自然界之间的物质交换。人既是自然人，又是社会人；人的饮食，既有生理的需要，也有心理的需要。

科学烹饪是指采用适宜的加工烹调方法，在满足菜肴色、香、味、形等感官性状和确保安全卫生的同时，尽量减少食物营养成分的损失，进而有效发挥其食用功能和营养价值，并充分满足饮食活动中物质享受和精神审美的双重需求的理论方法。

二、科学烹饪的基本原则

（一）因人制宜

科学烹饪的因人制宜原则，是指在烹饪过程中，根据不同消费者的风俗习惯、宗教信仰、健康状况、年龄大小、劳动强度、工作岗位等的差异性需求进行相应的烹饪。如糖尿病患者需控制糖分摄入，烹饪时应少加糖或使用代糖；高血压患者则需减少盐分摄入，采用低盐或无盐烹饪法；儿童和老人的消化功能相对较弱，食物应煮得软烂易消化，避免过硬、过冷或过热的食物。科学烹饪因人制宜的原则是每个烹饪者所必须掌握的，它要求我们在烹饪过程中充分考虑每个人的具体情况，灵活调整烹饪方法和食材选择，以制作出既美味又健康、符合个人需求的佳肴。

（二）因地制宜

科学烹饪的因地制宜原则，是指在烹饪过程中，根据消费地域的风土人情、饮食特点、风味特色、地理状况的不同而进行的烹饪。因地制宜是中国烹饪的独特智慧，“靠山吃山，靠水吃水”的思维早已刻印在中国烹饪文化的底蕴中，因此在烹饪过程中更应根据当地的详细情况进行本地化的口味研制。

（三）因时制宜

科学烹饪的因时制宜原则，是指在烹饪过程中，根据消费的时令季节、气候变化、早晚差异、历史阶段而进行的烹饪。所谓“春生、夏长、秋收、冬藏”，烹饪食养的理论早已指出应时而食的理念，根据不同季节、不同时间的饮食而做出烹饪与调味方式的改变，才能更好地达到完满的烹饪境地。

（四）因物制宜

科学烹饪的因物制宜原则，是指在烹饪过程中，根据烹饪原料的类型、品种、质地、大小、色泽、气味和性味而进行的烹饪。不同原料有不同的性质，在烹饪中应根据其性质进行同质相配、异质相配、荤素搭配等组配原则进行烹饪，在营养方面也应灵活调整烹饪方法和处理方式，以最大限度地保留食材的营养价值、口感和风味。

（五）因事制宜

科学烹饪的因事制宜原则，是指在烹饪过程中，根据饮食活动的主题，或有关规章制度的具体要求，选择相应的烹饪原料，采用适宜的加工方法。如家庭聚会应注重营养均衡、口味多样以满足家庭成员的需求；宴会宴请时应注重菜品的精致与创新度，来体现主人的待客之道；快餐外卖时应注重口感和效率的平衡，保证菜品的口味稳定。

三、科学烹饪的基本策略

（一）加强烹饪从业者的科学意识

为使中式传统烹饪技术科学化，从根本上改变从业者的饮食观念，增强科学烹饪意识，就需要从烹饪教育教学入手进行改革。中国烹饪教育既要重视科学烹饪理论研究，也要重视理论与实践的结合，真正实现烹饪技术与营养知识的完美结合，探索新的烹饪技术。烹饪教育要开始向着培养“三师一体”的复合型人才迈进，“三师”即烹调师、营养师、膳食调查师。中国烹饪教育要建立涵盖烹饪化学、营养配餐、营养卫生学、烹调技能学的多方面教学体系，推动烹饪和营养在教学中的结合，改变传统教学模式下二者分离的局面，培养学生掌握系统化的烹饪技能。

（二）掌握科学烹饪的研究方法

中国烹饪“妙不可言，博大精深”，这是世界对中国烹饪饮食文化的评价，但是在要求科学烹饪的新时代，必须将这一层神秘面纱揭去，在烹调中采用科学手段对菜肴进行定性、定量化研究。现代科学技术日新月异，这也助力了烹饪研究的发展。通过现代先进的科学技术来记录烹饪原料在烹调过程中的物理、化学变化，探究菜肴的营养价值和感官品质，使中国烹饪由经验型向科学型转变。利用科学研究结果对烹饪进行指导，通过不同原料的配合达到提升菜肴营养价值的目的。同时，根据研究还能对不同体质、不同需要的特定人群制定合理的营养餐。

（三）提升膳食状况调查的能力

科学烹饪必须掌握烹饪技术，但是做到科学烹饪的前提是要知道为何人烹饪、何时烹饪、何地烹饪，只有把这些信息全部了解，才能有针对性地进行科学烹饪设计。因此，在掌握烹饪技巧的同时也要注重膳食调查能力的培养。要学习和掌握针对不同地区、不同生理条件下特定人群的饮食习惯及膳食状况的调查方法，在进行烹饪时才能有针对性地进行安排设计。

此外，需要根据膳食调查方法的调查结果对特定人群的传统饮食进行科学营养评价，发现其中的问题，并且提出改进措施，改善特定人群营养状况，提升健康水平。

四、科学烹饪的研究方法

（一）烹饪工艺科学实验的研究方法

烹饪工艺操作有初加工（洗涤、宰杀、涨发）、分档、切割、腌渍、混合（制缔、上浆、挂糊）、配伍等案板操作的各个单位操作。初步热处理（包括制汤），以油、水、热空气等作介质的加热方法，为炉灶操作的各个单位操作。每个单位操作、操作方法以及它们的组合，形成烹饪操作流程。烹饪操作系统工程是烹饪原料加工成菜肴的过程，以烹饪操作作为系统研究对象，找出其技术关键点及法则，形成对实际操作有指导作用的烹饪理论。

（二）烹饪原料组分的化学研究方法

烹饪原料具有一定的物质属性，需运用化学方法研究烹饪原料在烹饪操作过程中的变化。烹饪原料成分中，其营养与风味成分有很大区别。对各种成分进行定性或定量分析是为了研究和了解在烹饪加工过程中相关成分之间的相互作用以及在烹饪加工过程中酶活性变化、进行人工消化模式和烹饪操作提高消化率，或根据酶实验法了解和掌握成分的变化。

定性分析是检测出化合物中有无某种元素或基团的分析。定性反应有利用石蕊反应、碘反应、茚三酮反应、靛酚反应等的呈色反应，对酸、碱、淀粉、氨基酸和维生素C进行检测；利用费林反应、硝酸银沉淀、三氯醋酸沉淀的反应，对还原糖、氯离子、氯化钠、蛋白质进行检测；利用热凝固原理的凝固反应，对蛋白质进行检测；利用还原酶活性、磷酸酶活性的酶反应，对牛乳进行鉴别；利用食用色素染色、碘元素、碘化钾试剂染色方法，对餐具脂肪的残留和淀粉，以及蛋白质进行检测；利用硫胺荧光法进行荧光检测，对维生素B进行检测：利用氨臭方法进行臭气发生，对蛋白质分解物进行荧光检测等。

定量分析是测定目的成分最终阶段的方法，有重量分析、容量分析、物理化学分析。重量分析法是将目的成分从试样中分离出来，直接称出其重量的方法，有干燥方法，目的是对原料中水分和固形物进行定量分析；燃烧，因阻燃物质的存在，对原料中无机物进行定量分析；提取，因可溶性物质存在，对脂肪进行定量分析；沉淀，因不溶性物质存在，对铁和硫酸根离子进行定量分析；酸、碱分解的方法，因原料中不溶性残渣存在，是对纤维进行定量分析。在原料一般成分分析中，有六大营养素，其中水分、无机物、脂肪、纤维四种成分，可能通过重量分析得出结果。

（三）烹饪原料理化性质的研究方法

烹饪操作引起的烹饪原料变化有：形态变化、物质变化、分散状态变化等。烹饪原料食品组织学研究方法分为：运用各种显微镜观察烹饪原料组织结构的变化。主要以一般染色法观察其染色组织，研究组织中的细胞收缩、膨胀、变形、破坏、空胞等，以及结构物质溶解、流出、凝固等状态。

物质变化是研究经过化学染色的显微镜标本，通过色泽的深浅，掌握物质变化、物质增减，以及物质的转移、新生物质和侵入物质。分散状态变化，是利用显微镜观察研究物质的分散状态，将固形物质或流动物质中的气胞、液胞、油滴、结晶等进行加热或用固定剂稳定情况下，制作一般标准标本，一般是涂抹在载玻片上用显微镜观察。

显微镜有可视光线、紫外线、电子射线显微镜。其中可视光线又分为立体显微镜，用于低倍率的观察，配制试样；生物显微镜，用于一般观察；相位差显微镜，根据光学的厚度差观察细微构造；偏光显微镜，用于检测结晶体、淀粉的构造变化；熔点测定显微镜，用于测定结晶的熔点以及加热引起的物质变化。还有利用紫外线的荧光显微镜，观察检测组织内的荧光物质、细胞内物质的荧光方法。电子射线应用又分为透射电子显微镜和扫描电子显微镜。透射电子显微镜用来观察细胞、物质的细微构造。扫描电子显微镜用来观察物质表面构造，细胞、组织内物质的细微立体构造。

烹饪原料的物理性质是影响菜肴品质和风味的重要因素。原料的物理性质以及在烹饪加工过程中物理性质的变化，通过仪器来测定。测定方法分为基础方法、经验方法和模拟方法3种。基础方法是测定基础流变体性质的方法，测定烹饪原料黏性系数、静态黏弹性常数和动态黏弹性常数。利用毛细管黏度计、旋转黏度计测定其黏性系数，利用蠕变测定装置、应力松弛测定装置、动态黏弹性测定装置测定其静态黏弹性常数，利用拉力试验机、硫化仪测定其动态黏弹性常数。经验方法不属于力学定义相关范围，是与经验性烹饪原料特性相关物理性质的测定，所用仪器有硬度计、肉剪断试验机、透度计、凝乳计、新凝乳计、压缩计、酥松测定仪等。模拟方法是模拟用手揉搓、伸展，用嘴咀嚼等行为，在实验室里模拟其相似的条件下，对烹饪原料及产品进行测定，主要的仪器有黏度测量器、黏性曲线仪、延伸仪、质构仪、流变仪等。

（四）感官心理学的研究方法

感官心理学是专门研究由化学或物理方法引起的刺激与感觉关系，与风味有着密切的联系。所谓风味就是人们吃完食物后都有经验性的感觉、有美味的感觉，或者尝过味道后，每个人都会根据自己的感觉进行评价，多数情况下，是五种感官总的评价，影响食物风味的因素很多，故不能忽视感官评价。

感官心理学与身体内部环境（健康、心理状态等）、饮食人文环境（饮食风俗、饮食习惯等）、外部环境条件（气氛、温度、湿度等）相关。口味、香味以及人感受食物时的综合味道，除了官能评价外还没有别的方法。官能检查法分差距识别法、风味与特性顺序法、风味或特性量化法、风味或特性内容分析法。差距识别法有2点比较法、3点比较法、1：2比较法和评点法。风味与特性顺序法有顺序法和一般比较法。风味或特定量化法有评点法、评定尺度法和一对比较法。风味或特性内容分析法有风味侧面描述法和语义区别（SD）法。

本章小结

本章主要对科学烹饪进行了概述，内容包括中国烹饪的概念与发展、中国饮食的构成与特点、中国菜系文化概述、中西方烹饪文化的差异、科学烹饪概论。通过本章的学习我们可以对科学烹饪与中西方烹饪的差异及其发展历程等专业知识有一定程度的了解。此外，本章还提供了一定科学烹饪的生活化运用方法。在接下来的学习过程中，我们可以运用本章的知识概述对具体的科学烹饪运用进行更生活化及深入的文化内涵融合。总之，本章的学习对于我们整个学习过程具有重要意义，是指导今后学习和实践创新中的重要理论基础。

课后习题

1. 中西烹饪工艺有哪些差异？
2. 中国菜系的形成原因有哪些？
3. 思考中国烹饪与西方烹饪在美学上有哪些具体的差异。
4. 试论述未来中国科学烹饪发展路径。

参考文献

[1] 周晓燕．烹调工艺学［M］．北京：中国纺织出版社，2008.
[2] 叶伯平．宴会设计与管理［M］．北京：清华大学出版社，2017.

02

第二章 CHAPTER

食物中的营养成分及功能

本章导学

食物中的主要营养素包括蛋白质、碳水化合物、脂类、水、维生素、无机盐。本章主要介绍了食品中营养成分的结构、物理化学性质和生理功能，引导学生掌握食品主要营养成分与健康的关系，倡导健康文明生活方式，推动健康中国建设。在学习食物中主要营养成分及其生理功能的过程中，学习透过现象掌握事物本质的辩证思维，锻炼分析问题关键因素的能力。

学习目标

◎知识目标

1. 掌握食物中主要营养成分的结构和生理功能。
2. 掌握每类营养成分的性质、特点及分类。

◎能力目标

1. 能够根据主要营养素的特点把握营养配置的关键技术要点。
2. 能够通过学习和训练培养开发创新的能力。
3. 培养对营养相关知识的理解与应用能力。

◎素质目标

1. 培养专业文化素质。
2. 培养健康饮食习惯和意识。

知识结构图

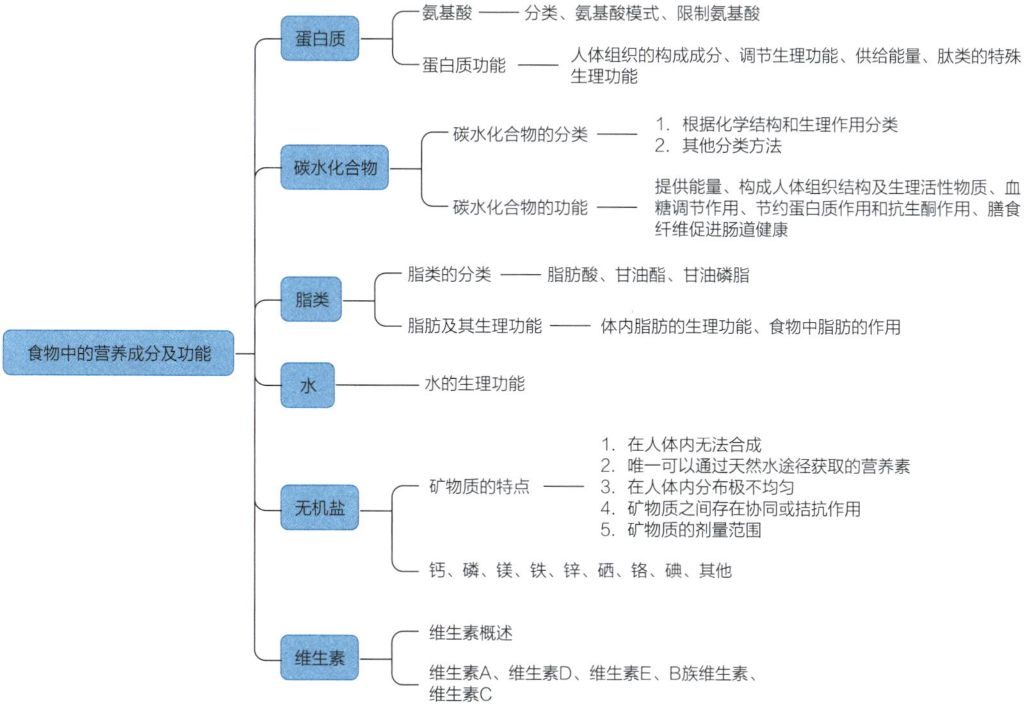

第一节
蛋白质

蛋白质（protein）是机体细胞、组织和器官的重要组成部分，是一切生命的物质基础；而一切生命的表现形式，本质上都是蛋白质功能的体现，没有蛋白质就没有生命。同时，蛋白质也是人体所需的宏量营养素之一。蛋白质是由各种不同的氨基酸以肽键连接在一起，并形成一定的空间结构的生物高分子化合物，在人体中发挥不同的功效。

一、氨基酸

蛋白质分子是生物大分子，相对分子质量约从5000到数百万道尔顿（dalton，Da）。其基本构成单位是氨基酸，各氨基酸按照一定的排列顺序由肽键（酰胺键）连接。由于其排列顺序的不同，链的长短不一，以及其空间结构的异同，就构成了无数种功能各异的蛋白质。

（一）氨基酸及其分类

蛋白质被水解后的次级结构称为肽（peptide）。肽是由氨基酸之间以肽键（peptide bond）相连而形成，肽键是指一个氨基酸的α–羧基与另一个氨基酸的α–氨基脱水缩合形成的键。含10个以上氨基酸残基的肽称为多肽（polypeptide），含10个以下氨基酸残基的肽称为寡肽（oligopeptide），含3个或2个氨基酸残基的肽分别称为三肽（tripeptide）和二肽（dipeptide）。自然界存在的氨基酸有300余种，但构成人体蛋白质的氨基酸只有20种。

1. 必需氨基酸（essential amino acid）

必需氨基酸。是指人体内不能合成或合成速度不能满足机体需要，必须从食物中直接获得的氨基酸。构成人体蛋白质的氨基酸有20种，其中8种氨基酸为成人必需氨基酸，即异亮氨酸、亮氨酸、赖氨酸、甲硫氨酸、苯丙氨酸、苏氨酸、色氨酸、缬氨酸，对婴幼儿来说还需增加1种组氨酸。

2. 非必需氨基酸（nonessential amino acid）

非必需氨基酸是指人体可以自身合成，不一定需要从食物中直接供给的氨基酸。

3. 条件必需氨基酸（conditionally essential amino acid）

某些氨基酸在正常情况下能够在体内合成，为非必需氨基酸；但在某些特定条件下，由于合成能力有限或需要量增加，不能满足机体需要，必须从食物中获取，变成必需氨基酸，即条件必需氨基酸。如正常情况下谷氨酰胺和精氨酸是非必需氨基酸，但在创伤或患病期间谷氨酰胺为必需氨基酸；肠道代谢功能异常、严重生理应激条件下，精氨酸也成为必需氨基酸。此外，半胱氨酸和酪氨酸在体内分别由甲硫氨酸和苯丙氨酸转变而成，如果膳食中能直接提供半胱氨酸和酪氨酸，则人体对甲硫氨酸和苯丙氨酸的需要可分别减少30%和50%。因此，在计算食物必需氨基酸组成时，往往将半胱氨酸和甲硫氨酸，苯丙氨酸和酪氨酸合并计算。但是如果膳食中的甲硫氨酸和苯丙氨酸供给不足，或由于某些原因机体不能转化（如苯丙酮尿症的病人），半胱氨酸和酪氨酸就成为必需氨基酸，也必须来源于食物。

（二）氨基酸模式和限制氨基酸

人体蛋白质以及各种食物蛋白质在必需氨基酸的种类和含量上存在着差异，在营养学上用氨基酸模式（amino acid patten）来反映这种差异。所谓氨基酸模式，就是蛋白质中各种必需氨基酸的构成比例。其计算方法是将该种蛋白质中的色氨酸含量定为1，分别计算出其他必需氨基酸的相应比值，这一系列的比值就是该种蛋白质的氨基酸模式。

食物蛋白质氨基酸模式与人体蛋白质氨基酸模式越接近，必需氨基酸被机体利用的程度就越高，食物蛋白质的营养价值也相对较高营养价值较高的蛋白质被称为优质蛋白质（或称完全蛋白质）。这类含必需氨基酸种类齐全、氨基酸模式与人体蛋白质氨基酸模式接近的食物，不仅可维持成人的健康，也可促进儿童生长、发育，如蛋、乳、肉、血等动物性蛋白质以及大豆蛋白等。其中鸡蛋蛋白质与人体蛋白质氨基酸模式最接近，在实验中常以它作为参考蛋白（reference protein）。参考蛋白是指可用来测定其他蛋白质质量的标准蛋白。

有些食物蛋白质中虽然含有种类齐全的必需氨基酸，但是氨基酸模式与人体蛋白质氨基酸模式差异较大，其中一种或几种必需氨基酸相对含量较低，导致其他的必需氨基酸在体内不能被充分利用而浪费，造成蛋白质营养价值降低，虽可维持生命，但不能促进生长发育，这类蛋白质被称为半完全蛋白。大多数植物蛋白质都是半完全蛋白。而这些含量相对较低的必需氨基酸称为限制氨基酸（limiting amino acid），其中含量最低的称为第一限制氨基酸，余者依此类推。植物性蛋白质往往相对缺少下列必需氨基酸：赖氨酸、甲硫氨酸、苏氨酸和色氨酸，所以其营养价值相对较低，如大米和面粉蛋白质中赖氨酸含量相对较少。为了提高植物性蛋白质的营养价值，往往将两种或两种以上的食物混合食用，从而达到以多补少，提高膳食蛋白质营养价值的目的。这种不同食物间相互补充其必需氨基酸不足的作用称蛋白质互补作用（protein complementary action），如小麦、小米、大豆、牛肉单独使用时其蛋白质的生物价分别是67、57、64和76，若将它们按39%、13%、22% 和 26%的比例搭配食用，则蛋白质的利用率可高达89%。这是因为肉类和大豆蛋白可弥补面、米所含的蛋白质中赖氨酸的不足。

那些含必需氨基酸种类不全、既不能维持生命又不能促进生长发育的食物蛋白质称为不完全蛋白，如玉米胶蛋白、动物结缔组织中的胶原蛋白等。

二、蛋白质功能

（一）人体组织的构成成分

人体的任何组织和器官都以蛋白质作为重要的组成成分，所以人体在生长过程中就伴随着蛋白质的不断增加。人体的瘦组织（lean tissue）中，如肌肉、心、肝、肾等器官含大量蛋白质；骨骼和牙齿中含有大量胶原蛋白；指（趾）甲中含有角蛋白；细胞从细胞膜到细胞内的各种结构中均含有蛋白质。总之，蛋白质是人体不可缺少的结构成分。

（二）构成体内各种重要的生理活性物质，调节生理功能

1. 构成酶

酶是一类具有特异性活性的蛋白质，能催化体内物质代谢，如消化酶；调节机体氧化还原平衡，如过氧化物酶；参加物质的转移，如胆碱乙酰化酶。

2. 构成激素

某些激素本身就是蛋白质，或由蛋白质参与构成，这些激素调节着各种生理过程并维持着内环境的稳定，如生长激素、胰岛素、甲状腺素等。

3. 构成抗体

抗体可以抵御外来微生物及其他有害物质的入侵，发挥机体免疫调节作用。

4. 构成转运体

细胞膜和血液中的蛋白质担负着各类物质的运输和交换。

5. 维持体液渗透压和酸碱度

体液内可解离阴、阳离子的可溶性蛋白质能使体液的渗透压和酸碱度得以稳定，有助于维持机体的体液平衡，蛋白质丢失过多可引起水肿。

此外，血液的凝固、视觉的形成、人体的运动等都与蛋白质有关。近年来研究发现，许多蛋白质降解后的肽也具有其特有的生理功能，某些外源性氨基酸的特有生理功能目前已受到关注。

（三）供给能量

蛋白质中含碳、氢、氧元素，当碳水化合物、脂肪提供的能量不能满足机体需要时，蛋白质可被代谢水解，释放能量，1g食物蛋白质在体内产生约16.7kJ（4kcal）的能量。

（四）肽类的特殊生理功能

近年来，研究发现直接从肠道吸收进入血液的活性肽具有许多重要的功能。它们不仅能作为氨基酸的供体，而且也是一类生理调节物。

1. 参加机体的免疫调节

免疫调节肽主要是从牛的κ酪蛋白、α_1酪蛋白及β酪蛋白中得到，对免疫系统既有抑制又有增强作用。

2. 促进矿物质吸收

如酪蛋白磷酸肽（casein phosphopeptide，CPP）是近年发现的促进钙、铁吸收的物质。它是以乳中的酪蛋白为原料，利用酶技术分离而取得的特定肽片段，可从很多酪蛋白水解物中得到，具有促进钙、铁溶解的特性。体外实验已经证实它能在碱性条件下防止钙与磷酸发生沉淀，促进矿物质的吸收，因此可以作为以镁、铁等矿物质为原料的营养素补充剂的配料，预防诸如骨质疏松、龋齿、高血压和贫血等疾病，还可用于调整牛乳中的钙磷比例等。

3. 降血压

降血压肽是通过抑制血管紧张素转换酶的活性来实现降血压功能的，降压肽大致有三种来源：来自乳球蛋白的肽类，来自鱼贝类的肽类和来自植物的肽类。

4. 清除自由基

作为自由基清除剂，可保护细胞膜，使之免遭氧化性破坏，防止红细胞溶血及促进高铁血红蛋白的还原。例如谷胱甘肽是由谷氨酸、半胱氨酸和甘氨酸通过肽键缩合而成的三肽化合物，分子中含有一个活泼的巯基（—SH），这一特异结构与谷胱甘肽易被氧化脱氢有密切的关系。

第二节 碳水化合物

碳水化合物是由碳、氢、氧三种元素组成的有机化合物，因分子式中氢和氧的比例恰好与水相同为2∶1而得名。但是一些不属于碳水化合物的分子也有同样的元素组成比例，如甲醛（CH_2O）、乙酸（$C_2H_4O_2$）等。因此国际化学名词委员会在1927年曾建议用“糖”（glucide）一词来代替碳水化合物。但由于习惯和接受率，“碳水化合物”一词至今仍被广泛使用。

碳水化合物是最早被发现的营养素之一，广泛存在于动植物中，包括构成骨架结构的物质如膳食纤维、果胶、黏多糖和几丁质，以及为能量代谢提供原料的物质如淀粉、糊精和糖原等。碳水化合物是人类膳食能量的主要来源，对人类营养有着重要作用。

一、碳水化合物的分类

碳水化合物是一个大家族，如何准确地对碳水化合物进行分类，是一个非常重要的问题。因为无论哪种单一的方法都不能给出一个可用于食物指导的分类，所以目前常采用多种分类方法。

（一）根据化学结构和生理作用分类

20世纪90年代末期以来，随着人们对糖尿病等慢性病研究的深入和对膳食治疗的认识，科学界认识到，碳水化合物的所有性质均来源于它的两大特性——小肠消化和结肠发酵。小肠消化与血糖和供能有关，发酵与其肠道健康等功能作用有关。据此，一些新术语如膳食纤维、抗性淀粉、益生元、血糖生成指数等应运而生，这些新术语体现了科学界对不同种类碳水化合物的吸收利用差异上的认识。尽管如此，碳水化合物的分类仍主要根据其化学结构进行，国际食品法典委员会（FAO/WHO）于1998年根据其化学结构及生理作用将碳水化合物分为糖（1～2个单糖），寡糖（3～9个单糖），多糖（≥10个单糖）。

1. 糖

糖类包括单糖、双糖和糖醇。

（1）单糖　单糖是不能被水解的最简单的碳水化合物，按照羰基在分子中的位置可分为多羟醛（醛糖）和多羟酮（酮糖）。根据分子中功能碳原子的数目，单糖依次命名为乙糖、丙糖、丁糖、戊糖、己糖及庚糖。分子中碳原子数≥3的单糖因含有不对称碳原子，所以有D-及L-两种构型，天然存在的单糖多为D-型。食物中最常见的单糖是葡萄糖和果糖，它们都含有6个碳原子（己糖）。葡萄糖是一类具有右旋性和还原性的醛糖，因而在工业上常称为右旋糖。在人体禁食情况下，它是体内唯一以游离形式存在的单糖，在血中的浓度大约是5mmol/L（100mg/L）。果糖是无色结晶，与葡萄糖分子式相同，但结构不同。果糖几乎总是与葡萄糖同时存在于植物中，尤其是菊科植物如洋蓟和菊苣中。果糖也是动物体易于吸收的单糖，如蜂蜜就含有大量的果糖。在糖类中果糖最甜，其甜度是蔗糖的1.2～1.5倍。

（2）双糖　蔗糖是最具有商业意义的双糖，主要来源于甘蔗和甜菜。蔗糖由一分子的葡萄糖和一分子的果糖结合而成，无还原性。乳糖是仅存在于乳品中的双糖，它由葡萄糖和β-半乳糖结合，有还原性。麦芽糖是由两分子葡萄糖结合构成，无还原性。

（3）糖醇　糖醇是单糖还原后的产物，广泛存在于生物界特别是在植物中。因为糖醇的代谢不需要胰岛素，常用于糖尿病人膳食。在食品工业上，糖醇也是重要的甜味剂和湿润剂，目前常使用的有甘露醇、麦芽糖醇、乳糖醇、木糖醇和混合糖醇等。

2．寡糖

寡糖又称低聚糖，是由3个以上10个以下的单糖分子通过糖苷键构成的寡聚物，根据糖苷键的不同而有不同名称。目前已知的几种重要的功能性低聚糖有低聚果糖、异麦芽低聚糖、海藻糖、低聚木糖及大豆低聚糖等，一些低聚糖存在于水果和蔬菜中，多数低聚糖不能或只能部分被吸收，能被结肠益生菌利用，产生短链脂肪酸。

3．多糖

多糖指带有10个或以上单糖分子通过1,4-或1,6-糖苷键相连而成的聚合物。其性质与单糖和低聚糖不同，一般不溶于水，无甜味，不形成结晶，无还原性。在酶或酸的作用下，可水解成单糖残基数不等的片段，最后成为单糖。

淀粉存在于谷类、根茎类等植物中，由葡萄糖聚合而成，因聚合方式不同分为直链和支链淀粉。直链淀粉是D-葡萄糖残基以α-1,4糖苷键连接而成的线性结构，其相对分子质量为$3.2\times10^4\sim1.6\times10^5$甚至更大，相当于200～980个葡萄糖残基。天然直链淀粉为卷曲成螺旋形，遇碘产生蓝色反应，且易“老化”，形成难消化的抗性淀粉。支链淀粉是枝杈状结构，相对分子质量在$1\times10^5\sim1\times10^6$，相当于600～6000个葡萄糖残基。支链淀粉遇碘产生棕色反应，易使食物糊化，从而提高消化率。食物中直链和支链淀粉的含量不同，其含量变化常取决于淀粉的来源或加工方式。

抗性淀粉（resistant starch，RS）是膳食纤维的一种，是在人类小肠内不能吸收、在大肠内被发酵的淀粉及其分解产物。RS可以分为以下三类：①RS_1：这类淀粉的颗粒被食物的一些成分包裹着，影响消化酶直接接触，消化较慢。如全谷粒、部分碾碎的谷粒、种子、豆粒等。②RS_2：即生淀粉粒，如马铃薯、青香蕉所含的淀粉。RS_2只有糊化后才可被α-淀粉酶消化。③RS_3：又称变性淀粉（retrograded starch），是直链和支链淀粉在经过烹煮或糊化处理时变性而成，也不能被α-淀粉酶消化。

膳食纤维主要包括纤维素、木质素、抗性低聚糖、果胶、抗性淀粉等，以及其他不可消化的碳水化合物。木质素虽然不是碳水化合物，但因检测时不能排除木质素，故仍将它纳入膳食纤维之中。纤维素是植物细胞壁的主要成分，它是由数千个葡萄糖通过β-1,4糖苷键连接起的直链型聚合物，属于不可溶性膳食纤维，在人胃肠中不被消化酶水解。半纤维素是由五碳糖和六碳糖连接而成的多聚糖。在谷类中可溶性的半纤维素称之为“戊聚糖”。可溶性和不可溶性半纤维素在食品中均有重要作用，如可增大食物体积。在酸性溶液中，有些半纤维素能结合阳离子。果胶是存在于水果中的一种多糖。

（二）其他分类方法

除上述分类外，随着人们对碳水化合物的认识加深，近年来又出现了一些新的分类方法。

1．根据消化性分类

按照人类对碳水化合物的消化性，碳水化合物可分为可消化的（digestible）和不消化的（non-digestible）。这个概念是从以前可利用碳水化合物（available carbohydrates）和不可利用碳水化合物（unavailable carbohydrates）演变而来。可利用的碳水化合物是指可被人体消化吸收的碳水化合物，因其能被吸收入血并能引起血糖水平升高，也被称为升血糖碳水化合物（glycaemic carbohydrate）。可利用碳水化合物主要包括糖、淀粉（抗性淀粉除外）和部分具有升血糖作用的糖醇；不可利用碳水化合物主要指“半纤维素和纤维素”。但随着慢性病研究的发展，人们逐渐认识到碳水化合物并不都是只通过糖吸收利用的方式来提供能量，不消化部分可在大肠内发酵并产生能量。因此，1998年FAO/WHO专家委员会建议不再使用“可利用和不可利用”这个分类概念，而使用“可消化的和不消化的碳水化合物”。不消化的碳水化合物主要包括膳食纤维及其单体成分、部分不被消化的糖醇等。因其不能直接提供可在小肠消化且直接吸收入血的碳水化合物，也被称为非生糖碳水化合物（non-glycaemic carbohydrate），包括乳果糖（lactulose）、异麦芽低聚糖（isomalto-oligosaccharides）等由不消化的碳水化合物派生出来的，不被人体消化系统消化和吸收，能够选择性地促进宿主肠道内原有的一种或几种有益细菌（益生菌）生长繁殖的物质，通过有益菌的繁殖，抑制有害细菌生长，从而达到调节肠道菌群，促进机体健康的目的。

2．根据对血糖的作用分类

食物血糖生成指数（glycemic index，GI）简称生糖指数，是反映食物引起人体血糖升高程度的指标，是人体进食后机体对血糖生成的应答状况。GI=某食物在食后2h血糖曲线下面积/相当含量葡萄糖在食后2h血糖曲线下面积×100%，它是Jenkins在1981年提出，可以衡量某种食物或某种膳食组成对血糖浓度的影响。一般GI＞70为高生糖指数，55～70为中生糖指数，GI≤55为低生糖指数食物。GI反映食物被消化吸收后升高血糖的程度，GI高的食物或膳食，进入胃肠后消化快、吸收完全，葡萄糖迅速进入血液；反之则在胃肠内停留时间长，释放缓慢，葡萄糖进入血液后峰值低，下降速度慢。

食物生糖指数可作为糖尿病病人选择糖类食物的参考依据，也可广泛用于高血压病人和肥胖者的膳食管理、居民营养教育等。

餐后血糖水平除了与碳水化合物的血糖指数高低有关外，还与食物中碳水化合物的含量密切相关。GI高的食物，如果碳水化合物含量很少，尽管其容易转化为血糖，但对血糖总体水平的影响并不大。因此在GI的基础上提出血糖负荷（glycemic load，GL）的概念，用来评价某种食物摄入量对人体血糖影响的幅度。其计算公式为：GL=摄入食品中碳水化合物的重量×食品的GI值/100。一般认为GL＜10为低GL食物，10～20为中GL食物，GL＞20为高GL食物，提示食用相应重量的食物对血糖的影响是明显不同的。GL与GI结合使用，可反映特定食品的一般摄入量中所含可消化碳水化合物的数量和质量，因此更接近实际。

二、碳水化合物的功能

机体中碳水化合物的存在形式主要有三种：葡萄糖、糖原和含糖的复合物。碳水化合物的生理功能与其摄入食物的碳水化合物种类和在机体内存在的形式有关。

1．提供能量

膳食碳水化合物是人类最经济和最主要的能量来源，通常50%以上膳食能量由碳水化合物提供。以葡萄糖为主要能量来源供给机体各种组织能量，每克葡萄糖在体内氧化可以产生约16.7kJ（4kcal）的能量。糖原是肌肉和肝脏碳水化合物的储存形式，肝脏约储存机体内1/3的糖原。葡萄糖在体内释放能量较快，供能也快，是神经系统和心肌的主要能源，也是肌肉活动时的主要燃料，对维持神经系统和心脏的正常供能，增强耐力，提高工作效率都有重要意义。

不消化的碳水化合物提供的能量为0～3kcal/g，平均为2kcal/g。

2．构成机体组织结构及生理活性物质

碳水化合物是构成机体组织的重要物质，并参与细胞的组成和多种活动。每个细胞都含有碳水化合物，主要以糖脂、糖蛋白和蛋白多糖的形式存在，分布在细胞膜、细胞器膜、细胞质以及细胞间基质中。糖缀合物还广泛存在于各组织中，如脑和神经组织中含大量糖脂，糖脂是细胞与神经组织的结构成分之一。糖与蛋白质结合生成的糖蛋白如黏蛋白与类黏蛋白，是软骨、骨骼和眼角膜、玻璃体的组成成分；某些酶如核酸酶等都是糖蛋白。一些具有重要生理功能的物质，如抗体、酶和激素的组成也需碳水化合物参与。

3．血糖调节作用

食物对于血糖的调节作用主要在于食物消化吸收速率和利用率。碳水化合物的含量、类型和摄入总量是影响血糖的主要因素。不同类型的碳水化合物，即使摄入的总量相同，也会产生不同的血糖反应。食物中消化快的淀粉、糖等成分，可以很快在小肠吸收并升高血糖水平；而一些抗性淀粉、寡糖或其他形式的膳食纤维，则不能显著升高血糖，而是一个持续慢释放过程。这是因为抗性淀粉只有进入结肠经细菌发酵后才能吸收，对血糖的应答影响缓慢而平稳。因此在糖尿病人膳食中，合理使用碳水化合物的种类及数量是关键因素。

4．节约蛋白质作用和抗生酮作用

当膳食中碳水化合物供应不足时，机体为了满足自身对葡萄糖的需要，则通过糖异生作用产生葡萄糖，主要动用体内蛋白质。而当摄入充足的碳水化合物，则不需要动用蛋白质来供能，进而减少蛋白质的消耗，即碳水化合物具有节约蛋白质（protein sparing action）的作用。

脂肪在体内分解代谢，需要葡萄糖的协同作用。当膳食中碳水化合物供应不足时，食物脂肪或体内脂肪被动员并加速分解为脂肪酸来供应能量。这一代谢过程中，由于草酰乙酸不足，脂肪酸不能彻底氧化而产生过多的酮体，酮体不能及时被氧化而在体内蓄积，以致产生酮血症和酮尿症。膳食中充足的碳水化合物可以防止上述现象的发生，因此称为碳水化合物的抗生酮作用。

5．膳食纤维促进肠道健康

膳食纤维不仅本身具有重要的功能，而且在肠道益生菌的作用下发酵所产生的短链脂肪酸（short chain fatty acid，SCFA）在促进肠道菌群增殖中有着重要作用。

（1）预防肥胖症　水溶性膳食纤维具有较高的吸水性，吸水后体积可膨胀增大几十倍，

对肠道产生容积作用，使人产生饱腹感，由此抑制食欲，导致进食量下降。同时，膳食纤维还可影响机体对食物中其他营养成分的消化吸收，避免营养过剩，从而预防肥胖症的发生。

（2）预防痔疮和便秘　水溶性膳食纤维能有效提高粪便的持水能力，使粪便保持一定的体积和水分，有利于增加粪便的排泄量；不溶性膳食纤维则能填充肠胃腔，刺激肠壁蠕动，促进粪便的排泄，减少有毒物质在胃肠道的停留时间。两者双管齐下，可达到预防痔疮、便秘等疾病的作用。

（3）预防肠道疾病　膳食纤维在大肠内发酵后会产生大量短链脂肪酸，改善有益菌群的繁殖环境，促进双歧杆菌、乳酸杆菌等有益菌的繁殖，抑制腐生菌生长。

（4）预防糖尿病　水溶性膳食纤维可在胃肠道中形成一种黏膜，使食物营养素的消化吸收进程减慢，延缓胃排空时间；不溶性膳食纤维能吸附葡萄糖，减慢人体对葡萄糖的吸收速度，进餐后人体的血糖值不致急剧上升，有助于糖尿病患者控制症状。膳食纤维还能降低人体对胰岛素的需求，提高人体耐糖的程度，有利于糖尿病的治疗和康复。

（5）降低胆固醇水平，预防心血管疾病　血清甘油三酯和高胆固醇是心血管疾病的诱因，膳食纤维具有降低胆固醇和血脂的作用。膳食纤维能够吸收胆汁酸直接排出体外，而胆汁酸是胆固醇的代谢产物，为了消化肠内食物，肝脏只能靠吸收血液中的胆固醇代谢产生胆汁酸，来补充被膳食纤维吸附而排出体外的那部分胆汁酸，血液中胆固醇含量也因此而下降，从而可预防心血管疾病。

（6）防治高血压　膳食纤维具有较强的吸附阳离子功能，如对Ca^{2+}、Pb^{2+}、Zn^{2+}、Cu^{2+}等离子的吸附，能改变其瞬间浓度，起到稀释作用，从而对消化道的pH、渗透压和氧化电位等产生影响，形成一个较理想的缓冲环境，缓解重金属中毒。更重要的是，它还可以吸附肠道中的Na^+，促使K^+通过尿液和粪便大量排出体外，从而降低血液中的N^+/K^+比，产生降压作用。

第三节
脂类

脂类（lipids）包括脂肪（fats）和类脂（lipoids），是一类化学结构相似或完全不同的有机化合物。人体脂类总量占体重的10%～20%。脂肪又称甘油三酯（triglycerides），是体内重要的储能和供能物质，约占体内脂类总量的95%。类脂主要包括磷脂（phospholipids）和固醇类（sterols），约占全身脂类总量的5%，是细胞膜、机体组织器官，尤其是神经组织的重要组成成分。脂类也是膳食中重要的营养素，烹调时赋予食物特殊的色、香、味，增进食欲，适量摄入满足机体生理需要，促进维生素A、维生素E等脂溶性维生素的吸收和利用，为维持人体健康发挥重要作用。

一、脂类的分类

脂类的分类系统种类繁多，略有不同。一般可以按照脂类的物理化学特征和来源进行分类。其中，按油脂的来源，可分为陆地动物油脂、海洋动物油脂、植物油脂、乳脂和微生物油脂等。按照熔点，可分为：①脂，常温为固态，熔点较高；②油，常温为液态，熔点较低。按照结构和组成，可分为以下八大类：脂肪酸类（如亚油酸、花生酸类）、甘油酯类（如甘油三酯、甘油二酯类）、甘油磷脂类（如磷脂酰胆碱、磷脂酰乙醇胺、磷脂酰甘油、磷脂酸等）、鞘脂类（如神经酰胺、鞘磷脂等）、固醇脂类、糖脂类（如硫酸喹诺糖二酰甘油酯、单半乳糖二酰甘油酯等）、多聚乙烯类。其中，最常见的脂类有脂肪酸、甘油酯、甘油磷脂。

（一）脂肪酸

脂肪酸作为构成甘油三酯的基本单位，是由C、H、O 三种元素组成的一元羧酸。根据碳链长度的不同又可将其分为短链脂肪酸（SCFA，碳链上的碳原子数小于6）、中链脂肪酸（MCFA，碳链上碳原子数为6～12）、长链脂肪酸（LCFA，碳链上碳原子数大于12）。此外，脂肪酸还有顺式和反式之分。天然食物中的油脂，其脂肪酸结构多为顺式脂肪酸。脂肪酸也可以是饱和的或者不饱和的（含碳碳双键），根据其饱和度不同，分为饱和脂肪酸（SFA，不包含双键）、单不饱和脂肪酸（MUFA，含有一个双键）、多不饱和脂肪酸（PUFA，含两个或多个脂肪酸）。碳链长度和饱和度是定义脂肪酸性质的主要特征。例如，在室温下，饱和脂肪酸是固态，而不饱和脂肪酸是液态，而链越长，将它们融化成液体所需的温度越高，链越短，熔化所需的温度就越低。由于脂肪酸种类的不同，脂质在室温下形态存在差异，其中在室温下为固体的脂类成为脂，而在室温下为液体的脂类成为油。

（二）甘油酯

甘油酯是指甘油和脂肪酸经酯化所生成的酯类。甘油酯按照脂肪酸的数目分为甘油三酯、甘油二酯、甘油一酯。甘油三酯（甘油三酸酯）是3个脂肪酸分子分别酯化到甘油分子的每个碳上，从而形成了不同的脂肪酸酯基位置，即*sn*–1、*sn*–2和*sn*–3位。同样，甘油三酯的物理性质由其脂肪酸组成的链长、双键的数目、饱和度、位置和构象决定。甘油二酯和甘油一酯则分别是甘油分子的3个不同的碳上连接了两个或一个脂肪酸分子。

（三）甘油磷脂

甘油磷脂（最常见的磷脂）由甘油分子（*sn*–1和*sn*–2）的两个碳原子上的羟基分别被两个脂肪酸分子酯化，同时*sn*–3位具有由磷酸相连的取代基团（构成亲水的极性头部）。因此，磷脂分子具有两亲性，脂肪酸赋予其疏水性，极性头部赋予其亲水性。在体内，磷脂的两亲性使其可以用作细胞膜（双层）和脂蛋白颗粒（单层）的结构成分。

二、脂肪及其生理功能

食物中脂类主要由甘油三酯构成，三分子脂肪酸（fatty acid，FA）与一分子的甘油（glycerol）形成甘油三酯。通常，来自动物性食物的甘油三酯由于碳链长、饱和度高、熔点高，常温下呈固态，故称为脂；来自植物性食物中的甘油三酯由于不饱和程度高，熔点低，故称为油。甘油三酯分子中的三个脂肪酸，其结构不完全相同，在自然界中还未发现由单一脂肪酸构成的甘油三酯。脂肪因其所含的脂肪酸链的长短、饱和程度和空间结构不同，而呈现不同的特性和功能。

（一）体内脂肪的生理功能

人体内的甘油三酯主要分布在腹腔、皮下和肌肉纤维之间，具有重要的生理功能。

1．储存和提供能量

当人体摄入能量过多不能被利用时，就转变为脂肪而储存起来。当机体需要时，脂肪细胞中的脂肪分解酶立即分解甘油三酯释放出甘油和脂肪酸，这些脂肪酸进入血液循环，与食物中被吸收的脂肪一起被分解，释放出能量以满足机体的需要。由于甘油三酯中碳、氢的含量远高于蛋白质和碳水化合物，所以可提供较多的能量，1g脂肪可产生能量约39.75kJ（9.46kcal）。安静状态下空腹的成年人，所需的能量大约25%来自游离脂肪酸，15%来自葡萄糖，其余由内源性脂肪提供。

体内脂肪的储存和供能有两个特点：一是脂肪细胞可以不断地储存脂肪，至今还未发现其吸收脂肪的上限，所以人体可因不断地摄入过多的能量而不断地积累脂肪，导致越来越胖；二是机体不能利用脂肪酸分解的含2个碳的化合物合成葡萄糖，所以脂肪不能直接给脑和神经细胞以及血细胞提供能量，因此节食减肥不当可能导致机体分解组织蛋白质，通过糖异生保证血糖水平。

2．保温及润滑作用

脂肪不仅可直接提供能量，皮下脂肪组织还可起到隔热保温的作用，维持体温正常和恒定，因此肥胖者冷天一般相对不怕冷；脂肪组织在体内对器官有支撑和衬垫作用，可保护内部器官免受外力伤害及减少器官间的摩擦，如心脏、肾脏等脏器四周脂肪对内脏可起到保护和减震作用，腹腔大网膜中大量脂肪在胃肠蠕动中起润滑作用，甚至皮脂腺分泌脂肪对皮肤也起到润滑护肤作用。

3．节约蛋白质作用

脂肪在体内代谢分解的产物，可以促进碳水化合物的能量代谢，使其更有效地释放能量，充足的脂肪可保护体内蛋白质（包括食物蛋白质）不被用来作为能源物质，而使其有效地发挥其他生理功能，脂肪的这种功能被称为节约蛋白质作用。

4．机体构成成分

细胞膜中含有大量脂类，是细胞维持正常的结构和功能的重要成分。

5．脂肪组织内分泌功能

人体的脂肪组织还具有内分泌作用。现已发现由脂肪组织所分泌的因子有瘦素（leptin）、肿瘤坏死因子α（tumor necrosis factor α，TNF-α）、白细胞介素-6（interleukin-6，IL-6）、白细胞介素-8（interleukin-8，IL-8）、雌激素（estrogen）、胰岛素样生长因子-1（insulin-like growth factor，IGF-1）、IGF结合蛋白-3（insulin-like growth factor binding protein-3，IGFBP-3）、脂联素（adiponectin）及抵抗素（resistin）等。这些脂肪组织来源的因子参与机体的代谢、免疫、生长发育等生理过程。

（二）食物中脂肪的作用

食物中的脂肪除了为人体提供能量和作为人体脂肪的合成材料以外，还有一些特殊的营养学功能。

1．增加饱腹感

食物脂肪由胃进入十二指肠时，可刺激十二指肠产生肠抑胃素（enterogastrone），使胃蠕动受到抑制，造成食物由胃进入十二指肠的速度相对缓慢。食物中脂肪含量越多，胃排空的速度越慢，所需时间越长，从而增加饱腹感。

2. 改善食物的感官性状

脂肪作为食品烹调加工的重要原料，可以改善食物的色、香、味、形，达到美观和促进食欲的作用。

3. 提供脂溶性维生素

食物脂肪中同时含有各类脂溶性维生素，如维生素A、维生素D、维生素E、维生素K等。脂肪不仅是这类脂溶性维生素的食物来源，也可促进它们在肠道中的吸收。

第四节 水

水是由氢、氧两种元素组成的无机物，无毒，可饮用。在常温常压下为无色无味的透明液体，被称为人类生命的源泉，是维持生命的重要物质，是人体必需的七大营养素之一。

空气、水和食物是人类生存的三要素。水是机体内每一个细胞和组织的基本组成成分，不同的细胞和组织，其含水量不同，如肌肉、肝、肾、脑细胞中含水70%~80%，皮肤细胞含水60%~70%，骨骼细胞含水12%~15%，血液细胞含水约80%。人的年龄越小，含水量越高，胎儿体内含水量为98%，婴儿体内含水量约75%，成人体内含水量为50%~70%。水具有一些突出的物理和化学性质，即溶解力强、介电常数大、黏度小、比热容高等，这些特性使得它在生物体内具有特殊且重要的作用。

第一，水是构成细胞和身体组织不可缺少的成分。

第二，水能促进营养素的消化、吸收与代谢。水具有溶解性强的特点，可溶解许多物质。水作为一种溶剂、反应介质和运输载体参与营养素的消化、吸收、利用、排泄等过程。

第三，水可以起到维持体温恒定与润滑作用。水的比热容高、热容量大，因此具有调节体温的作用。当天气炎热，体内产能增多时，可以通过出汗散发大量热量而平衡体温；天气寒冷时，体内的水贮备大量热量，人体不会因外界温度降低而使体温发生波动。水的黏度小，可为体内摩擦部分润滑，从而减少摩擦损伤。体内关节、韧带、肌肉、筋膜等处的活动均由水作为润滑剂。同时，水还具有滋润肌肤、维持腺体器官正常分泌等功能。

第五节 无机盐

一、概述

人体组织中含有自然界各种元素（element），目前在地壳中发现的92种天然元素在人体内几乎都能检测到，其元素的种类和含量与其生存的地理环境表层元素的组成及膳食摄入有关。

矿物质（mineral），是地壳中自然存在的化合物或天然元素。又称无机盐，是人体内无机物的总称。是构成人体组织和维持正常生理功能必需的各种元素的总称。按照化学元素在机体内的含量多少，通常将矿物质元素分为常量元素和微量元素两类。凡体内含量大于体重0.01%的矿物质称为常量元素或宏量元素（microelement），它包括钙、磷、钠、钾、硫、氯、镁；凡体内含量小于体重0.01%的称为微量元素（microelement 或 trace element）。

1996年WHO组织公布，由联合国粮食及农业组织（FAO）、国际原子能机构（IAEA）、世界卫生组织（WHO）组织共同讨论，其中，21种元素被认为是构成人体组织、参与机体代谢、维持生理功能所必需的矿物质元素，共分为三类。其中，铁、铜、锌、硒、铬、碘、钴和钼被认为是必需微量元素（essential trace element）；锰、硅、镍、硼、钒为可能必需微量元素（possible essential trace element）；氟、铅、镉、汞、砷、铝、锡和钾为具有潜在毒性微量元素（potentially toxic trace element），但低剂量可能具有功能作用。当然，把元素定义为有毒并不恰当，因为任何一种物质都有潜在的毒性，关键在于人群所暴露的剂量。其他微量元素为功能未知元素或是偶然进入人体的非必需元素。

矿物质的特点如下。

1．矿物质在人体内不能合成，必须从外界摄取

矿物质与蛋白质、脂肪和碳水化合物等营养素不同，不能在体内合成，且每天都有一定量的矿物质随尿、粪便、汗液、毛发、指甲、上皮细胞脱落以及月经、哺乳等过程排出体外。因此，为满足机体的需要，矿物质必须不断地从饮食中得到补充。

2．矿物质是唯一可以通过天然水途径获取的营养素

除了存在于食物外，在天然水中含有大量的矿物质元素，并容易被机体吸收。但长期饮用矿物质含量超标的水，容易导致中毒，如我国氟中毒高发地区，其中饮水型氟中毒是最主要类型，患病人数也最多，主要分布在华北、西北、东北地区。

3．矿物质在人体内分布极不均匀

如钙和磷主要分布在骨骼和牙齿中，铁分布在红细胞中，碘集中在甲状腺，钴分布在造血系统，锌分布在肌肉组织等。

4．矿物质之间存在协同或拮抗作用

一种矿物质元素可影响另一种的吸收或改变其在体内的分布。例如摄入过量铁或铜可以抑制锌的吸收和利用，而摄入过量的锌也可以抑制铁的吸收，而铁可以促进氟的吸收。

5．矿物质的剂量范围

某些矿物质元素在体内的生理剂量与中毒剂量范围较窄，摄入过多易产生毒性作用，如我国居民氟的适宜摄入量为1.5mg/d，而其可耐受最高摄入量仅为3.5mg/d。

二、钙

钙（calcium）是人体含量最多的矿物质元素，占成人体重的1.5%～2.0%。其中约99%的钙集中在骨骼和牙齿中；其余1%的钙分布于软组织、细胞外液和血液中，统称为混溶钙池（miscible calcium pool）。人体血液中的总钙浓度为2.25～2.75mmol/L，其中46.0%为蛋白结合钙，包括白蛋白结合钙和球蛋白结合钙，6.5%为与柠檬酸或无机酸结合的复合钙，其中47.5%为离子钙。血浆中离子化钙是生理活性形式，正常浓度为0.94～1.33mmol/L。这部分的钙对维持体内细胞正常生理状态，调节机体生理功能发挥重要的作用。

机体主要通过内分泌系统的甲状旁腺激素（parathyroid hormone，PTH）和降钙素（calcitonin，CT）及1,25-$(OH)_2$-D_3（维生素D的活性形式）调节混溶钙池的钙与骨骼钙保持着动态平衡。当血液中钙浓度降低时，PTH就会促使骨骼释放出可交换钙，并刺激维生素D转变为活性型1,25-$(OH)_2$-D_3，促进肠黏膜对钙的吸收，协同PTH增加骨吸收，促进肾小管对钙的重吸收，使血钙水平恢复正常。当血钙水平升高时，CT可拮抗PTH对骨骼的溶解作用，抑制破骨细胞的生成，促进成骨细胞的增加，从而抑制骨基质的分解和骨盐溶解，促进骨盐沉积，降低血钙水平，使血清钙浓度保持恒定，以维持钙的内环境稳定，称为钙稳态（calcium homeostasis）。钙稳态的维持是机体各种生理功能活动的基础。

钙的生理功能如下。

1. 构成骨骼和牙齿的成分

人体骨骼和牙齿中无机物的主要成分是钙的磷酸盐，体内骨骼中的钙与混溶钙池保持着相对的动态平衡，骨骼中的钙不断地从破骨细胞中释放进入混溶钙池，混溶钙池中的钙又不断地沉积于成骨细胞中，由此使骨骼不断更新。

2. 维持神经和肌肉的活动

钙离子（Ca^{2+}）可与细胞膜的蛋白和各种阴离子基团结合，具有调节细胞受体结合和离子通透性及参与神经信号传递物质释放等作用，以维持神经和肌肉的正常生理功能。包括神经和肌肉的兴奋性、神经冲动的传导、心脏的搏动等。当血浆Ca^{2+}浓度明显下降时可引起手足抽搐和惊厥；而血浆Ca^{2+}浓度过高则可引起心力衰竭和呼吸衰竭。

3. 促进细胞信息传递

Ca^{2+}作为细胞内最重要的“第二信使”之一，在细胞受到刺激后，胞浆内的Ca^{2+}浓度升高，引起细胞内的系列反应。通过Ca^{2+}调控的组织和细胞间的反应非常广泛。如基因的表达和调控，腺体的分泌，细胞的增殖、分化和骨架的形成，中间代谢反应，视觉形成过程，神经末梢递质的释放等。

4. 血液凝固

凝血因子Ⅳ就是Ca^{2+}，能够促使活化的凝血因子在磷脂表面形成复合物而促进血液凝固，去除Ca^{2+}后血液即不能凝固。

5. 调节机体酶的活性

Ca^{2+}对许多参与细胞代谢的酶具有重要的调节作用，如腺苷酸环化酶、鸟苷酸环化酶、磷酸二酯酶、酪氨酸羟化酶等。

6. 维持细胞膜的稳定性

细胞外介质中的Ca^{2+}不仅可与细胞膜的某些蛋白质结合，而且可与磷脂的阴离子基团结合，导致膜结构的构象发生变化，使细胞膜的疏水性增强，以维持和发挥细胞膜正常的生理功能。

7. 其他功能

钙还参与激素的分泌，维持体液酸碱平衡及调节细胞的正常生理功能。

三、磷

磷（phosphorus）是人体含量较多的矿物质元素之一，成人体内磷含量为600～900g，约占体重的1%。磷是机体重要的元素，它是细胞膜和核酸的组成成分，也是骨骼的必需组成物质。体内的磷有85%～90%以羟基磷灰石形式存在于骨骼和牙齿中，其余10%～15%与蛋白质、脂肪、糖及其他有机物结合，分布在细胞膜、骨骼肌、皮肤、神经组织及体液中。在细胞膜和软组织中的磷大部分以有机磷酯形式存在，少部分为磷蛋白和磷脂等形式，而骨骼中的磷主要为无机磷酸盐。磷广泛存在于动、植物食物中，在合理的膳食中，磷含量往往超过人体的需要，不易引起缺乏。

磷的生理功能如下。

1．构成骨骼和牙齿的重要成分

在骨的形成过程中，2g钙需要1g磷，形成无机磷酸盐，主要成分为羟基磷灰石。

2．参与能量代谢

碳水化合物，如葡萄糖是以磷酰化化合物的形式被小肠黏膜吸收；葡萄糖-6-磷酸酯和丙糖酸酯是葡萄糖能量代谢的重要中间产物；磷酸化合物如三磷酸腺苷（ATP）等是代谢过程中作为储存、转移、释放能量的物质。

3．构成细胞成分

磷酸基团是核糖核酸（RNA）和脱氧核糖核酸（DNA）的组成成分。磷脂为构成所有细胞膜所必需的成分，与膜的离子通道有关。磷脂存在于血小板膜上，可黏附凝血因子，促进凝血过程。磷脂参与脂蛋白组成。此外，质膜内的多磷酸肌醇磷脂及其分解产物三磷酸肌醇为钙激活受体信号系统的组成部分。

4．组成细胞内第二信使

磷是环磷酸腺苷（cAMP）、环磷酸鸟苷（cCMP）和三磷酸肌醇（inositol triphosphate，IP3）等的组成成分。

5．酶的重要成分

磷酸基团是组成体内许多辅酶或辅基的组成成分，如焦磷酸硫胺素、磷酸吡哆醛、辅酶Ⅰ（nicotinamide adenine dinucleotide，NAD）和辅酶Ⅱ（nicotinamide-adenine dinucleotide phosphate，NADP）等。

6．调节细胞活性

磷参与细胞的磷酸化和去磷酸化过程，发挥信号转导作用，具有激活蛋白激酶，调控细胞膜离子通道，活化核内转录因子，调节基因表达等作用。

7．调节酸碱平衡

磷参与组成体内体液缓冲体系，磷酸盐可与氢离子结合为磷酸氢二钠和磷酸二氢钠，并从尿中排出，从而调节体液的酸碱平衡。

四、镁

正常成人体内含镁（magnesium）20～38g，其中60%～65%存在于骨骼，22%存在于肌肉、肝脏、心脏、胰腺等组织。镁主要分布在细胞内，细胞外液中的镁不超过1%。红细胞含镁约2.2～3.1mmol/L，血清镁含量为0.75～0.95mmol/L（18～23mg/L）。

镁的生理功能如下。

1．多种酶的激活剂

镁作为多种酶的激活剂，参与体内300多种酶促反应。镁可激活磷酸转移酶及水解肽酶系的活性，对葡萄糖酵解，脂肪、蛋白质、核酸的生物合成等起重要调节作用。镁可激活

Na–K–ATP酶，该酶是一种镁依赖性酶，细胞内游离镁浓度低可降低Na–K–ATP酶的活性，使心肌兴奋性增高。镁还可能激活钙泵，钙泵是镁依赖性Ca^{2+}–ATP酶，可将钙从细胞内泵出。

2．对钾、钙离子通道的作用

镁可封闭不同钾通道的外向性电流，阻止钾的外流，当镁缺乏时，这种作用受到阻滞。另外，镁作为钙阻断剂，具有抑制钙通道的作用，当镁浓度降低时，这种抑制作用减弱，导致钙进入细胞增多。

3．促进骨骼生长及提高神经和肌肉的兴奋性

镁是骨细胞结构和功能所必需的元素，可影响骨的吸收，具有维持和促进骨骼生长的作用。镁和钙有拮抗作用，两者可与某些酶竞争结合，由镁引起的中枢神经和肌肉接点处的传导阻滞可被钙拮抗。

4．影响胃肠道功能

硫酸镁溶液可使奥狄括约肌松弛，促使胆囊排空，具有利胆作用。碱性镁盐可中和胃酸。镁离子在肠道中吸收缓慢，促使水分滞留，具有导泻作用。

5．调节激素作用

血浆镁的变化可直接影响甲状旁腺激素的分泌，当血浆镁增加时可抑制甲状旁腺激素分泌，血浆镁水平下降则可促进甲状旁腺激素分泌。

另外，流行病学调查表明，镁的摄入量和高血压呈明显负相关，补充镁能使血管张力和血管紧张性下降。镁具有降低血清胆固醇浓度、甘油三酯（TG）浓度，使高密度脂蛋白胆固醇（HDL–C）升高，降低低密度脂蛋白胆固醇（LDL–C），扩张血管，抑制血小板聚集、预防动脉粥样硬化的作用。

五、铁

铁（iron）是人体重要的必需微量元素，是活体组织的组成成分。体内铁的水平随年龄、性别、营养状况和健康状况的不同而异，人体铁缺乏仍然是世界性的主要营养问题之一。此外，铁过多的危害也愈来愈受到重视。由于铁既是细胞的必需元素，又对细胞有潜在的毒性作用，因此需要有高度精细的复杂调节机制，保证满足细胞对铁的需求同时防止发生铁过量。正常人体内含铁总量为30～40mg/（kg·bw），其中65%～70%的铁存在于血红蛋白，3%在肌红蛋白，1%在含铁酶类（如细胞色素、细胞色素氧化酶、过氧化物酶、过氧化氢酶等）、辅助因子及运铁载体中，此类铁称为功能性铁。剩余25%～30%为储存铁，主要以铁蛋白（ferritin）和含铁血黄素（hemosiderin）的形式存在于肝、脾和骨髓的网状内皮系统中。

铁的生理功能如下。

1．参与体内氧的运送和组织呼吸过程

铁是血红蛋白、肌红蛋白、细胞色素、细胞色素氧化酶及触媒（铁的氧化物，起催化作用）的组成成分，还可激活琥珀脱氢酸、黄嘌呤氧化酶等酶的活性。血红蛋白由一个珠蛋白和四个铁卟啉组成，可与氧发生可逆性的结合，使血红蛋白具有携氧功能，参与机体内氧的交换及组织呼吸；肌红蛋白由血红素和珠蛋白组成，主要在肌肉组织中起转运和储存氧的作用；细胞色素酶类，参与体内氧化还原过程中的电子传递，并在三羧酸循环过程中生成水，

释放出能量，供给机体需要，在氧化过程中产生的有害物质可被含铁的触媒和过氧化物所破坏而解毒。

2. 维持正常的造血功能

机体中的铁大多存在于红细胞中。铁在骨髓造血组织形成高铁血红素，再与珠蛋白合成血红蛋白。缺铁可影响血红蛋白的合成，甚至影响DNA的合成及幼红细胞的增殖。

3. 参与其他重要功能

铁参与维持正常的免疫功能，缺铁可引起机体感染性增加，白细胞的杀菌能力降低，淋巴细胞功能受损。但过量摄入铁可促进细菌的生长，对抵抗感染不利。另外，铁可催化β-胡萝卜素转化为维生素A、嘌呤与胶原蛋白，脂类在血液中转运以及药物在肝脏解毒等方面均需铁的参与。同时铁与抗脂质过氧化有关。

六、锌

成人体内锌（zinc）的含量男性约2.5g，女性1.5g。锌分布于人体所有的组织、器官、体液及分泌物中。约60%的锌存在于肌肉中，30%存在于骨骼中。在细胞中，30%～40%的锌存在于细胞核中，50%存在于细胞质中，其余的存在于细胞膜中，锌对生长发育、免疫功能、物质代谢和生殖功能等均具有重要的作用。

锌的生理功能如下。

1. 金属酶的组成成分或酶的激活剂

人体内有多种含锌酶，其中主要的含锌酶有超氧化物歧化酶、苹果酸脱氢酶、碱性磷酸酶、乳酸脱氢酶等，这些酶在参与组织呼吸、能量代谢及抗氧化过程中发挥重要作用。锌是维持RNA多聚酶、DNA多聚酶及反转录酶等的活性所必需的微量元素。

2. 促进生长发育

锌参与蛋白质合成，细胞生长、分裂和分化等过程。锌的缺乏可引起RNA、DNA及蛋白质的合成障碍，使细胞分裂减少，导致生长停止。锌参与促黄体生成素、促卵泡激素、促性腺激素等有关内分泌激素的代谢，对胎儿生长发育、性器官和性机能发育均具有重要调节作用。

3. 促进机体免疫功能

锌可促进淋巴细胞有丝分裂，增加T细胞的数量和活力。锌可控制外周血单个核细胞合成干扰素-γ、白细胞介素-1和白细胞介素-6、肿瘤坏死因子-α和白细胞介素-2受体等的分泌和产生。缺锌可引起胸腺萎缩、胸腺激素减少、T细胞功能受损及细胞介导免疫功能改变。

4. 维持细胞膜结构

锌可与细胞膜上各种基团、受体等作用，增强膜稳定性和抗氧自由基的能力。缺锌可造成膜的氧化损伤，结构变形，膜内载体和运载蛋白的功能改变。锌对膜功能的影响还表现在对屏障功能、转运功能和受体结合方面的影响。缺锌可降低大脑皮质中突触膜*N*-甲基-D-天冬氨酸受体（NMDA）/钙通道受体的数目和活性。

此外，锌与唾液蛋白结合成味觉素可增进食欲，缺锌可影响味觉和食欲，甚至发生异食癖；锌对皮肤和视力具有保护作用，缺锌可引起皮肤粗糙和上皮角化。

七、硒

1957年，我国学者首先提出克山病与缺硒（selenium）有关的报告，并进一步验证和确定了硒是人体必需的微量元素。人体硒总含量为14～21mg。硒存在于所有细胞与组织器官中，在肝、肾、胰腺、心脏、脾、牙釉质和指甲中浓度较高，肌肉骨骼和血液中次之，脂肪组织中最低。体内大部分硒主要以两种形式存在，一种是来自膳食的硒代甲硫氨酸，它在体内不能合成，作为一种非调节性储存形式存在，当膳食中硒供给中断时，硒代甲硫氨酸可向机体提供硒；另一种形式是硒蛋白中的硒代半胱氨酸，为具有生物活性的化合物。

硒的生理功能如下。

1. 抗氧化功能

硒是谷胱甘肽过氧化物酶（glutathione peroxidase，GSH-Px）的组成成分，GSH-Px具有抗氧化功能，可清除体内脂质过氧化物，阻断活性氧和其他自由基对机体的损伤作用。每摩尔的谷胱甘肽过氧化物酶含4g硒，谷胱甘肽过氧化物酶能特异性地催化还原型谷胱甘肽转化为氧化型谷胱甘肽，同时促进有毒的过氧化物（如过氧化氢、超氧阴离子、脂酰游离基等）还原为无毒的羟化物，从而保护细胞膜及组织免受过氧化物损伤，以维持细胞的正常功能。

2. 保护心血管和心肌的健康

调查发现机体缺硒可引起以心肌损害为特征的克山病，硒缺乏还可引起脂质过氧化反应增强，导致心肌纤维坏死、心肌小动脉和毛细血管损伤，同时高硒地区人群中的心血管疾病发病率较低。

3. 增强免疫功能

硒可通过上调白细胞介素-2受体表达，使淋巴细胞、自然杀伤（NK）细胞、淋巴因子激活杀伤细胞（lymphokine-activated killer cell，LAK cell）的活性增加，从而提高免疫功能。

4. 有毒重金属的解毒作用

硒与金属有较强的亲和力，能与体内重金属如汞、镉、铅等结合成金属-硒-蛋白质复合物而起到解毒作用，并促进有毒金属排出体外。

5. 其他

硒还具有促进生长、抗肿瘤的作用。人群流行病学调查发现硒缺乏地区的肿瘤发病率明显增高。研究发现，硒缺乏可引起生长迟缓及神经性视觉损害，经补硒可改善视觉功能。

八、铬

铬（chromium）在体内分布广泛，主要以三价铬的形式存在。人体含铬总量为5～10mg，骨、大脑、肌肉、皮肤和肾上腺中的铬含量相对较高。一般组织中铬含量随年龄增长而下降，新生儿含铬量高于儿童，3岁前含铬量高于成人，3岁后逐渐降至成人水平，成年人随年龄的增长含铬量逐渐减少，老年人易出现缺铬现象。

铬的生理功能如下。

1. 增强胰岛素作用

铬是体内葡萄糖耐量因子（glucose tolerance factor，GTF）的重要组成成分，在糖代谢中铬作为一个辅助因子，可以增强胰岛素的作用。

2. 参与脂代谢

铬与脂肪代谢密切相关，铬可提高HDL和载脂蛋白A水平及降低血清胆固醇水平，具有预防动脉粥样硬化的作用。

3. 参与核酸代谢

三价铬（Cr^{3+}）与DNA结合，可增加转录起始位点的数目，增强RNA和DNA的合成，提示铬在核酸的代谢或结构中发挥作用。

4. 其他

促进脂肪和蛋白质的合成，进而促进生长发育。

九、碘

成人体内含碘（iodine）15～20mg，其中70%～80%存在甲状腺组织内，其余分布在骨骼肌、肺、卵巢、肾、淋巴结、肝、睾丸和脑组织中。甲状腺组织含碘量随年龄、摄入量及腺体的活动性不同而有所差异，健康成人甲状腺组织内含碘8～15mg，其中包括甲状腺素（tetraiodothyronine，T_4）、三碘甲状腺原氨酸（triiodothyronine，T_3），一碘酪氨酸（monoiodotyrosine，MIT），二碘酪氨酸（diiodotvrosine，DIT）以及其他碘化物。血液中含碘30～60μg/L，主要为蛋白结合碘（protein-bound iodine，PBI）。

碘在体内主要参与甲状腺素的合成，其生理功能主要通过甲状腺素的生理作用显示出来，迄今尚未发现碘有除参与甲状腺素合成以外的其他独立生理作用。甲状腺素是人体重要的激素，该激素的生理功能主要有以下几个方面：①促进生物氧化，参与磷酸化过程，调节能量转换；②促进蛋白质合成和神经系统发育，对胚胎发育期和出生后早期生长发育，特别是智力发育尤为重要；③促进糖和脂肪代谢，包括促进三羧酸循环和生物氧化，促进肝糖原分解和组织对糖的利用，促进脂肪分解及调节血清中胆固醇和磷脂的浓度；④激活体内许多重要的酶包括细胞色素酶系、琥珀酸氧化酶系等一百多种酶；⑤调节组织中的水盐代谢，缺乏甲状腺素可引起组织水盐潴留并发黏液性水肿；⑥促进维生素的吸收和利用，包括促进烟酸的吸收利用及β-胡萝卜素向维生素A的转化。

十、其他

1. 铜

成人体内含铜（copper，Cu）量为50～120mg，各组织器官中以肝、脑、肾、心脏和头发中含量最高，脾、肺、肌肉和骨骼次之，脑垂体、甲状腺和胸腺含量最低。胎儿和婴儿体内铜水平与成人不同。为满足婴儿期对铜的需求，出生后头两个月的新生儿体内铜的浓度是成人的6～10倍。铜的生理功能如下。

（1）维持正常的造血功能　铜蓝蛋白在肝脏合成，可催化二价铁氧化成三价铁，对生成运铁蛋白、促进铁的吸收和转运具有重要作用。此外铜蓝蛋白还能促进血红素和血红蛋白的合成，缺铜可引起缺铁性贫血。

（2）维护中枢神经系统的完整性　神经髓鞘的形成和神经递质如儿茶酚胺的生物合成需要含铜的细胞色素氧化酶、多巴胺-3-羟化酶、酪氨酸酶的参与。

（3）促进骨骼、血管和皮肤的健康　含铜的赖氨酰氧化酶能促进骨髓、皮肤和血管中胶原蛋白和弹性蛋白的交联。

（4）抗氧化作用　铜是超氧化物歧化酶（superoxide dismutase，SOD）的重要成分，铜为该酶的活性中心结构，该酶可保护细胞免受超氧离子引起的损伤。

（5）其他　铜还与胆固醇代谢、心脏功能、机体免疫功能及激素分泌等有关。

2. 锰

人体内锰（manganese）的总含量为10～20mg。肝脏、胰腺、肾脏、骨骼中的锰含量较高，为20～50nmol/g，血清中锰含量为20mmol/L，视网膜等结构中锰浓度也较高。锰的生理功能如下。

（1）酶的组成成分或激活剂　锰是精氨酸酶、丙酮酸羧化酶及锰–超氧化物歧化酶的组成成分，也是羧化酶、脱羧酶、激酶、转化酶等多种酶的激活剂。

（2）维持骨骼正常发育　结缔组织基质糖胺聚糖的合成需要锰的参与。

（3）促进糖和脂肪代谢及抗氧化功能　参与脂类、碳水化合物的代谢，参与肝微粒体中脂质氧化及细胞膜脂质氧化。

（4）其他　锰与生殖功能有关，缺锰可使生殖功能紊乱，精子减少，性欲减退；还可引起神经功能障碍，发生抽搐、共济失调等症状。

3. 氟

正常人体内含氟（fluorine）总量约2.6g，主要存在于骨骼和牙齿中，少量分布在毛发、指甲及其他组织。体内的氟含量与地球环境和膳食中氟的水平有关，高氟地区人群体内的氟含量高于一般地区人群。氟的生理功能如下。

（1）维持骨骼和牙齿结构稳定性　氟可部分取代骨骼中羟基磷灰石晶体中的羟基，成为骨盐的组成成分。适量的氟有利于钙和磷的利用，促进骨的形成和增强骨质的坚硬性，加速骨骼生长。

（2）防治龋齿　氟可与牙釉质中羟基磷灰石作用，在牙齿表面形成一层坚硬且具有抗酸性腐蚀的氟磷灰石晶体保护层，抑制糖酵解，减少酸性物质生成，起到防治龋齿的作用。

4. 钴

正常人体含钴量为1.1～1.5mg，肝、肾、骨骼中钴含量较高。

钴作为维生素B_{12}的组成成分，其功能通过维生素B_{12}的作用来体现，主要促进红细胞的成熟。钴参与甲状腺素的合成，产生类似甲状腺的功能作用。

5. 镍

人体含镍总量为6～10mg，广泛分布于肺、肝、肾、骨髓、皮肤等组织器官。血浆中的镍含量为1～23μg/L。

镍作为某些金属酶的成分或辅助因子，如脲酶、氢化酶、甲基辅酶、还原酶等，具有调节某些内分泌功能、增强胰岛素作用及刺激造血功能的作用。镍对精氨酸酶、乙酰辅酶A合成酶、脱氧核糖核酸酶等具有一定的激活作用，能够促进体内水解和氧化还原反应，并具有调节基因表达、维持膜结构稳定的作用。

6. 钼

人体含钼总量约为9mg，分布于全身各组织器官，其中肝脏、肾脏和皮肤含钼量较高。

钼作为酶的辅助因子发挥作用，是黄素依赖酶（如黄嘌呤氧化/脱氢酶、醛氧化酶及亚硫酸氧化酶）的组成成分。黄嘌呤氧化/脱氢酶主要催化组织内嘌呤化合物的氧化代谢及尿酸的形成；亚硫酸氧化酶可以催化人体内亚硫酸转变为硫酸。

第六节 维生素

一、概述

维生素（vitamin）是维持机体生命活动过程所必需的一类微量的低分子有机化合物。维生素的种类很多，化学结构各不相同，在生理上既不是构成各种组织的主要原料，也不是体内的能量来源。但却在机体物质和能量代谢过程中发挥着重要作用。

维生素一般是以其本体形式或以能被机体利用的前体形式存在于天然食物中。由于大多数的维生素在机体内不能合成，也不能大量储存于机体组织中，虽然需要量很小，但必须由食物提供。少部分的维生素，如烟酸和维生素D可由机体合成，维生素K和生物素（biotin）可由肠道细菌合成，但合成的量并不能完全满足机体的需要，因而不能替代从食物中获得这些维生素。

（一）命名

维生素的命名分为三个系统。一是按其发现顺序，以英文字母命名如维生素A、维生素C、维生素D、维生素E等；二是按其生理功能命名，如抗坏血酸、抗眼干燥症因子和抗凝血维生素等；三是按其化学结构命名，如视黄醇、硫胺素和核黄素等。

（二）分类

目前所发现维生素的化学结构不同，生理功能各异，根据维生素的溶解性可将其分为两大类，即脂溶性维生素和水溶性维生素。

1. 脂溶性维生素

脂溶性维生素是指不溶于水而溶于脂肪及有机溶剂（如苯、乙醚及氯仿等）的维生素，包括维生素A、维生素D、维生素E、维生素K。在食物中它们常与脂类共存；其吸收与肠道中的脂类密切相关；易储存于体内（主要在肝脏），而不易排出体外（维生素K除外）；脂溶性维生素摄取过多，易在体内蓄积而导致毒性作用，如长期摄入大剂量维生素A和维生素D，易出现中毒症状；若摄入过少，可缓慢地出现缺乏症状。

2. 水溶性维生素

水溶性维生素是指可溶于水的维生素，包括B族维生素（维生素B_1、维生素B_2、维生素PP、维生素B_6、叶酸、维生素B_{12}、泛酸、生物素等）和维生素C。水溶性维生素在体内较易从尿中排出，但维生素B_{12}例外，它甚至比维生素K更易于储存于体内；大多数水溶性维生素以辅酶的形式参与机体的物质与能量代谢；水溶性维生素在体内没有非功能性的单纯储存形式，当机体需要量饱和后，多摄入的维生素从尿中排出；反之，若组织中水溶性维生素耗竭，则摄入的维生素将大量被组织摄取利用，故从尿中排出量减少，因此可利用尿负荷试验对水溶性维生素的营养水平进行鉴定；水溶性维生素一般无毒性，但过量摄入时也可能出现毒性，如维生素C、维生素B_6或烟酸摄入量达正常人体需要量的15～100倍时，可出现毒性作用；若摄入过少，可较快地出现缺乏症状。

（三）维生素缺乏

1. 维生素缺乏的原因

在营养素缺乏中以维生素缺乏比较多见。维生素缺乏的常见原因有以下几种。

（1）摄入不足　食物短缺，或由于营养知识缺乏，选择食物不当；也可由于食物运输、加工、烹调储藏不当使食物中的维生素丢失或被破坏。

（2）吸收利用率降低　如老人胃肠道功能降低，对营养素（包括维生素）的吸收利用率降低，肝、胆疾病病人由于胆汁分泌减少会影响脂溶性维生素的吸收。

（3）维生素需要量相对增高　由于维生素的需要量增多，或丢失增加，使人体维生素需要量相对增高。例如：妊娠和哺乳期妇女、生长发育期儿童、特殊生活及工作环境的人群，疾病恢复期患者对维生素的需要量都相对增高。

2. 维生素缺乏的分类

按缺乏原因可分为原发性维生素缺乏和继发性维生素缺乏两种。原发性维生素缺乏是由于膳食中维生素供给不足或其生物利用率过低引起；继发性维生素缺乏是由于生理或病理原因妨碍了维生素的消化、吸收和利用，或因需要量增加、排泄或破坏增多而引起的条件性维生素缺乏。

按缺乏程度可分为临床和亚临床维生素缺乏两种。人体维生素不足或缺乏是一个渐进的过程。当膳食中长期缺乏某种维生素时，最初表现为组织中维生素的储量降低，继而出现生化指标和生理功能异常，进一步发展则引起组织的病理改变，并出现临床体征。当维生素缺乏导致出现临床症状时，称为维生素的临床缺乏。维生素的轻度缺乏常不出现临床症状，但一般可降低劳动效率及对疾病的抵抗力，这称为亚临床维生素缺乏或不足，也称维生素边缘缺乏（marginal deficiency）。维生素临床缺乏类疾病已不多见，而维生素的亚临床缺乏则是营养缺乏中的一个主要问题。维生素的亚临床缺乏引起的临床症状不明显、不特异，易被忽视，故应对此有高度警惕。

（四）维生素与其他营养素的相互关系

应当注意维生素与其他营养素之间的关系，如维生素B_1、维生素B_2和烟酸与能量代谢密切相关，它们的需要量一般是随着对能量的需要量增加而增加。此外，也要注意各维生素之间的关系。例如，维生素E能促进维生素A在肝内的储存，这可能是维生素E在肠道内保护维生素A免受氧化破坏之故。维生素E的抗氧化作用依赖谷胱甘肽过氧化物酶、维生素C等抗氧化物质的协同作用。而谷胱甘肽过氧化物酶的功能又需要微量元素硒的存在才能实现。

各种维生素之间，维生素与其他营养素之间保持平衡非常重要，如果摄入某一种营养素不适当，可能会引起或加剧其他营养素的代谢紊乱。如摄入高剂量维生素E（1g/d以上）可干扰维生素K的吸收，拮抗维生素K的功能。

二、维生素A

（一）理化性质

维生素A类是指含有视黄醇（retinol）结构，并具有其生物活性的一大类物质，它包括已形成的维生素A（preformed vitamin A）和维生素A原（provitamin A）以及其代谢产物。机体内的维生素A活性形式有三种：包括视黄醇（retinol）、视黄醛（retinal）、视黄酸（retinoic acid）。视黄醇是淡黄色的晶体，相对分子质量为286.46，由β-紫罗兰酮环和类异戊二烯链组成，其尾部有顺式（*cis*）和反式（*trans*）构象，顺反构象变化影响视黄醇的特异功能。

在植物中不含已形成的维生素A。某些有色（黄、橙和红色）植物中含有类胡萝卜素（carotenoids），其中一小部分可在小肠和肝细胞内转变成视黄醇和视黄醛的类胡萝卜素称为维生素A原，如α-胡萝卜素（alpha-carotene）、β-胡萝卜素（beta-carotene）、β-隐黄素（beta-cryptoxanthin）、γ-胡萝卜素（gamma-carotene）等。目前已经发现的类胡萝卜素有700种，仅有约1/10是维生素A原其中最重要的为β-胡萝卜素。相当一部分的类胡萝卜素，例如玉米黄素（zeaxanthin）、辣椒红素（capsanthin）、叶黄素（xanthophyll）和番茄红素（lycopene），目前认为它们不能分解形成维生素A，不具有维生素A的活性。

大多数天然的维生素A溶于脂肪或有机溶剂，对异构、氧化和聚合作用敏感，因而应避免与氧、高温或光接触。维生素A和胡萝卜素都对酸和碱稳定，一般烹调和罐头加工不易破坏；当食物中含有磷脂、维生素E、维生素C和其他抗氧化剂时，视黄醇和胡萝卜素较为稳定；脂肪酸败可引起其严重破坏。密封、低温冷冻组织中的维生素A可以稳定存在数年。

（二）生理功能

1. 视觉

维生素A是构成视觉细胞内感光物质的成分。人视网膜的杆状细胞内含有感光物质视紫红质，它是由11-顺式视黄醛的醛基和视蛋白内赖氨酸的ε-氨基通过席夫（Schiff）碱缩合而成，对暗视觉十分重要。当视紫红质被光照射时可引起一系列的变化，最后11-顺式视黄醛转变成全反式视黄醛（all-trans retinal），并与视蛋白分离。在这一过程中感光细胞超极化，引发神经冲动，电信号传导到视神经。与视蛋白分离的全反式视黄醛在一系列酶的作用下，又转变成11-顺式视黄醛，再与视蛋白结合成视紫红质供下一次循环使用。

人在亮处视紫红质消失，一旦进入暗处，最初看不清楚任何物体，经过一段时间待视紫红质再生到一定水平才逐渐恢复视觉，这一过程称为暗适应（dark adaptation）。暗适应的快慢取决于照射光的波长、强度和照射时间，同时也与体内维生素A的营养状况有关。需要强调的是，并不是所有与视蛋白分离的视黄醛都可反复使用形成视紫红质，因此必须持续补充维生素A以满足需求。当维生素A不足时，暗适应时间会延长。

2. 细胞生长和分化

核受体超家族（the nuclear receptor superfamily）在细胞生长、分化、增殖以及凋亡过程中起着十分重要的调节作用。视黄酸受体/类视黄醇X受体（retinoic acid receptor retinoid X receptor，RAR/RXR）是核受体超家族的重要成员。细胞内视黄酸及其代谢产物作为RAR/RXR的配体与其进行特异性结合，后者再与DNA特异反应元件结合，激活靶基因的转录和特异性蛋白质的合成。视黄酸通过与RAR/RXR的结合影响DNA的转录，被称为转录调节因子，参与多种基因的表达，继而影响蛋白质的合成，调节机体多种组织细胞的生长和分化等多种功能，包括神经系统、心血管系统、眼睛、骨骼和上皮组织等。缺乏维生素A的儿童生长停滞，发育迟缓，骨骼发育不良。

3. 维护上皮组织细胞的健康

维生素A对上皮的正常形成、发育与维持十分重要。维生素A充足时，皮肤和机体保护层（如肺、肠道、阴道、泌尿道、膀胱上皮层）才能维持正常的抗感染和抵御外来侵袭的天然屏障作用。当维生素A不足或缺乏时，可导致糖蛋白合成异常，上皮基底层增生变厚，表层干燥等，削弱防御能力，使人体易于感染。对儿童来说，缺乏维生素A，极易合并发生呼吸道感染及腹泻。有的肾结石也与泌尿道角质化有关。

4. 免疫功能

维生素A通过调节细胞和体液免疫提高免疫功能，该作用可能与增强巨噬细胞和自然杀伤细胞的活力以及改变淋巴细胞的生长或分化有关。因此，维生素A又被称为“抗感染”维生素。

5. 抗氧化作用

类胡萝卜素能捕捉自由基（free radicals），猝灭单线态氧（single oxygen，$^1O_2$），提高抗氧化防御能力。

6. 抑制肿瘤生长

维生素A抑制肿瘤的作用可能与其调节细胞的分化、增殖和凋亡有关，也可能与其解毒和抗氧化功能有关。

三、维生素D

（一）理化性质

维生素D类是指含环戊氢烯菲环结构，并具有钙化醇生物活性的一大类物质，以维生素D_2（ergocalciferol，麦角钙化醇）及维生素D_3（cholecalciferol，胆钙化醇）最为常见。

维生素D_2是由酵母菌或麦角中的麦角固醇（ergosterol）经日光或紫外光照射后形成的产物，并且能被人体吸收。维生素D_3是由储存于皮下的胆固醇衍生物——7-脱氢胆固醇，在紫外光照射下转变而成。

由于维生素D_3在皮肤中产生，但要运往靶器官才能发挥生理作用，因此可将其视为一种激素。由于从膳食或由皮肤合成的维生素D没有生理活性，必须到其他部位激活才具有生理作用，即它们是有活性作用维生素D的前体，又称为激素原（prohormone）。在某些特定条件下，如工作或居住在日照不足、空气污染（阻碍紫外光照射）的地区，维生素D必须由膳食供给，才成为一种真正意义上的维生素，故又认为维生素D是条件性维生素。

维生素D_2和维生素D_3皆为白色晶体，溶于脂肪和有机溶剂，其化学性质比较稳定，在中性和碱性溶液中耐热，不易被氧化，但在酸性溶液中则逐渐分解，故通常的烹调加工不会引起维生素D的损失，但脂肪酸败可引起维生素D被破坏。超剂量辐射可导致维生素D形成具有毒性的化合物。

（二）生理功能

1,25-二羟维生素D_3［$1,25\text{-}(OH)_2\text{-}D_3$］（或$D_2$）是维生素D的活性形式，作用于小肠、肾、骨等靶器官，参与维持细胞内、外的钙浓度，以及钙磷代谢的调节；此外，它还作用于其他很多器官，如心脏、肌肉、大脑、造血和免疫器官，参与细胞代谢或分化的调节。

维生素D与维生素D受体（vitamin D receptor，VDR）结合后发挥作用。VDR属于核激素超家族受体的一员，分布于多种器官，包括肠、肾、骨、心脏、胰、垂体、乳房、胎盘、造血组织、皮肤及各种来源的癌细胞等。活性维生素D与VDR结合，改变了VDR构型，继而改变了VDR与位于特异性靶基因启动子区域（promoter region of gene）的维生素D反应元件（vitamin D response elements，VDRE）的亲和性。VDR-1,25-$(OH)_2$-D_3复合体与VDRE的结合将调节多种靶基因的转录，影响细胞的代谢或分化。

1．促进小肠对钙的吸收

1,25-$(OH)_2$-D_3可诱导一种特异性钙结合蛋白（calcium-binding protein，CBP）的合成。钙结合蛋白在小肠黏膜细胞促进钙的吸收，其确切的机制仍需进一步研究。1,25-$(OH)_2$-D_3还能增加刷状缘碱性磷酸酶的活性，促进磷酸酯键的水解和磷的吸收。

2．促进肾小管对钙、磷的重吸收

1,25-$(OH)_2$-D_3对肾脏也有直接作用，能促进肾小管对钙、磷的重吸收，减少钙、磷丢失。促进磷的重吸收比促进钙的重吸收的作用明显。

3．对骨细胞呈现多种作用

当血液中钙浓度降低时1,25-$(OH)_2$-D_3动员骨组织中的钙和磷释放入血液，以维持正常的血钙浓度。这一作用可能是1,25-$(OH)_2$-D_3通过核受体诱导干细胞分化为成熟的破骨细胞（osteoclast）和增加破骨细胞的活性，继而破骨细胞发挥调节骨的重吸收作用，释放钙进入血液。一旦破骨细胞成熟，即不再对1,25-$(OH)_2$-D_3产生反应。1,25-$(OH)_2$-D_3可增加成骨细胞（osteoblast）碱性磷酸酶的活性及骨钙化基因的表达。一般来说，1,25-$(OH)_2$-D_3对骨的骨化作用的调节并不重要，但当细胞外钙、磷浓度超饱和时，1,25-$(OH)_2$-D_3才对促进骨化发挥作用。

4．通过维生素D内分泌系统调节血钙平衡

在维生素D内分泌调节系统中，主要的调节因子是1,25-$(OH)_2$-D_3、甲状旁腺激素、降钙素及血清钙和磷的浓度。当血钙降低时，甲状旁腺素升高，1,25-$(OH)_2$-D_3增多，通过对小肠、肾、骨等器官的作用来升高血钙水平；当血钙过高时，甲状旁腺素降低，降钙素分泌增加，尿中钙和磷排出增加，使血钙水平降低。

5．参与机体多种机能的调节

维生素D具有激素的功能，通过VDR调节生长发育、细胞分化免疫、炎性反应等。近年来大量研究发现机体低维生素D水平与高血压、部分肿瘤、糖尿病、心脑血管疾病、脂肪肝低水平的炎性反应、自身免疫性疾病等密切相关，也与部分传染病如结核病和流行性感冒的发病相关。

四、维生素E

（一）理化性质

维生素E类是指含苯并二氢吡喃结构、具有α-生育酚生物活性的一类物质。它包括八种化合物：四种生育酚（tocopherols，即α-T、β-T、γ-T、δ-T）和四种生育三烯酚（tocotrienols，即α-TT、β-TT、γ-TT、δ-TT），其中α-生育酚的生物活性最高，故通常以α-生育酚作为维生素E的代表进行研究。

α-生育酚是黄色油状液体，溶于酒精、脂肪和有机溶剂，对热及酸稳定，对碱不稳定，对氧极为敏感，油脂酸败能加速维生素E的破坏。食物中维生素E在一般烹调时损失不大，但油炸时维生素E活性明显降低。

（二）生理功能

1. 抗氧化作用

维生素E是氧自由基的清除剂，它与其他抗氧化物质以及抗氧化酶包括超氧化物歧化酶（superoxide dismutase，SOD）、谷胱甘肽过氧化物酶（glutathione peroxidase，GP）等一起构成体内抗氧化系统，保护生物膜及其他蛋白质免受自由基攻击。

在非酶抗氧化系统中维生素E是重要的抗氧化剂，生育酚分子与自由基发生反应后，自身被氧化成生育酚羟自由基（tocopheroxyl radical），即氧化型维生素E。氧化型维生素E在维生素C、谷胱甘肽和还原型辅酶Ⅱ（NADPH）的参与下重新还原成生育酚（还原型）。可见，体内抗氧化功能是由复杂的体系共同完成的，维生素E是这个体系的一个重要组成成分。

2. 预防衰老

人们随着年龄增长，体内脂褐质不断增加，脂褐质俗称老年色素，是细胞内某些成分被氧化分解后产生的沉积物。补充维生素E可减少细胞中的脂褐质形成；维生素E还可改善皮肤弹性，减轻性腺萎缩，提高免疫力。

3. 与动物的生殖功能和精子生成有关

维生素E缺乏时可出现睾丸萎缩和上皮细胞变性、孕育异常。临床上常用维生素E治疗先兆流产和习惯性流产，但在人类尚未发现有因维生素E缺乏而引起的不育症。

4. 调节血小板的黏附力和聚集作用

维生素E缺乏时血小板聚集和凝血作用增强，增加心肌梗死及脑卒中的危险性。这是由于维生素E可抑制磷脂酶A的活性，减少血小板血栓素A的释放从而抑制血小板的聚集。

5. 其他

维生素E可抑制体内胆固醇合成限速酶，即3–羟基–3–甲基戊二酰辅酶A（3–hydroxy–3–methylglutaryl coenzyme A，HMG–CoA）还原酶的活性，从而降低血浆胆固醇水平；维生素E还抑制肿瘤细胞的生长和增殖，其作用机制可能与抑制细胞分化、生长密切相关的蛋白激酶的活性有关。

五、B族维生素

（一）维生素B_1

1. 理化性质

维生素B_1也称抗脚气病因子和抗神经炎因子，由含氨基的嘧啶环和含硫的噻唑环通过亚甲基桥相连而成，因分子中含有“硫”和“氨”，故又称硫胺素（thiamin）。纯品为白色粉末状结晶，微带酵母气味，口感呈咸味，易溶于水，微溶于乙醇。酸性环境下较稳定，加热120℃仍不分解；中性和碱性环境中不稳定，易被氧化和受热破坏。硫胺素被氧化后转变为硫色素（脱氢硫胺素），硫色素在紫外光下呈现蓝色荧光，利用这一特性可测定硫胺素的含量。

2. 生理功能

（1）辅酶功能　焦磷酸硫胺素（TPP）是维生素B_1的主要活性形式，在体内的能量代谢中具有重要作用，参与两个重要的反应，即α–酮酸的氧化脱羧反应和磷酸戊糖途径的转酮醇反应。

TPP是碳水化合物代谢中氧化脱羧酶的辅酶，即作为丙酮酸和α–酮戊二酸脱羧反应的辅酶。由葡萄糖、脂肪酸和支链氨基酸衍生的丙酮酸和α–酮戊二酸需经氧化脱羧反应产生乙酰辅酶A（acetyl CoA）和琥珀酰辅酶A（succinyl CoA）才能使来自碳水化合物和氨基酸的α–酮酸进入三羧酸循环（tricarboxylic acid cycle），氧化产生ATP。乙酰辅酶A和琥珀酰辅酶A是三大营养物质分解代谢和产生能量的关键酶。因此，当维生素B_1严重缺乏时，ATP生成障碍，丙酮酸和乳酸在机体内堆积，会对机体造成损伤。

TPP也可作为转酮醇酶的辅酶参与转酮醇作用（transketolation），这是磷酸戊糖通路中的重要反应。转酮醇酶在磷酸戊糖途径中催化5–磷酸木酮糖生成3–磷酸甘油醛以及5–磷酸核糖生成7–磷酸景天庚酮糖反应。转酮醇作用不是碳水化合物氧化供能的主要途径，但它是核酸合成中戊糖以及脂肪酸合成中还原型辅酶Ⅱ的重要来源。

（2）非辅酶功能　维生素B_1在神经组织中可能具有一种特殊的非酶作用，当维生素B_1缺乏时，乙酰辅酶A生成减少，影响乙酰胆碱的合成。乙酰胆碱有促进胃肠蠕动和腺体分泌作用，其可被胆碱酯酶水解成乙酸和碱而失去活性。维生素B_1是胆碱酯酶的抑制剂，当维生素B_1缺乏时，胆碱酯酶的活性增强，使乙酰胆碱分解加速，导致胃肠蠕动变慢，消化液分泌减少，出现消化不良，所以临床上常将维生素B_1作为辅助消化药使用。

此外TPP可能具有调控某些离子通道的功能，其作用机制与维生素B_1磷酸化有关。

（二）维生素B_2

1．理化性质

维生素B_2又称核黄素（riboflavin），是具有一个核糖醇侧链的异咯嗪类衍生物。核黄素为黄色粉末状结晶，味苦，熔点高，为275～282℃；水溶性较低，常温下每100mL水可溶解12mg核黄素，核黄素水溶液呈现黄绿色。在酸性及中性环境中对热稳定，在碱性环境中易被热和紫外线破坏。核黄素有游离及结合两种形式，游离状态容易发生光裂解，结合状态比较稳定。

2．生理功能

维生素B_2以黄素辅酶黄素单核苷酸（FMN）、黄素腺嘌呤二核苷酸（FAD）形式参与许多代谢的氧化还原反应。

（1）参与体内生物氧化与能量代谢　维生素B_2在体内以FMN和FAD的形式与特定蛋白结合形成黄素蛋白（flavoprotein），黄素蛋白是机体中许多酶系统中重要辅基的组成成分，通过呼吸链参与体内氧化还原反应与能量代谢，重要的含黄素蛋白的酶有氨基酸氧化酶、细胞色素C还原酶、丙酮酸脱氢酶、脂肪酰辅酶A脱氢酶、谷胱甘肽还原酶、黄嘌呤氧化酶和单胺氧化酶等。这些酶在氨基酸的氧化脱氨基作用及嘌呤核苷酸的代谢中起重要作用，从而维持蛋白质、脂肪和碳水化合物的正常代谢，促进人体正常的生长发育，维护皮肤和黏膜的完整性。若体内维生素B_2不足，则物质和能量代谢发生紊乱，将出现生长发育障碍和物质代谢障碍。

（2）参与烟酸和维生素B_2的代谢　FAD和FMN分别作为辅酶参与色氨酸转变为烟酸和维生素B_2转变为磷酸吡哆醛的反应。

（3）其他生理功能　核黄素还参与体内其他一些生化过程。如FAD作为谷胱甘肽还原酶的辅酶参与体内抗氧化防御系统，维持还原型谷胱甘肽的浓度；FAD与细胞色素P450结合，参与药物代谢，提高机体对环境的应激适应能力等。

（三）烟酸

1. 理化性质

烟酸（niacin）又称维生素B_3、尼克酸（nicotinic acid）、抗癞皮病因子等。烟酸在体内以烟酰胺（尼克酰胺）形式存在，两者总称为维生素PP，它们在体内具有相同的生理活性。烟酸和烟酰胺是氮杂环吡啶的衍生物。烟酸为吡啶-3-羧酸，很容易转变为烟酰胺。烟酸为稳定的白色针状结晶，易溶于沸水和沸乙醇，不溶于乙醚，在酸、碱、光、氧或加热条件下不易被破坏。高压、高温120℃条件下，20min也不会被破坏，是维生素中最稳定的一种，一般烹调加工损失极小，但会随水流失。烟酰胺为白色结晶，易溶于水，不溶于乙醚。

2. 生理功能

（1）参与体内物质和能量代谢　烟酸在体内以烟酰胺的形式构成辅酶Ⅰ和辅酶Ⅱ，这两种辅酶结构中的烟酰胺部分具有可逆的加氢和脱氢特性，在细胞生物氧化过程中起着传递氢的作用。

（2）与核酸的合成有关　葡萄糖通过磷酸戊糖代谢途径可产生5-磷酸核糖，这是体内产生核糖的主要途径，核糖是合成核酸的重要原料。而烟酸构成的辅酶Ⅰ和辅酶Ⅱ是葡萄糖磷酸戊糖代谢途径第一步生化反应中氢的传递者。

（3）降低血胆固醇水平　每天摄入1～2g烟酸，可降低血胆固醇水平。其原理可能是它干扰胆固醇或脂蛋白的合成，或者是它能促进脂蛋白酶的合成。

（4）葡萄糖耐量因子的组成成分　葡萄糖耐量因子（glucose tolerance factor，GTF）是由三价铬、烟酸、谷胱甘肽组成的一种复合体，可能是胰岛素的辅助因子，有增加葡萄糖的利用及促进葡萄糖转化为脂肪的作用。

（四）泛酸

1. 理化性质

泛酸（pantothenic acid）又称维生素B_5和遍多酸，是黄色的黏稠油状物，易溶于水，不溶于有机溶剂，对酸、碱和热不稳定。泛酸常以钙盐的形式存在，为易溶于水的白色粉状结晶，在中性水溶液中耐热，在一般的温度下蒸煮，损失很少，但高温会使其受到破坏，在酸性和碱性条件下不稳定，易被破坏。

2. 生理功能

泛酸的主要生理功能是构成辅酶A和酰基载体蛋白，并通过它们在代谢中发挥作用。泛酸作为辅酶A的组成部分参与体内碳水化合物、脂肪和蛋白质的代谢；传导神经脉冲和解除某些药物毒性需要乙酰胆碱，辅酶A可提供乙酰胆碱的合成原料——乙酰基；血红素由甘氨酸、琥珀酰辅酶A及铁这三种原料合成，泛酸参与血红素的合成。

酰基载体蛋白作为脂肪酸合成酶复合体的组成部分参与脂肪酸的合成。当体内缺乏泛酸时，机体可利用辅酶A合成酰基载体蛋白，因此辅酶A含量明显下降，而酰基载体蛋白含量无明显改变。

（五）维生素B_6

1. 理化性质

维生素B_6包括三种天然存在形式，即吡哆醇（pyridoxine，PN）、吡哆醛（pyridoxal，

PL）和吡哆胺（pyridoxamine，PM），这三种形式结构性质相近且均具有维生素B_6活性。维生素B_6易溶于水及乙醇，微溶于有机溶剂，在空气和酸性条件下稳定，在碱性条件下易被破坏，各种形式对光均较敏感。

2. 生理功能

进入人体的维生素B_6以辅酶形式吡哆醛磷酸酶（PLP）参与许多酶系反应。目前已知有近百种酶依赖磷酸吡哆醛，其主要作用表现在：①参与氨基酸代谢，如转氨、脱氨、脱羟、转硫和色氨酸转化等作用；②参与脂肪的代谢，如与维生素C协同作用，参与不饱和脂肪酸的代谢；③促进体内烟酸合成；④参与造血，PLP参与琥珀酰辅酶A和甘氨酸合成血红素的过程；⑤促进体内抗体的合成，缺乏维生素B时抗体的合成减少，机体抵抗力下降；⑥可促进维生素B、铁和锌的吸收；⑦参与神经系统中许多酶促反应，使神经递质的水平升高，包括5-羟色胺、多巴胺、去甲肾上腺素等；⑧参与一碳单位和同型半胱氨酸代谢。

（六）生物素

1. 理化性质

生物素（biotin）又称维生素H、维生素B_7、辅酶R等，是由一个脲基环和一个带有戊酸侧链的噻吩环组成。生物素为无色无味的针状结晶，能溶于热水和乙醇，但不溶于有机溶剂。对热稳定，一般烹调损失不大，强碱和氧化剂可使其受到破坏。

2. 生理功能

生物素在体内是许多羧化酶的辅酶，在碳水化合物、脂类、蛋白质和核酸的代谢过程中发挥重要作用。如丙酮酸羧化酶，可催化丙酮酸与辅酶A结合，生成乙酰辅酶A和二氧化碳；丙酰辅酶A羧化酶催化碳酸氢盐与丙酰辅酶A结合形成甲基丙二酰辅酶A；乙酰辅酶A羧化酶涉及脂肪酸的合成；甲基巴豆酰辅酶A羧化酶是亮氨酸降解为3-甲基戊烯二酸并进一步形成乙酰辅酶A和乙酰乙酸所必需的酶。

它还参与胰淀粉酶和其他消化酶的合成，所以生物素与食物的消化过程密切相关。

（七）叶酸

1. 理化性质

叶酸（folic acid）最初是从菠菜叶子中分离提取出来的，因此得名，也被称为维生素B_9、维生素Bc和维生素M，其化学名称是蝶酰谷氨酸（pteroylglutamic acid），由蝶啶、对氨基苯甲酸和谷氨酸结合而成。叶酸为淡黄色结晶状粉末，不溶于冷水，稍溶于热水，其钠盐易溶于水，不溶于乙醇、乙醚及其他有机溶剂。在水中易被光破坏，在酸性溶液中不稳定，$pH<4$可被破坏，在酸性溶液中温度超过100℃即分解，在中性和碱性溶液中对热稳定。

2. 生理功能

天然存在的叶酸大多是还原形式的叶酸，即二氢叶酸和四氢叶酸，但只有四氢叶酸才具有生理功能。叶酸的重要生理功能是作为一碳单位的载体参与代谢。它主要携带“一碳基团”（甲酰基、亚甲基及甲基等），参与嘌呤和嘧啶核苷酸的合成，在细胞分裂和增殖中发挥作用；催化二碳氨基酸和三碳氨基酸相互转化；在某些甲基化反应中起重要作用。因此，叶酸为许多生物和微生物生长所必需。

（八）维生素B_{12}

1．理化性质

维生素B_{12}分子中含金属元素钴，因而又称钴胺素（cobalamin），是唯一含金属元素的维生素。钴可与氰基（—CN）、羟基、（—OH）、甲基（$—CH_3$）、5-脱氧腺苷等基团相结合，分别称氰钴胺素、羟钴胺素、甲基钴胺素、5-脱氧腺苷钴胺，后两者是维生素B_{12}的活性形式，也是血液中存在的主要形式。

维生素B_{12}为红色结晶体（金属钴的颜色），熔点甚高（320℃时不熔），溶于水和乙醇，不溶于氯仿和乙醚，结构性质稳定，在弱酸条件下稳定，在强酸、强碱环境中易被破坏，日光、氧化剂和还原剂均能使其破坏。

2．生理功能

维生素B_{12}在体内以两种辅酶形式发挥生理作用，即甲基B_{12}（甲基钴胺素）和辅酶B_{12}（5-脱氧腺苷钴胺）参与体内生化反应。

作为甲硫氨酸合成酶的辅酶参与同型半胱氨酸甲基化转变为甲硫氨酸的反应。维生素B_{12}从5-甲基四氢叶酸获得甲基后形成甲基B_{12}，后者又将甲基转移给同型半胱氨酸，并在甲硫氨酸合成酶的作用下合成甲硫氨酸。维生素B_{12}缺乏时，5-甲基四氢叶酸上的甲基不能转移，甲硫氨酸的生成受阻，造成同型半胱氨酸堆积，形成高同型半胱氨酸血症；同时使组织中游离的四氢叶酸含量减少，无法被重新利用，影响嘌呤和嘧啶的合成，最终导致核酸合成障碍，影响细胞分裂，产生巨幼红细胞贫血即恶性贫血。

维生素B_{12}可作为甲基丙二酰辅酶A异构酶的辅酶参与甲基丙二酸-琥珀酸的异构化反应。维生素B_{12}缺乏时，甲基丙二酰辅酶A大量堆积，其结构与脂肪酸合成的中间产物丙二酰辅酶A相似，因此影响脂肪酸的正常合成。脂肪酸的合成异常影响了髓鞘质的更新，髓鞘质变性退化，造成进行性脱髓鞘，导致维生素B_{12}缺乏引起的神经疾病。

六、维生素C

（一）理化性质

维生素C又称抗坏血酸（ascorbic acid），是一种含有6个碳原子的酸性多羟基化合物。天然存在的维生素C有L-型和D-型两种形式，其中L-型有生物活性，D-型无生物活性。维生素C为无色无臭的片状晶体，易溶于水，稍溶于丙酮与低级醇类，不溶于脂溶性溶剂，0.5%的维生素C水溶液呈强酸性（$pH<3$）。维生素C是一种强还原剂，有较强的抗氧化活性。结晶维生素C稳定，其水溶液极易氧化，遇空气、热、光、碱性物质、氧化酶及微量铜离子、铁离子等重金属离子，可加速其氧化进程。

食物中维生素C有还原型与氧化型（脱氢型）之分，两者可通过氧化还原反应相互转变，均具生物活性。人血浆中维生素C主要以还原形式存在，还原型和氧化型比为15∶1，故测定还原型维生素C含量即可了解血中维生素C的水平。

（二）生理功能

维生素C是一种生物活性很强的物质，在体内具有多种生理功能。

1. 抗氧化作用

维生素C是机体内一种强还原剂，可直接与氧化剂作用，使氧化型谷胱甘肽还原为还原型谷胱甘肽，从而发挥抗氧化作用。维生素C也可还原超氧化物、羟基、次氯酸以及其他活性氧化物。

2. 作为羟化过程底物和酶的辅助因子

羟脯氨酸和羟赖氨酸是细胞间质胶原蛋白的重要组成成分，体内维生素C不足时，脯氨酸和赖氨酸的羟基化过程不能正常进行，影响胶原蛋白的合成，导致创伤愈合延缓，毛细血管壁脆性增加，引起不同程度出血。

3. 改善铁、钙和叶酸的利用

维生素C能使难以被吸收利用的三价铁还原成二价铁，促进肠道对铁的吸收，提高肝脏对铁的利用率，有助于治疗缺铁性贫血。维生素可促进钙的吸收，在胃中形成一种酸性介质，防止不溶性钙络合物的生成及发生沉淀。维生素C可将叶酸还原成有生物活性的四氢叶酸，防止发生巨幼红细胞贫血。

4. 促进类固醇的代谢

维生素C参与类固醇的羟基化反应，促进代谢进行，如由胆固醇转变成胆酸、皮质激素及性激素，降低血清胆固醇，预防动脉粥样硬化的发生。

5. 清除自由基

维生素C是一种重要的自由基清除剂，它通过逐级供给电子而变成三脱氢抗坏血酸和脱氢抗坏血酸，以清除O_2· 和OH· 等自由基，发挥抗衰老作用。

6. 参与合成神经递质

维生素C充足时大脑可促进两种神经递质——去甲肾上腺素和5-羟色胺的产生。如果缺乏维生素C，则神经递质的形成受阻。

7. 其他作用

维生素C能促进抗体形成，增加人体抵抗力；对于进入人体内的有毒物质如汞、铅、砷、苯以及某些药物和细菌毒素，给予大量的维生素C可缓解其毒性。

本章小结

本章主要介绍合理膳食、合理营养和膳食营养素参考摄入量的概念，重点介绍人体需要的各类营养素，包括宏量营养素（蛋白质、脂类和碳水化合物）和微量营养素（矿物质和维生素）以及膳食纤维的生理功能、消化、吸收、代谢、营养学评价、缺乏或过量的危害。

课后习题

1. 简要分析营养不良的危害。
2. 如何评价食物蛋白质的营养价值?
3. 短链脂肪酸有何生理意义?
4. 影响矿物质吸收的因素有哪些?
5. 脂溶性维生素和水溶性维生素代谢及其作用特点有哪些?

参考文献

[1] 赵丽云，丁钢强，赵文华等. 2015—2017年中国居民营养与健康状况监测报告[M]. 北京：人民卫生出版社，2022.
[2] 曾果. 营养与疾病[M]. 成都：四川大学出版社，2017.
[3] 高秀兰. 食品营养与卫生[M]. 重庆：重庆大学出版社，2015.
[4] 靳国章. 饮食营养与卫生[M]. 重庆：重庆大学出版社，2015.

03 第三章 CHAPTER 烹饪原料科学

本章导学

“烹饪原料科学”是烹饪科学体系中阐述烹饪原料的种类、性质、组织结构、营养特点等及在烹饪中的应用规律的一门科学，它是烹饪科学体系的组成部分，也是烹饪相关学科中必须学习的一项基础专业内容。

本课程的学习对科学合理地利用烹饪原料，促进烹饪科学知识体系的掌握和提高烹饪理论水平都具有重要的作用。

学习目标

◎知识目标

1. 掌握不同烹饪原料的种类、性质、组织结构、营养特点。
2. 熟悉不同烹饪原料的烹饪特性及在烹饪中的应用规律。
3. 了解烹饪原料的分类和命名、烹饪原料的品质检验、烹饪原料的贮藏保管相关知识。
4. 了解各类植物性原料、动物性原料和调辅原料的理化特性、品质特点、品种分类、烹饪的运用规律。
5. 了解烹饪原料的化学成分与色、香、味、形的关系。

◎能力目标

1. 提升学生对烹饪原料的辨别能力。
2. 培养学生对烹饪原料的应用能力。
3. 培养学生的专业认知能力。

◎素质目标

1. 培养学生的专业文化素养。
2. 增强学生科学挑选和使用烹饪原料的意识。

知识结构图

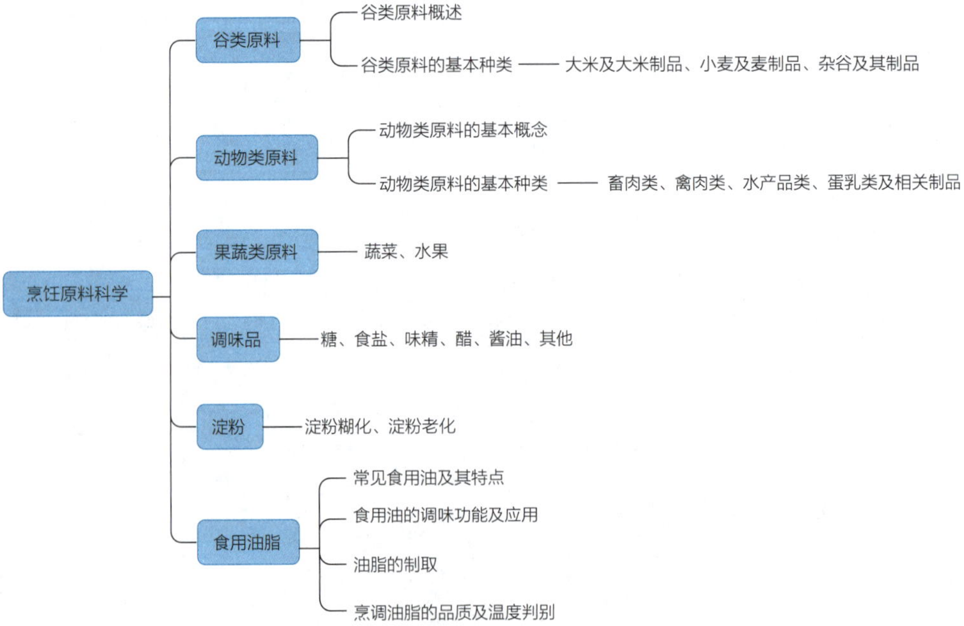

第一节
谷类原料

一、谷类原料概述

谷类原料是指用来生产食品的各种粮食作物，它们作为人类饮食中的基本组成部分，主要用于提供能量。这类食材一般不注重色香味的审美追求和复杂的加工技艺，人们食用它们主要是为了抵御日常的饥饿和保障基本能量的需求，并不常用于有特定文化或社交含义的场合，如宴请或赠送。谷类食品所含的主要营养成分是碳水化合物（以淀粉为主），其次才是蛋白质。

根据联合国粮食及农业组织（FAO）的定义，粮食主要包含三大类：麦类作物、稻谷作物以及粗粮或杂粮（常用作饲料的谷物，如大麦、玉米、黑麦、燕麦、黑小麦和高粱等）。在中国古代，早在先秦时期就有“五谷”之分，这五谷是指稻、黍、稷、麦、菽，它们的种子被分别称为稻米（米）、黍米（黍）、粟米（稷）、麦粒（麦）和菽豆（豆类作物）。

二、谷类原料的基本种类

（一）大米及大米制品原料

大米及大米制品是中国重要的粮食来源之一。中国是全世界范围内最早开始耕种水稻的国家之一，据考古研究发现，早在约7000年前，位于现在长江下游杭州湾附近的河姆渡文化区域的居民已经开始栽培籼稻。当前，中国的稻米总产量约占全球的三分之一，稻米产量全球排名第一，主要的水稻种植区域集中在长江流域和珠江流域。在中国，大米根据品种的不同主要分为几大类：粳米、籼米和糯米。

1. 粳米

粳米是中国饮食文化中普遍存在的一种稻米品种，它在中国境内广泛种植，从中国北方的东北地区到江淮流域再到南方，均有其踪迹，且其栽培历史悠久，已超过6000年。米粒通常呈圆形或椭圆形，比较短胖，断面接近完美的圆形，颜色通常为乳白色，呈现透明或半透明状。粳米质地较硬同时也具有弹性，煮熟后具有良好的黏性和油润感，口感柔软，但其产量不及籼米。按照水稻收获的时期，粳米可分为早收和晚收两种，早收的粳米通常半透明，腹白部分较大，米粒的坚硬成分较少，整体品质较晚收粳米差；晚收的粳米则表现为更加洁白或乳白色，腹白少，米粒质地更硬，品质更好。

粳米所含的直链淀粉相对较低，一般不超过15%，这种米适宜在较冷的地区种植，如温带和寒带地区，其生长周期较长，通常一年收成一次。台湾则是北半球粳稻能生长的最南端的地区之一。去壳处理后的粳米，外形较为短圆，透明度较高（尽管某些品种会呈现部分白色粉质）。其煮熟后的质感介于糯米和籼米之间，是中国北方地区、日本、朝鲜半岛主要的粮食来源。

粳米有早、中、晚不同成熟阶段的区分。在民间有“北粳凉，南粳温；赤粳热，白粳凉；新粳暖，陈粳凉”这样的传统说法。使用粳米煮出的粥味道滋润，老少咸宜。其中黑米作为粳米中的一种特殊品种，产自陕西省城固县，其具有光泽且口感细腻。科学研究表明，黑米含多种氨基酸、微量元素（如铁、锌、钼）以及B族维生素，蛋白质含量比一般稻米高出约50%。中国古籍《本草纲目》也记载了黑米具备补肾滋阴、健脾温肝、明目活血的功能。不论是煮粥还是煲汤，黑米都被认为是优质的保健食材。

2. 籼米

籼米是从籼型水稻品种加工而来的米，其米粒呈细长形状或长椭圆形，长度通常超过7mm。这种米蒸煮后显示出较低的黏度和较脆的质地，加工过程中比较容易发生破碎。籼米的横切面通常为扁平的圆形，颜色表现为白色并呈透明或半透明状，也可能是不透明的。依据收获的时节，籼米可被分为早籼米和晚籼米两类。早籼米粒形比较宽厚且短，颜色偏粉白，腹白部分较显著，质地脆弱且易于破损，其黏性较晚籼米低，整体品质较差。晚籼米则呈现出更加细长和稍扁的粒形，结构更为细致紧密，通常为透明或半透明，腹白部分较小，较为坚硬，油性较高，品质通常更佳。

在国际市场中，根据籼米的粒长，可以将之区分为长粒籼米和中粒籼米。长粒籼米米粒细长，其长宽比通常大于3，呈现蜡白色且透明度较高的半透明状态。这种米饭口感细腻，煮熟后质地软弹不黏，风味优良，在籼米类中属于品质最高的。例如，广东省的齐眉米和丝苗米，以及美国的蓝冠品种都是长粒籼米。相对而言，中粒籼米的粒形更为圆胖，长度与厚度的比例处于2～3，形态上一般为长椭圆形，颜色多为半透明，有较多的腹白和粉质，煮熟后口感较松散，食味不如长粒籼米细腻。中国的湖南、湖北、广东、广西、江西和四川等地，基本上产中粒籼米。

籼米的淀粉中大约有20%是直链淀粉，具有中等的黏性水平。籼稻原产于亚热带地区，并在热带至亚热带地区种植，拥有较短的生长周期。在那些无霜期较长的区域，籼稻可一年多熟几季。籼稻去壳后得到的籼米，其外观特征为细长且透明度较低，有的品种表皮呈现红色，例如中国江西产的红籼米，特点是煮后饭粒松散且干硬。籼米适用于制作各类食品，如萝卜糕、米粉、炒饭等。广东地区流行的丝苗米也是籼稻的一种变体，是南亚、东南亚以及中国南部的重要主食来源。

3. 糯米

糯米，也称为江米，是日常饮食中常见的一种谷物。其特征是含极高比例的支链淀粉，接近100%，赋予了它超强的黏性。糯米按其米粒形状和种类可分为粳糯（又称圆糯）和籼糯（又称长糯）两种。长糯米形态细长，颜色类似粉白且不透明，具有很强的黏合性。而圆糯米则形状较短且圆，颜色是非透明的白色，虽然口感香甜且黏性稍低于长糯米，但非常适合用来制作粽子、甜酒、汤圆、米饭等食品。长糯米主要生长在南方，得益于当地气候条件，可以年收两到三次作物。而圆糯米因为原产于气候较冷的北方地区，通常只能收获单一季稻。多季稻生长周期较短，米质较软，比较适合老年人食用。糯米因其独特的口感和风味，常用来制作各种受人喜爱的特色小吃，如年糕。传统节日元宵节吃的元宵或汤圆也是由糯米粉制成。

糯米含有丰富的B族维生素，是温补脾胃、增强体力的良好食材。它对脾胃虚弱、食欲差、腹部胀满或腹泻等症状有所帮助，同时糯米具有止泻的作用，对频繁排尿和自汗等问题也有食疗效果。适宜加热食用的糯米食品虽然美味，但因碳水化合物和钠含量丰富，并不建议一次性摄取过多，特别是对于糖尿病患者、体重超标的人群或患有其他慢性健康问题（如肾病、高脂血症）的人来说，应适量食用。

一种传统的糯米加工食品是糍粑。其制作过程包括将洗净的糯米蒸煮至熟透，然后放入特制的容器中，运用重型木棒捣碎至粘连成块。随后把这些粘连的大块切割成长条，这样做出来的糯米食品可保存较长时间，适宜蒸食或烤食。

（二）小麦及麦制品原料

小麦泛指属于小麦属的作物，作为全球广泛耕种的禾本科植物，它首次在中东地区的肥沃新月地带出现，随后传播至欧洲和中亚。作为三大主要粮食作物之一，小麦的产量主要用于人类消费，少量（约六分之一）供作畜牧饲料。由于小麦粒的口感不适合直接食用，通常将其磨成面粉并加工成各种食品，尤其在欧洲、亚洲许多国家及中国的北方地区，小麦面粉是日常饮食的主要成分。普通小麦通常用来制备面包，而硬粒小麦适合用来制作意式面食如通心粉。除了作为食品原料，小麦也可作为畜牧饲料，其秸秆还可以用作其他饲料材料或屋顶铺盖的材料，甚至用作编织或造纸的原料。

小麦是喜欢温带气候和长日照环境的作物，能在多样的地理条件下生长，从北纬18°~50°的区域，无论是平原还是高达4000m的高山地区（如中国的西藏）都有其种植的痕迹。根据小麦植株的许多特征，如穗的疏密程度、小穗结构、颖片和谷粒的形状与颜色等，它们被细分为众多的亚种、变种、变型和品种。基于对温度的不同需求，小麦又被划分为冬小麦和春小麦两种类型，它们在不同的地区和季节种植。在中国，春小麦主要生长在黑龙江、内蒙古和西北地区，通常3月到4月播种，7月到8月收获，整个生长期100d左右。而冬小麦则在辽东、华北、新疆南部、陕西、长江流域等地栽种，播种于8月到12月，翌年5月至7月收获，生长期长达大约300d。

面粉或小麦粉是由磨碎的小麦胚乳制成的粉末，是全球最常见的食品原料之一。通常需要加水揉成面团，经蒸烤后食用。面粉是构成日常饮食中“主食”及“甜点”的基础物质，可用于制作多种面包、馒头、蛋糕、面条、饼和饼干等。

面筋是面团中提供弹性和韧性的物质（也称麸质或麦麸），它的存在使得面团具有一定的筋力。面筋的含量基本取决于面粉中的蛋白质含量，蛋白质含量越高的面粉所产生的弹性和黏性就越强，被称为“高筋”。相对而言，低于标准的面筋含量则被称为“低筋”。市面上的面粉根据面筋含量的不同，大致可以划分为高筋面粉、中筋面粉、低筋面粉以及无筋面粉几种。

1. 高筋面粉

高筋面粉因蛋白质含量≥12.2%，拥有更加强劲的筋性，因此成为制作西式面包和比萨面团的理想选择。这种面粉质地坚韧，经过烘焙后仍然展现出丰满的体积和细小的气孔，同时保持其结构不变，这使它非常适合与巧克力、奶油、肉桂、乳酪或果酱等食材配合使用。

2. 中筋面粉

中筋面粉含有10%~12.2%的蛋白质，非常适宜制作多种中式面点，包括但不限于咸香风味的面制品如包子、馒头、传统的中式面条、饺子以及小笼包等，以其多功能性著称。在西方国家，人们往往会将高筋面粉与低筋面粉按比例混合来模拟中筋面粉的特性，用以适配类似的烘焙和烹饪要求。

3. 低筋面粉

低筋面粉通常包含不超过10%蛋白质的面粉，这种面粉的筋性较弱，因而制成的产品质地细腻，口感柔软，常用于烘焙如蛋糕、司康饼、华夫饼以及曲奇这类松软的甜点。如果无法找到专门的低筋面粉，可以采用更白的一般面粉（经过进一步处理的面粉或是添加了约20%的玉米粉来降低面筋含量）作为替代。另一种方法是向面粉中加入降筋剂，例如食品添加剂山梨酸或维生素C，它们通过破坏面粉蛋白质中的二硫键（并形成硫氢键）来减少面筋的强度。还可以添加蛋白酶来直接切断蛋白质分子的肽键，进一步降低面筋强度。这些方法都能在一定程度上模拟出低筋面粉的烘焙效果。

4．无筋面粉（澄面）

无筋面粉是一种蛋白质含量极低或完全不含蛋白质的面粉，是制作一些需要光滑细腻质地的食品和甜品的理想选择，比如在广东茶点文化中常见的水晶般清澈的虾饺、滑嫩的肠粉，以及淮扬传统美食中细腻柔软的船点等。

（三）杂谷及其制品原料

杂谷类原料通常指的是那些具备细小种子的农作物，它们在全球范围内被广泛种植，既可以作为人类的食物来源，也为不同动物提供饲料。这一概念更多体现在农业上的分类，而非生物学上的划分。杂粮的特点：大多数属于禾本科植物，种子规格偏小，并且能够适应生长条件较为恶劣的环境，例如干旱地区。在东亚这样的区域，杂粮的种植历史已经长达约一万年。

在中国的食品分类中，“杂粮”有其特定含义，它主要指那些除了小麦和稻米之外的粮食作物，这些包括根茎类植物如薯类以及其他种类的谷物和豆类。而中国人通常使用“小杂粮”来指代不包括薯类作物的那部分杂粮。所谓的杂谷则是指中国粮食分类中的“其他谷类”，这个范畴涵盖了各种禾本科作物，比如大麦、黑麦、燕麦、黑小麦、谷子（小米）、高粱和糜子等，以及不属于禾本科但在中国仍被归类为杂谷的作物，例如蓼科植物荞麦。

1．小米

小米是一种常见的粮食作物，也被称作稷、粱或粟米，在中国北方地区常被称为谷子。生活俗语中的称呼包括黄小米或小黄米，而科学上，它属于禾本科植物狗尾草属。在中国历史上，根据小米的穗状和粒大小，又被细分为粱和粟，其中粒大毛长的被称为粱，粒小毛短的被称为粟；大粟又被称作“粱”，小粟则保留“粟”称呼，小米被视为五谷中最细小的种子。

小米曾是中国古代的主食，特别是在华夏文明的早期，如夏商时代，它是主要的农作物之一，构成了所谓的“粟文化”。在北方地区，小米的种植延续到宋朝甚至辽金时期，它仍然作为中原的基本食粮。据史料显示，中国最早的酒也是使用小米酿制。进入元朝和清朝时期，随着蒙古族和满族带来粟和黍的影响，这两个族群逐渐发展出将小米制成炒米或黏包的食用方式，但就在那时，小麦在北方得到了大规模种植，使得粟和黍的食用频次大幅降低。尽管如此，如今蒙古族和满族还是将小米视为其民族的传统食物。

在营养价值方面，小米的蛋白质含量高于大米，每100g含有约1.7g的脂肪和76.1g的碳水化合物，这些值与大米和小麦相近。小米其中一个显著的特点是含有胡萝卜素，每100g含0.12mg，同时它的维生素B_1含量在所有粮食之中排在首位。除了作为主食，小米还可以用来酿酒和制作饴糖。

在烹饪上，小米常常被用来熬制粥，可以单独煮食，也可以搭配诸如大枣、红豆、红薯、莲子、百合等其他食材，制作成多种口味和营养价值各异的食品。小米粉也可用于制作糕点，口感香甜。此外，小米的芽和麦芽类似，含有丰富的酵素，是药用价值较高的中药材，具有健胃消食的功效。小米粥还能帮助安神。在中国北方的某些地区，人们还用小米来制作窝头等传统美食。

2．燕麦

燕麦，亦作皮燕麦，属于禾本科植物中的早熟禾亚科燕麦属，是一种广泛应用于人类食谱和作为家畜饲料的农作物。燕麦具有高营养价值，经常食用有助于减少血液中的胆固醇含量，尤其是有损健康的低密度脂蛋白胆固醇（LDL）和整体胆固醇水平，从而降低心血管疾病的风险。燕麦壳，即燕麦麸皮，是燕麦的外层部分，含有丰富的膳食纤维，特别是β-葡聚糖，这种成分对于降低胆固醇具有显著作用。

在西方的饮食文化中，燕麦经常被加工成燕麦片，作为健康麦片粥的主要食材，或者与果汁、香料等混合之后烘烤，成为早餐时搭配牛乳食用的干燥食品。燕麦粥是一个多变的早餐选择，可以配合各种水果、甜品等食材，创造出诸如蓝莓燕麦粥、甜苹果馅饼燕麦粥这样的健康早餐。

俄罗斯民众特别喜爱用燕麦制成的黑面包，而在现代，燕麦作为一种低热量健康食品而导致需求增加，但因其本身产量不高，导致市场价格相对较高。相比之下，俄罗斯的燕麦黑面包通常比小麦粉制成的白面包要贵得多。除了食用，燕麦还可以用于酿酒，包括啤酒和威士忌在内的几种酒精饮料。苏格兰的一些传统威士忌就采用了燕麦酿造。燕麦的总体产量相对较低，在美国，平均每公顷产量约为3.5t，且由于其穗形松散，在收割过程中约有10%的损失，这也进一步提高了其市场价格。

过去，人们通常只在别无选择的情况下种植燕麦，由于其产量较低，这种谷物往往用作马匹的饲料。然而，随着人们对燕麦健康价值认识的提高和需求的日增，很多适宜的种植地区开始增加了燕麦的种植面积，以满足市场的需要。

3．大麦

大麦，属禾本科植物，不仅是重要的粮食和饲料资源，同样在酿酒行业中占有举足轻重的地位。在汉语中，大麦也被称作“三月黄”，它是全球耕种面积第四大的谷物作物。这种作物的适应力非常强，可以在从温带到热带的各种气候条件下生长，因而在中国的南部和北部都有种植。它能在多种环境条件下成长，并且存在春播和冬播两种不同的生长周期。

历史上，明朝李时珍在《本草纲目》中提到大麦具有咸、温或微寒的特性，认为没有毒性，且能够为五谷之长，能够增热。他认为大麦能有效缓解热渴，增强体气，调和脾胃，并利于补充虚弱，强化血脉，改善面色，补全五脏功能，促进食物转化，防止腹泻。长期食用还能让人体形丰满，肌肤光滑。

大麦也是人类及某些动物的主要食物来源之一，它较小麦更能耐受盐碱化土壤的影响。大麦的另一个显著用途是酿酒行业，尤其是啤酒和威士忌的生产中无可替代的成分。通过将大麦粒萌发处理制成麦芽，通过糖化过程获得含糖的麦汁，这种麦汁在啤酒制作过程中作为酵母发酵必需的糖分来源。啤酒在酿造过程中产生的酒精和二氧化碳使其具备独特的绵密泡沫和清爽口感，同时酿出来的啤酒也拥有来自麦芽本身的独特风味。

4．高粱

高粱，也称为二色高粱或蜀黍，属于禾本科植物，是一种一年生的高大草本，这种植物能够适应温暖的气候，同时表现出对旱涝条件的强大适应能力。高粱的种子根据品种不同存在红色、白色、褐色等不同的颜色变种，并且有的变种具有一定的黏性。二色高粱为人工驯化的高粱品种，它与其他野生品种一同构成了高粱属。高粱原产于非洲，但现在主要种植在热带及亚热带地区。基于遗传分析，人们推测高粱在大约950年前的宋朝就已通过印度传入中国。

在中国东北地区，高粱的种植很常见，因其较高的茎秆又被称为“青纱帐”。除了中国，高粱的其他主要生产国包括美国、各个非洲国家和南亚地区，该作物常用于畜牧饲料。在全球粮食作物的种植面积中，高粱位列第五，前四位分别为玉米、小麦、稻谷和大麦。在中国，高粱是一种重要的耐旱粮食作物，年产量在280万t左右，主产区包括吉林、内蒙古、四川等地区。中国同时也是世界最大的高粱进口国。

在历史上，高粱在山西曾是主要的粮食作物之一，人们通常将高粱米蒸煮后作为米饭食用，或者将成熟的高粱种子磨成面粉（俗称“红面”）来制作面条类食品。而现在高粱的主要用途是酿酒，尤其是在生产某些传统酒类，如高粱酒。

5. 玉米

玉米，作为一种隶属于禾本科植物玉米属的年生植物，是全球产量领先的重要粮食之一。从古至今，不同地区和语言环境中人们给予了玉米多样的俗称。例如，在广东地区俗称“粟米”，在闽南和闽东地区分别被称为“番麦”和“油甜包”，潮州地区称之为“薏米仁”，在山西地区有“玉茭子”或“玉稻黍”的叫法。而在南方，根据地域差异有多种叫法：上海地区常叫它“珍珠米”，苏州地区叫“御麦”，浙江则有称为“六谷”的习惯。广东、福建等地普遍使用“包粟”一词。北方方言中，“棒子”或“苞谷”是其常见的称呼，而在东北及胶东地区一般称为“苞米”。在中国西南地方官话中，又被称作“苞谷”。

中国是世界上种植玉米最广泛的地区之一，主要的种植区域位于东北、华北和西南的山区。过去，中国的玉米种植面积排在小麦和水稻之后，为第三位，但从2012年起玉米的种植面积已经跃居首位。玉米的主要生产地分布在北纬30°至50°的范围内。在全球范围内，玉米也是产量最高的粮食作物。

玉米既可以不脱粒的形式直接食用，也可以通过蒸、烹、烤来食用。脱粒后，玉米常常被加工成粉状，或者深加工成玉米糁，用以煮粥等，尤其在中国北方，它是日常主食之一，味道香甜，易于消化。过去，为了增加粮食的数量，人们常将玉米连同种皮一起磨成粉做成“棒子面”。然而随着经济水平的提升，现在主要使用精加工的玉米粉来调剂口味。此外，玉米还可以被加工成高果糖浆，广泛用于提升商业食品的甜度，比如各种饮品、面包、早餐谷物、间食、腌制肉品、酸乳、汤品和调料等。玉米油是从玉米胚芽中提取的，而萌生不久、长度约3.3cm的玉米芯则能直接以蔬菜方式烹饪，其口感与笋相似。成熟并煮熟的玉米粒常用于沙拉，或制作玉米羹，或直接作为零食食用。

第二节 动物类原料

一、动物类原料的基本概念

动物类原料指的是源自不同动物的肌肉、脂肪及某些器官等食品原材料，它在人类饮食中扮演着供给营养和能量的角色，对人体的成长、健康和繁殖至关重要。通常，肉类被看作日常饮食的补充品，而在现代，生肉很少被直接食用，大多数情况下会经过切割、腌制或烹饪等步骤加工成菜肴。

我们常见的动物类原料多数来自家养的动物，比如猪、牛、羊、鸡、鸭、鹅等，除此以外，还包括各类水生动物，诸如鱼、虾、蟹、章鱼、贝类等。这些动物类原料提供了人体所需的蛋白质、氨基酸、脂肪酸、矿物质和维生素，同时也能使人类间接地获取自然界中的某些原本不易消化的成分，例如通过食物链将纤维素转化为可消化的糖原。肉食历史久远，一直是人类饮食文化中的基础构成，与谷类、蔬菜和水果等并重。

在肉类种类上，我们将其分为红肉和白肉。红肉以其生时的深色特征、高含量的肌红蛋白成分而闻名，多指来自猪、牛、羊、马等家畜和兔、鹿、羚羊等野生动物的肉。相对于红肉，白肉中肌红蛋白含量较低，白肉普遍指家禽如鸡、鸭、鹅及海洋生物等。有趣的是，鲑鱼肉、煮熟的虾蟹尽管颜色呈红，但它们的红色来自虾青素而非肌红蛋白，因此也被划分在白肉类别中。

就全球范围内来说，鸡可谓是屠宰数量最大的动物，但是由于哺乳动物尤其是畜类的体积普遍大于禽类，每只屠宰的动物可以提供更多的肉量，因此人们食用的畜肉数量并不一定比禽肉少。虽然狗肉、驴肉等肉类在某些地区依然有其消费市场，但它们在全球范围内被食用的频率相对较低。

二、动物类原料的基本种类

（一）畜肉类原料

畜肉类原料也常被称为“红肉”，指那些拥有深色或暗色外观的畜类原料，这种色彩主要源自肌肉内的一种称作肌红蛋白的蛋白质，它能与氧结合并赋予肉类红色的外观。红肉主要包含来自如猪、牛、羊、马等家养动物以及兔子、鹿、羚羊等野生哺乳动物的肉类。红肉是一种营养丰富的食物来源，它不仅含有大量的铁质，还含有蛋白质、锌、烟酸、B族维生素（特别是维生素B_{12}和维生素B_1）、核黄素以及磷等营养物质。

与含有较少肌红蛋白、通常更为浅色的白肉（例如鸡、鸭、火鸡等禽肉）相比，红肉在肌肉纤维、口感以及风味上存在着明显的差异。它往往呈现出更浓重的味道和更高的脂肪含量，由此带来更加丰富的口感。红肉因含有高质量的蛋白质、铁、锌和维生素B_{12}等营养素，而被视为重要的营养供应源。

过度食用红肉可能会与一系列健康问题存在关联。一些研究指出，红肉摄入过多可能会增加患心血管疾病、部分癌症、糖尿病等疾病的风险。因此，饮食专家建议人们在饮食中应适度食用红肉，并保持肉类和其他蛋白源的平衡，同时配合食用蔬果、全谷物等不同种类的食物，以达到一个均衡和健康的饮食状态。

1. 牛肉

牛肉作为重要的畜肉类来源，居于全球肉类消费第三位，仅次于猪肉和家禽。至2023年，美国、巴西、中国为全球最大的牛肉消费国。在大多数国家，牛肉是合法的并被广泛食用的食材，然而，在一些国家，特别是印度的大多数宗教传统中，由于牛具有神圣的地位，食用牛肉是禁忌。常见的肉牛多为阉牛，肉质和小母牛相似，但阉牛的脂肪更少。年纪大的母牛和公牛肉质粗硬，常用来做牛绞肉。肉牛一般需要经过育肥，饲以谷物、膳食纤维、蛋白质、维生素和矿物质。

牛肉各部位与口感存在着紧密关联，一头牛可划分为肩胛肉、肋脊肉、牛小排、腹肋肉、腱子、前腰脊肉、腰内肉、后腰脊肉、后腿部九大部位。而一般市面上所贩卖的牛肉，均是依据这九大部位细分而出。

（1）肩胛肉　由于牛肩胛部分的频繁活动导致该部位的肌肉较为发达与结实，含有较多筋，使得肩胛肉的质地比较牢固。在肩胛部位的肉里，我们可以进一步区分出嫩肩里脊（又称板腱）和翼板肉两种不同类型的肉。嫩肩里脊紧贴着肩胛骨，其特点是脂肪分布较多且肉质较为柔嫩，常被用于制作牛排、烧烤或作为火锅的肉片。翼板肉则包含了较多的细筋和脂肪，其嫩度和口感适中，拥有独特的风味。总体来说，来自肩胛区域的肉块通常适宜制作牛排、用于烧烤或者切成肉片用于火锅。

（2）肋脊肉　肋脊区的肉因为活动较少而具有更为嫩滑的特性，肉中的筋带使结缔组织在加热时容易变得软化，肉质柔嫩且脂肪分布相对均衡，带来独有的风味。肋脊区的肉非常适合制作牛排，其中广为人知的西冷牛排就是从这个部位切割而成，宜于多种烹饪方法，如煎制、蒸烹及用作火锅食材。

（3）牛小排　这个部位是位于胸腔左右两侧，富大理石纹脂肪，肉质鲜美，又可区分为两种肉：牛小排和牛肋条，其中牛小排香口滑嫩、骨头具有香味，适合烤、煎、炸、红烧等方式烹调。牛肋条油花多、受热后油花与肉质融为一体，汁多味美、入口即化，是红烧牛腩、红烧牛肉面常用的部位。

（4）腹肋肉　腹肋肉部位的纤维结构比较粗糙，通常将其外层的脂肪去除之后，就会以腹肋排的形式进行售卖。此外，这一部位的肉也可以切成薄片，用于制作烧肉。

（5）腱子　腱子又为牛腱心，属于常运动的部位，筋纹呈花状，烹煮后有劲又多汁，口感极佳。适合卤、清炖，或是切薄片后以火锅、炒的料理方式食用。

（6）前腰脊肉　前腰脊肉的运动量较少，肉质较嫩，大理石纹油花分布均匀，属于大里脊肉的后段。此部位适合以煎、烤牛排方式烹调，也常用于蒸牛肉、火锅片、铁板烧等。例如丁骨、纽约客牛排，正是由此部位的肉切得。

（7）腰内肉　腰内肉又称为小里脊肉，因其位于肉体的部位活动较少，肉质特别柔嫩，是极为理想的食材，常被用于制作菲力牛排和铁板烧。

（8）后腰脊肉　后腰脊肉可分为上下两部分，而上部分的肉质细嫩且含油花又可再分为两种：上后腰里脊肉以及上后腰嫩盖仔肉。其中上后腰里脊肉肉质细嫩，是很不错的牛排肉、烧烤肉及炒肉。上后腰嫩盖仔肉是牛肉口感最嫩的肉之一，是上等的牛排肉及烧烤肉。

（9）后腿部　位于牛后腿外侧的部分外形类似菲力牛排，但实际上这部位的肉有较粗的纹理且质地偏硬。在烹饪之前，建议通过去除筋膜或是通过敲打来使肉质变嫩。这部位的肉经常被切成片状，用于炒制菜肴或作为火锅食材。

2. 猪肉

猪肉是全世界广泛食用的肉品之一，在全球范围内，猪是仅次于鸡和鸭，最常见的肉类。人类自公元前5000年开始养殖猪并食用猪肉，猪肉的历史悠久。猪肉的食用方式分为两种：一种是直接烹饪新鲜猪肉；另一种是通过加工和保存来延长猪肉的保质期，例如腌制和熏制，这些加工过的产品包括火腿、腊肉、肉干、培根和香肠等。

在亚洲，尤其是东亚和东南亚地区，猪肉非常被重视，并成为主要食物之一。从17世纪起，猪肉也开始在全球范围内流行起来。

挑选猪肉时，消费者普遍偏好肉色鲜红，肉质紧实，纹理清晰的部位。被认为是最佳食材的猪肉，通常具有完美的瘦肉与脂肪比例，这使得其在口感上既不干涩又不腻，这种肉质经常出现在里脊、大腿和排骨中。

猪肉根据部位的不同而有不同的质地和用途，基本可以分为四大类：肩胛肉（含梅花肉等）、背脊肉（包括大里脊和小里脊）、腹胁肉（如五花肉）以及腿肉。

（1）肩胛肉　猪肩胛部位的肉分为上半区和下半区，上半区称为梅花肉，而下半区则是胛心肉。这段肉质取自猪的肩部至肩胛骨，因所在的位置比较频繁地参与猪的活动，其味道浓郁、纹理分明。肩胛肉由于其肉质的特点，适用于多样化的烹饪手法。

梅花肉具有较多的筋膜，因此它是一种非常受欢迎的多功能肉类。其适用于慢煮、红烧和大块的烘烤，经典的菜肴包括叉烧、炖肉和白切肉。慢火烹饪能让其味道更深入地渗入肉中。同时，梅花肉也可以切成薄片，作为火锅或烧烤的理想选择。

而胛心肉则肉质偏瘦，含油量少，在制作绞肉的用途上尤为出色。常常与一定比例的肥肉混合，以提升绞肉菜肴的口感和滑嫩度，例如做成水饺馅、包子馅等食物时能增添其风味和口感。

（2）背脊肉　猪的背脊部位拥有极为细腻和柔软的肉质，这一部分主要划分为大里脊和小里脊。大里脊位于猪的中背部，这里的肉比较瘦，少油脂，纹理整齐，其纤维较细致且排列紧密，不太适宜经历漫长的烹饪过程，更适合油炸成猪排或快速炒制。与之相邻的小里脊，藏于背脊骨的下方，邻接大排骨。该部分几乎不参与猪的体力活动中，所以特别嫩滑，是猪身上最柔嫩的肉块之一。小里脊肉因肉质细嫩且脂肪量少而口感清爽，很适合用大火快速烹饪，这样能够最大限度保留其肉汁，常见烹饪法包括煎制、快炒和油炸等。

（3）腹胁肉　猪的腹胁肉，又通常被称作“五花肉”，位于猪背部两侧沿脊椎下方的腹部。这部位的肉中油脂含量高，因而具有浓郁的口味和丰富的层次感。在选购五花肉时，较厚实的部位通常被认为更佳。在烹饪过程中，可以根据具体的烹饪方法和风味需求来选择肥瘦相间的比例。五花肉因其丰富的油脂让肉质更加软嫩，特别适用于需要长时间烹饪的菜肴，如红烧、卤制和炖煮，长时间烹炖不仅不会导致肉质变硬，反而会使得肉质更加鲜美，风味深入，典型的菜肴有梅干菜扣肉、东坡肉等。

（4）腿肉　腿部的肉可以细分为前腿肉、后腿肉和臀部肉。后腿肉因其较紧实的质地，尤其靠近臀部的部分由于肉纤维较粗且脂肪含量较低，仅有少量的肥肉，因此口感相对较为干涩。至于臀部肉，这一块位于后腿顶端，主要是瘦肉，脂肪含量低，同样口感可能较干涩，但由于筋膜较少，因此在食品加工中比较容易处理。这些腿肉常被用于制作肉馅、肉丸或者用于快速炒制的菜肴，也非常适合用来生产加工肉类，比如香肠和火腿等制品。

3. 羊肉

羊肉在许多国家和地区都是常见的肉类食品，与牛肉相比，羊肉具有更加浓郁的特有风味。相对于猪肉来说，羊肉通常更嫩滑，并且在脂肪和胆固醇的含量上通常低于猪肉和牛肉。可是，在商场售卖的羊肉往往不会明确标出来源部位，同时为了降低成本，一些餐饮企业可能会选择更多脂肪的部位来销售，所以在外面就餐时可能会无意间摄入较多的脂肪，比起牛肉和猪肉，在某些情况下可能更高。另外，由于羊肉独特的气味，人们对它的喜爱程度分歧较大。市面上常见的羊肉种类有山羊肉、野羊肉和绵羊肉等。在中国，像甘肃的庆阳和江苏的苏州等地区以生产高品质的羊肉而知名。不同的羊肉部位在外观和味感上各异，而且它们在烹饪方法上也非常多样。

（1）羊颈肉　羊颈肉又名羊脖子，肌肉发达，肥瘦兼有，肉质干实，夹有细筋。由于价格相对较低且肉质紧密，这部分肉非常适合慢炖烹饪，用作制作肉饼或肉球（丸子），同样也适用于长时间烹煮，以便充分发挥其味道和质地优势。

（2）羊肩肉　羊肩肉由互相交叉的两块肉组成，纤维较细，口感滑嫩。这部位的肉宜用于慢炖、烘烤或制作红焖羊肉。在西式料理中，通常会将这部分肉整块使用低温烘烤的方式慢煮至酥烂，轻松用叉子撕拽即可成丝，仅需简单调味便能变为佳肴，与此同时，这部位也特别适合进行慢炖烹饪。

（3）羊上脑　以其脂肪与肉质交错均匀，形成类似大理石纹路的美观外观而著称。羊上脑最适合用来涮肉、煎制或烤制。特别是在涮肉火锅中，由于羊上脑部位脂肪和瘦肉的黄金比例，使其成为食客竞相追捧的美味。

（4）羊肋排　羊肋排为羊肉中挨着肋骨部分的肉块，该部位特点是脂肪与肉质相间排布、无明显筋络且表面覆有一层薄薄的膜。肥沃的脂肪分布让其口感更加柔嫩多汁，同时也富含大量的蛋白质和必需氨基酸。此部位的羊肉非常适宜进行如火锅涮肉、烧烤、快速翻炒、爆炒、煨烧和慢煮等中餐烹饪方式；在西餐中，煎制至中等偏熟的程度（约五成熟），最能体现其风味。

（5）羊胸肉　前胸软骨两侧的肉，像海带一样薄长，有一定脂肪覆盖，熟制后肥而不腻。该部位适合用于炖、煮汤。可以烧、焖，以及清蒸羊肉。

（6）羊腩　羊肚腩肉，肉质稍韧，口感肥厚而醇香。该部位适合用于清炖、红焖。

（7）羊腿　羊腿部位，分为尾龙扒、针扒、烩扒、羊霖。通常瘦肉较多，肌肉纤维明显，肉质紧实，略有嚼劲。该部位适合用于羊肉串以及涮羊肉等菜式。

（二）禽肉类原料

家禽，也称作畜鸟，是指人类经过驯化从而适合长期养殖的鸟类。它们主要为人类提供肉类、鸡蛋或其他禽蛋以及羽绒等产品。这类鸟通常包括雉科如鸡，鸭科如鸭和鹅，以及其他品种的鸟类，比如火鸡、鸽子和鹌鹑等。

从家禽获取的肉被称作禽肉，其中以鸡肉的产量最为庞大，根据2023年的数据，全球鸡肉的产量占到了所有禽肉总量的70%以上。禽肉相较于其他类型的肉类和鱼类而言，通常能提供更高浓度的动物蛋白以及更低含量的饱和脂肪，从而构成了一种对人类有益的营养来源。

1．鸡肉

鸡作为人类驯化的家禽，源于野生的红原鸡并形成了现代家鸡的亚种。它们最初被驯养是为了提供稳定而廉价的优质蛋白来源，如今已经成为世界上数量最为庞大和分布最广的畜禽之一。

中国现有96个家鸡品种，其中81个是地方品种，且有11个被列入国家级品种保护名录。家鸡主要分为蛋用型、肉用型和蛋肉兼用型，其中有著名的肉用品种如白洛克鸡、肉用新汉夏鸡，蛋用的白来航鸡、力康鸡，以及中国特有的狼山鸡和丝羽乌骨鸡等品种。

鸡肉作为一种经济实惠的肉类，世界各地都有极为丰富的鸡肉菜肴。在中餐中，鸡肉可以烹制成多种美食，比如栗子炖鸡、咖喱鸡、手撕鸡、白切鸡、酱油鸡等，还有其他美食如盐焗、盐水卤制、烤制或炸制的鸡肉，如三杯鸡、海南鸡饭和串烧鸡等。世界各地对鸡肉的烹饪方式也有很多，如西式烤鸡、水牛城风味的辣鸡翅、印度香料烤鸡和各式鸡块，以及作为快餐食品备受欢迎的炸鸡。鸡肉的普及和多样化使其成为全球各个文化中广受欢迎的美食之一。

2. 鸭肉

家鸭是人工驯养的水禽，起源于野生的绿头鸭。家鸭被广泛养殖用于供给肉类和羽绒，有的品种还用于娱乐、观赏或作为宠物。有许多不同的家鸭品种，其中包括著名的北京鸭、各种地方土鸭以及颜色和形状多样的菜鸭品种。与这些家鸭不同的是番鸭，如红面番鸭和麝香鸭等，这些鸭子源自另一种野生鸭类——疣鼻栖鸭，属于不同分类。

中国自古以来就有食用鸭肉的传统，鸭肉被认为有益健康，具有清热、养胃、补血等功效。常见的鸭类食谱包括烤鸭（如北京烤鸭）、卤鸭（如盐水鸭）和香煎或烟熏鸭（如樟茶鸭），它们是中式烹饪中的经典菜式。

3. 鹅肉

鹅肉是一种高蛋白、低脂肪和低胆固醇的食材，类似于鸡肉，但在某些方面具有不同的营养特性。尤其是其含有较多的不饱和脂肪酸，亚麻酸含量尤为突出，甚至超过其他类型的肉类。这使得鹅肉成为维护健康的有益选择。由于鹅肉中脂肪的熔点较低，肉质较为柔软，它比较容易被人体消化吸收。鹅肉中含有多种必需氨基酸、蛋白质、维生素和微量元素，赖氨酸的含量甚至高于肉仔（肉用）鸡。

在中餐中，鹅肉可以制作成多样的佳肴，如烧鹅、盐焗鹅、盐水鹅、西芹炒鹅片、苦瓜配带皮鹅肉等。还有潮州卤鹅掌、葱油鹅肠、客家风味卤鹅和顺德地区特色的红烧鹅等。这些菜肴不仅味道多样，而且彰显了鹅肉的独特风味和营养价值。

（三）水产类原料

水产品，又被称作水产，是指所有来自水生生态系统中的，可供人类食用或使用的资源，主要包括作为食材的水生生物和其他衍生产品。水产品不仅仅限于鱼和虾的肉类，还包括调味品如鱼子酱，食品添加剂如天然色素虾红素，以及其他水生动物的各个可食用部分。

水产原料广泛，涉及多个物种，包括但不限于：多种鱼类，如鲨鱼、鲟鱼、鳗鱼等；爬行动物，包括各种鳖和龟类；两栖动物，如各种食用蛙和大鲵；甲壳类动物如虾、蟹和龙虾；头足类动物如鱿鱼和章鱼；各种贝类如鲍鱼和扇贝；以及棘皮动物如海参。

这些水生动物的营养价值高，它们提供包括完整的蛋白质和多种必需的矿物质在内的营养成分。部分水产品对健康尤为有益，被视为食用价值高的食品。海产鱼类，如带鱼，高脂肪含量，富含卵磷脂和多种不饱和脂肪酸，对增强记忆和皮肤健康等方面有益。鲫鱼则含有高浓度的蛋白质和各种矿物质，对心血管健康有利，并有助于乳汁分泌与消肿。鳗鱼含有多种维生素和蛋白质，可以帮助身体恢复健康。而甲鱼含有丰富的营养成分，不仅有滋补作用，而且易于消化。

综上所述，水产品种类丰富，并且根据其属性可以分为数个类别，如鱼类、甲壳类、贝类以及其他水生动物类，均为人类饮食中不可或缺的营养来源。

1. 鱼肉类原料

鱼肉指的是人类食用的各种鱼类提供的肉质，而这些以“鱼肉”通称的海产品，自古至今，始终是人类饮食中的关键蛋白质来源。鱼类丰富的不饱和脂肪酸对维护人体健康极为有益。联合国粮食及农业组织的鱼肉营养专家提出，全面地利用鱼类产品不仅局限于肌肉部分，像鱼头、鱼骨和内脏等部分同样富含铁、锌、钙等重要矿物质和营养素。

据联合国粮食及农业组织公布的数据，鱼类和水产品对全球人类饮食的贡献显著，平均每人每年消费量达到了17kg，并为全球超过30亿人口提供了至少15%的动物性蛋白质需求。到了2014年，全球的鱼类养殖业已经首次超越了传统的渔业捕捞量。根据世界银行、FAO以及国际粮食政策研究所发布的预测报告，到2030年，全球大约62%的鱼类消费量将由养殖鱼类提供，其中以罗非鱼、鲤鱼和鲇鱼的产量增长最为迅速。

中国是一个拥有广阔淡水资源的国家，拥有大约3亿亩淡水面积，并有约7500万亩适合养鱼的水域。得益于大部分地区所处的温带或亚热带气候，以及温和多雨的天气条件，这些是非常适宜鱼类生长的环境。中国还发展了包含草鱼、鲢鱼、鳙鱼、鲫鱼和团头鲂在内的多种优良水产养殖技术，因此，在全球淡水养殖业中占有领导地位，无论是养殖面积还是总产量都排在世界前列。

2. 虾蟹类原料

虾蟹是常见的水生节肢动物，属于甲壳纲十足目。这些动物是全球水产养殖和野生捕捞的重要对象，主要包括虾、龙虾以及蟹等多个种类。虾作为食材在全球多个文化中都有着广泛的应用，它们可以单独作为食物的主要部分，也可以作为食物的辅料来增添风味。在处理大虾时，通常需要去掉头部、壳和尾巴。虾肉是营养价值高而热量低的美食，它富含钙和蛋白质。

在中国，有在中秋节前后食用淡水螃蟹的习俗，中医认为螃蟹性寒，会用如姜末、紫苏等调味料来搭配食用。螃蟹的蟹黄部分还可以加工成其他精致的菜肴，例如蟹黄汤包。不仅如此，许多不同的国家和地区也将螃蟹视为美食，尤其在日本、法国、西班牙、美国、加拿大和葡萄牙等地，它们是全球螃蟹进口和消费的主要国家和地区。

3. 贝类原料

贝类原料通常指的是所有作为食材的带壳水生无脊椎动物，主要有外部硬壳的特点。这些贝类动物大多生活在海洋环境中，不过也有一些可以在淡水环境中找到。作为海鲜食品的一种，贝类是引起食物过敏的常见原因之一。为了安全食用，大多数贝类需被加热至至少100℃并保持两分钟以确保杀死潜在的毒素和寄生虫。贝类在世界各地尤其是欧洲、东亚、东南亚以及太平洋岛屿被广泛食用，而在如日本和韩国这样的国家里，一些贝类甚至可以生食。

作为人类饮食的一部分，贝类食材主要包括多种蛤、贻贝、牡蛎、海螺、鲍以及扇贝等品种。这些海洋产物不仅是美味的食物，还是人们获得蛋白质和其他营养素的优良来源。

（四）蛋乳类及相关制品

乳类和蛋类及其制品是两类常见且营养丰富的烹饪原料以及食材，它们在全球饮食文化中扮演着重要的角色。

乳类原料的历史可以追溯到新石器时代的农业革命期间，当时人类开始驯养动物并利用它们的乳汁作为食物来源。原始的乳制品消费主要集中在欧洲、中东、萨赫勒/苏丹地区、东非、印度、中国（西藏、内蒙古）、蒙古国和中亚等地，这些地区的居民很早就开始食用各种乳制品。相比之下，东亚、美洲原住民和赤道非洲的乳制品消费较少，这部分是由于生物学、文化习俗以及历史风俗的影响。然而，自20世纪50年代以来，全球化和国际贸易的发展使得乳制品的消费在全球范围内逐渐增加，尤其是在传统上不常食用乳制品的地区，如东亚的中国、日本和韩国等。乳制品是人类食品中的重要组成部分，不仅直接被消费，如饮用牛乳、乳酪和酸乳，还被广泛应用于糕点、饼干、冷肉等各类食品的制备中。乳制品在动物饲料领域也有应用，如乳粉和乳清被用来喂养小牛和猪。由于乳制品容易腐败，从生产到消费的全过程必须严格管理冷链，确保食品的安全和质量。

蛋类原料是由大多数多细胞动物，尤其是雌性鸟类所产下的。在没有特别指明的情况下，市场上所说的“鸡蛋”通常是指来自家禽的蛋，其他种类的蛋如鹌鹑蛋、鸭蛋、鹅蛋等则必须明确标出动物的来源。蛋类是由坚硬的外壳、富含营养的蛋黄以及围绕蛋黄的蛋白组成。鸡蛋是一种极为均衡且营养丰富的食物，含有人体所需的所有必需氨基酸、多种维生素和矿物质，且其所含的糖分极低，容易被人体消化吸收。

欧盟对鸡蛋的销售和分类有严格的规定。根据物理标准，鸡蛋被分类为A类（新鲜鸡蛋）和B类（二级质量，供食品工业使用），重量也被分为多个等级。此外，市场上销售的鸡蛋包装上必须清晰显示生产商标识、包装中心的识别编号、等级和重量类别、最低保质期限以及鸡蛋的来源类型（如笼养、放养或地面养殖）。消费者可以通过这些信息判断鸡蛋的新鲜度和质量，确保所购买的鸡蛋符合个人需求和品味。

乳类和蛋类原料不仅是全球饮食中的重要成分，它们也代表着人类对食品来源的利用和文化习俗的一部分。随着全球化的深入发展，其在全球食品供应链中的基础地位将会一直保持。

第三节 果蔬类原料

一、蔬菜

果蔬泛指所有可供食用的植物性食材，主要以草本植物为主，但也包括某些木本植物以及菌类。这些蔬菜通常是指在未成熟阶段的柔嫩部位，包括但不限于根、茎、叶、花、果实或种子等，它们要么可以直接生食，要么在烹煮后食用，充当辅助主食或调味的角色。蔬菜在植物性食品中被认为是一种不属于甜点类别的和主菜一起享用的食材。

作为一类重要的辅食，蔬菜全年都有不同品种可供选择，它们能够丰富餐桌，激发食欲。同时，蔬菜是人体所需多种维生素和矿物质最重要的来源之一。例如，维生素C、维生素B_2富集在许多绿叶蔬菜中，如小白菜、菠菜等；而维生素A的前体（胡萝卜素）在许多绿色、黄色、红色蔬菜中含量丰富，如胡萝卜、南瓜等。蔬菜中的无机盐含量（例如钙、铁、钾）不仅丰富，而且利于人体吸收，对于维持酸碱平衡至关重要。此外，蔬菜中的纤维素和果胶等成分对促进肠道健康、减轻有毒物质的负面影响也有积极作用。蔬菜中的酶和有机酸有助于促进消化。还有一些蔬菜，如大蒜和苦瓜，具有额外的生理学或药理学效果。

正是因为上述健康益处，蔬菜长期以来备受人们青睐。在烹饪中，蔬菜可以作为主料独立成菜，或作为辅料与肉类、谷物等搭配制作菜肴和汤品。作为调味品，蔬菜也能发挥去膻增香的作用。在菜品装饰方面，用于雕刻和点缀，提升美观度。蔬菜还被用于腌制、糖渍、发酵和干燥等加工手法，以延长保存期限，改良品质和口感。

从种类上划分，蔬菜大致可以分类为叶菜、茎菜、果菜以及水生蔬菜等类别。

（一）叶菜类蔬菜

叶菜类蔬菜主要以植物的柔软叶片、叶梗以及新生嫩梢为食用部分。这一类蔬菜品类丰富，用途多样，包括快速成熟的早收蔬菜、适宜长期存储的高产品种，以及具有独特风味、能起到调味作用的品种，使得叶菜类蔬菜在全年蔬菜供给中扮演着极为重要的角色。

组成叶菜类蔬菜的叶通常由叶片、叶柄和托叶三个部分构成。叶片是最主要的部分，包含表皮、叶肉和叶脉。叶柄结构上与茎类似，主要由表皮、基本组织和纤维管束组成。托叶位于叶柄和茎接合处，通常比较细小，并且很容易脱落，其食用价值较低。

在外观上，叶菜类蔬菜往往特点是细薄，水分含量较高，有着鲜嫩的质地和清新的气味。它们通常由于含有大量叶绿素和类胡萝卜素显现出鲜艳的绿色或黄色，这些蔬菜是提供人体必需无机盐以及B族维生素和维生素A的重要食物来源。叶菜类蔬菜尽管水分含量高，但保水能力相对较弱，受热时间过长易导致口感和风味变化，因而它们更适合生食或经过短时间高温烹饪，如炒、焯水、拌等，以此保持其口感、风味和营养价值。在选择时，颜色鲜亮、质地嫩滑、无黄叶与腐烂迹象的产品为佳。

根据栽培和食用特性，叶菜类一般分为以下几种类型：常规叶菜如油麦菜、菠菜；结球叶菜如大白菜、卷心菜等；香味叶菜如各种葱属植物；具有鳞茎的蔬菜如大蒜、洋葱和百合等。

（二）茎菜类蔬菜

茎菜类蔬菜主要利用植物的嫩茎部分或者由茎部演化而来的变态结构作为食用部位。这些植物通常在顶端有生长点，沿着茎部分布有节点，节点上可见叶片或叶痕，以及能够促进新枝生长的腋芽。作为食材，人们大多数时候选用的是它们的嫩茎，如果茎部变老，纤维增多并木质化，口感便会变差，不再适宜食用。

茎菜类蔬菜按其生长位置可以分为两大类：地上生长的茎类蔬菜和地下生长的茎类蔬菜。这类蔬菜的营养价值通常较高，用途多样，富含的纤维素相对较少，食用时口感通常脆嫩。由于茎菜中含有芽，因此在存储时通常要注意避免发芽或生霉。

在初次加工处理时，不少茎菜需要去除过于粗厚的外皮，例如莴笋、芦笋等。而像芋头、薯蓣、莲藕和马铃薯这类茎菜则需要刮去粗糙的外层以提升食用质感。另一些茎菜如洋葱或大蒜则需要去掉表面的干燥皮层。

在烹饪上，许多茎菜适合生吃，或者用于快速烹饪如爆炒、凉拌，这样可以保留其脆嫩以及清新的风味。而那些富含淀粉的地下茎类蔬菜，比如马铃薯、甘蓝等，则更适宜经过长时间的烹制，如焖、炖，这样能更好地展现它们软糯香滑的口感。此外，某些茎菜还可以作为馅料制作面食，或者作为增添风味的调味蔬菜，甚至可以用来腌制或干燥保存。

对于地下茎类蔬菜，它们进一步可以细分为块茎、鳞茎、球茎和根状茎四个亚类。

1. 地上茎类蔬菜

地上茎类蔬菜主要由植物嫩茎和变态肉质茎所构成。嫩茎类蔬菜指的是利用植物新鲜、柔软的茎部或是芽来食用的类别，比如竹笋、茭白和芦笋。而肉质茎类蔬菜则是指那些茎部经过变态、生长出来的肥大且多汁的茎所构成的蔬菜，例如球茎甘蓝和茎用芥菜类蔬菜。这些蔬菜通常因其特殊的质地结构而受到人们的喜爱，为菜肴带来独特的口感和营养价值。

2. 地下茎类蔬菜

地下茎是植物体中的一种特殊构造，用于储存营养，使植物能够渡过不利的生长条件，如干旱、严寒等。它们看起来类似于根，但具有茎的生长特征，例如节点和节间，以及节点上常常退化的叶片（鳞叶）。地下茎主要分为四大类，每一类中都有作为蔬菜食用的植物。

（1）球茎类蔬菜　球茎是地下茎的末端膨大成一个球形结构，常被保护型的鳞片所包裹，以储存营养物质。这类球茎通常富含淀粉、蛋白质、维生素和矿物质，口感可能是爽脆的也可能是柔软的，根据不同种类而异。例如，芋头、荸荠、魔芋等。

（2）块茎类蔬菜　块茎类似于球茎，是茎的末端肥大，形成储存养料的块状结构。它们表面有芽眼和顶芽，以此可以长出新枝或者存储营养。含有丰富的水分和淀粉，以及维生素C，还包括一些蛋白质和矿物质。比如马铃薯、薯蓣、菊芋等属于这一类。

（3）鳞茎类蔬菜　鳞茎是由肉质的鳞叶包围的地下茎，它们经常被用于植物繁殖。这些鳞茎有时具有一定的辛辣味道，富含碳水化合物、蛋白质、矿物质和多种维生素。常见的比如洋葱、大蒜、蒜薹等。

（4）根状茎类蔬菜　根状茎在外观上类似根，横向长在土壤中，但有明确的茎特征，如节点和退化的鳞片状叶。根状茎也是典型的营养储备组织。像生姜和莲藕这类蔬菜都是取自植物的根状茎部分。

（三）果菜类蔬菜

果菜类蔬菜通常指的是利用植物的果实或者未成熟种子作为食用部位的蔬菜。这一类别的蔬菜多数原产于热带，并且种类繁多。在烹饪领域，依据蔬菜的特点，它们通常分为三大类：豆类蔬菜、茄果类蔬菜和瓜类蔬菜。

1. 豆类蔬菜

豆类蔬菜主要指豆科植物未完全成熟时的豆荚或豆粒。这类蔬菜营养价值高，含有丰富的蛋白质、碳水化合物、脂肪、矿物质（如钙和磷）以及多种维生素。豆类蔬菜不仅可鲜食，还可以制成罐头或干燥保存。典型的豆类蔬菜有菜豆（四季豆、芸豆等）、豇豆、刀豆、扁豆和嫩豌豆等。

2. 茄果类蔬菜

茄果类蔬菜具有肉质化的种皮或凝胶状的内种皮，通常是食用的主要部分。此类常见蔬菜包括茄子、番茄和辣椒等。茄子具有多种别名和品种，包括紫色、白色和绿色的果实，形态多样。挑选茄子时，应选择形状规整、成熟度适中、无裂口和损伤、皮薄籽少、质嫩肉厚的为佳。茄子适合多种烹饪方式，并且善于与大蒜等调料搭配，制作出如鱼香茄子、肉末烧茄子等著名菜肴。

3. 瓜类蔬菜

瓜类蔬菜呈瓜形，如黄瓜、西葫芦、丝瓜、苦瓜等。这类蔬菜的特点是黄瓜既可以生食也可以煮热食用，而其他瓜类则通常需要烹煮后食用。瓜类蔬菜在烹饪时常通过蒸煮、炒菜或其他加热方式，以适合不同的菜肴需求。

二、水果

水果是植物学上严格定义的专有名词，其定义因人而异，一般来说被认为是水果的条件有：可食且有食用价值之植物繁殖器官、主要供生食、味道带甜味或酸味、多汁、散发果香者。

根据普遍认知，多数水果都是可以直接食用的，且往往具有甜味或酸味，多汁并带有果香，但也存在一些例外。例如，甘蔗是由营养器官而非繁殖器官形成的，而番茄和菠萝虽然可生食，却常被用来入菜；鳄梨的味道既不酸也不甜；而香蕉、榴莲和波罗蜜等则是汁液不多的类型。

在人类生活中，一些植物繁殖器官如坚果、豆类和谷物尽管有食用价值，但通常不被视为水果。在西方，大黄虽被视为烹饪用的水果，但实际上是用其叶柄制成果酱。中式饮食中，水果多在饭后单独食用，常见的形式包括新鲜食用、榨汁、做成果酱、凉拌或者用于沙拉或果馅饼中。尽管大多数水果可新鲜食用，部分水果如柿子则需放置一段时间以去除涩味。水果的果皮和种子的可食性因水果而异，例如莓果通常连皮带种一同食用，核果和梨果的果皮也可食用但种子通常不能吃，柑橘类的皮和种子通常舍弃，浆果的食用方式则更为多样化。尽管如此，有些水果如西瓜的种子即使难以嚼碎也有人选择吞食。大部分水果包含不宜食用的核或种子，常见如桃、李、杏、枇杷、苹果、樱桃、梨、芒果、荔枝和龙眼等。

第四节 调味品

调味品广义上是指那些用来丰富和提升食物口感、气味和外观的物质。它们的主要作用是改善和提高菜肴质量，以满足人们对于美味食物的感官追求，并能刺激食欲，对于人的健康也有积极效果。这类产品也包括用于增添咸味、酸味、甜味、鲜味和香辣味的物质，例如常见的调味品包括糖、食盐、味精、醋和酱油，以及各种香料如八角、茴香、花椒和芥末等。

在更具体的定义中，调味品特别指那些来自不同植物部分的香草和香料。香草通常来源于植物的叶片，可以是新鲜的、干燥的或是粉末状态。而香料则可能是植物的种子、花蕾、果实、花、树皮或根等部分，通常具有更加浓郁的风味。

一些植物既可提供香草也能提供香料，而且许多调味品可能是由不同的香料或香草混合而成，比如混合调味粉或调味包。这些调味品在烹饪、食品加工中扮演着关键角色，不仅可以增加食物的美味，还可以帮助去腥、去膻、解腻，增添食物的香气和鲜味。

在我国，调味品有着深厚的历史和文化底蕴，品种繁多，包括传统的东方调味品和引进以及新兴的品种。调味品可按照不同的标准进行分类，但目前还没有统一的分类方法。根据调味品的性质、使用习惯或特定的感官效果，可以从多种角度对它们进行分类。

在中国，人们习惯根据调味品的商品性质和经营习惯将其分类为6类。

酿造类调味品：这类调味品利用粮食中的蛋白质和淀粉，通过微生物发酵过程，转化为具有风味的有机物。主要包括酱油、食醋、各种豆酱、豆豉和豆腐乳等。

腌菜类调味品：这类调味品是将蔬菜加盐腌制，依赖微生物和植物细胞内部的酶作用，产生氨基酸、糖分、特有的香气和色素。如榨菜、芽菜、冬菜、梅干菜等。

鲜菜类调味品：主要指新鲜植物，如葱、蒜、姜、辣椒等，这些通常在烹饪时直接使用。

干货类调味品：这类调味品主要由干燥后的植物根、茎、果实制成，风味强烈。如胡椒、花椒、干辣椒、八角和桂皮等。

水产类调味品：这类调味品来自干制或加工的海产品，它们富含蛋白质，有独特的鲜味。如鱼露、虾米、虾酱等。

其他类调味品：包括不易归类的或综合性调味品。如食盐、味精、糖、黄酒、咖喱粉、各类酱料等。

此外，调味品还可以按成品形状划分为酱、酱油、汁水、味粉和固体类。根据主要的味觉感受，又可以分为咸味、甜味、苦味、辣味、酸味、鲜味和香味调味品。还有许多复合味的调味品，它们结合了多种口感，如咖喱油、甜面酱和花椒盐等。这些调味品丰富了中国烹饪文化，并为菜肴带来了多样化的风味体验。

一、糖

糖是一种甜味的晶体状有机物，由基本元素碳、氢和氧构成。它们在食品制造中起至关重要的作用，提供甜味并参与多种烹饪过程。在有机化学中，糖被归类为碳水化合物，根据其碳链的长度和复杂度，它们可以被分为单糖如葡萄糖、果糖和半乳糖，双糖如蔗糖、麦芽糖和乳糖，以及更长链的寡糖。

虽然很多植物都含有糖分，但主要的商业糖源是甘蔗和甜菜，其中甘蔗生产的糖约占全球产量的70%，而从甜菜中提取的糖则占约30%。糖的生产和贸易对人类社会有着深远的历史影响，标志着多个社会经济和政治变迁的节点。

21世纪早期的统计数据显示，全世界每年消耗大量的糖，人均年消耗量在不同国家大相径庭。随着时间的推移，高糖饮食和健康问题之间的关联越来越受到关注，糖的摄入与肥胖、糖尿病、心血管疾病等的联系已经引起了社会和科学界广泛的讨论。

糖在食品和烹饪中有多种形态和作用。

红糖：直接从甘蔗中提取，含有天然的糖蜜，颜色深，容易吸湿溶解。

白砂糖：精炼后的糖，呈现出均匀的白色晶体，广泛用于日常调味和甜食制作。

绵白糖：细小粉末状的糖，溶解快，用于面团调味和细腻的甜品制作。

冰糖：白砂糖重新结晶形成的块状糖，常用于烹饪和传统药膳。

方糖：由白砂糖制成的均匀小块，便于使用，常放入饮品中提供甜味。

糖在烹饪中的运用不仅限于甜味，还包括提升食物的色泽、质地和风味，增加肉类的保水性和嫩度，或作为发酵面团的养分来源。此外，糖在糖腌、糖渍等保鲜技术中也扮演着重要的角色。

二、食盐

食盐，也称作餐用盐或食用盐，是日常料理中人们用来调味和增加咸味的基本调味品。最普遍的桌面用盐成分包括97%～99%的氯化钠，而其他类型的盐包括含有多种矿物质的非精炼海盐、以氯化钾替代部分氯化钠以降低钠摄入量的低钠盐，以及为预防碘缺乏而添加了碘化合物的碘化盐。钠是人体必需微量元素之一，维持着机体电解质平衡和正常的细胞功能。然而，食用过量的盐会增加患心血管疾病的风险，例如高血压。因此，全球许多卫生组织包括世界卫生组织建议成人每天的钠摄入量应控制在2000mg以下，即小于5g的食盐。

盐的提取方式包括从古老的盐矿采挖、通过蒸发海水或矿物质丰富的温泉水获得。自然条件下，盐可以以岩盐或石盐的形式存在，或者由海水蒸发形成海盐。海盐的主要来源是海洋，海水中的盐含量相对较高，每升约含35g。对于浮游生物特别是动物来说，盐分是重要的组成成分。

在人类历史中，最早的盐的提取记录可以追溯到公元前6050年新石器时代。在中国的山西运城盐湖和罗马尼亚的波亚纳斯拉蒂纳考古遗址中发现了世界最古老的盐场证据，而保加利亚的索尔尼特曾是欧洲早期的盐供应地。制盐是一个古老且传统的工艺。根据不同的来源，盐可以分为海盐、湖盐、井盐和石盐等类型。目前，岩盐、地下卤水和盐湖以及海盐是全球主要的盐的生产来源。

海盐通过自然的海水蒸发得到，或者是通过技术加工提炼。中国最大的盐场之一，长芦盐场，就是一个依靠海水蒸发而进行大规模盐生产的典型例子。井盐起源于中国战国时期，采用人工钻井方式得到的盐矿或者通过将水溶解盐矿块里的盐分进行提取的操作获取。石盐主要来自古代内流盆地湖泊蒸发后沉积的岩床。树盐则是通过燃烧印第安盐树等植物的灰烬来获取的一种盐。

三、味精

味精，全称为谷氨酸钠（monosodium glutamate，MSG），是一种常见的调味品，由谷氨酸（一种普遍而重要的氨基酸）的钠盐形式构成。它被广泛应用在食品制造业中以增加食物的鲜味，味精的生产往往通过发酵植物如甘蔗、甜菜、木薯或者玉米来进行。谷氨酸在自然界和人体内均有存在，并在食品如肉类、鱼类、乳制品以及某些蔬菜中被发现。当蛋白质发酵分解时便释放出谷氨酸，这种发酵过程产生的味道被称为“鲜味”。

1908年，日本东京帝国大学的池田菊苗教授发现海带汤中的鲜味来自谷氨酸，并随后取得味精的生产工艺专利。1909年，日本的铃木商社开始商业化生产味精，并取名为“ajinomoto”，即“味之素”，代表风味的精华。味精的安全性已被许多食品安全机构认证，例如美国FDA和联合国粮食及农业组织/世界卫生组织食品添加剂专家委员会（FAO/WHO joint expert committee on food additives，JECFA）。

使用味精代替部分食盐可以减少食品中的钠含量而不牺牲风味，对于降低心血管疾病风险尤为重要。世界卫生组织提出降低食盐摄入量的目标，而味精呈现出减少食品中总钠含量的潜力。尽管公众可能误认为味精的钠含量高，实际上它的钠含量只有普通食盐的三分之一。因此，添加味精有助于在不影响食品口感的情况下减少钠的摄入量。

总结来说，味精是一种从天然成分中通过发酵提取而得的调味品，不仅可以增强食物的味道，还可以帮助降低成品中的钠含量，是一种能够增强风味和具有健康益处的食品添加剂。

四、醋

醋是一种含有4%～7%醋酸的酸性调味品，其中也可能含有微量的其他酸类，如酒石酸和柠檬酸。从理论上来说，任何富含糖分的液体都可以通过发酵过程酿制成醋。现代食醋的生产可以分为传统的酿造方法和工业合成方式。酿造醋是基于谷物或食用酒精，通过微生物发酵制得。而合成醋则是通过添加水、食用醋酸、味道调节剂、香料和着色剂来制成的，还有一种是醋精，其醋酸含量可高达30%或以上，使用前需要稀释。在中国，根据国家标准，仅有用粮食或食用酒精发酵生产的醋才能被标称为“食醋”。

醋的存在可以追溯到古巴比伦时代，是自然环境中发酵的产物。一般说来，东方国家偏好使用谷物来酿造醋，而西方国家更多地使用水果和葡萄酒来生产醋。在中国，有看法认为醋最早在商朝或更早时期出现，但普遍认为至迟在西周时期，中国人已经开始酿造醋；汉代则将其称为“醯”。在中东地区，古埃及的文明就有醋的使用。

由于原材料、制造工艺和饮食文化的差异，世界各地的醋品种繁多且口味不同。通常醋可分为固态发酵产生的黑醋和液态发酵产生的红醋及白醋。在中国北方，广泛使用的是黑醋，其代表为山西老陈醋。中国南方知名的黑醋产品则包括镇江香醋和四川保宁醋。而在食用海鲜较多的东南沿海地区，红醋更为常见，代表性产品有浙江米醋及其他知名品牌。

在中餐中，醋扮演了极其重要的角色，它不仅用于熘菜和凉拌菜，西餐中也常见于沙拉酱或酸菜的准备。而在日本料理中，醋则是寿司米的重要成分。除了在烹饪中的使用，醋也被认为有诸多健康和药理方面的好处。

五、酱油

酱油的发现源自中国古代贵族和皇家逐渐流行的调味习惯。在其早期历史中，酱油的生产主要依赖于肉类的发酵，类似于今天我们所知的鱼露。因其味美，逐渐普及到了普通民众中。随后，大豆因其经济实惠而成为主要制作酱油原料，这种大豆制酱油逐渐替代了原有的肉制酱油并流行开来。这种调味品后来传播到了日本、朝鲜半岛以及东南亚地区。在早期，酱油的生产是一门家庭手艺，由特定的师傅控制，且这门技艺经常在家族内部世代相传或在师徒间传递，各自发展出自己独特的制造方法。

在历史上最早的肉类发酵产品称为“醢”，而含有动物血液的酱油被称为“醓”。《诗经·大雅·行苇》中有提及：“醓醢以荐”。而最初的植物制酱油称为“豆酱”或“豆酱清”。在东汉王充编写的《论衡》和北魏时期的《齐民要术》文献中就有相关记载。黄兴宗认为这些文献中提到的可能和现代酱油的前身相似。

“酱油”作为术语首次出现在南宋时期的文献，在《山家清供》和《吴氏中馈录》中有对使用酱油作为调料的记载。宋朝时期的中国人开始广泛使用酱油作为料理的调味品。到了清朝，酱油的使用已超越了其他种类的酱类，据《随园食单》显示，酱油在当时已占据了调味市场的重要地位。

根据生产工艺，酱油可以分为传统的固态酱油和液态酿造酱油。固态酱油是通过将黄豆或黑豆蒸煮并配合麴菌发酵5～7d后，加入食盐进行长达6个月的自然发酵过程而制成。酱油按产品特点可细分为生抽和老抽。生抽具有较浅的颜色和较重的咸味，是烹饪中提味的首选，尤其适合凉菜，不会影响食材原有色泽。而老抽颜色更深，咸味较淡、甘味较重，常用于调色，特别是红烧菜肴中，因为它的添加能为食物带来深色。

六、其他调味品

除了基本的调味料如盐、味精、醋和酱油等，还有一系列特殊的调味品，包含各种酱类和酱制品、调味用的料酒、各类香料（包括干香料、香料油和香料酱）以及海产品调味料（例如鱼露、虾酱、蚝油、虾油）和多种复合调味品。

调味品的添加对于提升和强化食物的感官品质至关重要。比如，香料的添加能够消除食物的不良气味，食用色素的使用有助于增加或改善食物的色彩，从而让食品的味道更美妙、香气更浓烈且外观更吸引人。一些调味品如豆腐乳、豆豉和豆瓣酱，在增加饮食的蛋白质含量和能量方面也起到积极作用。例如酱菜可以补充不同季节或地区副食品的不足，而食盐既能提供人体所需的无机盐，又能优化食物的口感。尽管调味品通常不是营养素的主要来源，但它们在饮食的营养角色上扮演着相当重要的作用。

第五节 淀粉

淀粉是厨房中常用的调味品，它在多种植物如其根部、茎部、果实及种子中天然存在。它是人类饮食中最主要的能量来源，作为人们获得能量的关键食品成分，在烹饪中扮演着重要角色。通常情况下，淀粉是一种无色、无味、无香气的白色粉末，在冷水或酒精中不溶解。根据原料的不同，常见的淀粉类型包括玉米淀粉、小麦淀粉、木薯淀粉和红薯淀粉等。在食品加工中，淀粉不仅用于使汤汁和酱料浓稠（勾芡）、裹上一层保护薄膜（上浆），或者吸油和水分（拍粉），还用于制作诸如甜点或面食等美食。

淀粉主要是由两种分子形态，即直链淀粉和支链淀粉所构成的。这两种淀粉在结构和属性上有着显著的差异，并且在不同来源的淀粉中它们含量的比例也不尽相同，这也决定了它们的独特性质。因此，在烹饪时要根据具体需求选择合适类型的淀粉，以便达到理想的烹饪效果。在加热的过程中，淀粉会经历一系列复杂的物理和化学变化，其中糊化是最主要的变化之一，紧随其后的是失去水分并趋向于变硬或缩小的老化过程。

一、淀粉糊化

淀粉糊化是一个过程，其中淀粉在水中经过加热会吸收水分并膨胀。当温度上升到60～80℃的区间，淀粉分子会发生物理上的变化，导致其结构损坏进而变成一种半透明的凝胶态混合物。这种经过加热处理的淀粉，由于其多糖链松弛并充满水分，以及分子间的氢键被破坏，变得更易于被消化酶（如淀粉酶）分解，因此更容易被人体消化吸收。

（一）淀粉糊的性质

淀粉经过糊化处理后，会生成具有特定性质的凝胶状液体，这些性质包括以下几方面。

热黏度：这是指淀粉完全糊化时的黏性程度，也就是在热状态下的黏稠度。如果热黏度较高，它会有助于食品在烹饪时保持特定的形状。

黏度的热稳定性：淀粉在达到峰值黏性后继续加热会导致黏度下降。如果黏度下降幅度较大，则说明淀粉的热稳定性较差。而具有良好热稳定性的淀粉糊在加热过程中保持较稳定的黏度，能够帮助食品保持结构，使芡汁等更好地黏附在主料上。

透明度：透明度是指糊化后的淀粉溶液的清澈程度，越是透明的淀粉凝胶，其外观越是亮泽洁净，给菜肴带来更加吸引人的光泽与美观。

糊丝：指糊化的淀粉凝胶能拉出的条状粘连物的性状，有的淀粉糊在拉伸时可以形成较长的条丝，显示出较高的黏性和延展性，这样的淀粉糊很容易与菜肴成分相互黏附，增强食物的质感。

糊化淀粉形成的凝胶在烹饪中起着至关重要的作用，它的黏稠性、稳定性、透明度和拉丝能力都是影响食物最终口感和外观的关键因素。

（二）淀粉糊化对膳食质量的影响

1. 提高食物的消化吸收率

在烹饪过程中，使淀粉糊化是一项重要的步骤，它涉及加热淀粉类食材致其内部的束状结构受损并放松。这一变化不仅影响食物的质地，使其软化，也有助于淀粉酶发挥作用，进而提升食物中淀粉的消化率，让人体能够更有效地吸收其中的营养成分。通常含淀粉的食品，在食用前都需通过烹饪来实现淀粉的糊化，正因如此，许多热加工的食物才适宜人体消化吸收。

对于诸多即食食品来说，例如即食米饭、即食粥或方便面，它们在生产过程中就已经通过糊化处理将原生态淀粉（α-淀粉）转化成更容易消化的形态。这不仅改善了食物的口感，还提高了它们的消化效率，从而适应了现代快节奏生活中对于方便快捷饮食的需求。通过预先糊化，这些食品可以迅速恢复或完成烹饪过程，方便消费者直接食用。

2. 用于菜肴中的挂糊

在烹饪中，挂糊是一种处理食材的技术，它涉及将食材裹上一层相对较厚的淀粉浆，与上浆相比，这个过程创建的是一个更为厚实的涂层。这些挂糊后的食材通常会被深油炸，油炸的温度非常高，通常控制在200～220℃。在这样高温的条件下，淀粉经历了一连串的迅速变化：淀粉中的水分会被快速蒸发，导致淀粉分子间的氢键断裂，同时淀粉迅速地转变成糊状。随后，部分糊状淀粉会因为继续受到高温的作用，进一步断裂氢键，失去水分，并发生焦化变色，形成了所谓的焦淀粉。焦淀粉脆、酥且富有香气，使得经过深油炸的食材拥有一层酥脆的外壳，带来了香脆可口的质感。这为炸食带来了其特有的外酥里嫩的口感，同时也起到了保护内部食材的作用，使其不至于变得过于干燥。

3. 用于菜肴的上浆

在准备某些菜肴时，烹饪前常常需要对食材进行上浆。上浆是指将食材涂抹一层稀释的淀粉溶液，这一层淀粉在划油的过程中起到关键作用。划油即把上浆的食材在油中快速滑炒或炸至表面定形，通常在较高温度下进行，温度为120～150℃。由于在此温度范围，淀粉中的胶束会迅速活化，淀粉分子间的联结力减弱，导致结构变得疏松。这时分子间的氢键断裂，淀粉迅速糊化，形成具有较高黏度的糊状胶体，并在食材表面形成一层具有黏合性质的薄膜，这层薄膜不仅能使食材外观光滑、鲜亮，也在一定程度上锁定了食材内部的水分和营养成分，避免其在烹饪过程中流失。

无论是上浆还是挂糊，用来处理食材的淀粉种类相似，它们应具备一些特定的特性，比如较大的淀粉颗粒、较强的吸水力、较低的糊化温度、较高的淀粉黏度以及良好的透明度。

马铃薯淀粉就是符合这些条件的一种淀粉，它很适合用来进行上浆或挂糊处理，以在烹饪中达到最好的效果。

4．用于菜肴的勾芡

在烹饪过程中，芡汁是通过淀粉的糊化来制作的，淀粉在达到特定温度后会变稠，这项技术在菜肴中用于勾芡，能显著提升菜肴的口感和外观。勾芡通常在菜肴的汤汁烧开后进行，将调配好的淀粉水溶液倒入热汤中时，热量会迅速作用于淀粉，促使淀粉分子间形成胶体结构的胶束。受到加热，胶束中的淀粉颗粒开始吸收水分并膨胀，从而形成黏稠度高的芡汁。

选择适合勾芡的淀粉要考虑几个关键属性，包括淀粉的热黏度（加热后的黏度）、稳定性（在不同条件下如何保持效果）、糊丝长度（淀粉糊化后生成的丝状拉伸效果），以及胶凝能力（变稠的能力）。例如，绿豆淀粉就是具有这些优良特性的淀粉之一，因此它经常被用来勾芡，增强菜肴的质地。

5．用于淀粉食品的制作

以粉皮制作为例，在制作粉皮的过程中，为了达到理想的口感，首先需要将淀粉进行适当的加热处理，以使其达到糊化状态。之后，必须迅速降温以促使淀粉发生老化，这一步骤对制作出高品质的粉皮至关重要。制作粉皮时应选择直链淀粉含量高的淀粉原料，比如来自豆科植物的淀粉，这是因为直链淀粉更易老化，有利于形成理想的粉皮质地。而当生产诸如年糕、元宵、汤圆和麻圆等传统糕点时，需要用到的是那些几乎不含直链淀粉、不容易老化且能够轻易吸水膨胀的淀粉，例如糯米粉。糯米粉具有较高的黏性和易糊化的特性，这些质地特点对于这类糕点的制作非常重要。

在制作以淀粉为基础的混合制品，比如虾料子或鸡料子这类菜肴时，添加少量淀粉能帮助菜肴增加黏性和弹性。添加淀粉后，淀粉会在冷水中吸收水分并膨胀，尽管它不会溶解。这种吸水性有助于防止混合物中的水分析出，特别是在蛋白质凝胶化过程中。此外，淀粉在混合物中还与蛋白质、脂肪和水相互作用，参与胶凝和乳化过程，进一步强化了混合料子的稠厚感和弹性，从而改善了菜肴的整体质地。

二、淀粉老化

淀粉老化是发生在淀粉糊化之后的现象，当淀粉经过糊化变成透明的α-淀粉后，如果放置在较低的温度中，淀粉会重新结晶，出现失去透明度，变得浑浊甚至凝固或沉淀。这一过程导致淀粉的黏性降低，并改变了食品的质地，从而使食品从柔软变硬，影响口感，且由于淀粉老化后不易被消化酶分解，消化率也会降低。

（一）淀粉老化应用机理

通常在食品加工和烹饪时，会尽量避免淀粉老化，因为它不利于食品的口感和消化。为了抑制或减缓食品中淀粉的老化，可以采取以下策略：保持低水分含量，快速除去水分以干燥食品，或者加入淀粉老化抑制剂、油脂、糖、乳化剂等添加剂来减缓或阻断α-淀粉分子间重新形成氢键的过程。

（二）淀粉老化在烹饪中的应用

虽然淀粉老化通常被视为要避免的现象，但在有些特定食品的制作中，淀粉老化却是一个重要而必需的步骤。例如，在粉条、粉皮和海味片等食品的加工中，老化的淀粉可以使产品具有较大的韧性，并在表面形成光泽感，同时保证加热后不易破碎，嚼起来更有弹性。对于这些食品来说，选择富含直链淀粉的豆科植物的淀粉作为原料将是更好的选择，因直链淀粉较易老化，有利于形成所需的产品特性。

第六节 食用油脂

食用油脂是经过精炼处理，用于烹饪的植物或动物来源的油脂。这些油脂在常温下可能呈液态或者固态。在厨房和食品制备中，油脂的用途非常广泛，它不仅能为食物增添芳香和风味，还需要根据烹饪方法和所需承受的温度来挑选适宜的油脂。油脂是饮食中不可或缺的一部分，它是热量集中的食品，其中每100g油脂可提供约900kcal的能量。油脂的消化速率较慢，使得含油食品具有较强的饱腹感。大部分食品中都含有多种脂肪，饮食中的脂肪包括饱和脂肪和不饱和脂肪（包括单不饱和脂肪和多不饱和脂肪），以及反式脂肪。一般而言，植物油因其具有较高含量的必需脂肪酸和维生素E，通常认为比动物油脂具有更高的营养价值。植物油的熔点较低，常常在室温下保持液态形式，更易于乳化和吸收，比动物油脂的吸收率更高。

一、常见食用油及其特点

在通常室温环境下，呈现液态的称为油、固态的称为脂。从油脂的来源讲，大体可分为植物油脂和动物油脂两大部分。

（一）植物油脂

绝大多数商用的食用油都来源于植物，它们通常是通过将油料作物的种子进行压榨或提取过程来制成。这些食用油根据它们的原料来源可以分成若干种类，包括但不限于花生油、菜籽油、芝麻油、棉籽油、葵花籽油、橄榄油等。

1．花生油

花生油以其淡黄色的透明外观、鲜亮色泽和香气扑鼻而闻名，它是一种消化起来相对容易的油脂。该油中含有超过80%的不饱和脂肪酸，具体而言，包含41.2%的油酸和37.6%的亚油酸。此外，花生油还包括19.9%的饱和脂肪酸，像软脂酸、硬脂酸以及花生酸。花生油的不同脂肪酸成分使其具有良好的消化吸收特性。同时，它富含的脑磷脂、卵磷脂和胆碱等物质能有效增强记忆力。

2．菜籽油

菜籽油通常呈现为深黄色或棕色的外观。它的脂肪酸组成里花生酸含量介于0.4%～1.0%，油酸占14%～19%，亚油酸的含量为12%～24%，芥酸则较高，为31%～55%，另外含有1%～10%的亚麻酸。就营养吸收而言，菜籽油被人体的消化吸收率非常高，大约可以达到99%，而且它对促进胆汁分泌有利。

即便在肝功能不健康的情况下，菜籽油仍能被身体正常地代谢。其所含的较高含量芥酸和芥子苷等成分，可能不利于人体的生长发育。若能在食用菜籽油的同时，搭配含亚油酸高的优质食用油，将有助于提高整体的营养价值。

3．芝麻油（香油）

芝麻油分为常规芝麻油和小磨香油两种，它们都以芝麻作为生产原料。从芝麻提炼而成的油含有一定比例的脂肪酸，其中油酸占到35.0%～49.4%，亚油酸则是37.7%～48.4%，而花生酸的比例相对较低，仅为0.4%～1.2%。芝麻油具有极高的消化吸收率，达到98%。

在人体健康方面，芝麻油拥有极高含量的维生素E及可观的亚油酸含量。常规摄入芝麻油可以调整细小血管的功能，增加身体组织对氧气的利用，促进血液循环，帮助性腺的发育，并有助于延缓衰老过程。因此，芝麻油不仅口感上佳，营养价值也十分丰富，是一种优质的食用油。

4．棉籽油

精炼过的棉籽油通常呈现出橙黄色或棕色的外观。在它的脂肪酸成分中，棕榈酸的比例为21.6%～24.8%，硬脂酸为1.9%～2.4%，花生酸几乎可以忽略不计、接近于0%，油酸的含量为18.0%～30.7%，而亚油酸则在14.9%～55.0%。经过精炼的棉籽油已经去除了棉酚等有害物质，使之安全可供人类食用。

此外，棉籽油含有丰富的脂肪酸，适合搭配动物性脂肪，以呈现更为均衡的脂肪酸摄取比例。棉籽油还含有较高的亚油酸，这种成分有助于阻止血液中胆固醇水平上升，对维护心血管健康有积极作用。

5．葵花籽油

葵花籽油会呈现出一种透明且令人愉悦的淡黄色或浅青黄色，其香气诱人，味道也十分醇正。葵花籽油中的脂肪酸组合会因所处的气候条件而有所不同，例如在寒冷地区产的葵花籽油大约含有15%的油酸和70%的亚油酸；而在温暖地区产的则含有大约65%的油酸和20%的亚油酸。

人体摄入葵花籽油后的消化吸收率极高，达到96.5%，并且由于葵花籽油富含亚油酸，这有助于显著降低胆固醇水平，进而预防血管硬化和冠状动脉疾病。此外，葵花籽油中的亚油酸和维生素E含量比例相对平衡，这也促进了人体对这两种营养素的吸收和利用。因这些健康益处，葵花籽油被认为是一种营养丰富、有助于维持健康的高质量食用油。

6．亚麻油

亚麻油，也被称作亚麻籽油，在其成分中，饱和脂肪酸的含量为9%～11%，油酸则介于13%～29%，亚油酸占15%～30%，而其显著的特性是含有很高比例的亚麻油酸，即44%～61%。亚麻油因其独有的味道，在食用质感方面可能不及花生油、芝麻油或者葵花籽油。

由于亚麻油中亚麻油酸含量很高，这导致它的保存期较短，不太适合长时间储存，同时在高温下也不够稳定。而且，尽管亚麻油酸对身体有益，但与以亚油酸和油酸为主的植物油相比，亚麻油可能在某些营养方面稍弱。

7．红花籽油

红花籽油拥有低饱和脂肪酸含量（6%）和高不饱和脂肪酸含量，其中油酸占21%，亚油酸高达73%。因为亚油酸的比例占主导，这种油的营养价值尤其突出，它促进健康的特性包括帮助防止血清胆固醇在血管内壁积累，以及预防动脉硬化和心脏病等心血管问题。

红花籽油还富含维生素E和谷胱甘肽，这些都是具有保健作用的成分。这些特性使得红花籽油成为“健康油”或者“营养油”的佼佼者，在注重健康的消费者人群中越来越受到重视。

8．大豆油

大豆油通常具有较深的颜色和独特的豆味；它的热稳定性不佳，在加热过程中容易产生较多的泡沫，并可能因含有大量的亚麻油酸而在氧化后产生一种不太受欢迎的“豆腥味”。就口感而言，大豆油通常被认为不如芝麻油、葵花籽油或花生油那么理想。

营养价值方面，大豆油含有一定比例的棕榈酸（7%~10%）、硬脂酸（2%~5%）、花生酸（1%~3%）、油酸（22%~30%）以及较高比例的亚油酸（50%~60%）和适中量的亚麻油酸（5%~9%）。这种脂肪酸组合是颇为健康的，尤其是高含量的亚油酸，能有效降低血清中的胆固醇，预防心脑血管疾病。此外，大豆油还富含维生素E和维生素D，以及大量的卵磷脂，这些营养成分对维护人体健康极为有益。同时，大豆油也具有极高的人体消化吸收率，达到98%，这也使得它成为一种营养丰富、受欢迎的食用油选项。

9．橄榄油

橄榄油以其雅致的淡黄绿色外观、诱人的芳香及温和独特的风味深受喜爱，在低温环境（大约10℃）下它仍旧保持清澈透明的特性。因此，第一次低温挤压得到的初榨橄榄油特别适合用于凉拌和烹饪。

橄榄油在其生产过程中没有经过任何化学处理，它自然含有丰富的天然营养成分，如前体维生素A、维生素D、维生素E以及高比例（大于80%）的不饱和脂肪酸。这些脂肪酸以油酸（占86%左右）为主，另外包含少量的亚油酸（1%~5%），以及0.9%左右的花生酸。橄榄油的人体吸收率极高，可达94%左右。相比谷物来源的油脂，橄榄油的亚油酸含量和维生素E含量相对较少。此外，橄榄油富含多酚类抗氧化物，这些物质有助于预防心脏病和癌症，并且能够结合一种称作鲨烯的化合物，这种化合物有助于延缓结肠癌和皮肤癌细胞的增长。所以说，橄榄油具有较高的营养价值。

（二）动物油脂

动物来源的脂肪通常被称作动物油脂，它们在分子水平上主要由甘油三酯构成，即三个脂肪酸分子和甘油分子结合形成的化合物。动物的多个身体部位能够产生脂肪，厨房里使用的动物油脂大多是来自养殖动物，比如猪、牛和羊等的加工过的脂肪组织。通过特定的提炼方法，这些脂肪被转化为可用于烹饪的油。除了这些动物，乳制品中也含有动物脂肪，例如广为人知的黄油，这是从动物乳中分离出的油脂。

1．猪油

猪油，也称为猪脂、猪脂肪或大油，是一种从猪肉中提取的食用动物油脂。在刚提炼出来时，它呈现一种微黄且半透明的液态，但是在低温环境下，猪油会凝固变成白色的固态脂肪。在现代生活中，猪油被广泛应用于烹饪、食品制作乃至工业制品的生产。猪油的制作通常有两种方式：一种是干热法，即将脂肪直接在油锅中加热熔化；另一种是湿热法，通过和水一起煮沸来提取油脂。

对于中国人来说，尤其是南方居民，猪油是日常炒菜中不可或缺的调料，因为人们相信猪油能够让菜肴变得更加美味。在福州等中国南方地区，人们喜欢将猪油浇在菜肴、面条或米线上，直接食用以增添风味。中国作为世界上最大的猪肉生产国，猪油产量也居世界首位。在广东、浙江、福建、江苏等省，装备现代科技设备和采纳科学生产方法的猪油工厂生产的猪油不仅满足国内市场的需求，还大量出口其他国家。在中国的家庭烹饪中，传统方式通过加热熬煮肥猪肉来自行提取猪油的做法依然流行。

2．牛油

牛油，也称作牛脂或牛脂肪，是一种由牛的肉质中的脂肪部分提取出的食用脂肪，在一般室内温度条件下，它呈固态，颜色可能是白色或者淡黄色。牛油在开封前可以在常温条件下保存一定时间，并且保持品质不发生恶变。

在烹饪中，牛油既是传统也是重要的食用脂肪来源之一。从历史的麦当劳炸薯条使用的牛油–棉籽油混合物，到现代的火锅底料中添加牛油以增加风味，牛油的应用相当广泛。制作牛油的工艺与提炼猪油相似，都涉及加热原料，即动物脂肪组织，以分离出纯净的脂肪。这个过程可能会产生特有的气味，因此牛油在供人食用前通常需经过一系列如熔炼和脱臭的处理步骤来改善其气味。

在工业层面上，牛油的生产涉及使用牛脂肪作为原料，并采用湿法或其他现代工艺，经过精炼获取，包括但不限于脱胶、脱酸等多个步骤。这种工艺生产出来的牛油具有较高的熔点，大概在40～46℃，因而比人体正常体温更高，所以它不易被消化吸收。尽管不推荐直接食用牛油，但其独特的质地和熔点使之成为西式点心和糕点中优秀的起酥成分，特别是在欧洲烹饪传统中，牛油经常作为制作酥皮面点的关键原料。

3．黄油

黄油是一种西方传统的乳脂制品，来源于奶油或牛乳，通过搅拌使脂肪从液体中分离出来，形成更加密实的乳制品。它以丰富的口感和香味在烹饪中发挥着重要作用，广泛用于各式各样的食谱中。作为调味品，黄油经常用作食物的涂抹物，比如在面包、煎饼和华夫饼上。因其带来的浓郁乳香和口感，黄油在烘焙领域十分流行，尤其在制作蛋糕、饼干和派类制品时，为食品增添了丝滑的口感和金黄的色泽。

黄油通常由乳脂中的微小脂肪液滴组成，这些液滴被水分和乳蛋白包裹。它以牛乳为主要原料，但也可能来源于其他类型的乳制品，比如羊乳或山羊乳等。此外，市面也有基于植物油的替代品，即人造黄油或边缘黄油。在市场上，既有不含添加剂的纯净黄油，也有为了提味或保存而添加盐分或调味品的黄油。通过减少黄油中的水分，可以延长它的保质期，从而无需额外的防腐剂。

黄油根据温度的不同而呈现不同的物理状态：在冷藏情况下黄油为固态，室温下软化至可涂抹状态，当温度达到32～35℃时，黄油则会融化成液态。黄油的颜色波动较大，通常为淡黄色，但也会因为动物饲养的差异或是否添加食用色素而呈现不同的色调。食用色素丰富的饲料或添加剂，比如胭脂树红或胡萝卜素，可以使黄油呈现更鲜艳的黄色。

二、食用油的调味功能及应用

油脂是烹饪过程中不可或缺的组成部分，充当着热能传递和风味增强的双重角色。从热量传导的角度来看，油脂具备快速加热和存储大量热能的能力，温度变化范围较广，这使得它成为煎、炒、烹和炸等烹饪手法中理想的热传导介质。油脂具有较高的发烟点通常在230℃左右，这意味着它在加热时不会很快烧焦，且因为它有更高的闪点（约329℃）和燃点

（约362℃），它能达到更高的温度而不发生危险，因而可以安全地用于高温烹饪。

在食物的质地和口感的形成上，油脂也发挥着重要作用。例如，在制作糕点时，油脂有助于提供酥脆的质感；在肉类烹饪中，则有助于形成焦脆的外层以及多汁嫩滑的内层肉质。

（一）赋香作用

在烹饪过程中，油脂在加热至高温时可促进食材中多种成分发生化学变化，进而产生特别的香气。同时，油脂本身经受热解，也会释放游离脂肪酸，并形成具有挥发性的复合物如醛和酮类，这些物质共同作用，赋予菜肴独特风味。不同的原料在经过热处理后产生的风味也各有不同。以葡萄糖为例，它在加热时可以转变成呋喃衍生物、甲基呋喃，以及各种羰基化合物。淀粉在高温下则可能形成有机酸和酚类化合物，如麦酚等带有浓郁香气的成分。这些原料在油脂的作用下反应更为迅速，且所产生的香味比在水中烹饪时更加集中和浓烈。蛋白质中的氨基酸与油脂发生的化学反应，比如美拉德反应，不仅令食品表面焦黄，呈现金色，还会形成迷人的香气。而油脂和蛋白质相互作用形成的脂蛋白能进一步增加食物的独特风味。通过这些复杂的化学交互作用，油脂在烹饪中大大丰富了食物的味道和香气。

（二）溶味作用

油脂因其对风味成分的溶解能力而在烹调中扮演重要角色。通过油脂，可以提取并保存原料中的香气和辛辣成分，这不仅有利于调味品的长期保鲜，而且可以在制作各种菜肴时增强其风味。油脂中的甘油分子对水溶性的风味物质有较高的亲和性，而脂肪酸则倾向于与疏水性的香味分子结合。这意味着油脂在烹饪过程中可以捕捉和保留那些加热时产生的可挥发性的香气成分，将其从自由状态转变为结合状态，从而使得食物的气味和味道变得更加和谐细腻。

以炝锅技术为例，通过将调味料如葱、姜、蒜在油中高温快速翻炒，释放出浓郁的香气，从而增强菜肴的风味。而对于辣味和芳香调料如辣椒和花椒，油脂更是进行香气转移的理想媒介。通过低温慢炖熬制，不仅能将辣味和香味溶解入油中，还能提取出色素，制成辣椒油和花椒油等调味油。得到的调味油可以直接用来拌凉菜、加入热炒菜肴或作为食物的佐料，以便为不同的食物添加丰富的层次和味道。

（三）润滑作用

油脂在烹饪和食品加工中发挥着关键作用，尤其是在菜点加工中，其润滑性能使其成为不可或缺的成分。以下是一些油脂润滑作用在菜点加工中的部分运用：

1．增强加工后的食品质感

通过与植物油混合，食材在经过上浆后能够保持润滑，不易粘连且不容易风干，同时有助于保持新鲜度和在烹饪时均匀地散热。

2．改善食品外观和口感

在制作肉蓉或者蓉胶食品时，油脂的添加能够使制品口感更加细腻和滑嫩，并带来光泽感，例如在虾胶或鸡胶菜品中添加肥膘。

3．保护原料，增强风味

为了防止烧烤过程中水分流失，一些烧烤菜品会在外层覆盖油脂，像使用网油包裹“叫化鸡”就可以保持鸡肉的多汁和嫩滑，同时使肉质更加风味十足。

4．促进面点工作效率和改善成品

在面点制作中，抹油脂可以防止面团黏在工具或容器上，减少黏性，易于成形和加工。加油也能让面包等面点产品具有更吸引人的表面光泽和改善口感。制作透明的面食如澄粉时，在案板上涂抹油脂也可以帮助提升面食的成品外观。

三、油脂的制取

植物中提取食用油有两种工艺方法，分物理取油法和化学取油法，也称为压榨法（物理）和浸出法（化学）。

（一）压榨法

压榨法是提取食用油的一种传统工艺，其基本过程包括将油籽经过适当的烹煮或炒制，然后使用机械力将油料中的油分挤出。在历史上，这个过程往往需要人力进行大量的体力劳动。使用传统的压榨方法提取油分，往往会导致压榨后的副产品（如油饼）中仍含有较高比例的残余油脂，这样会造成原材料的一定浪费。随着技术的进步，现代的压榨过程已经实现了工业化和自动化，虽然效率有所提高，但残余油脂过多的问题尚未完全解决。

按照原料预处理的不同，压榨法又可分为冷榨法和热榨法（或称为熟榨法）。冷榨法指的是直接将未经过加热处理的油料送入压榨机进行压榨，能够得到色泽较淡且清澈的油，但由于没有经过热处理，出油率通常较低，且其香气和味道可能不如热榨法浓郁。热榨法在压榨前会对油籽进行烘干等热加工处理，目的是减少原料中的水分并增加油脂的活性，从而提升出油率和保持油品的香气，但高温处理也可能会影响油质，使得油品的颜色变得更深。

油料压榨工艺的基本过程如下：

（1）常规生产工艺：生料—蒸炒—压榨—机榨毛油。

（2）特殊油脂生产工艺：油籽—炒籽—压榨—过滤—香味油脂。

（3）特殊油料生产工艺：油籽—整籽冷压榨—过滤—冷榨油脂。

油料被挤压出油过程：在榨油机的压榨室内，油料会随着室内的旋转而受到不断增大的压力。榨油过程中，随着油脂被挤出，种子材料逐渐被压实，种子之间的颗粒在相互压力作用下发生塑性变形，并在油脂被挤压的间隙处黏结成团。结果，当榨料被推送出榨油机之后，它们不再是分散的颗粒，而是通过这种挤压作用形成了可塑性更强的固体块，这些固体块被称为油饼。在压榨过程中，由于机械产生的温度升高和压力的作用，榨料中的蛋白质会进一步发生变性，这种变性在一定程度上会影响种子材料的可塑性。蛋白质的适度变性对于实现最佳压榨效果至关重要——意味着在压榨过程中既需要充分挤压出油脂，同时保持榨料的塑性，以便更好地形成油饼并提升油料的最终收率。

（二）浸出法

浸出法是一种基于溶剂萃取原理的油脂提取工艺，主要用于工业规模的油料加工。这种工艺在1843年于法国首次商业化，并逐渐成为在高产量、高效率以及成本控制等方面占优势的方法，现在在工业化国家广为采用。

然而，浸出法也有其缺点，比如需要使用大量有机溶剂，这就要求有严格的安全措施和环境保护措施以防溶剂泄漏对环境和工人健康造成危害。同时，设备投资和运行成本通常较高。尽管如此，对于大规模油脂生产而言，浸出法仍是一个高效且经济的选择。

浸出法制油工艺可按操作方式、接触方式、生产方法三种方式进行分类。

1．按操作方式分类

按操作方式浸出法制油工艺可分成间歇式浸出和连续式浸出。

（1）间歇式浸出　料坯进入浸出器，粕自浸出器中卸出，新鲜溶剂的注入和浓混合油的抽出等工艺操作，都是分批、间断、周期性进行的浸出过程。

（2）连续式浸出　料坯进入浸出器，粕自浸出器中卸出，新鲜溶剂的注入和浓混合油的抽出等工艺操作，都是连续不断进行的浸出过程。

2．按接触方式分类

按接触方式浸出法制油工艺可分成浸泡式浸出、喷淋式浸出和混合式浸出。

（1）浸泡式浸出　料坯浸泡在溶剂中完成的浸出过程叫浸泡式浸出。

（2）喷淋式浸出　溶剂呈喷淋状态与料胚接触而完成浸出过程者被称为喷淋式浸出，属喷淋式的浸出设备有履带式浸出器等。

（3）混合式浸出　这是一种喷淋与浸泡相结合的浸出方式，属于混合式的浸出设备有平转式浸出器和环形浸出器等。

3．按生产方法分类

按生产方法浸出法制油工艺可分为直接浸出和预榨浸出。

（1）直接浸出　直接浸出也称“一次浸出”。它是将油料经预处理后直接进行浸出的制油工艺过程。此工艺适合用于加工含油量较低的油料。

（2）预榨浸出　油料经预榨取出部分油脂，再将含油较高的饼进行浸出的工艺过程。此工艺适用于含油量较高的油料。

对大部分油料来说，不管是压榨还是浸出，得到的毛油因为含有磷脂、游离脂肪酸、农药残留等，不能直接食用，都必须经过脱胶、脱酸、脱色和蒸馏脱臭等精炼工序后，才能得到可供我们食用的油。因此，食用油是否安全，不在于前段制取采用压榨还是浸出工艺，主要是由后续的精炼工艺决定的。

四、烹调油脂的品质及温度判别

烹饪用油在存储和运输过程中，由于其对温度、氧气和光线等环境因素较为敏感，容易经历各种物理和化学变化，例如自动氧化和光诱导氧化反应。此外，油脂在某些催化剂的作用下，如金属离子和某些有色素的化合物（例如叶绿素和核黄素），其氧化反应速度会加快，从而影响油脂的风味。

在烹饪过程中，食物成分与油脂有交互作用，而油脂自身也会发生氧化、聚合、热裂解和水解等反应，这些变化涉及油脂分子的结构和组成，可能影响油脂的功能和安全性。为了评估油脂的品质和适用性，通常可通过一系列物理化学检测指标来衡量油脂的氧化状态和分解产物的浓度。在烹饪油脂的使用和质量维护方面，油脂的抗氧化稳定性被视为评价油脂品质的关键因素。

食用油脂的发烟点是衡量其热稳定性的一个重要的物理化学特性。这个指标标志着油脂在加热过程中起始分解的温度，即油中的甘油三酯发生裂解生成甘油和游离脂肪酸。发烟点的达到通常意味着油脂开始丧失其原有的风味和营养价值，同时，在持续加热到发烟点以上的情况下，游离脂肪酸可能进一步挥发，而甘油则可能转化为有害的丙烯醛，这些物质的产生可能导致使用油脂者感觉眼刺痛和喉咙不舒服。

发烟点的高低可作为选择适于高温烹饪油脂的一个依据，通常推荐使用具有较高发烟点的油脂进行油炸或其他高温烹调，因为这样的油脂在高温下更加稳定，不太容易产生有害物质。然而，发烟点虽为评估油脂高温烹调适用性的一个方面，却不能全面反映其安全性和稳定性。即使是在达到发烟点之前，油脂加热过程中也可能发生氧化反应，生成有害的自由基等物质，因此在使用油脂时，也需要注意其综合性质与整体热稳定性。表3-1为常见的食用油的烟点。

表3-1 常见的食用油的发烟点

食用油	发烟点/℃
黄油	150
椰子油	175
玉米油	230
棉籽油	215
猪油	190
橄榄油	190
花生油	225
红花油	265
压榨大豆油	166
葵花籽油	225
菜籽油	190
棕榈油	235

使用油脂时应考虑其发烟点，这是油脂加热到一定温度开始产生烟雾和分解的临界点。不同油脂的发烟点各异，因此它们适用于不同的烹饪方法。有些油脂发烟点较低，例如一些额外初榨橄榄油、未精炼大豆油和亚麻籽油等，这些油脂含有较多不饱和脂肪酸和其他有机物质，它们在较低温度下就会开始分解，可能产生不健康的化合物。因而这些油脂并不适宜用于高温烹饪，如爆炒或者深度煎炸。而将它们用于低温烹饪，如凉拌菜和轻度加热，可以更好地保持它们的味道和营养价值。还有一些油脂，如棕榈油、花生油和椰子油，具有更高的发烟点，这意味着它们可以在较高温度下使用而不会迅速发生分解。这种稳定性使得这些油脂更适合高温烹饪过程，如炸制和爆炒。因为在高温下它们更不容易产生有害物质，保持稳定性并防止变质。

知识拓展

油脂是高营养价值的食物成分，提供人体必需的能量和重要营养物质。油脂中的脂肪酸，是构成其营养价值的关键，它们的种类及比例对植物油的质量起着重要作用。脂肪酸可以分为饱和脂肪酸和不饱和脂肪酸。在不饱和脂肪酸中，根据其空间结构，又可细分为顺式脂肪酸和反式脂肪酸。顺式脂肪酸的氢原子在双键的同侧，而反式脂肪酸的氢原子则分布在双键的两侧，呈直链状。反式脂肪酸被认为对人体健康不利。目前在中国，对植物油中反式脂肪酸的研究尚处于早期阶段，降低或清除反式脂肪酸的方法尚不成熟，且生产低/零反式脂肪酸的产品技术也未充分开发。因此，加强对反式脂肪酸的研究，改善其去除技术，发展低/零反式脂肪酸产品的生产工艺显得尤为重要，这不仅有助于降低反式脂肪酸的潜在风险，还能增强食品的安全性。

本章小结

烹饪原料是指可在烹饪过程中使用的食材，它们需要符合食用标准并满足饮食需求。这些原料必须安全、营养，同时具有良好的口感和风味，有利于人体有效消化吸收，满足人们对食物的生理和心理需要。在烹饪中，烹饪原料扮演着至关重要的角色，直接影响着食物的口感和营养价值，也是当今人们对美味和健康的重要追求元素之一。

烹饪原料构成了烹饪过程的基本元素，并且所有烹饪操作都集中在对这些原料进行处理和加工。因此，可以说烹饪原料是烹饪各个步骤的中心点。最终烹饪出的成品以及达成的烹饪效果很大程度上取决于这些原料的质量和处理方式，这凸显了烹饪原料在整个烹饪流程中的决定性作用。

我们的祖先在贮藏和应用烹饪原料方面积累了丰富的经验，这为后人提供了良好的参考。但随着科技的发展和生活水平的提高，人们对烹饪原料的要求越来越高。现代的基因工程、细胞工程、发酵工程、酶工程以及蛋白质工程在烹饪原料和食品行业的应用，为研究烹饪原料提供了更广阔的空间。同时，许多国外的原料不断传入中国，也丰富了烹饪原料的研究内容。因此，在学习烹饪加工之前，我们需要系统地学习和研究烹饪原料，为今后的烹饪原料加工打下坚实的基础。

课后习题

1. 什么是淀粉的老化？
2. 影响肉嫩度的因素有哪些？
3. 鱼类原料在烹饪中如何运用？
4. 什么是反式脂肪酸？如何有效避免油脂及油脂食品中反式脂肪酸带来的安全问题？
5. 植物油在加工过程中可能存在哪些安全隐患？会造成哪些不良的健康后果？

参考文献

[1] 王向阳. 烹饪原料学 [M]. 北京：高等教育出版社，2021.
[2] 周晓燕. 烹调工艺学 [M]. 北京：中国纺织出版社，2008.
[3] 赵廉. 烹饪原料学 [M]. 北京：中国纺织出版社，2008.

04 第四章 CHAPTER

基本加热原理及加热设备

本章导学

本章主要介绍了基本的加热原理及加热设备，学生应能够了解火候的基本概念，掌握传热的形式和食物成熟的热传递形式，以及制熟的作用，熟练掌握传热介质的种类和特点，理解食物从热源到成熟过程中热传递的程序和现代烹饪器具的工作原理，熟悉各种不同加热技法的科学运用。

学习目标

◎知识目标

1. 掌握制熟和加热的基本原理。
2. 熟悉加热设备的工作原理和特点。
3. 了解加热技法的科学应用。
4. 熟知火候的基本概念。

◎能力目标

1. 提升学生对加热设备的使用和操作能力。
2. 培养学生解决加热过程相关问题的能力。

◎素质目标

1. 培养烹饪加热过程中的安全意识。
2. 培养烹饪基本素养。

知识结构图

- 基本加热原理及加热设备
  - 制熟及加热的基本原理
    - 加热的基本原理、热传递的方式、传热介质、食物在熟制过程中的变化
  - 加热设备的种类及工作原理
    - 水传热为主的加热设备
    - 油传热为主的加热设备
    - 汽传热为主的加热设备
    - 固态、辐射传热为主的加热设备
    - 特殊传热的加热设备
    - 厨房设备选购方法与原则
  - 加热技法的科学应用
    - 水传热为主的加热技法
    - 油传热为主的加热技法
    - 气传热为主的加热技法
    - 固态、辐射传热为主的加热技法
    - 特殊传热的加热技法
  - 火候的概念及其基本要素
    - 火候的基本概念、热源、火力

第一节
制熟及加热的基本原理

食物熟处理所研究的范围，事实上并非指传统意义上的“烹”，“烹”只是一种狭义概念，它与食物熟处理要区分理解。所谓的食物熟处理，就是将之前已经经过初步加工的原料，通过油、水、汽等介质，将这些原料变成半熟或者全熟的操作过程、经常用到的熟处理方法有四种，即焯水、过油、走红和汽蒸。

一、加热的基本原理

正如我们所知，对食物进行熟处理时需要热源与介质的参与，利用不同热源的加热和不同介质的传热可以形成食物不同的风味。一般利用热源与介质加热是由外向内进行热传导的，而目前采用的微波加热是由内向外进行的加热，为了便于区别与掌握，需对熟处理加工方法进行分类。

二、热传递的方式

热传递是指热量从高温物体传向低温物体的过程，是自然界中普遍存在的物理现象。在烹饪中，热传递是食物加热和烹饪的基础。

（一）热传导方式

热传导简称传热或导热。一般说来，热能由物体的一部分传递给另一部分，或从一物体传递给另一物体，同时没有物质的迁移，这种传热方式称为热传导。没有物质的迁移是说宏观上没有物质的位移，而微观粒子则会产生移动、转动和振动来传递热量，因此，宏观上又可以概括地说，传热时热量从高温部分传给低温部分。一般说来，固体和静止的液体所发生的热传递完全取决于传热。而流动的液体与流动或静止不流动的气体进行热传递，传热虽然发生，但起主导作用的是依靠内部质点的相对运动而进行的热对流或放热形成的热辐射。通常，固体传热是由高温区向低温区，没有质点的位移，而液体则较为复杂。比如加热油时的传热，在油保持静止阶段主要是以传热为主，而加热进一步继续，热油分子上升而冷油分子下降，使油中产生了相对流动，形成了热对流。

（二）热对流方式

流体中温度不同的各个部分之间，由于相对的宏观运动而引起热量传递现象，称热对流。所以热对流中热量的传递与流体的流动有关系。当然，因流体存在温差，所以表现为微观粒子间能量传递的传热也必然存在，只是不处于主导地位而已。

当流体流动与不同温度的固体接触时，会产生热交换，此种交换称对流换热。此时的流体既有流体内的热对流作用，又有流体分子与固体之间的热传导作用。事实上，流体流经固体表面时还会有一种现象，即流体的黏性受固体表面热阻的影响，会形成一薄层，即所谓的边界层。对流换热的热阻主要存在于这一薄层内，所以可以通过破坏这个薄层来提高换热系数。如烹制时的热锅冷油，一方面可以加大温差，以更快地传热；另一方面搅动油破坏边界层，使油更多地吸热。

（三）热辐射方式

凡温度高于绝对零度的物体都有向外发射辐射粒子的能力，辐射粒子所具有的能量称为辐射能。因此，凡物体都有辐射能力，物体转化本身的热能向外发射辐射能的现象称热辐射，物体的温度越高，辐射的能力越强。事实上，辐射热能的物体是向空间发出了一定波长（通常0.1 ~ 40μm，包括一部分紫外线、可见光和红外线）的电磁波，被其他物体吸收后，产生了热效应，如果这种辐射能全部被某物体吸收，则这物体就称黑体。黑体的辐射能力最强，它向周围空间所发射的辐射能量可使原料成熟。

三、传热介质

传热介质又称传热媒介，简称热媒。它是烹制过程中将热量传递给原料的物质。在烹调过程中，常使用的传热介质有水、油、气、固体和电磁波。

（一）以水作为传热介质

水是烹调加工中最常用的传热介质，主要以热对流的方式传热。通过热对流把热量传递到烹饪原料表面，又由原料表面传输到原料内部，原料在一定的时间内吸收一定的热量，进而完成由生变熟的转化。

（二）以油作为传热介质

利用各种食用的植物油或动物油脂作为传热介质的加热方式称油传热方式。与以水作为传热介质类似，油导热仍依靠传热介质向原料传热，而油脂本身受热则主要依靠热对流。

（三）以气作为传热介质

气传热方式包括两种：一是用水蒸气传热；二是用于热气体（空气、烟气）传热。

（1）以水蒸气作为传热介质　水蒸气又分为低压水蒸气、常压水蒸气和高压水蒸气三种类型。

低压水蒸气是在水低温蒸发状态下形成的水蒸气与空气的混合物。低压水蒸气分压较小，温度较低；常压水蒸气是水被加热到常压沸点时形成的水蒸气，此时水蒸气分压等于1atm，温度也维持在100℃左右；高压水蒸气则是水在一定压力容器中（如蒸箱、蒸笼、高压锅、较密闭的加热锅等）沸点升高后所形成的饱和蒸汽，一般温度都在105 ~ 125℃。

（2）以干热气体作为传热介质　以干热气体作为传热介质，一般用于熏、烤等烹调方法。它是使用热源将空气、烟气加热，然后通过热对流，高温气体再对烹饪原料实施传热的。它往往与热辐射同时进行，共同完成食物熟化过程。

（四）以固体作为传热介质

以固体作为传热介质纯粹依靠热传导受热传热。这种方式原则上要求传热介质传热迅速或热容量较大，无毒、无害，方便易得，能形成某种风味特色。常见的有泥沙传热、石块传热、盐粒传热、竹筒传热等形式，如“叫花鸡”“盐焗鸡”“竹筒烤鸡”等菜肴。

四、食物在熟制过程中的变化

（一）果蔬原料的变化

1. 风味变化

果蔬原料中常含有多种芳香类物质，它们赋予果蔬特有的风味。芳香物质主要成分为醇、酯、醛、酶。有些不需要加热就已经具备良好的风味和质感，有些需要通过加热才能呈现出好的风味和质感。如新鲜蔬菜多具有清淡的香气。香辣类蔬菜则具有浓郁的独特风味。果品类有诱人的果香味等。不需要加热的多是一些水果类原料。水果原料中香气的主要成分是有机酸和萜类化合物、醛类，其次是醇、酮及挥发酸等，这些成分在常温下就能挥发出诱人的香气，经过加热以后不仅原有的香气成分因为挥发而减少，而且果实内含有的糖类、氨基酸等，经过非酶反应还会生成令人厌恶的气味。所以这类原料一般直接生食，但有些菜肴制作时需要加热，也必须快速加热，一般在制作菜肴前投入，拌匀后立即出锅装盘。如制作菠萝咕咾肉，由于配料菠萝的天然香气，给整盘菜肴增加诱人的香气，其风味特色更加突出。蔬菜原料经加热烹制，大多可形成更加诱人的气味。除了本来就含于原料中的“香”成分挥发出来之外，都是本来不具有气味的成分在加热时发生相互作用，分解、聚合而形成挥发性芳香物质造成的。例如煮各种蔬菜时都有不同量的甲醛、甲醇、乙醚、乙硫醇等生成。十字花科的蔬菜（甘蓝、芜菁、萝卜）和各种植物的种子加热时都有大量的二甲硫醚生成。百合科的蔬菜（大蒜、洋葱、葱、韭）本身具有强烈的气味，常用以遮掩和去除肉类等的腥膻味，其气味主要是原料中所含的各种含硫化合物，经加热后，风味发生了变化，其刺激性的香辣催泪气味变弱，味感反而变甜，原因主要是所含的含硫化合物发生了降解。葱蒜类中含量较多的二丙基硫醚受热后降解生产了丙硫醇，味感比蔗糖还甜，是洋葱受热生成的甜香物质，其次是一些不良气味因为受热而挥发掉从而降低原料中的含量。伞形花科蔬菜（芹菜、香芹菜、芫荽）多具有浓郁的香气，芹菜的特有香气物质是瑟丹内酯，荷兰芹的特有香气物质是洋芹脑，芫荽的主香物质是芫荽醇、香叶醇等。它们的挥发性好，如要保持其独特风味，不宜长时间加热。另外果品中的干果类，经油炸、焙炒或高温烘烤以后原料中所含成分发生羰氨反应、焦糖化反应等产生独特的香气，如炒花生、炒芝麻、炒瓜子。

2. 色泽与营养成分的变化

果蔬中一般都含有各种色素，如叶绿素、胡萝卜素、花青素、叶黄素等，它们可赋予蔬菜、水果一定的色泽，增强感官效果，刺激食欲。但这类色素成分稳定性一般较差，遇光、热以后会发生变色反应，而且大多数变色反应都是我们不希望出现的。苹果、香蕉、桃子等去皮暴露在空气中或受冻、受热时，在氧化酶的催化下氧化即发生褐变。叶绿素在水解酶和氧作用下会逐渐地水解为无色，使水果由绿色变成黄色或红色。绿色蔬菜含叶绿素较丰富，故呈鲜绿色。在植物体内，叶绿素与蛋白质结合成叶绿蛋白，加热使蛋白质变性而释放出叶绿素，游离叶绿素在受热分解出来的有机酸的作用下失去镁原子而成褐色脱镁叶绿素，使蔬菜变黄。所以我们在烹调工艺中采用热处理法，新鲜果蔬在适当温度和时间条件下加热，破坏原料中酶的活性，并排除果蔬组织中的氧气及有机酸，避免了酶促褐变，减少了脱镁叶绿素的形成，保持了果蔬的鲜艳色泽。蔬菜原料水加热初步熟处理，果汁、果酱的高温短时间巴氏杀菌，这些都是保持原料色泽的加热方法。在加热处理时关键是时间要短，否则会由于加热过度而影响产品的质构和风味。

蔬菜水果中所含的主要营养成分有碳水化合物、维生素、无机盐等。果蔬原料中碳水化合物含量十分丰富，主要是果糖、葡萄糖、蔗糖和淀粉。蔗糖在水溶液中水解为葡萄糖和果糖，甜度增加，在一定的温度范围内，温度每升高10℃水解速度增大3.8倍。当淀粉与水一起加热时即会部分水解形成糊精等，若有酸或淀粉酶存在时可水解为葡萄糖，在麦芽糖酶作用下可水解为麦芽糖，这些变化在烹饪中经常被运用。如各种水果馅的制作，各种粥品的熬制。这些淀粉的分解产物更加容易被人体消化吸收。另外，在加热时糖类物质还会发生焦糖化反应，还易与氨基发生美拉德反应等。果蔬原料含有的维生素中脂溶性维生素因不溶于水，性质较稳定，除光可促使其氧化外，一般的烹饪加工条件不会使其破坏流失，保存率可达80%～90%。但水溶性维生素，尤其是维生素C不仅易溶于水，而且加热时易被氧化，在低油温炸制食品时，因为油中的空气少，即使在较高温度下短时间炸制的食品，其维生素C保持率仍然较高。同样，用沸水烹调比用冷水烹煮能更多地保护维生素C，因为沸水中溶解氧少，100℃时维生素C氧化酶亦失活。另外，在烹汁中加盐或糖以降低氧在烹汁中的溶解度，对维生素C有一定的保护作用。维生素C遇铜后会加速氧化而被破坏。所以，烹饪炊具不宜用铜器。

（二）畜禽动物原料的变化特征

1．风味变化

各种畜禽是烹饪常用的原料，未加热之前它们一般气味不重，但各有特性，这取决于它们所含有的特殊挥发性脂肪酸，如丁酸、己酸、辛酸、己二酸等。它们随动物的种类、性别、管理状况、饲料等而有所不同。如未阉的性成熟雄畜具有强烈的臊气，而阉过的公牛肉则带有轻微的香气。羊肉的膻气主要是4–甲基辛酸和4–甲基壬酸的作用。猪肉一般没有气味，但母猪肉稍有点臊。生牛肉的挥发成分除乳酸等脂肪酸外，还检测出乙醛、丙酮、丁酮、乙醇、甲醇、乙硫醇等。肉成熟以后，由于亚黄嘌呤类、醚、醛化合物的积聚会改善肉的气味。但是畜禽原料经加热以后，不同种类动物的肉会产生各自很强的独特风味。主要是因为加热导致肉中的水溶性成分和脂肪发生变化造成的。肉类在烧烤时发出的香气成分有300多种，有醇、醛、酮、内酯、酸、醚、呋喃、吡咯、芳香族化合物、含硫化合物、含氮化合物等。在已知的肉类香气成分中，并没有哪一种成分具有肉类香气的特征，显然肉类香气是多种成分综合作用的结果。肉类香气成分的前体是肉的水溶性抽出物中的氨基酸、肽、核酸、糖类、脂质等。在受热以后主要通过以下几种途径形成肉香：脂质的自动氧化、水解、脱水、脱氧等反应，形成醛、酮、内酯类物质。糖、氨基酸发生美拉德反应和氧化反应形成呋喃衍生物和内酯、醛、酮、二羰基化合物等。羰基化合物和各种氨基酸发生降解反应形成吡嗪衍生物、乙醛、甲硫胺和硫化氢等。由美拉德反应和降解产物之间互相反应，产生二甲基三硫戊烷及吡啶等含硫化合物都是肉香的重要成分。例如鸡肉香气主要是由羰基化合物和含硫化合物构成的，因此，鸡肉汤具有很微弱的硫化物的气味。

2．质地变化

畜禽类原料的质地受多方面因素的影响，主要决定于畜禽的种类、品种、年龄、肌肉的不同部位，肌肉的组织状态，结缔组织的构成和成分，热加工、酸碱性等。在诸多因素中，热加工对原料的质地变化影响最明显，大部分肉类原料经热加工以后会改善肉的嫩度，使肉的硬度降低。构成结缔组织的主要成分是胶原纤维、弹性纤维和无定形基质物，后者是多糖的黏附性蛋白质组成的复合体，在结缔组织中起黏着稳定作用，而主要是前两者决定肉的硬度和嫩度。加热时一方面胶原纤维转变成明胶，使肉变软，另一方面肌纤维蛋白质凝聚使肉变硬。短时间加热，肉中肌纤维蛋白质尚未变形凝聚较少，组织水分损失也少，肉质就比较软；继续加热，肌纤维蛋白质热凝固收缩，使单位面积上的肌肉纤维的数量增多，组织中的水分大量流失，造成肉质粗老，硬度增加。如果采用低温长时间加热，肉中结缔组织吸水膨润软化，变成明胶，肉反而又变得酥烂松软。根据以上变化规律，在烹饪实践中应该根据原料的特性制作菜肴，根据成品质地的要求来控制加热温度。

3. 营养成分与色泽的变化

畜禽动物原料的化学组成包括蛋白质、脂肪、无机盐和维生素，这些成分的分布因动物种类、年龄、肥育程度、部位等有很大关系。肉类经适当烹调后，味道鲜美，营养素易于消化吸收，饱腹作用强，是膳食中营养价值较高的食物。因此，我们必须掌握这些成分在烹调时受热会发生哪些变化。

（1）肌肉蛋白质的变化　肉类食品蛋白质含量为10%～20%，肌肉蛋白质根据溶解度不同和分布部位不同，可分为肌浆蛋白、肌原纤维蛋白和基质蛋白。肉类经加热以后，会有大量的肉汁渗出来，体积变小，出品率降低。这是由于肌肉纤维蛋白质因加热变性发生凝固而引起的，如鸡蛋蛋白质在煎煮时发生凝固，瘦肉在烹调时收缩变硬都是蛋白质热变性的例子。

（2）脂肪的变化　肉类脂肪的含量为10%～30%，肥肉比例高达80%以上。畜类脂肪多半是以饱和脂肪酸为主的甘油三酯，熔点较高。禽类脂肪熔点较低（33～34℃），易于消化吸收，所含亚油酸占脂肪含量的20%，鸡肉脂肪含量约9%，鹅鸭等水禽约为19%。肉类经加热以后，脂肪熔化，结缔组织由于受热收缩挤压脂肪细胞，使脂肪细胞膜收缩，发生破裂，使融化的脂肪流出。从脂肪组织中流出脂肪的难易，由包着脂肪的结缔组织膜的厚度和脂肪的熔点所决定。一般猪的背部脂肪组织膜坚实，故脂肪不易流出。内脏周围的脂肪组织膜较薄，易于流出。禽类脂肪熔点比畜类脂肪熔点低，易于渗出。随着脂肪的流出和与脂肪相关联的挥发性化合物给肉和肉汤增加了香气。

（3）浸出物的变化　在加热过程中，由于蛋白质变性和脱水，汁液从肉中分离出来，汁液中含有浸出物质，这些浸出物溶于水，易分解，并赋予煮熟肉特殊风味。

（4）可溶性物质的变化　肉在煮制过程中，可溶性物质的分离受很多因素影响，首先由肉的性质，肉的不同部位来决定。其次，也受加热过程中一系列因素影响，如煮制前的温度，肉和水的比例，煮沸的状态，肉块的大小等。通常是冷水下锅煮制损失得多，热水下锅损失得少。旺火损失得多，小火损失得小。水越多可溶性物质损失得越多，肉块越大损失得越少。如制作水煮白肉就充分利用这一原理使肉风味更浓，质地更嫩。

（5）维生素和矿物质的变化　畜禽动物原料中矿物质的总量一般为1%左右，其中钙含量较低，磷和铁含量较多。其中铁以血红素铁形成存在，生物利用率高。畜肉中所含维生素比较少，但内脏尤其是肝脏却富含多种维生素。各种炖煮的方法可增加无机盐、水溶性维生素的丢失，但这些营养素一般溶于汁液和汤中，常被一起食用，真正损失的较少。但由于硫胺素对热不稳定，加热时在碱性环境中易被破坏，但在酸性环境中较稳定。如炖肉可损失60%～70%的硫胺素，26%～42%的核黄素。

（三）水产品原料的变化特征

1．风味变化

水产品原料大多在生鲜时就带有特征性气味。一般海水鱼的气味稀薄，而淡水鱼浓厚。淡水鱼腥臭味的主体成分是六氢吡啶类化合物，存在于鱼体表面的黏液里。新鲜鱼经陈放后，新鲜度降低，产生的腥味成分主要有氨、三甲胺、硫化氢、甲硫醇、粪臭素以及脂肪氧化产物，这些都是碱性化合物，在加热烹调时加入适量食醋可使腥臭味大为减弱。

水产品原料经加热所产生的食品香气，大都和调味品一同煮沸或烧制时同时产生。如清汤、红烧、烤鱼、熏鱼等均有独特的香气。这些香气的产生主要是通过美拉德反应，氨基酸热降解，脂肪的热氧化降解以及硫胺素的热降解等反应途径产生。香气成分及含量上的差别，形成了各种水产品的香气特征。鱼臭成分中的胡椒素与调味品或是鱼体成分发生反应，才会产成香气，所以食用鱼肉时所具有的清香味，便是鱼肉中的B族维生素和味精的反应结果。乌贼、章鱼等在烹调时所发生的特殊香味是由牛磺酸形成的，有人认为这是一种带有胡椒素结构的硫胺类物质。

另外，油脂是香气形成的重要物质之一，油炸过的鱼比未用油炸过的鱼增加了油脂的香味及鱼体内脂肪的热氧化降解产物，香气成分和含量明显增加。

2．质地变化

水产品原料的质地同畜禽动物类一样，因种类的不同，或同一种类中因年龄及肥瘦度、部位不同，肌肉成分的组分也不同，其质地也就不同。一般水产品类比陆上动物的组织较软，外皮薄。当水产品原料加热处理以后，其中的蛋白质发生变性，使组织紧密，具有一定的硬度。因加热处理的方法不同，其质地变化也不同。鱼肉蒸煮时，当温度达到50～60℃以上时，鱼肉组织收缩，重量减少，含水量下降，硬度增加。一般硬骨鱼肉在100℃蒸煮10min，质量减少15%～20%，墨鱼和鲍鱼等减少可达35%～40%。个头大、新鲜度好的鱼减重较少。鱼肉组织加热至50℃左右含水量开始下降，硬度逐渐增加。随着温度的升高而变化。所以我们在制作水产品菜肴的时候，一定要控制好加热的时间和温度，使肉质水分损失较少，质地细嫩。例如在制作鱿鱼类菜肴时，要严格掌握加热的时间。鱿鱼经短时间快速爆炒后可使肉质变得脆嫩爽口，如果受热时间延长，则鱼肉组织大量脱水，硬度增加，肉质变得非常粗老而无法食用。但油炸鱼肉时，因油温较高，使蛋白质急剧变性，发生凝固，排出大量水分，使鱼肉组织紧密，外表坚实，质地较硬，反而便于烹调。

3．营养成分及色泽的变化

鱼肉肌肉中水分含量高，脂肪较少，且多为不饱和脂肪酸，熔点低，消化吸收率高。肌纤维细而短，基质蛋白较少，故组织柔软细嫩，鱼类含蛋白质15%～20%。加热时肌肉蛋白质发生变性，水解速度加快，持水性减小，蛋白质结合水成为自由水，大量汁液渗出，体积收缩变硬。例如，我们在制作煎封鲳鱼时，将鲳鱼放在热油中煎一会儿，使鱼表面肌肉蛋白质突然变性，出现凝固现象。质地变硬以后进行烧制，就能使鱼体外形完整。鱼类的结缔组织与软骨组织中的含氮物主要为胶原和黏蛋白，加水煮沸以后即成为白明胶，温度降低后，黏度增加，白明胶转变成为具有半固体性质的冻胶，加热时冻胶又重新转变为白明胶。可见，白明胶在加热时并不发生变性作用，不过，多次反复加热时，白明胶也将失去在冷却后生成冻胶的性质。

第二节 加热设备的种类及工作原理

凡能够直接产生大量的热，且其热能能够经济而有效地被应用于食品的热处理方面，即称为热源。我国目前使用的热源大致可分为固体燃料、液体燃料、气体燃料、电能和其他能源。其中固体燃料如柴、草、煤、炭、合成固体燃料等；液体燃料如煤油、柴油、酒精等；气体燃料如沼气、煤气、天然气、液化石油气等。在各类燃料中，柴草发热量为8.4～1.88kJ/kg，煤的发热量为9.3～3.52kJ/kg，石油及其制品发热量为41.86kJ/kg，沼气的热值为9.3～23kJ/kg，液化石油气的热值达88～110MJ/kg，其中液化石油气由于具有发热量高、压力稳定、点火方便、燃烧后无灰渣等特点而得到广泛应用，电能烹饪设备如电炒灶、电饭锅、电磁灶、微波炉等，其热效率高达80%以上。因此它将是未来烹饪加热设备的主流。

目前，我国烹饪热设备的使用情况参差不齐，以燃气和燃油热设备为主，电热设备也占有不小比例。但总的来讲还处于落后状态，主要体现在明火加热、非电加热和自动化控制程度比较低、热效率较低等方面，传统加热设备与现代化加热设备并存现象较突出，并且以传统加热设备如炉灶系为主的传统加热设备相比于现代加热设备，热效率普遍比较低，例如普通的燃煤炉灶其热效率一般为20%～30%，经过改良也只能达50%，而煤气一般为50%～60%，但一般的电加热设备即可达60%～70%，电磁灶和微波炉高达80%～90%。加热设备的分类方法多种多样，根据燃烧方式燃煤炉灶有吸风灶和吹风灶两种。所谓吸风灶，即带烟囱设备，通过自然对流的方式，将热空气通过烟囱排出，将冷空气（含氧气）由烟囱吸入：而吹风灶则主要由鼓风机机械排风和送氧燃料组成。根据一次空气供给量的多少，燃气设备的燃烧方式分为扩散式、大气式和无焰式燃烧三种。一次空气供给量以系数a（燃烧前燃气中预先混合的空气占燃烧所需的全部空气的比率）表示，当a为0时为扩散式燃烧，一般少用；当a=0.5～0.7时为大气式燃烧，此方式广泛应用于厨房加热设备，燃烧时能看到内外分明的两层火焰；当a=1.05～1.1时为无焰式燃烧，这种方式能满足温度高及热负荷大的要求，燃烧时基本上看不到火焰，适用于高温炉灶。

本章将根据传热介质来对热处理设备进行分类，可分为以水传热为主的加热设备，以油传热为主的加热设备，以汽传热为主的传热设备，以固态、辐射传热为主的加热设备，特殊传热的加热设备。

一、水传热为主的加热设备

（一）汤炉

汤灶也称矮子灶，它比一般的炉灶要低，主要是便于烧制汤料，一般加水后自重较大，从工作的强度来看，不适宜常搬常移，多数汤桶加满水后或炖成汤后，汤桶直接放置在灶上。正是因为汤灶的特殊性，一般汤灶的灶口为正方形，火力不大，如图4-1所示。

（二）低温慢煮机

低温慢煮机是用于制作低温烹饪料理的，一般由温度传感器、加热丝、水泵等组成，如

图4-2所示。

低温慢煮（sous vide）是源自法文的抽真空的意思，数百年前已经应用在欧洲。随着分子料理科学的兴起，加上抽真空器具日渐普及，近年来很多讲究健康营养美味烹饪的人士喜欢利用低温慢煮，做出与众不同的菜肴。其实低温慢煮简单来说就是将食材放进耐温袋子中后抽真空，再放入恒温的水里，以稳定精准的温度，长时间烹煮至熟。之后再将食物用煎、炒、炸、烧、焗或熏等各种形式短暂加工，令食物更为美观。如今无论西餐或中餐，都越来越多地应用这种烹饪方式。

低温慢煮用于肉类的烹饪上特别合乎分子料理的理论。烹饪时合适的温度令肉类的蛋白质少量集结就能做到口感嫩滑；温度过高令蛋白质严重重组集结，就造成过硬的口感。不同肉类的蛋白质分子组成不同，所以经过科学研究，找出每种肉类的最佳料理温度，利用低温慢煮的精准温度控制，让人们可以烹调出更完美的肉类。

低温慢煮的食物要注意不能太短时间完成，温度越低，慢煮所需时间越长，才能杀灭食物中的细菌，从而能嫩化或软化食材。为了双重确保温度的准确，建议常备外部温度计，可以随时查证食物包所受的温度是否在要求的范围，包括食物包的四周，更专业的还要用温度探针插入食物内部。

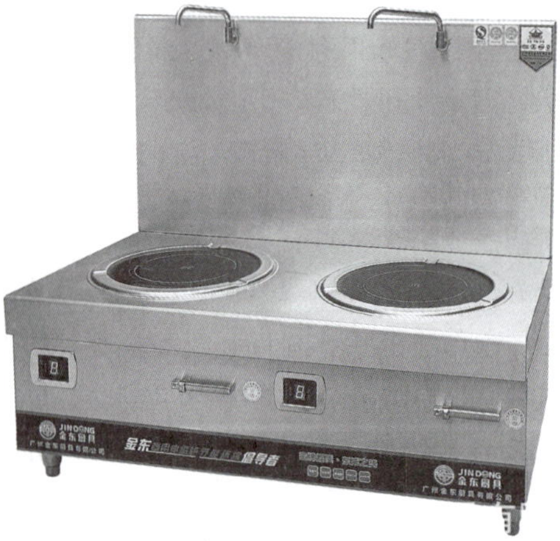

图4-1 汤炉

图4-2 低温慢煮机

（三）煲仔灶

由于炒灶火力猛，不适合对火力要求小的菜点进行加工，如炖、焖、煨、扒类型的菜式。为此，煲仔灶解决了这些问题。

煲仔灶一般使用天然气或煤气作为燃料。炉头数量有单炉头、双炉头、四炉头等多种类型，厨房完全可以根据自己的需要选择。煲仔灶一般的位置是紧靠炒灶，一般由上杂的厨师负责，制作砂锅或煲锅类的炖烧菜，如图4-3所示。

（四）倾斜式煮锅

倾斜式煮锅常以电或水蒸气为热能，适用于煮、烧、炖等方法制作的菜，因它可以倾

图4-3 煲仔灶

图4-4 倾斜式煮锅

斜，使用起来比较方便（图4-4）。倾斜式煮锅通常以水蒸气为能源，厨师可以通过气体的流动和温度计控制锅内的温度。锅的外壁包着一个封闭的金属外壳。蒸汽不与食物接触，而是被注入煮锅的外壳与煮锅之间的夹层中，通过金属锅壁的传热，使食物成熟。常用的蒸汽套锅容量从10～50L不等。此种类型的锅适合大型宴会的烧煮加热。

二、油传热为主的加热设备

（一）扒炉

扒炉有煤气扒炉和电扒炉两种。电扒炉是食品直接受热煎扒的加热设备。电扒炉的电阻丝以线圈状置于不锈钢管中，不锈钢管发热器一般装在平面铁板的下面，通电发热后传导给铁板，食物直接平放在平面铁板上加热烹制。电扒炉的正面装有温度调节器，可以根据需要调节温度，主要用于煎扒肉类、海鲜类、煎蛋等，也可用于制作铁板炒饭、炒面等食品，具有使用简便、省时省工、清洁卫生等特点，普遍用于西式厨房、日本铁板烧等。煤气扒炉与电扒炉性能相似，只是安装方式和火力略有差别，如图4-5所示。

（二）炸炉

炸炉是用于油炸食品的加热设备，它仅适用于单一的烹调方法。炸炉主要有三种类型：常规型、压力型和自动型。炸炉如图4-6所示。

1．常规型炸炉

常规型炸炉是一个方形或长方形的炸槽，可以将食物浸没在油中，在底部有加热器，另外还有排油孔，可以去除有杂质的脏油。炸炉上有时间和温度的控制器，用来精准地把握食材烹饪的时长和熟度。

2．压力型炸炉

压力型炸炉的顶部有可封闭的锅盖，当操作时，将食物放在有一定温度的油锅中，封闭锅盖，食物中的水汽会使炉内的气压增高，从而使食品快速成熟。压力型炸炉适合制作外部香脆、内部酥烂的食物。

图4-5 扒炉

图4-6 炸炉

3. 自动型炸炉

自动型炸炉中的金属篮，可以与时间控制器连接，当食物炸至规定时间时，炸炉中的金属篮会自动抬起，脱离热油。

三、汽传热为主的加热设备

（一）夹层锅

夹层锅又名蒸汽锅、蒸煮锅、夹层蒸汽锅。通常由锅体和支脚组成。锅体是由内外球形锅体组成的双层结构，中间夹层通入蒸汽加热。有固定式、可倾式、搅拌式等样式。夹层锅具有受热面积大、热效率高、加热均匀、液料沸腾时间短、加热温度容易控制、外形美观、安装容易、操作方便、安全可靠等特点。夹层锅广泛应用于各类食品的加工，也可用于大型餐厅或食堂的烹饪加工，如图4-7所示。

图4-7 夹层锅

（二）蒸灶

蒸灶顾名思义就是用蒸汽来加热食物的灶具。传统意义上的蒸是在锅中放入水，上放笼屉，后来为了方便操作，设计出了专用的蒸东西的灶具。目前厨房中有几种形式的蒸灶，一种是传统式的，即在灶具上固定专用的锅具，上放笼屉，通过燃料或燃气加热水形成蒸汽；一种是蒸箱式的，在灶具之上设立多层的蒸箱（一般多为三层），可利用燃气加热形成蒸汽，也可以直接通蒸汽加热；还有一种是在灶具上开圆孔，形成灶头，笼屉直接放在灶头上，通过提供的蒸汽加热。

从目前行业的使用情况来看，蒸箱和通蒸汽的蒸灶较为多用，箱体（灶体）材质多为不锈钢质，便于清洁和打扫。一般蒸箱多用在红案操作中，有普通蒸箱和高压蒸箱之分。高压蒸箱的工作效率较高，一般以103.4kPa的压力进行工作，门不可随时打开，必须到箱内无压力时才能进行。而普通蒸箱比一般的蒸灶方便，随时可以打开任何一层箱门。如果使用的是燃气蒸箱，通常采用自动上水的装置，工作中不必担心锅内的水烧干。通蒸汽的蒸灶多用在面点操作中，由于有容易控制的蒸汽开关阀门，比传统式的蒸灶操作简单，同时不用花费时间等待，也不用担心水被烧干，因此一旦条件具备，容易被广泛采用。这种蒸灶一般有单炉头和双炉头两种，上面主要放置笼屉。从笼屉的材质上看，可以有木制、竹制、铝制和不锈钢几种；从笼屉的形状上看，可以有圆形和方形两种。一般圆形竹质的多被饭店厨房使用而方形木质的多被人多的食堂使用。如图4–8和图4–9所示。

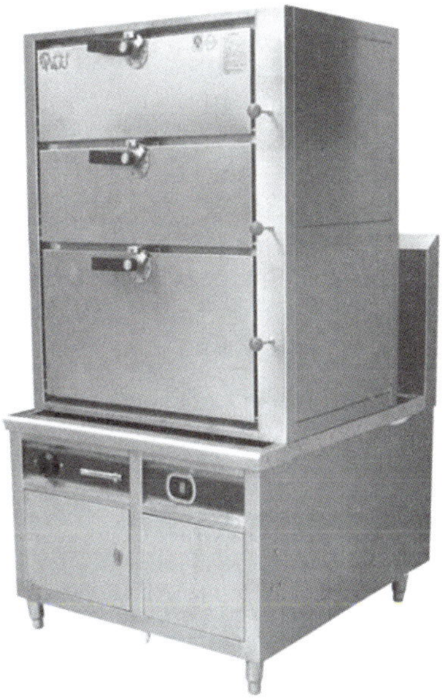

图4–8　蒸柜

四、固态、辐射传热为主的加热设备

（一）烤箱

随着中西合璧的菜肴越来越多，烤箱在中餐中的地位逐步提高，它已经不只是面点专用，许多红案菜肴已经开始广泛地使用烤箱。通常面点烤箱每层的高度为11.6 ~ 23.2cm，而菜肴烤箱每层的高度为30 ~ 78cm。

烤箱的规格型号较多，按照工作状况，烤箱分为常规式烤箱、对流式烤箱、旋转式烤箱、组合式烤箱四种类型。

图4–9　煤气蒸锅

1. 常规式烤箱

常规式烤箱的热源通常是利用电加热发热管来产生辐射热，由烤箱的上下开始向四周扩散，这种烤箱有温控装置和时间装置，温控装置中有面火、底火控制器。目前行业使用较多的烤箱如电烤箱，如图4–10所示。

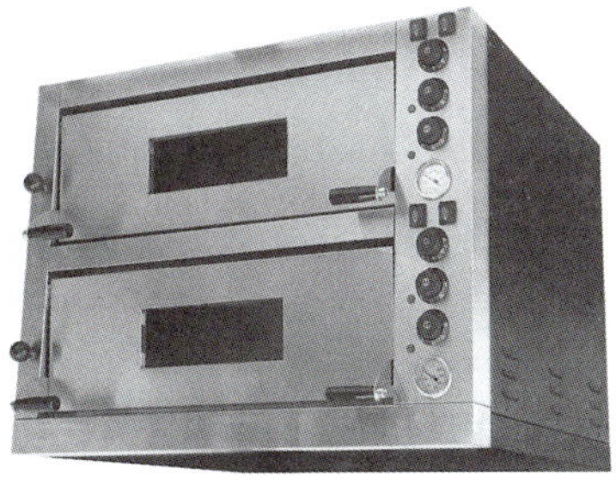

图4–10　电烤箱

2. 对流式烤箱

这种烤箱是为达到经济目的而提供的最新式的烘烤方式。一部机动扇组合促使空气高速循环，流动的热空气会使食物加热得更加均匀，加热的速度会更快，大概比常规的烤箱速度提高了1/3的时间，温度也比常规式高24℃。最新式样的对流式烤箱，使用包括不锈钢门在内的更有效的绝缘材料保温。另外还有烹饪和保温控制，提供了预先烘烤的便利。在烘烤完成后自动地对食物进行保温。这些烤箱还安装了自动打火装置。

3．旋转式烤箱

旋转式烤箱有立式和卧式两种，立式的旋转烤箱食物多为吊挂式，而卧式的（也叫卷轴式）烤箱食物多为串烤式。其共同点都是有门（有的是耐热的玻璃门，可以观察到原料的变化），当烤架旋转时，工作人员可以随时打开门，可以直接拿取炉中的烤架，输送被烹调的食物，取出烤熟的食物，实用而方便。

4．组合式烤箱

这种烤箱具备烤制、蒸制、保湿等多种功能。蒸时上水上汽，烤时干热烘制。由于功能多、占地面积小、使用又方便，所以已被人们接受。

（二）电面火烤炉

电面火烤炉又称为电焗炉，是使食品表面直接受热烘烤的加热设备。电面火烤炉的电阻丝直接以线卷状置于炉架的上半管上，通电后，电阻丝加热至火红，受烘烤食物放入炉膛内，由上下调节板来调节食物与电阻丝之间的距离从而达到控制烤制温度的目的。其特点是上下可同时受热，更便于表面上色，控制便利。该炉广泛用于西餐焗制菜肴、烘烤蒜蓉面包等，是制作西餐独特风味的炉具之一，如图4-11所示。

五、特殊传热的加热设备

微波炉的构造分为内、外两部分。外部包括微波炉的外箱及炉门，外箱用不锈钢板制成，炉门是用双层透明玻璃中间加一层金属钢构成，这样既能防止微波外泄，也可以从外部观察到食物烹调情况。内部由电源变压器、整流器、磁控管、波导管、风扇叶、定时器、转盘及控制器等部分组成。微波炉使用时，将需烹调的食物盛放在微波炉内专用的盆或架子上。若微波炉内没有设置专放食物的盆或架子，可用塑料（微波炉专用）、玻璃和陶瓷等非金属材料制作的容器盛放，但不可用金属容器。然后，关闭炉门，接通电源。食物若是冷冻的，要先解冻后才能烹调。微波炉一般设有自动解冻装置，解冻时只要按下控制板上的解冻按钮即可。根据烹调食物种类的不同，调节控制板上的定时器。到达预定时间后，微波炉会自动终止烹调，如图4-12所示。

图4-11 电面火烤炉

图4-12 微波炉

微波加热的原理：微波加热，从宏观上看就是被加热物体吸收微波能量并把它转化为热能。微波的频率为300MHz至300GHz，波长在1mm到1m之间，是分米波、厘米波与毫米波的统称。微波频率比一般的无线电波频率高，通常也称为“超高频无线电波”。微波的基本性质通常呈现为穿透、反射、吸收三个特性。例如：对于玻璃、塑料和瓷器，微波几乎是穿越而不被吸收。对于水和食物等就会吸收微波而使自身发热，而对金属类东西，则会反射微波。当被加热物体中含极性分子（如水），受微波的作用，就要克服分子原有的热运动和分子相互间作用的干扰和阻碍，随着高频场作用的快速摆动，分子间产生大量的摩擦热，从而被加热物体的温度随之升高，并且是全面发热。这是对微波加热机制（即微波炉能加热食物的原因）最简单的阐述。实际上，微波加热的实际过程是比较复杂的。

六、厨房设备选购方法与原则

选购厨房设备时使用者最关心的问题就是：设备性能是否好（高效率、低能耗），价格是否合理（一定要符合投资者的实力），设备是否安全牢固（要有安全、保护装置），是否操作方便（设计操作程序少，利于人员工作）。因此，在选择厨房设备时，应该对上述因素统筹兼顾、全面衡量。

（一）计划性地选购厨房设备

厨房设备是厨房生产中必不可少，但必须投资购买的物件。盲目地购买只能加大投资的资金，使固定成本相应提高，同时经营者需要更多地售卖来回收固定成本。从经济实效的角度考虑，对厨房设备的购置要有一个正确的计划。

1．依照菜单的要求选购

厨房菜单制定以后，往往也就确定了经营的内容、经营的风味。设备的购置要依照菜单为蓝本去选择。比如经营粤菜一定要购置广式灶具及用具，经营西餐一定要购置西式灶具及用具。有些设备可能就是为完成某个系列菜肴而购置的，比如碎冰机是为制作刺身而购置的，粉碎机是为制作蓉泥类菜而购置的。这种有目的的选择，可以充分地将“好钢用到刀刃上”。

2．选择必需、必要的设备

选择厨房设备时，一定要认清设备在厨房中的地位，是必需也是必要的，还是必需但不必要，或是不必需也不必要，分清主次关系，列入购买计划，以保证厨房正常运转的设备购置到位。如果受资金量所限，可以将一些不急需但有用的设备暂缓购置，以使预算资金发挥最大的效益。

（二）考虑设备的经济效益

企业在选购厨房设备时，一定要分析效益。首先对厨房需购设备的必要程度及经济效益等作出评估，然后对购买设备的成本进行预算。计算厨房生产设备成本不应只局限于采购成本，还应当包括设备的安装费用、使用费用、维修费用和保险费用及其他费用，有时要考虑设备的保修期限、折旧率等。同一种设备由于厂家的生产规模、生产能力的不同，其产品的性能指标都会有所不同，应该进行认真对比，选择适合自己企业的厨房设备。当然，不是价格越低越好，有时价格低会意味着维修和保养的费用增加。正确地评估厨房设备，可依照公式：$H=L(A+B)/C+L(D+E+F)-G$。式中，L是规定的使用年限；A是设备每年节省的人工费；B是设备每年节省的能源费；C是设备价格和安装费；D是设备每年使用费；E是设备每年维修费；F是如果将C存入银行或做他用，每年得到的利息；G是设备报废后产生的经济价值；H是设备的经济效益值。

按照公式，饭店或餐饮企业在分析选购厨房设备时，应认真对待H的值。

当$H=1$时，说明设备节省的人工和能源费等于设备的全部投资费用。

$1<H<1.5$时，说明设备节省的人工和能源费用超过设备的全部投资费用。

$H>1.5$时，说明购买设备完全值得。

（三）选择性能可靠的厨房设备

一定要在购买设备之前向供应商或厂家索要有关的资料，比如设备的生产功能、型号、规格、能耗量等，进行对比选择。一旦购买设备，还要索取保修单、保险单以备日后维修之用。对于进口的设备，最好能寻找有国内维修点的，保证设备失灵，不被报废的可能性。设备的可靠性是由多种因素组成的，在正常情况下操作，所有的设备应持久耐用、抗磨损、抗压力、抗腐蚀和耐摩擦，设备应具备可拆卸清洗的功能，表面平整光滑、无破损、裂痕，与食品接触应该无毒、无臭、无吸附性。

（四）符合厨房设计布局的要求

选购厨房设备一定要依据厨房的布局来进行，由于厨房的面积是固定的，所以设备只能适应厨房，有时可能还要专门定做，以此来保持与厨房的布局相符。只有在尺寸、标准购买的设备布局的厨房中进行生产操作，才能高效而有秩序，才能更好地，高质量地完成各种菜肴。

厨房设备在选购时一定要本着以下几项原则。

1．安全牢固的原则

设备必须有良好的安全装置，无刺手的毛边，设备焊接牢固，设备运转正常，无异常声音。

2．多功能性原则

设备最好具备多功能性，这样既可以减少投资费用，也可以减少厨房的占地面积，还可以节省劳力。

3．可移动性原则

对于大型的厨房设备要考虑到可移动性，这样既方便操作，又方便维修和清洁工作。

比如，保鲜冰箱、保温柜等下面装滑轮，可以将冰箱推到任何一个地方，在举办大型宴会时，其优势就体现出来。

4．易于清理的原则

选购的设备要求便于清洁、便于拆卸，同时设备表面要求光滑、抗腐蚀、性能稳定、无吸收性。

5．维修保养的原则

选购设备的生产厂家或经销商应能够提供维修或保养，如果有部件损耗，能及时提供零配件或备用零配件。

设备应选择热效率高、能源利用率高、能量消耗低的设备，同时设备是环保型材料，符合环保要求的，对人体无污染、无毒害作用。

第三节
加热技法的科学应用

一、水传热为主的加热技法

水加热预熟法在行业中称焯水或走水锅，它是将原料中的腥膻异味溶于汤水中，使其快速被去除的一种方法。它很类似另一种熟处理法——制汤，制汤是将原料中的鲜味溶于汤中，前一种是要抛弃的，而后一种是要保留的。严格地讲，制汤不属于预熟处理，这是因为所有的预熟法都注重原料，是对原料的预熟，而制汤主要注重的是汤，其方法就是炖（清汤）和煨（浓汤），是衍生的方法，属于烹饪加工中的辅助手段。

（一）水加热预熟法的种类

1. 冷水预熟法

冷水预熟法是将原料投入冷水中，通过加热升温使水沸腾，原料最终成熟。由于原料由生变熟需要经过一定的时间，这段时间可以充分地将原料中的异味溶于水中，对于体积大的、腥膻重的动物性原料和体积大的、不良气味重的植物性原料具有很好的除异味作用。对富含蛋白质的肉类，采用冷水锅预熟，即将原料与冷水同时下锅，让原料里外温度缓慢上升，可使肉内异味物质最大限度地向外扩散到水中，使原料中血污等异味物质遇到热水而凝固，体积增大，密度减小，在热力的推动下，上浮至液面，而且凝固的血液表面积大，孔隙多，能吸附其他异物，去除杂质的效果较好。

2. 沸水预熟法

沸水预熟法是将原料投入沸水中快速加热，使原料短时间成熟。这种加热的主要目的是护色或保持嫩度。对植物性原料来说，沸水加热易使原料成熟，可以保持原料色泽的鲜艳。因为沸水可以破坏酶的活性，抑制酶促反应。如绿色蔬菜之所以色泽碧绿，是沸水加热使细胞中的空气快速排空，显出透明感，如果长时间加大热量积累将会加快镁离子脱去，叶黄素显现，出现发黄的现象。对动物性原料来说，沸水能使之快速成熟，保持嫩度。如将腰片入沸水中加热可以使腰片滑嫩。尽管腰子的臊味较大，但为保持原料的嫩度，加工成片状的腰子较适合用沸水加热。

（二）水加热预熟法的原则

一是要依据原料的性质掌握加热的时间，选择适宜的水温。二是要注意无色与有色、无味与有味、荤与素在水中加热时的关系，一般先加热无色、无味的植物性原料，再加热有色、有味的动物性原料，以提高效率，节约能源。三是要注意营养、风味的变化，尽可能保持原料的营养成分和感官风味。

（三）短时间加热法

此法主要有氽、涮、烫、焐等，加热时一般都是将原料放入沸水中加热，并快速成熟，水温控制在95～100℃。但是焐比较特殊，一般冷水下锅，中火加热使原料成熟，选料范围以肉质细嫩的动物性原料或脆嫩易熟的果蔬原料为主，而且原料必须加工成薄片，或是叶类的蔬菜，才能确保在短时间内完全成熟。这一类烹调方法的调味以加热前和加热后调味为主，汆、涮类的烹调方法一般受热时间比较短，而且水料比差距很大，目的是加快成熟时间，所以一般不利于汤汁调味，即使在汤汁中加入调味料，也无法使原料完全入味。原料入味主要依靠两种途径：一是加热前先给原料一些基本味，二是受热成熟后再用各种调料进行蘸食。

1. 汆

这种技法是采用极短的加热时间加热，以取得突出原料自身鲜味和质感以及汤汁清淡的效果。有些特殊原料（如腰片）的成熟度要控制在七成左右，这是汆法的形成机理和关键特点。制作汆菜时，原料下入沸水锅中，待水面再次滚起时就要出锅，出锅慢就会影响菜肴的质量。一般地说，汆法制品主要是汤菜，具有汤宽量多、滋味醇和清鲜、质地细嫩爽口等特点。汆法的主要技术内容和特点有以下几个方面。

（1）汆菜质感脆嫩　除了原料本身质嫩外，汆法使用旺火也会使原料急速加热成熟而保持脆嫩。由于原料在加热过程中始终处于沸水中，加热时间又短，由此大大减少了原料失水的可能，同时又使水分子渗透到原料的内部，达到内外温度基本一致的目的。这样，既使原料变形、分解、成熟，又使原料内部增加了一些水分，从而取得了菜肴鲜嫩的效果。加热时间短是汆法的关键，原料应尽量避免在锅内停留过久，具体的加热时间要根据原料的性质和形状大小灵活掌握。

（2）汆菜重视菜形美观　保持菜形的关键是掌握好原料下锅时的水温。大体来说，汆法的原料下锅时水温分为四种情况：一是滚开的沸水，水温为100℃；二是沸而不腾的热水，水温在90℃左右；三是微烫的温水，水温在50～60℃；四是温凉水，水温多在50℃以下。在进行预制时，要根据原料耐热性能、致熟程度，以及对保持菜形的要求等分别掌握。

（3）汆菜讲究鲜醇爽口　为了达到这个目的，对汤的质量有严格要求。一般均使用清澈如水、滋味鲜香的清汤；也可使用白汤，但浓度要稀一些，以保持汤汁的清爽。为了防止汤汁混浊，汆菜所使用的原料一般不上浆、不勾芡；所用调味料除葱、姜、料酒外，只用盐、味精，口味鲜咸，一概不用带色的味料。从主体上看，脆嫩、鲜醇、清爽是汆菜的主要风味特色。

例：汤爆双脆。

原料：猪肚仁250g，鸭肫250g。

调料：食用碱（或小苏打）、盐、酒、葱、姜、胡椒粉、高汤各适量。

制作方法：将猪肚仁、鸭肫分别洗净并剞花刀，用食用碱（或小苏打）致嫩后待用。清水烧沸后加姜、葱、酒，将猪肚仁、鸭肫下锅蒸熟，肚、肫烫至变色起花，捞出，另将高汤烧沸，将浮沫撇净，调好口味，冲入原料中，撒上胡椒粉即可。具体的操作程序：选择原料→切配→沸水中大火加热使原料成熟→捞出装碗→注入清汤。

特点：汤色清爽，口味咸鲜，质感滑脆。

综合运用：类似菜品有汆猪肝、汆腰花、西湖莼菜汤、鸡片汤等。

2. 涮

涮是将易熟的原料切成薄片，放入沸水火锅中，经极短时间加热，捞出，蘸调味料食用的技法（在卤汤锅中涮的，可直接食用）。

原料在沸水中加热所用时间很短，原料的鲜香味不受损失，成品滋味醇正。除开水涮以外，还可在火锅中用鲜美的汤涮，味道更是丰富多彩。涮法的菜肴质地鲜嫩，汤味鲜美，它和氽、水爆、焯烫、灼、滚等都是同一火候类型。涮法除专用火锅外，还有其他一些特点，其主料的种类、加工方法、汤水卤汁的性质、配料、佐料和调料的品种等，各地区、各菜系均不相同。如北京菜的涮，主料以羊肉为主；四川菜的涮是以牛毛肚为主（即千层肚、牛百叶）。

例：涮羊肉。

原料：羊肉片500g，应时蔬菜适量。

调料：清汤适量，芝麻酱100g，料酒50g，腐乳汁50g，韭菜花50g，香菜末50g。

制作方法：将汤烧沸，把羊肉片放入，至变色后捞出，蘸食其他调料即可。最后将应时蔬菜也放入涮食。具体的操作程序：选料→切配→火锅涮制→蘸调料食用。

特点：色泽自然，口味鲜美，质感软嫩。

综合运用：类似菜品有菊花火锅、毛肚火锅、生片火锅、鱼鲜火锅等。

3．烫

烫是将其在水中烫熟后迅速捞出，蘸味料或拌调料食用。其方法包括灼、炝（或拌）两类。灼是将原料在水中烫熟后蘸味料食用，炝（或拌）是将原料在水中烫熟后拌调料食用。

例：白灼肥牛。

原料：肥牛片500g。

调料：高汤、沙茶酱料各适量。

制作方法：将水锅中的水烧沸，把肥牛片迅速烫至变色，捞出，浸入高汤之中至完全成熟，再捞出，食用时蘸沙茶酱料即可。

特点：色泽自然，口味鲜美，质感软嫩。

综合运用：白灼虾、白灼鱼片、白灼鸡片等菜品的制作方法与白灼肥牛相同。

4．水焐

水焐是将原料放入水中，用中火加热，使原料缓慢成熟的加热方法。水温控制在82～90℃，选料多为极嫩的蓉泥类原料，如虾、鱼，刀工成形多为蓉泥状。制作程序：原料放入冷水中→中火加热→原料成熟。整个加热过程是缓慢升温的，水不能沸腾，防止冲散原料。

例：白鱼圆汤。

原料：白鱼250g，笋片30g，青菜头4颗。

调料：盐、味精、酒、水各适量。

制作方法：将白鱼去骨取肉，用刀背捶砸，使鱼中骨刺与肉分离，将鱼肉刮下，用清水漂净，再用刀或粉碎机将鱼肉制细，待用；笋片、青菜头分别洗净。在制细的鱼蓉中加少量的酒和水，调匀，加盐搅拌上劲，成为有一定黏性的胶状物即吸水鱼蓉，然后，用手将鱼蓉挤成圆子，放入冷水锅中。将盛有鱼圆的锅放在火上，加热至鱼圆被焐熟（水不能沸腾），水温在60℃的时间要短。捞出，放入已烧好调过味的汤中即可。

特点：色泽洁白，口味鲜咸，质感软嫩。

综合运用：鳜鱼圆、水养虾圆、清汤鱼线等制作方法相同。

（四）中时间加热法

这类烹调法包括煮、烧、扒、焯、烩、酱等，其加热特点是加热时间比较长，而且一般都需要经过预热处理，再实施正式烹调，对原料的选择也比较广，可以是整形的，如整鱼、整块的肉、整鸡等，也可是小块的，如鸡块、笋条、肚片等。在上述几种方法中，烩的原料一般形状稍小。它们的调味都与正式烹调结合在一起，属于烹调过程中的调味。水或汤汁在烧、煮、烩烹调法中既是传热介质，也是调味料的溶剂和载体，构成了调味卤汁的一部分。

1. 煮

煮是将原料放入水中，用大火加热至水沸，改中火加热使原料成熟的加热方法。一般煮的水温控制于100℃，加热时间为30min之内，成菜汤宽，不要勾芡。它能制作热菜、汤菜、冷菜，也是许多菜肴的预制手段。

通常所说的热菜煮法，是将初步熟处理的半成品或腌制上浆的生料放入锅中，加入多量的汤汁或清水，先用旺火烧开，再改用中等火力加热、调味成菜。这类煮菜大都汤汁较宽，汤菜合一，口味清鲜或醇厚，常用原料为畜类、鱼、豆制品、蔬菜等。

煮法汤菜主要是运用刚性火候让原料在旺火或中火烧的沸水中受热，在热能作用下变性分解，在短时间内成熟。煮法的加热时间一般不太长，特别是改为中火加热入味时，速度要尽可能快一些，在汤汁转浓入味、原料断生或刚熟时，就要及时起锅，绝不能过分煮制，否则就会严重影响菜肴的质量，难以取得良好的色味效果。同时，这类煮法的菜肴，既不是用炖、煨、氽法制作的汤量多的汤菜，也不是用烧法制作的汤汁紧浓的烧菜，而是一种半汤菜，因而对菜肴的汤菜配比一定要掌握好，严格控制比例，尽量避免成菜后出现“菜少汤多”或“汤少菜多”的情况。

例1：大煮干丝（汤煮）。

原料：豆腐干3块（使用的主料豆腐干为特制的），熟鸡肉10g，虾仁15g，火腿丝5g，青菜头4颗。

调料：虾子、盐、鸡汤各适量。

制作方法：将豆腐干用刀切成丝，放入碗中，用沸水浸烫三遍后待用。虾仁上浆，熟鸡肉切丝，其他配料洗净待用。锅放灶上，用油将虾子炸香，加入鸡汤、干丝、鸡肉丝、虾仁，大火加热至沸，加盖煮3min左右，开盖调味，淋油使汤色变白，出锅装碗，撒上火腿丝、青菜头即可。

特点：色泽悦目，口味清鲜，质感绵软。

综合运用：白菜煮芋头、水煮肉片等制作方法与此菜相似。

例2：水晶肴蹄（水煮）。

原料：猪蹄10只。

调料：盐、硝水、老卤汤、姜、葱、八角、花椒各适量。

制作方法：将猪蹄去骨，洗净，用铁扦略扎，加盐、硝水擦抹均匀，入缸腌渍。锅中放水，加入老卤汤、香料、腌好的猪蹄，用大火煮沸后，撇净浮沫，改小火煮约1.5h，翻动原料，再煮1.5h至九成烂，将原料捞出。将捞出的原料放入平盘中用刀修整后，淋入卤汤，再用重物压，至卤汤起冻原料结实为止。食前用刀切片即可。

特点：色泽粉红，口味鲜香，质感软烂。

综合运用：白切牛肉等菜肴的制作方法与此菜相同。

2. 烧

烧是将预制好的原料加入适量汤汁和调料，用旺火烧沸后，改用中、小火加热，使原料适度软烂，而后收汁或勾芡成菜的多种技法总称。汤少而浓稠，一般加热的时间在30min以内或30～60min，比炖、煨的时间都短，在加热手法上与炖、煨、煮也不一样。如烧法要以勾芡来增稠，如果原料中蛋白质含量多，经长时间加热后，会自然增稠，行业上称“自来芡”，可以说烧这种增稠卤汁的方法代表了一类特殊菜肴。烧是水烹法中最精细、最复杂、最有特色的一种技法，它要经过两种或两种以上的加热方法才能完成制品。烧的烹调流程很不统一，操作方法各不相同。烧法的种类繁多，技术全面，火候精细，质感多样，风味齐全，比较充分地体现了水介质烹调技法的主要特点。

例1：红烧马鞍桥。

原料：中型鳝鱼1000g。

调料：酱油、酒、糖、胡椒粉、葱、姜、水各适量。

制作方法：鳝鱼去内脏，洗净，剞花刀待用。将鱼肉入油锅中炸过，再放入水中，加入葱、姜、酱油、糖、酒、原料，用大火烧沸，再改中小火烧约半小时，用大火收汁，淋入芡汁使卤汁增稠，撒上胡椒粉即可。

特点：色泽红亮、味咸鲜，肉酥烂脱骨而不失原形。

综合运用：红烧肉、红烧鱼块、红烧鸡等菜的制法与此菜相同。

例2：干烧鲤鱼。

原料：中型鲤鱼600g，猪肉末80g。

调料：酱油、酒、糖、泡椒、豆瓣酱、高汤、蒜、葱段、姜末、香油各适量。

制作方法：鲤鱼去内脏，洗净，剞花刀待用。将鱼肉入油锅中炸过，锅中放油，先将猪肉末焖香，加入泡椒、豆瓣酱、蒜、姜末煸炒，再加高汤、酱油、酒、糖、鱼，用大火烧沸，再改中、小火烧约半小时，用大火收汁，放入葱段，淋入香油即可。

特点：色泽红亮美观，鱼肉细嫩鲜美，香味浓郁。

综合运用：干烧鳜鱼、干烧四季豆等菜的制法与此菜相同。

3．扒

传统扒的技法，是指将加工成形的原料放入锅中，加入适量汤水和调料，用中小火加热，待原料熟透后勾芡，用大翻勺的技巧盛入盘内，菜形不散不乱，保持原有美观形状。由于传统扒的技法难度大，有些厨师就改变加热和盛盘方法，但保持菜形不变，也称之为“扒”，从而形成多种扒法。

从加热方式上看，传统的扒与烧、烩一样，只是在加热过程中保持菜品原形，使其具有形态美的特点。出锅时要大翻勺落盘，这是传统扒法的技术关键。现在各地出现了几十种扒法的名称。按加热方法分，可分为烧扒、焖扒、蒸扒、煨扒、炒扒、炸扒、煎扒等；按加热炊具分，可分为勺扒、笼扒、箅扒等；按原料体形分，可分为整扒、散扒、碎扒等；按用料生熟分，可分为生扒、熟扒；按菜的色泽分，可分为红扒、白扒等。

综合运用：扒三白、扒白菜等制法与此相同。

例：金葱扒鸭。

原料：光鸭1只（约2000g），金葱适量。

调料：盐、葱、酱油、糖、酒、水各适量。

制作方法：将光鸭洗净，背开，用刀略排，再用酱油腌渍待用。将葱炸葱油。鸭入油锅中炸金黄色，捞出放砂锅内，加酱油、糖、盐、酒、葱油、水，盖上盖，大火烧沸后，小火焖2h，取出鸭扣碗，加上金葱入笼蒸透。取出扣入盘中，将砂锅中的卤汁淋在鸭上即可。

特点：色泽红亮，口味甜咸，质感酥烂。

综合运用：莲子扒鸡、蜜枣扒山药、冰糖扒蹄等制法与此相同。

4. 焯

这种技法是以实现原料适度软烂、味汁浓稠、黏附原料为烹调目的。焯法选料精细，操作复杂，加工讲究，注重火候，更是高档原料烹调的最佳技法。很多高级宴席都离不开色、香、味、形俱佳的焯菜。此法与红烧、干烧虽有许多相似之处，但有着本质的区别。红烧、干烧主要是通过较短时间的加热把原料烧熟，质感要求嫩，而焯法则是通过长时间的加热把许多质地坚韧而自身无味的（如山珍、海味之类）干货原料，用特制的汤汁焯制入味，制成绵糯的美味佳肴。要想取得焯法的最佳效果，应重视以下几个环节。

（1）选好原料　这是做好焯菜的前提。不是任何原料都能焯制的。一般来说，焯制要求原料体形完整无损，表皮光鲜，肌肉组织坚实、富有弹性，有的还要选用鲜活料。选用山珍野味、海味干货和蔬菜等，其品质也要符合焯制的要求。

（2）讲究刀工的运用　焯法的刀工作用，一是有利于成熟入味，二是便于食用，也是美化菜形和使菜肴多样化的一个重要手段。做焯菜时，如果刀技不精，运用不当，就会大大影响成菜的质量。

（3）注意色泽上的处理　焯菜讲究色泽的美观鲜艳，但又不允许使用色素，必须运用烹调技术手段达到增色的目的。常用的手段之一是利用油的高温产生焦糖化反应实现增色，如“炸鸡块”的增色处理。但同样是油炸，嫩鸡直接炸就能上色，而老鸡则必须经过开水焯烫一下，让表皮毛孔张开，去除表皮部分脂肪，再抹少许酱油，然后油炸才能取得预期的理想色泽。

（4）掌握好焯制的火候　焯菜的烹调过程，一般是原料下锅后，加好调料和鲜汤，用旺火烧开后改用中火焯汤，待汤水减少到一定程度时，才用小火焯汁。焯法的关键就在于小火焯汁的火候，讲究火力和焯的时间。一般来说，火力越小越好，专业厨师制作焯菜时，往往在中火上焯汤后就把锅移到炉灶边上的火力微小的支火上，实际上是利用主火眼的余热来焯汁。至于焯的时间，一方面要根据原料老嫩性质而定，另一方面要看汤汁中水分焯干的程度。焯法适用不易成熟的坚韧原料，焯汁时间一般都较长，少则一两个小时，多则几个小时。以荤料焯汁为例，如果火候不到，原料中的腥膻气味就排不净，鲜香味就出不来，汤水中的水分也不易蒸发，汤汁既不浓稠，味也不香。所以，小火焯汁一定要焯透，这是入味的关键。

例：酥焯鲫鱼。

原料：小鲫鱼500g。

调料：姜、葱段、酱油、盐、淀粉、糖、蒜头、干辣椒、醋、香油各适量。

制作方法：将小鲫鱼治净，用盐略腌待用。将小鲫鱼拍粉后，入油锅中炸至金黄色，捞出，放入水锅中加葱段、酱油、盐、糖、蒜头、干辣椒，大火烧沸，改中火烧透，再用小火收干卤汁，最后淋上醋、香油即可。

特点：色泽金红，口味咸甜，质感酥香。

综合运用：焯大虾、焯鳝排等制法与此相同。

5. 烩

烩是将加工和初步熟处理的多种小型原料混合下锅，加入适量的汤和调料，用较短时间加热后，勾芡成菜的技法（少数不勾芡的称清烩）。

烩菜的主要特色是汤宽汁稠，菜汁合一，细嫩滑润，清淡鲜香，色泽也很美观，一般以白烩居多。所用的主料以鸡肉、鱼肉、虾仁、鲍鱼、鱼肚、海参、鱿鱼、乌鱼蛋、鸡蛋、冬笋、蘑菇、火腿、木耳、鲜蚕豆、番茄等鲜料为主。

例：烩鸭四宝。

原料：鸭脯肉100g，去骨鸭掌100g，鸭舌50g，鸭胰150g。

调料：高汤、油、盐、味精、姜、葱、胡椒粉、香菜、水淀粉、酒各适量。

制作方法：将鸭脯肉改刀成长形块，去骨鸭掌改两块，然后一起用高汤熬两遍待用。锅内加油，将姜、葱炒香，加入高汤、鸭四宝、酒、盐、味精、胡椒粉，用大火烧沸，中火烧透，勾芡后撒上香菜，大火略收即可。

特点：色泽白亮，口味咸鲜，质感软糯。

综合运用：此类菜肴很多，如烩乌鱼蛋、拆烩鱼头、烩蛇羹等。

6. 酱

酱是将加工处理的生料放入预先调制好的酱汤锅内，用旺火烧开后改用中小火长时间加热，主料成熟入味，捞出冷却成菜的冷菜技法。

酱法是古老的传统冷菜技法，制品色泽酱红，香气浓郁，质感酥烂，鲜咸味厚，肥而不腻，瘦而不柴，多数作为佐酒凉菜，也可热吃，滋味亦佳。酱法在具体操作上需要注意的问题，有的和卤法相同，有的则是酱法本身的要求。大体上有以下几个方面。

（1）所用主料均有一些特定的要求　如酱制猪肉，以体轻、皮薄的瘦肉型猪为好，部位以后臀尖、肘子和五花肉为最宜。如果用膘大肥厚的猪肉，则会使酱制的成品质量大为逊色。

（2）酱前要做严格的加工处理和清洗，特别是对污物较多、气味较大的原料　如头、蹄、肠、肚以及耳、鼻等部位，须先用净水浸泡一段时间，再多次反复刮擦刷洗干净，对气味最大的内脏原料，在刷擦过程中还要加盐、醋等搓洗，清除异味。洗净以后，肉类原料要切成大块，每块重500～1000g；禽类原料一般都以自然形态酱制，旨在使原料能经受得住长时间加热，既能入味又不散碎。在酱制以前，先用开水焯烫10～20min，使表层紧缩，并进一步除尽血污和异味，然后才能入锅酱制。

（3）掌握酱制环节要点　一是酱汤烧开后才能下入原料，再开时立即转小火。二是小火酱制时须防止火力转旺，只让酱汤表面保持微沸状态，即保持恒温90℃左右为好，对冒起的浮沫和浮油要及时撇去，以利于原料的上色入味。三是适时翻动，一般在酱的过程中要上下翻动两三次，以保证原料均匀受热，内外熟透。四是酱制时间一般在2～4h，并经常用筷子戳动检查成熟度，当筷子不受任何阻力就能戳入原料内部时，表示成熟度基本符合要求，防止欠火（即熟度不够）和过火（即过于软烂，切时易散碎）。五是酱好出锅，凉凉，改刀，装盘，上桌。如暂不食用就不必捞出，可仍将凉凉的酱肉泡在原汤中，以避免成品干缩、发硬、变色。

例：酱鸭。

原料：光鸭1只（重约1500g）。

调料：老卤酱汁、酱油、糖、五香粉各适量。

制作方法：将鸭去净内脏，入油锅中略炸至皮色金黄待用。将鸭放入锅中，加入老卤酱汁、酱油、糖、五香粉，大火烧沸，中火烧透，再用大火收汁（也可用中火直接收汁）即可。

特点：色泽酱红，口味咸香，质感酥嫩。

综合运用：酱牛肉、酱鸡、酱豆腐等制法与此相同。

（五）长时间加热法

长时间加热的烹调方法有炖、焖、煨等，加热时一般采用小火，加热时间较长，原料选用整只或块形。比较炖、焖、煨三种方法，炖的时间最长、火最小，煨的时间较长、火比炖要大一点，焖的时间比另外两种都要短、火与煨相似。在调味方面，炖、煨的调味一般在菜肴成熟后进行，焖与烧一样在加热过程中调味。炖、焖菜品一般汤汁较多，而且加热时间较长，其风味特色以突出原料的本味为主，不宜添加过于浓烈的调味原料，多采用一些平和的调料。

1. 炖

炖是将原料放入水中，大火加热至水沸后，用小火长时间进行加热，使原料成熟，质感软烂的加工方法。炖法汤清汁宽，一般加热的时间在1～3h，加热盛器多用砂、陶器具。选料范围多用动物性原料，虽然有些植物性原料也称炖菜，但其加热法实际为烧。经长时间加热的植物原料必然发黄而失去营养，故原则上不宜采用炖法来加热植物性原料。刀工成形以块、整只为主。制作程序：原料加入冷水中→大火加热至水沸→小火长时间加热→原料成熟→调味。炖法的菜肴有两种：一种是汤汁要清，原料不需要挂糊、油炸等处理，通常称为清炖；另外一种浑炖，原料一般先挂糊再用油进行预熟处理，然后炖制。炖法可作为辅助加工的加热法（如制作清汤），有时，为了保持汤清，也可以用蒸汽加热，也有人称蒸炖（注：那就是蒸制的方法了，故要分清）。

例1：清炖狮子头。

原料：猪肋条肉600g（肥瘦各半），螃蟹2只，青菜心1200g。

调料：虾子1g，料酒50g，葱姜末、盐、色拉油、水适量，干淀粉25g。

制作方法：猪肉切成米粒状大小，放入盆中，加葱姜末、虾子。螃蟹煮熟后用牙签挑出蟹肉、蟹黄，也加入肉蓉中拌匀，再加入盐、料酒、干淀粉搅拌至胶黏上劲。青菜心挑7cm长的洗净，菜头用刀剖成十字刀纹。取炒锅放旺火上烧热，舀入色拉油，放入青菜心煸炒至翠绿色。取一只砂锅洗净，将焖好的菜心放在锅底，加入清水，置中火上烧沸。将拌好的肉分成几份，逐份放在手掌中，用双手来回翻动十数下，团成光滑的肉圆，放入砂锅里。全部做好后，在肉圆上盖上青菜叶，盖上锅盖，烧沸后转用微火加热约2h。上桌时揭去青菜叶。

特点：蟹粉鲜香，汤色清纯，口味鲜咸，质感软烂。须用调羹舀食，食后余香满口。

综合运用：清炖猪蹄、清炖牛肉等制法与此相同。

例2：炖鸡浮。

原料：生鸡腿肉200g，水发冬菇60g，猪肉50g，熟火腿60g，鸡蛋4只。

调料：熟猪油、盐、料酒、葱、干淀粉、鸡清汤、生姜各适量。

制作方法：将生姜少许切成末，其余切成片；葱少许切成末，其余切成段。将猪肉斩蓉，加盐、料酒、姜末、葱末拌匀，将鸡肉皮朝下，用刀在肉面轻轻排一下（不要排断），再将猪肉蓉均匀地铺在鸡肉上，用刀排紧，再改刀成菱形块。用竹筷将鸡蛋清打发，加干淀粉拌匀，放入鸡浮裹沾。炒锅上火，舀入熟猪油烧至五成热，将鸡浮分别投入，炸至色白起软壳时，捞出沥油。将炸好的鸡浮放入砂锅内，加鸡清汤、生姜片、葱段、火腿片、料酒、盐烧沸，移至微火上炖至鸡肉酥烂，放入冬菇再炖5min即成。

特点：汤色清纯，口味鲜咸，质感软烂。

综合运用：黄焖鸡浮、芙蓉炖鸭等制法与此相同。

2. 煨

煨是将加工处理的原料先用开水焯烫，放砂锅中，加足量的汤水和调料，用旺火烧开，撇去浮沫后加盖，改用小火长时间加热，直至汤汁生黏，原料完全松软成菜的技法。

这种技法是三大火功菜技法之一，而煨法在三大火功菜技法中，是火力最小、加热时间最长的半汤菜。它是充分发挥柔性火候作用，取得最佳烹调效果的技法。它基本上与炖法相似，所不同的是，煨法汤色乳白浓稠，炖法的汤色清澈。

例：白煨脐门。

原料：熟鳝鱼腹肉750g。

调料：虾子、盐、酒、醋、油、白胡椒粉、蒜蓉、鲜汤、蒜油各适量。

制作方法：将熟鳝鱼腹肉切段，入沸水中烫去腥味，待用。锅放在火上，加入油，炸香蒜蓉，加入鲜汤、鳝肉、酒、醋、盐、虾子，用大火加热至沸，改中火加盖煨约1h，淋入蒜油，撒白胡椒粉即可。

特点：色泽浓白，口味鲜醇，质感软烂。

综合运用：煨肚肺汤、龟肉汤等制法与此相同。

3. 焖

焖是将加工处理的原料放入砂锅，加适量的汤水和调料，盖紧锅盖烧开，改用中小火进行较长时间的加热，待原料酥软入味后，留少量味汁成菜的多种技法的总称。

焖法在行业中有多种分类方法，如按色泽分有黄焖、红焖等，按预熟方法分有原焖、油焖等，但无论何种焖法，主料都不挂糊上浆。焖制时加入鲜汤的数量要准确，并且一次加足，中间不能揭盖添汤；制品成熟后，一般都不勾芡，依靠火力自然收汁，只有少数品种因为原料脂肪少或胶原蛋白少，汤的黏性差，可加少许水淀粉搅匀，以增加汤汁的浓度。焖法使用的主料与其他火功菜相似，大都是经得起较长时间用小火加热的坚实荤料，如畜禽肉和水产中的鲷鱼等。成菜色泽酱红，形状整齐不碎，质感松软酥烂，卤汁稠浓味厚。但也可使用部分蔬菜作为原料焖制，如冬笋、莴笋、茭白、茄子、萝卜等，焖制后的质感以柔软酥嫩为主，滋味醇厚。

例：黄焖鸡块。

原料：净雏鸡1只。

调料：酱油、甜面酱、料酒、清汤、白糖、盐、葱段、姜片、葱油、猪油各适量。

制作方法：将雏鸡剁去头、爪和翅尖，从脊背中间劈为两半，再改刀成3.3cm的方块。锅内加猪油，烧热后放甜面酱炒出香味，加上鸡块和葱段、姜片略炒，再加上事先炒好的糖汁、酱油、清汤、盐烧沸，然后加盖焖制。待鸡块八成熟时加料酒，用微火焯，待汤汁浓稠时淋上葱油装盘即成。

特点：色泽红润、明亮，味道鲜香醇厚。

综合运用：黄焖鸭块、黄焖鸡翅、黄焖鳗鱼等制法与此相同。

二、油传热为主的加热技法

油加热预熟法是利用油的特性将食物中水分脱去或经化学反应使原料上色增香、变脆。在实际操作中，一般油加热预熟法多用高温处理，特殊处理时才用低温处理，这是因为低温处理的原料水分含量还是比较多的，质地相对较嫩。如滑炒鱼片，先滑熟鱼肉，再迅速烹炒，完全没有必要等待，因为品质要求嫩，一般可以直接成熟而无需预熟，故低温处理法，多是在对一些干果、干货原料进行焐油处理时采用。

（一）油加热预熟法的种类

1．低温（焐油）预熟处理法

低温预熟处理法是用油的热传导性，积蓄热量，气化食物中的水分，最终减少食物中的水分含量，达到菜肴加工的需求。由于油传热系数小，在未流动前，其传热缓慢，同时散热也慢，这恰恰有利于原料的加热，使内部水分气化，为最终脱水或膨化食物做准备，所以，加热中油千万不要流动起来，以防止油温升高过快，使原料外部脱水或膨化，而内部发艮或僵硬。如涨发鱼肚时要冷油下锅，缓慢加热，使内部水分能与外部水分同时气化，达到里外酥脆的质感。一般低温预熟处理法只适用于干果、干货类原料，如花生、腰果、鱼肚。具体的操作要领是：下锅时要用冷油，注意油温不要过高，注意外观的变化。如油焐花生时，往往出锅后其颜色会加深。

2．高温（走油）预熟处理法

高温预熟处理法是利用油的温域宽、加热后传热快、易形成高温等特点来加热食物。一般高温处理可以使蛋白质发生变性，如果有糖类物质的参与，则会发生美拉德反应，生成诱人的红润色。同时油的作用还能赋香，一方面油脂加热后会生成游离的脂肪酸和具有挥发性的醛类、酮类等化合物，另一方面油脂又是芳香物质的良好溶剂，所以高温处理的主要目的是增香和赋香。一般细分的话，高温处理还可以分成两种类型：一类是使原料上色成形，如制作虎皮扣肉，需要油炸使其皮色棕红，同时表皮起皱而形似虎皮；另一类是使原料脱水成熟，如梁溪脆鳝，将熟鳝鱼入油锅炸酥，便于保存。通常高温处理法适宜多数原料，即使是较嫩的原料，只要使用挂糊处理就可保持嫩度。其具体的操作要领是：正确把握原料的成熟度，根据菜肴的成品要求掌握火候和色泽，炸后的半成品不宜久放。

（二）油加热预熟法的原则

一是要根据原料的性质选择适宜的加热方式；二是原料要分开下锅，以使受热均匀，挂糊的原料尤其需要注意。

（三）低温油炸法

加热过程中的油温一般控制在120℃以内，原料刚下锅时油温要低，让原料养熟，出锅时油温提高，使油分排出。低温油炸法在加热前一般不挂糊、拍粉，只有发蛋糊和纸包两种，油温的控制是低温油炸法的关键。

例1：油氽腰果。

原料：腰果250g。

调料：椒盐适量。

制作方法：将腰果投入冷油中，用中火缓慢加热，使腰果中的水分脱去，待色泽发黄时捞出，拌上椒盐即可。操作程序是：原料加入冷油中→中火加热→原料达到要求。加热一般油面翻动不明显，尽管传热慢，但保温性好，易去除原料内部的水分。在加热中，应时刻注意油面的变化，不要让油翻动起来。

特点：色泽淡黄，口味咸香，质感酥脆。

综合运用：油炸花生米、油炸松子仁等制法与此相同。

例2：油浸鳜鱼。

原料：鳜鱼1条（约450g）。

调料：姜葱丝、酱油、盐、味精各适量。

制作方法：将鳜鱼治净，剞花刀待用。将油锅中的油加热至100℃，关火放入鳜鱼，反复加热直到鳜鱼成熟为止。将调味汁淋在鱼上，用热油浇香鱼上的姜葱丝即可。油浸类菜肴只适宜少量原料，一旦原料数量多时使用起来就不方便了，因为油温较难控制，且加大油量又不现实，所以，行业上多改用水油浸法（即在水面上浮一层油），保持水加热的稳定性和油滋润的双重特性，使原料的口感更佳。

特点：色泽悦目，口味鲜咸，质感软嫩。

综合运用：油浸虾球、泉水鱼、油泡牛肉等制法与此相同。

例3：高丽虾条（软炸）。

原料：虾仁200g，熟肥膘25g，鸡蛋4个。

调料：熟猪油、盐、味精、料酒、富强粉、葱白、番茄沙司各适量。

制作方法：将熟肥膘剔去筋膜、切成米粒状，葱白切成末。将蛋清调开，加盐、味精、料酒、富强粉调成蛋清糊，再将虾仁、葱末、肥膘放入蛋清糊内搅和均匀待用。炒锅置炉火上，舀入熟猪油，烧至五成热，将蛋糊虾仁用手抓成小核桃形，逐个放入油锅内，炸至白色，捞出；待油温升至六成热，再入锅，重油炸至起软壳离火，倒入漏勺沥油，装盘，盘边放番茄沙司蘸食。

特点：味香鲜嫩。

综合运用：松炸蘑菇、炸羊尾、香炸云雾等制法与此相同。

（四）高温油炸法

高温油炸法是将原料投入多油量的油锅中，经两次加热使原料成熟的加工方法。一般炸制的油温有两种：一种是中温（90～140℃）将原料加热成熟，另一种是高温（140～180℃）将原料加热至脆。前面我们已知高温可以使水分迅速气化，如果要使原料形成外脆里嫩的口感，初炸的温度就不要太高，否则外部脱水速度大于传热到内部使之成熟的速度，会形成外焦而内不熟的现象，因而初炸的目的只是使原料部分成熟；复炸则是在初炸的基础上只脱去原料外部的水分，使其迅速气化，以达到脆的口感，而内部的成熟是利用其余温的加热来完成的，这样一来，原料就形成了所要求的口感。如果要使原料形成里外酥脆的口感，同样要先运用初炸使原料初步成熟，然后再利用相同的温度缓慢地使原料内部的水分脱出，最终使原料达到里外一样的酥脆。值得注意的是，由于饮食卫生和保护营养素的需要，食物加热应尽量避免使用200℃以上的高温，一般原则上对质地嫩的、新鲜的原料，多保持外脆里嫩的口感。高温油炸法的菜肴由于油温较高，所以一般要挂糊、拍粉，以对原料进行保护，防止水分过多流失，只有少数菜肴不需要挂糊、拍粉。对此炸法的分类可依其状态分为清炸和挂糊炸两大类。

1．清炸

清炸是将原料不挂糊、拍粉直接投入油锅的炸法。清炸所用原料一般可分为两类：一类是质地嫩的原料，如鸡肫、小仔鸡等，行业中有时把清炸仔鸡称为油淋仔鸡，实际上就是清炸；另一类是蒸煮酥烂的原料，如鸡、鸽子等。挂糊炸比清炸略复杂些，由于糊的种类不一，所得菜肴的质感也不同。如用水粉糊制作的菜肴口感多脆；用蛋清糊制作的菜肴口感多软；用全蛋糊制作的菜肴口感多酥脆等，故每种不同的糊都可以表示一种特定的口感。色泽金黄是此类炸法的共性特征。

例1：清炸菊花肫（直接清炸法）。

原料：鸡肫适量。

调料：料酒、酱油、盐、味精、香油、葱、姜、番茄沙司、椒盐、精炼油各适量。

制作方法：将鸡肫去皮，剞菊花花刀，用料酒、葱、姜、盐、味精、酱油浸2min。然后将鸡肫投入七成热油锅一炸，迅速捞出，待油温回升至八成热，再投入复炸，装盘。锅内加香油烧热，用葱炝锅后投入鸡肫，翻滚几下即成。上席时盘边放番茄沙司和椒盐。

特点：鸡肫卷缩似菊花，深褐色，质地脆嫩，滋味咸里透香。

综合运用：清炸鱼皮、清炸鱿鱼等制法与此相同。

例2：脆皮鸡（预熟后清炸法）。

原料：仔鸡1只（约750g）。

调料：油、白卤水、饴糖浆、味料各适量。

制作方法：将鸡治净，入沸水中浸烫待用。再将鸡投入白卤水中，加热至刚熟，捞出，将饴糖浆涂抹于鸡身上，挂于通风处吹干。将鸡投入热油中，经两次油炸，使皮色金红起脆，捞出，食用前带味料上桌即可。

特点：色泽金红，口味鲜美，质感脆嫩。

综合运用：脆皮乳鸽、脆皮鸭、脆皮肥肠等制法与此相同。

例3：香酥鸭（预熟后清炸法）。

原料：光鸭1只（约750g）。

调料：油、椒盐、甜酱、荷叶夹子各适量。

制作方法：将鸭子洗净，用椒盐腌1h左右待用。将腌好的鸭子入蒸笼蒸制2h至肉酥烂，取出放凉。将鸭子投入热油中，经两次油炸，使皮色金黄时捞出，食用前带甜酱、荷叶夹子上桌即可。

特点：色泽金黄，口味鲜美，质感酥脆。

综合运用：香酥鸡、香酥乳鸽、香酥蹄等制法与此相同。

2. 煎

煎是将经糊浆处理的扁平状原料平铺入锅，加少量油用中小火加热使原料表面呈金黄色而成菜的技法。

煎法成菜的质感与炸法类似，原料都是在受热过程中形成脆硬表层，保持了原料内部的水分和鲜味，取得外松脆内软嫩的效果。但煎法用油量较少，一般以不淹没原料为度；使用火力以中火为主，加热时间较长。煎法具有如下的特点。

第一，煎法通常只用一种主料，一般不用配料，适于煎法的原料主要是肉质细嫩的畜禽肉、鱼虾水产品，生熟均可。

第二，为方便成熟，原料都要加工成扁平的片、块状，一般厚度不超过1cm；部分动物性及植物性原料也可先加工成蓉泥，调味后制成扁平状再进行煎制；一些原料还可以与蛋液搅和后入锅煎制。

第三，原料根据需要进行腌渍、上浆、拍粉、挂糊处理。腌渍是确定成菜的基本味道，浆糊处理是保证成菜外层酥脆的前提之一，拍粉除使用干淀粉、面粉外，还可用面包渣、馒头屑。有部分菜肴也可以不挂糊或拍粉，行业称为软煎。挂糊的称为脆煎。

第四，煎法是一次性加热成菜，加热过程中一般不添加调料，菜肴口味主要通过前期的腌渍确定，成菜食用时配调味碟作辅助调味。

第五，为防止煎时原料粘锅，煎前都要“炙锅”（即把锅烧热，加热摇晃，使锅壁沾上一层薄油）。原料平铺入锅后，以中火加热为宜，采用旋转或拨动的手法使原料移动，保证原料受热均匀，色泽一致，并防止粘锅。煎制时视需要可沿锅边淋少量油。

第六，原料通常要经两面煎制，原料在一面煎至金黄色后翻转，继续煎另一面。煎制时间根据原料性质及形体而定，一般在7～10min。

第七，煎制菜肴具有色泽金黄、外酥脆内软嫩、不带汤汁的特色。

例1：脆煎鳜鱼。

原料：净鳜鱼1条。

调料：鸡蛋、葱姜末、料酒、盐、味精、面粉、精炼油各适量。

制作方法：在鱼身两面剞斜一字花刀，再加盐、味精、料酒、葱姜末腌渍入味。将鱼周身沾匀干面粉再裹上全蛋液。炒勺放火上烧热，加精炼油滑过，将鱼放入用慢火煎熟，两面呈金黄色时装盘。

特点：外焦香内鲜嫩，色泽金黄，不含油。

综合运用：干煎黄鱼、干煎虾、松子煎鱼排等制法与此相同。

例2：南煎圆子。

原料：猪肉500g。

调料：花椒油、料酒、酱油、盐、蛋清、淀粉、白糖、味精、高汤、水淀粉、葱姜末各适量。

制作方法：猪肉去筋切末，加入酱油、盐、料酒、葱姜末调匀，再加水淀粉、蛋清调匀待用。将油烧至三成热，肉馅挤成直径2cm大小的丸子，逐个下入煎至金黄色，翻过来用手勺轻轻按扁，至八成熟时，将多余的油放出，加高汤、白糖、酱油。汤烧至2/3时，加料酒、味精，淋入水淀粉、花椒油，然后拖入盘内。

特点：软嫩鲜香，甜咸适中。

综合运用：扁大枯酥等制法与此相同。

例3：虾仁煎蛋。

原料：鸡蛋6个，虾仁100g。

调料：盐、味精、酒各适量。

制作方法：将虾仁上浆待用，鸡蛋打散，用盐、味精、酒调味。将蛋液摊入锅中，用中火煎透，倒入虾仁煎至两面金黄即可。

特点：色泽金黄，口味鲜咸，质感软嫩。

综合运用：银鱼焖蛋、韭黄涨蛋等制法与此相同。

3．贴

贴法是煎法的延伸。贴，既有加工成形的意思（两种以上的原料相贴叠合在一起），又指成熟的方式（原料一面紧贴锅体）。与煎法相比，贴法具有如下的特点。

第一，贴法通常要用两种以上原料，一种用作贴底（即紧贴锅体的原料），上面再叠合一种以上的其他原料。贴底一般用猪肥膘肉，由于其含油较多，煎贴时既不易焦糊，又可产生油润香酥的质感。猪肥膘肉多需要煮至断生，取出凉凉再切片成形，这样可防止猪肥膘肉受热时收缩而影响菜形。上面叠合的原料可以是软嫩的畜禽鱼虾等肉片，也可以抹上一层动物性原料加工成的蓉泥。

第二，所用的主配料都要加工成片状，便于叠合时保持整齐。一般片形的长约5cm、宽约2.5cm、厚约0.4cm。也可以将一种原料加工成连片刀的夹刀片形，中间夹填其他的片状原料或蓉泥。叠合的各层原料之间通常要抹蛋液、淀粉等调制的浆以增加黏合力，防止脱落。

第三，贴法在加热过程中煎原料底层这一面，餐饮业有“一面为贴，两面为煎”的说法。贴法的用油量较煎法要多一些，但油量只能达到相当于原料厚度的一半左右，绝不能淹没原料。为加快上部原料的成熟，加热时可不断将锅中的热油舀起再浇泼在原料上。临近装盘时，还需要倒出锅中的余油。

第四，贴法调味因菜而异，有些是原料先腌渍，加热中不添加调料，成菜食用时另配味汁；有些是原料先经腌渍，加热过程中再烹汁调味；有些是在加工蓉泥的过程中调味；有些是原料先经腌渍，在所用的糊浆中添加调料作补充调味，再在加热过程中烹汁调味。一般不易成熟的原料，在加热基本成熟时都要烹入适量汁液，如油、液体调料、鲜汤或水，盖紧锅盖稍焖一下，既通过液汁的气化把原料焖至熟透，又促使滋味浸入原料内部。

第五，贴制菜肴具有一面金黄一面本色、一面酥脆一面软嫩、一面油浸一面新鲜的特色。依照叠合加工时手法的不同，贴法还可分为数层相叠的叠贴、叠合片内夹入肉泥的夹贴、叠合片用油皮或蛋皮等包起的包贴、片形料上铺肉泥的托贴等法。

例：锅贴鳝鱼。

原料：熟鳝鱼肉150g，虾蓉100g，熟肥膘100g。

调料：盐、味精、酒、胡椒粉各适量。

制作方法：将熟鳝鱼肉焯水，虾蓉加盐、味精、酒、胡椒粉调好味，熟肥膘批成长方形片。将三者合而为一，即锅贴鱼生坯。将锅贴鱼生坯投入锅中煎熟，再淋入料汁使之完全成熟即可。

特点：色泽悦目，口味鲜咸，质感软嫩。

综合运用：锅贴鱼片、锅贴鸡、锅贴干贝等制法与此相同。

（五）油传热间接成熟法

原料在油中加热后，结合调味方法使原料完全成熟，成为可以食用的菜肴，这属于烹调过程中调味的一种特殊油传热成熟法。油处理过程中的油温、油量范围较大，低油温有滑油、油氽等，高油温有炸、煎等，中油温、小油量的有焖等；调味方式和味型更是千变万化，是我国烹饪中非常有特色的一类烹调方法。常用的油传热间接成熟法有烹、炒、熘、煸等。

1. 烹

将加工的小型原料稍加腌渍，直接或拍粉挂浆后放入多量油锅中炸制（或用少油量煎制），回到另一旺火热油锅中（或原锅留少量油），烹入预先调成的调味清汁用高温加热，原料迅速吸收味汁，成为香气浓郁的菜肴，这种方法称为烹。

烹是炸法的继续或延伸，炸是一次加热成菜，而烹是先炸后烹两次加热成菜。烹法是烹饪史上的一个突破，它把油炸只是作为一种预制手段，而不是终极手段，自此，迅速扩大了菜肴的种类和口味。特别是擅长烹法的山东菜和北京菜，创制出许多脍炙人口的菜肴，如烹虾段、烹虾仁、烹白肉、烹鸡腿等都较著名。概括说来，烹法的主要特点和制作关键有以下几个方面。

第一，烹法所用的主料须是新鲜细嫩的原料。常用的有鱼、虾、仔鸡，以及畜类的细嫩部位的肉等。在烹制前必须加工成段、块、条等小型原料，而且都是清料（单一料）。

第二，烹法调味所用的味汁多是清汁。烹法之所以选用清汁，主要是便于油炸后原料的吸收。只有这种汁才能被炸透并被脱出大部分水分的原料很快吸收，形成烹菜的风味特色。

第三，油炸是烹法成败的关键。烹法的油炸要求油量充足，必须全部淹没原料。火要旺，油要热，采用一次性炸的，油温在七八成热。采用两次复炸的，第一次炸的油温略低，在六成热左右，炸的时间稍长，以炸熟为度；第二次复炸的油温要高，时间要短，以把表面炸酥脆为准。个别菜肴可以用高温油煎的方法预熟，但两面都要煎透，行业中称为煎烹。

第四，烹法操作速度要快，这也是烹法的关键，特别是在油炸后锅内滚汁，尤其要手操作利索，当原料被炸透后要立即投入调味锅内，以最快的速度烹入清汁，当锅内冒出大量热气时要迅速提锅颠翻，使原料松动移位，吸收味汁。当大部分味汁已渗入原料并留有少许味汁时，要尽快地离火出锅。从烹汁到出锅一般在20s以内。如果手头稍慢，原料在锅内停留时间长，味汁全部耗干，就会严重影响菜肴品质，如发干、变老等。

例1：炸烹鸡卷。

原料：鸡脯肉、猪肥肉膘、鱼肉各适量。

调料：香菜、葱姜水、鸡蛋、盐、味精、料酒、面粉、水淀粉、精炼油、清汤、醋、香油、葱丝各适量。

制作方法：将鸡脯肉切成4.5cm长、3.3cm宽、0.3cm厚的片。将猪肥肉膘、鱼肉剁成蓉泥，然后放碗内，加葱姜水、香油、盐、味精、料酒搅匀待用。将鸡蛋、面粉、水淀粉调制成糊，鸡片铺平，抹上蓉泥卷成1.5cm粗的卷。再将鸡卷挂上糊，投入六成热的油锅内初炸，再投入八成热的油中炸至金黄色时倒出控油。锅内加精炼油，烧热后加葱丝炝锅，再加香菜段略炒，烹醋，然后加清汤、盐、味精、鸡卷，汤汁沸起后淋上香油盛装即成。

特点：鲜嫩松软，有明显的清香味，汁清。

综合运用：炸烹鱼块、炸烹脆鳝等制法与此相同。

例2：煎烹大虾。

原料：净虾400g。

调料：葱丝、蒜片、姜丝、面粉、鸡蛋、料酒、酱油、醋、精炼油、清汤、白糖、盐、味精各适量。

制作方法：将去皮的虾从脊背剖成夹刀片铺开，剞上十字花刀，加盐、味精、料酒，拌匀后拍上干面粉待用。用碗将酱油、味精、料酒、白糖、醋、清汤兑成汁待用。鸡蛋搅打均匀，将虾拖上蛋液后投入160℃的油锅内两面煎至金黄色成熟取出，将虾切成1cm宽的条，依原样摆入盘内。锅内加上精炼油，烧热后加葱丝、姜丝、蒜片炝锅，然后倒上兑好的汁，烧开后浇在盘内的虾上即成。

特点：香酥、清鲜，咸鲜中略带甜酸。

综合运用：煎烹带鱼、糖醋烹湖虾等制法与此相同。

2. 熘

熘是将炸后的原料淋上稠汁，使原料入味的一种加工方法。熘法菜肴使用的是稠汁，稠汁裹在原料外部，由于淀粉糊化后形成网络包含水分，使黏性增大，缺少流动性，使原料入口后仍能保持脆的口感，但如果时间过长，味汁缓慢地渗入原料内部，就会使原料回软，故要求熘菜需快速上桌，才能保持应有的风味。可以看出，熘与烹的区别在于味汁，熘菜的味汁酸甜且多，需要勾芡。根据原料在油中炸制的程度，又将熘分为脆熘、滑熘。熘的选料范围也很广，刀工成形可以是小块也可是整形的料。操作程序：原料投入热油中加热→熟后淋稠汁。需要特别说明的是：熘法本是将原料炸后再淋浇酸甜的稠汁的方法，如将原料煎、滑油、水蒸、清蒸后再淋酸甜的稠汁都称为熘，这样一来，熘的方法就不单是一种只由油来加热的固定形式，而是多种形式复合的加热法。最典型的菜例是西湖醋鱼，其成熟方式是水传热成熟法，行业中称为“软熘”，为了对烹调方法合理分类，应将其归纳为水传热成熟法的范围，但保留软熘这一习惯名词。

熘法突破了烹汁单一的调味法，发展成多种熘汁的调味法，最常用的有三类：第一类是浇汁熘，即把制好的卤汁浇在预制成熟的原料上，使原料吸收滋味并能保持原有的质感；第二类是淋汁熘，即把预制七八成熟的原料放入锅内，边加热，边淋入芡汁，使原料熟透，在芡汁黏稠、包住原料时出锅；第三类是卧汁熘，即在预制原料的同时，把芡汁放入另一锅内加热，原料成熟时，芡汁也调制浓稠，再把原料放入芡汁锅内颠翻几下，挂汁均匀出锅。这三种熘汁方法是熘法发展的显著成果，使熘法成为烹饪热菜中品种繁多、风味多样的一种主体技法。

例1：松鼠鳜鱼（脆熘）。

原料：鳜鱼1条（约750g）。

调料：番茄酱、盐、糖、淀粉各适量。

制作方法：将鳜鱼加工成类似松鼠形状的生坯，加入盐、糖腌渍，拍粉待用。将鳜鱼入热油锅中炸至金黄色，捞出，淋上调好的番茄酱，使之入味即可。

特点：色泽红亮，口味酸甜，质感脆嫩。

综合运用：菊花鱼、菊花里脊、金毛狮子鱼、咕咾肉等制法与此相同。

例2：象牙里脊（滑熘）。

原料：猪里脊肉200g，冬笋150g。

调料：盐、酱油、糖、醋、黄酒、香油、葱、姜、鸡蛋、淀粉各适量。

制作方法：将猪里脊肉切成长条片，冬笋切成长条，肉片用盐、黄酒、淀粉上浆，将冬笋条卷入肉片中，用刀将两头切齐，下温油锅中养熟，另用锅放油，下葱、姜焖香，加酱油、盐、糖、黄酒、醋调成酸甜卤汁，将肉卷倒入锅中翻拌均匀，淋上香油即可。

特点：外嫩内脆，口味酸甜。

综合运用：三丝鱼卷、玉棍鸡卷、兰花虾卷等制法与此相同。

3. 煽

煽是将原料挂糊后双面煎透，再淋汁的一种加工方法。煽法要将原料加工成扁平状，这样才便于成熟，可以说煽法也是一种水油合烹法，是煎的一种延伸。选料范围以细嫩的原料为主，刀工成形是扁平状或加工成长方形。操作程序；原料→加工成形→入油中煎至两面金黄→原料成熟。

这种技法因原料挂糊后在加热过程中形成了厚膜，在放入味汁时能够大量吸收味汁，形成浓厚丰润的滋味，并出现鲜艳的金黄色泽。所以，这种技法最适用清淡无味的原料（如豆腐等），并要用色彩显著的糊料（如全蛋糊、蛋黄糊）和味道鲜美的汤汁。但是用蛋品作原料时在做法上又有自己的特点，代表名菜有山东的锅煽豆腐和江苏的三鲜煽蛋。这两道名菜也体现了煽法的主要技术内容。

由于煽法是在原料煎制后放入了少量汤汁，使菜肴口味产生了三种新的变化：一是煽菜比较滑润，不像煎菜那样发“干”；二是煽菜比较入味，比起煎菜特别是蘸佐料吃的煎菜滋味更浓厚一些；三是煽菜形成了与煎菜不同的质感特色，比煎菜要酥软柔嫩些。

在餐饮业中，把煎、贴、煽三法视为同一类型的技法，即都是选用易熟细嫩的原料作为主料，都要经过加工切配，都要挂糊，都是用中小火力、少油量、较长时间加热制成菜肴。而成品的风味特色大致相同，如色呈金黄、外酥脆、内软嫩、干香不腻等。在这三种技法中，煎法是基础，贴法和煽法都是煎法的变化和发展。首先，在主料上，煎法只用单一主料；贴法则用两种以上的主辅料，其中猪肥膘为不可缺少的配料；煽法既可是单一主料，又可用多种主辅料。其次，在风味特色上煎法是两面金黄色，外酥脆，内软嫩；贴法是一面金黄酥脆，一面本色软嫩。煽法风味质感与煎法大体相同，但表面酥脆性不如煎法，而内部软嫩则超过煎法，滋味也比煎法醇厚一些。

例：锅煽豆腐。

原料：豆腐500g，鸡蛋1个。

调料：葱姜丝、鸡蛋、酱油、盐、料酒、味精、高汤、面粉、水、精炼油、香油各适量。

制作方法：制法将豆腐切成5cm长、2.5cm宽、0.7cm厚的片，再撒上盐、味精、料酒略腌渍。取一个碗将鸡蛋、面粉、水调制成糊。将平盘上抹上油，倒入一部分蛋糊将豆腐片整齐地摆入盘内的糊上，再将剩下的糊倒在豆腐上抹匀。将炒勺烧热用油滑过，加精炼油，将盘内豆腐整齐地推入勺内，用慢火将豆腐两面煎至金黄色，向勺边拨加葱姜丝炝锅，加高汤、酱油、料酒、味精，用慢火将汤淋入豆腐内，淋上香油拖倒于盘内即成。

成品特点：色泽金黄，微带汤汁，豆腐咸鲜软嫩。

综合运用：锅煽白菜、锅煽三鲜等制法与此相同。

4. 炒

炒是将加工成细小形状的原料，用旺火少量热油快速加热，边加热边放调味料、原料，充分搅拌，使油、调味品与原料拌为一体而成菜的技法总称。

炒法是菜肴制作中较快的一种方法，是中国烹调中的特色方法之一。对于动物性原料来说一般要上浆，成熟后还要勾芡；而对于植物性原料来说一般不用上浆，成熟后不用勾芡。选料范围很广，大部分原料皆可，刀工成形是片、条、丝、粒、末等小型料。操作程序：原料→加工成小型料→快速加热→原料成熟。炒法依油温高低、油量大小可分为滑炒、煸炒和爆炒三种。

（1）滑炒　滑炒是将原料处理后，投入中温油中加热成熟，再与配料、调料翻拌并勾芡的加工方法。一般滑炒的原料多选用动物性原料并需要上浆，成熟时需要勾芡。粤菜中部分海鲜菜肴，在滑油前用沸水烫制后再滑油，滑油时要控制好时间和温度。

滑油操作有如下规律：滑油操作对象总是对热敏感的动物性原料；滑油操作过程中，为使这些对热敏感的原料受热均匀，总是将原料切成片、条、丝、丁或制蓉，有些还须在原料表面剞花刀处理；为了防止原料受热水分损失过大，使质感趋老，在滑油的原料加热前，需要进行上浆保护处理；滑油操作加热一般在130～180℃（烹饪行业上称四至六成热）的中温油区进行，加热时间大多在17～30s，多数种类原料在20s左右完成滑油操作。

（2）爆炒　爆炒是将原料处理后，投入热油锅中快速加热成熟，再与配料合炒并勾芡的加工方法。一般爆炒的原料多选用动物性原料，且大多要剞花刀以便去腥和快速成熟，有些根据需要可以不上浆，成熟时需要勾芡，并以兑汁芡为主。爆炒与滑炒的区别在于爆的油温高而滑的油温低，这样两种方法的口感就不会相同。

（3）煸炒 煸炒就是将原料处理后，投入少量的热油中快速加热成熟的加工方法。煸的方法比较复杂，原料的生熟、荤素，用油的多少都会有一些差异，一般分为以下几类：第一类是生的植物性原料的煸炒，它们既不上浆也不勾芡，直接用大火炒制成熟。第二类是动物性原料上浆后放入油中煸炒，断生后调味并需要勾芡。如宫保鸡丁、鱼香肉丝等，它与爆炒和滑炒的区别在于用油量的多少，与爆炒和滑炒的类型和效果一样，以上两种行业都称生焖。第三类是原料先用油将水分焖干，再加调料炒入味，原料不上浆，调味不勾芡，行业都称干焖，是烹的一种变形。第四类是原料经煮熟后切成片或条，在油中煸炒后调味成菜，一般原料不需要上浆，但可以勾芡，也可以不勾芡，行业称熟炒。有的菜肴在煸炒前要采用水或汤烫制后趁热煸炒，如炒软兜。

炒法的种类虽然还有很多，如软炒、熟炒等，但其实都属于上述滑炒、煸炒、爆炒三类。它的分类依据是传热介质的温度和用量。过去的一些分类方法不尽完善，造成了混乱，给人们产生了误导。比如说熟炒与其对应的只能是生炒，也就是说分类的依据不同，分类的内容也就不同，不应该将两种或多种分类的内容并在一起而造成混乱，这点应引起我们注意。

例1：滑炒里脊。

原料：猪通脊肉、笋、青蒜各适量。

调料：精炼油、盐、香油、味精、高汤、料酒、蛋清、水淀粉、葱丝各适量。

制作方法：将猪通脊肉切成4.5cm长、0.2cm粗的丝，另将葱、笋和青蒜切成丝，将肉丝用盐、味精、蛋清和水淀粉浆好。将肉丝放入130℃的精炼油中滑散断生后倒入漏勺内控油。锅内留油加上葱丝稍炒，然后加笋丝及青蒜丝略炒，加盐、料酒、高汤、味精、肉丝颠翻后淋上香油装盘即成。

特点：色白，肉丝均匀，口感滑嫩，咸鲜适口。

综合运用：滑炒鱼丝、炒牛肉丝、炒鸡片等制法与此相同。

例2：爆炒双脆。

原料：生猪肚头、鸡肫各适量。

调料：葱姜蒜末、盐、味精、清汤、料酒、水淀粉、精炼油各适量。

制作方法：将肚头去外皮和里筋，两面剞上直刀，切成1cm宽、2.5cm长的块。鸡肫去青筋和里皮，两面剞直刀，切成肚头大小的块。取一个碗加入清汤、水淀粉、盐、味精、料酒兑成汁待用。将肚头、鸡肫入八成热的油锅内过油断生，倒入漏勺控油。锅中留底油，用葱姜蒜末炝锅，倒入肚头、鸡肫，兑汁翻锅装盘即成。

特点：口味咸鲜，红白相间，芡汁紧包原料。

综合运用：油爆鸭心、油爆鹅肠、爆炒腰花等制法与此相同。

例3：生焖草头。

原料：草头（三叶菜）500g。

调料：盐、味精各适量。

制作方法：将草头洗净，投入少量的热油中快速炒动，加入盐、味精调味，至原料成熟装盘即可。

特点：色泽碧绿，口味鲜咸，质感滑爽。

综合运用：炒豆苗、炒韭菜、炒水芹等制法与此相同。

三、气传热为主的加热技法

（一）蒸汽预熟处理的种类

一般蒸汽加热预熟法多是对原料进行久蒸的制熟法，半成品口感酥烂。对于要求极嫩的菜肴一般不用此预熟法，可以直接加热成熟。蒸汽预熟处理在现代厨房中越来越多地被作为一种后期的辅助加工手段。如烧菜，一般是要大火烧开后，转小火烧烂，再大火收汁。但作为饭店这样做却不可能，也不现实，因为，收汁以后食物难以再加热，恢复一次成形的良好状态，故多不收汁，食用时先蒸至熟，再淋汁。

1．速蒸熟处理法

速蒸熟处理法是利用饱和蒸汽在较短的时间内使食物成熟。饱和蒸汽可以避免水分的过度流失，使原料保持一定的嫩度，但也给调味带来了不便。由于一般的预熟处理不调味，多是辅助正式熟处理的，而对蒸来说，不易入味，故一定需要调味的可以预先进行。速蒸熟处理实际操作中比较少用，这与预熟处理多数加工不能保证食物的嫩度有关。一般适用于体小、质嫩的原料，如蛋制品、蓉泥制品、蔬菜原料等。在实际处理中又有两种方法：一种是放气速蒸，如蒸冷菜中使用的蛋糕，为防止起孔，多放气，这种处理法较为特殊；另一种是足气速蒸，如炸梅卷前要将网油包裹的原料预先蒸熟、炒素蟹粉预蒸土豆泥等。当然这里的速蒸和嫩蒸都是相对于久蒸处理的。具体的操作要领是：待蒸汽形成后再蒸，以防原料干瘪；控制好加热的时间；使用保鲜纸封住表面，防止水汽进入原料中。

2．久蒸熟处理法

久蒸熟处理法是利用蒸汽的长时间加热，使原料酥烂，以便正式熟处理。如果原料不浸在水中蒸，那么，长时间的加热会使食物中的水分子受压力作用游离出来，形成水蒸气而丢失，长时间下去，会使原料脱水。如制作香酥鸡，就是利用了这种性质，使鸡中的水分大量损失，油炸后的鸡口感才酥脆。当然，带水蒸的原料就避免了这种现象，如涨发鱼肚需要保持水分，防止流失。久蒸熟处理法适用范围是体积大、质量好的原料，如鸭、鸡、蹄筋。具体的操作要领是：根据需要选择加工的方法；控制好加热的时间；久蒸会消耗水分，应注意加热的方式。

（二）蒸汽预熟处理的原则

一是注意与其他预熟处理的配合；二是调味要恰当；三是要防止原料的相互串味。

总之，现代饭店中为了能快速上菜，多将食物的正式加工分段处理，以保证熟处理时简便和快速。如醋熘鳜鱼，将鳜鱼挂糊炸好，上菜前再复炸淋汁。随着社会餐饮节奏的加快，这种预加工将越来越体现出其强大的优势，如快餐行业中的中心厨房、大饭店中的预加工组等。就菜肴来说，不可能所有的菜都能现烹现卖，大多数都要预先加工，使上菜速度加快。

（三）热空气传热

热空气传热是利用被加热的空气（包括颗粒状的烟尘）进行的。由于一般加热都是由表及里（微波加热除外），热空气温度很高，那么首先原料表面的水分会气化而蒸发，导致表面失水。从理论上讲内部水分会沿着水分密度下降的方向传递，即传向表面，一般这种扩散的速度较缓慢，一旦表面蛋白质受热变性后，就会形成一层膜或淀粉糊化形成硬壳，里面的水分气化就被阻断，故一般易形成外脆里嫩的口感，除非所用原料本身水分含量并不高，才会形成酥脆的口感（如饼干）。热空气传热温度较高，多在200℃以上，原料形状、体积的因素会影响加热，出现加热不均匀的现象，所以原料做成一定的形状或利用一些手段（如打气、注水）增加表面积，会弥补一些加热中受热不均匀的问题。一般来说，选择一个密闭的炉具加热比敞开的炉具加热更具有优越性，当然，敞开式的炉具操作起来比密闭炉具方便。

从目前加热的介质上来分，热空气传热法主要是烤和熏两种方法。它们的调味方式与油传热的调味很相似，因为形式是一样的，加热前先腌制入味，加热后再补充调味；其次影响调味的因素是一样的，热空气一般加热都是由表及里，热空气温度很高，那么首先原料表面的水分会气化而蒸发，导致表面失水，随着加热时间的延长、温度的升高，水分损失越多，调味料在原料中的浓度也就越大，所以腌渍调味时要根据变化情况，控制好调味品的用量。有的菜品则依靠加热后的补充调味来完成，如北京烤鸭，在烤制成熟后用甜面酱、葱、黄瓜条来调味，同样达到调味效果。

1．烤

烤是将原料放入炉具中，利用热空气加热使原料成熟的加工方法。烤也是一种最古老的烹饪方法，自人类发明了火，知道吃熟的食物后，最先使用的方法就是野火烤食。演变到现在，烤法已有重大的变化，除烤具、操作方法发生了变化以外，更重要的是使用了调料和调味方法，使烤制菜肴品种更丰富，口味也改善了。烤分为两种：一种是在敞开式的炉中加热的，称明炉烤；一种是在密闭的炉中加热的，称暗炉烤。选料范围以动物原料或粮食类原料为主，刀工成形是扁平状或小型、整形原料。操作程序：原料→放入炉中调节温度与时间加热→至原料成熟。从实用的角度出发，暗炉烤更节约能源和便于控制，而明炉烤只适用小型原料或特大型原料的烤制，在烹调加工中应酌情选用。

（1）盘烤。

例：烤鹿肉串。

原料：生鹿嫩肉1.2kg，洋葱300g，青椒300g，胡萝卜300g。

调料：盐、生抽、料酒、姜汁、葱油、辣椒油、甜辣酱、五香粉、胡椒粉、熟芝麻粉、茄汁、鸡蛋、白糖、味粉、香油、泡打粉、水淀粉、蒜蓉、二汤、茅台酒各适量。

制作方法：鹿肉切成厚片，用所有调料拌匀，腌约2h。洋葱、青椒、胡萝卜均修切成小圆片（或三角块、方块）；胡萝卜片需用滚水略烫一下。用20支钢扦（不带木柄）分别将主料和配料穿插成串。穿插的办法是：先依次穿一片洋葱、一片胡萝卜、一片青椒、两片鹿肉，然后再穿洋葱片、胡萝卜片、青椒片。每支钢扦宜穿6～8片鹿肉。将烤盘中垫些生葱叶，将穿好的鹿肉串担在烤盘上，并在鹿肉上涂一层香油，遂放入烘热的烤箱内烤5～6min即成（上桌时随配极品酱）。

特点：色泽深黄泛红，口味较为复合，但以咸口为主，又兼有五香、麻、辣、微甜诸味，外干内嫩。

综合运用：葱烤鳗鱼、盘烤鸡、烤牛排等制法类似。

（2）泥烤、面烤　面烤是泥烤法的演进。因泥烤法需备特用的泥土，用时不仅要搅拌均匀，还要用工具砸透，十分不便，也较原始。面烤法，即是将加工、腌味的原料，用玻璃纸和荷叶包裹后，再用面团包起，封严烤制成菜的方法。面烤法的菜肴具有原味浓郁、香醇鲜嫩而又不失其形的特点。面烤法的用料局限性较小，一般只用整鸡、整鱼，如富贵鸡、暗炉烤鱼、烤花篮鳜鱼等，即是用面烤法制成的。

例：面烤富贵鸡。

原料：童子鸡1只（约1.2kg），梅肉60g，虾仁60g，熟火腿60g，冬菇（水发）60g。

调料：山柰、八角、胡椒粉、料酒、生抽、味精、绵白糖、盐、葱丝、姜丝、香油、猪网油、鲜荷叶、植物油、汤各适量。

制作方法：光鸡洗净（去内脏），再取出翅主骨和腿骨，在鸡腿内侧竖划一刀，便于调料渗入；再用刀背轻剁翅尖、颈根，将颈骨折断（不要弄破鸡皮）。梅肉、虾仁、熟火腿、冬菇均切细丁；梅肉、虾仁分别上浆；冬菇用滚水烫一下。将山柰、八角、料酒、生抽、绵白糖、盐、葱丝、姜丝放入鸡中拌匀，腌约半小时。肉丁、虾丁分别滑油至熟后，再同熟火腿丁、冬菇丁加底油煸炒，并加入料酒、生抽、胡椒粉、味精和少许汤炒成馅料，再使其冷却。冷却的馅料从鸡腋下塞入腹中，并灌入腌鸡的余汁，整理好鸡头、鸡腿、两翅，使之叠于胸腿间。先将猪网油包裹鸡身，再用荷叶包裹（荷叶先要烫一下，浸凉）；然后用玻璃纸包裹，再包一层荷叶，用细绳扎住；面团擀开，将其包严（厚约3cm），最后用锡纸包严。包好的鸡放高温烤箱中烤约半小时（使鸡身迅速烤熟，以防原料变味），再用中温烤1.5h，然后用低温烤1h。至鸡烤熟时取出，剥下锡纸，敲去硬面团，解去细绳，揭去荷叶、玻璃纸，淋上少许香油即成。

特点：香气扑鼻，滋润鲜嫩。

综合运用：叫花鸡等制法类似。

（3）铁板烤　此法又称铁板烧，是将加工、调味的原料放在特制的、烧热的铁板上，经用具拨动、翻拌而成菜的方法（如忽必烈烤肉）；或是加工的原料经调味、上浆后用竹扦穿起来，先经热油炸制，再放到烧热并加盖的铁板中而成菜的方法（如铁板串烧三鲜）；或是原料先经爆制后，带有适量的稀汁，浇在烧热的铁板上，加盖保温而成菜的方法（如铁板葱烧鹿柳）。铁板烤的菜肴具有滑嫩鲜香、滋味浓郁，或者皮脆肉嫩、干香诱口的特点。

铁板烤多用牛肉、羊肉、猪肉、鸡肉等动物性原料，也有用田鸡腿、鲜带子、虾肉等原料的。如生料直接在铁板上烤制成菜，宜切成片形；如先炸后烤的，宜切成小块、厚片；如先爆后烤的，则宜切细条、小片。原料在烤制前，或炸、爆前，均宜挂一层薄浆，以保持原料内部的鲜嫩，

例：铁板串烧三鲜。

原料：中上等鲜虾10只，大鲜带子20粒，鸡脯肉600g，洋葱、鲜青椒各150g。

调料：鸡蛋清、水淀粉、干淀粉、盐、料酒、胡椒粉、味粉、香油、植物油各适量。

制作方法：鸡脯肉切成较大的片，与虾（剥皮、去尾、取肉）、鲜带子分别用适量盐、料酒、鸡蛋清、水淀粉上浆；洋葱、鲜青椒修切成圆形。上浆的鸡片、虾肉、鲜带子分别拍匀一层干淀粉，然后用10支竹扦，将所有原料按量穿插为10串“三鲜”。锅置火上烧热，加入植物油，油温至六成热时，下入三鲜串，炸熟至表皮见脆后，捞出沥净油。在炸三鲜串时，铁板需先烤热，涂上一层香油，垫上洋葱圈，再将炸好的三鲜串放在上面，加盖，并撒上胡椒粉、味粉上桌即可。

特点：温度炙热，外脆里嫩，鲜香适口。

综合运用：铁板牛肉、铁板海参等制法类似。

2. 熏

这种技法是将生料加工，或用预制好的熟料，用燃烧熏料所产生的具有独特香气的高温热烟熏制，使原料附着烟香气的成菜加工方法，实际是烤和蒸两种方法的结合。通常使用大

铁锅，锅底放入锯木等熏料，锅上摆上铁丝网架或铁箅子，上面放上被熏的原料，盖上锅盖，锅盖要盖严、盖实，以防止熏时跑气、跑烟；然后架到火上，用不太旺的火烧，使锅内熏料受热，形成不完全燃烧的冒浓烟状态；利用这股浓烟和热气熏制原料，使被熏的原料吸收热量，附着烟气，从而取得原料增香（烟香味）、上色（金黄色或黄褐色）的熏制效果。其中，增香是熏法的主要目的。民间利用熏制方法除了使原料具有特殊的风味外，主要是为了保藏，因为熏过的食品，外部失掉了水分，而熏料中所含的酚、甲醛、醋酸等物质渗入食品内部，可抑制微生物的繁殖。

熏法的用料比较广泛，但以动物性原料为多。常用的是鱼类，猪、牛、羊肉及其内脏，鸡、鸭、鸽及其蛋品等；植物性原料用得较少，只限于冬笋、茭白及豆制品等。刀工成形是块或整形原料。操作程序：原料→放入炉中利用熏料发烟→调节温度与时间→原料成熟。熏法具有一些特殊的风味，另外，烟熏的菜肴多少含有一些对人体不利的成分，故使用时应有选择性。熏法除了可以作为一种单独操作的烹法外，还可以与其他烹法结合或作为辅助加工手段，如四川的樟茶鸭、湖南的腊肉都可以再加工。

熏菜风味独特，成品色泽黄褐，油润光亮，烟香浓郁。但也有一些冠以“熏”名的所谓熏菜，实际与熏法无关。如南味熏鱼，就是加工好的鱼块经过油炸上色，再用卤汁焖烧，收干卤汁而成菜，由于卤汁中有近似烟香的效果而取名，并未使用熏制的技法，这一点不要混淆。

例：生熏白鱼（生熏）。

原料：白鱼400g，茶叶、锅巴各适量。

调料：盐、酒、酱油、香油、葱、姜、糖各适量。

制作方法：将白鱼用盐、酒、酱油、葱、姜腌20min，锅上火，放入茶叶、糖、锅巴，撒少量水，上面放丝网，铺上葱段，将腌好的白鱼放在葱段上，盖上锅盖，用中火加热，待鱼成熟并完全上色后，抹上香油即可。

特点：色泽红亮，烟香味浓，肉质细嫩。

综合运用：熏银鳕鱼、熏鸡排、熏肉卷等制法类似。

（四）热蒸汽传热

热蒸汽传热主要是利用水沸后形成的蒸汽来进行的，由于原料与水蒸气一般都处于密闭环境中，因此原料基本上可以在饱和蒸汽下加热成熟，在短时间内原料中的水分不会像在油中加热那样大量蒸发，风味物质不会像在水中加热那样大量溶于水中，而是保持一种动态的平衡，因此蒸汽加热更能保证原汁原味。当然，如果长时间加热，食物中内部的水分会缓慢逸出，而使原料脱水从而失去嫩度，形成了酥烂的口感。一般说来，蒸汽加热可以形成两种口感：一是嫩，二是烂。同时也形成了两种调味方式。一种是以酥烂为主的调味方式，这类菜品一般蒸制前需要进行调味，如蜜汁山药，要先加糖、蜜等调料，豉汁排骨要先加豆豉、酒等调味；此外，蒸汽加热过程不利于原料上色，对一些红扒、红扣的菜品则需要先加有色调料烧制上色、并调好口味后再上笼蒸制酥烂，如虎皮扣肉、红扒鸡等。第二种调味方式是以嫩为主的调味，这类菜品一般蒸制时间较短，成品要突出鲜嫩特色，这类方式所选择的原料是鲜活的鱼虾，在加热前一般不需要调味，或短时间用少量盐进行调味，调味过程着重放在加热以后，原料出笼后趁热浇上调配好的卤汁或蘸食调好的卤汁，这样可使原料本味在加热过程中不受破坏，如清蒸鱼，上笼前先用盐略腌，立即上笼用旺火蒸制，出笼后浇上用酱油、鸡精、胡椒粉等调好的卤汁即可。依蒸汽的状态，蒸汽加热的种类可分为放汽蒸、足汽蒸和高压汽蒸三种。

1. 放汽蒸

放汽蒸是将原料放入不饱和蒸汽中，快速加热使原料成熟的加工方法。放汽加热就是将部分蒸汽逸出，用相对较低的温度加热使食物成熟。选料范围是极嫩的蓉泥、蛋类原料，刀工成形以蓉泥状为主。操作程序：原料→经特别加工→放入不饱和蒸汽中快速加热→原料成熟。放汽蒸是蒸汽加热中比较特殊的一种加工方法，一般对象为蓉泥、蛋乳制品，防止加热中这些原料起孔或变形。加热的时间一般根据原料的嫩度可分为短时间蒸和长时间蒸两种，不过，这里的时间是相对的，因为放汽蒸煮最长的时间也不会超过30min。

例1：瓢儿鸽蛋。

原料：鸽蛋8个，虾仁150g，鸡蛋清2个，水发冬菇5g，熟火腿5g，绿菜叶1张。

调料：盐、味精、料酒、干淀粉、水淀粉、鸡清汤、熟猪油各适量。

制作方法：将鸽蛋放入清水中，置小火上煮熟，捞出放入冷水内，剥去蛋壳待用。将虾仁洗净沥干，水发冬菇去蒂，绿菜叶洗净。将虾仁斩蓉放碗内。鸡蛋清打发，倒入虾蓉碗内，加料酒、盐、味精、干淀粉，搅拌上劲成团。取16只汤匙，匙内涂上一层清猪油，将虾蓉均匀地摊在汤匙内抹平。将鸽蛋放砧板上，用刀将鸽蛋一切两片，蛋黄朝下放在虾蓉中间。将冬菇、火腿、菜叶用刀切成菱形小片，贴在鸽蛋前面（火腿放中间，绿菜叶、冬菇分放两边成山形）。将汤匙放入笼内用旺火蒸约1min取出，脱掉汤匙，装入盘内排齐。炒锅上火，舀入熟猪油上火烧热，舀入鸡清汤，加料酒、盐、味精烧沸，用水淀粉勾芡，再淋入熟猪油起锅，均匀地浇在瓢儿鸽蛋上即成。

特点：造型美观，肉质细嫩。

综合运用：荷花鱼片、琵琶虾、金鱼鸽蛋等制法类似。

例2：蒸蛋糕。

原料：鸡蛋6个。

调料：盐、味精、水淀粉各适量。

制作方法：将鸡蛋中的蛋清与蛋黄分开，分别装入两个碗中，调入盐、味精、水淀粉拌匀，倒入有垫纸的方盒中待用。将蛋糕放入蒸汽中，半开盖子，蒸25min至蛋糕成熟，取出即可。

特点：色泽悦目，口味咸鲜，质感软嫩。

综合运用：鱼糕、鸡糕等制法类似。

2. 足汽蒸

此法是将原料放入饱和蒸汽中加热，使原料成熟的加工方法。足汽蒸是将原料放入饱和蒸汽中加热，蒸汽处于动态平衡中，产生的蒸汽量与逸出的蒸汽量相一致，比放汽蒸压力大，加热温度自然相对高些。选料范围是新鲜的动、植物原料，刀工成形是剞刀成花形或整形料。操作程序：原料经加工→放入饱和蒸汽中加热→原料达到品质要求。足汽蒸的加热时间应该依照原料的老嫩和成品要求来控制，一般有短时间加热和长时间加热两种。前一种要求嫩，时间多在5～10min；后一种要求烂，时间多在2h以内。根据蒸的形式又分为直接汽蒸和隔水汽蒸两种，隔水汽蒸在行业中称隔水炖，其实是错误的，应该属于气传热的范围。

例1：清蒸鳜鱼。

原料：鳜鱼1条。

调料：姜丝、葱丝、盐、味精、胡椒粉各适量。

制作方法：将鳜鱼治净，剞花刀，用盐、味精、胡椒粉腌渍待用。将鳜鱼放入蒸汽中蒸7min，至原料成熟，取出，调好味汁浇在鱼上，撒葱姜丝，淋上热油即可。

特点：色泽悦目，口味鲜咸，质感柔嫩。

综合运用：清蒸鸡、清蒸鸭等制法类似。

例2：原盅鸡脚（隔水蒸）。

原料：鸡脚8对，干北菇100g，猪梅肉80g。

调料：盐、二汤、白糖、生抽、味精、料酒、猪油各适量。

制作方法：将鸡脚的趾尖斩去，再敲断胫骨，治净，然后与猪梅肉一起用滚水烫透，捞出备用。干北菇洗净，去蒂，用清水泡透。将鸡脚、猪梅肉放在容器中，加入二汤、生抽、白糖、料酒、盐，调好口味，用保鲜纸封严，再放入蒸箱中蒸至原料熟嫩，取出，捞出鸡脚、猪梅肉，原汤过滤，备用。鸡脚的胫骨拆除后，放在盛菜的盛器内；再将泡好的北菇捞起，洗净，挤出水分，用适量猪油拌匀，排在鸡脚的上面。然后用适量的浸泡北菇的水掺入过滤的原汤中煮滚，调好口味，倒入装有鸡脚和北菇的盛器内，用保鲜纸封严，再入蒸箱中蒸约20min，取出，调入味精，即成。

特点：汤香浓，料软烂，咸香味厚。

综合运用：清炖鸡翅等制法类似。

3．高压汽蒸

高压汽蒸是指将原料放入高压蒸汽中，快速加热使原料成熟的加工方法。高压汽蒸加热是在密闭容器中，利用加压的手段使加热介质的温度升高，进而使原料快速成熟的加工方法，此方法是一种加热新方向，因为此种加热既节省时间又节约能源。另外，现代人们既要求菜肴上桌快又要求原料新鲜，而这种方法对于新鲜原料的快速加热非常有效。因此，现代厨房中运用这种方法将是十分必要的。操作程序：原料→放入高压蒸汽中→快速加热→原料达到品质要求。高压蒸汽加热的时间控制依据原料的老嫩及品质要求，由于加热迅速，即使对老韧的原料，其加热的时间最多控制在30min以内，结果，压力越高加热时间就越短。当然，压力的范围是有限度的，一般灶具中都配有压力表，以防加热过头。最后，需说明的是，由于蒸的特殊性质，其调味应在加工前后进行，原料的选择只能是新鲜的，否则，将不能发挥出蒸法的优势。

四、固态、辐射传热为主的加热技法

固态介质传热的主要方式是传导，因而在烹调中大多不作为快速加热的介质（金属除外），又由于使用起来并不方便，所以除非特殊需要，一般使用的频率很小。通常固态介质传热的种类有金属、盐、沙等几种。

（一）金属传热

金属加热是将原料放在金属之上直接加热的加工方法，在烹饪中一般有铁与铝两种。这里的金属加热是指只用金属，而不使用其他介质，尽管液体介质和部分固体介质加热中离不开金属的辅助，但其起主导作用的不是金属，因而要分清这种关系。金属传热法中最常使用的是烙，选料范围是粮食类原料。操作程序：原料→放在铁锅上→两面加热→原料成熟。烙与煎法很类似，一般烙少用油，主要传热介质是铁锅；而煎用油，主要传热介质是油。

例：春饼（荷叶饼）。

原料：精白面粉500g。

调料：香油50g、植物油适量。

制作方法：面粉放入盆内，将200g沸水淋入面粉中，将其拌成雪花状。然后加凉水将剩余的面粉和烫好的面粉一起和好，揉成面团，稍饧。面团搓成长圆条，分成40个剂子，按扁，刷上香油，两个面剂摞在一起，擀成直径约20cm的圆饼。平底锅抹上少许植物油，烧热放入薄饼坯，用手将饼转动两三下，见饼面变色有小泡时，即将饼翻面，将另一面烙至有小泡。出锅后揭开成两张饼，将每张饼叠成三角形盛于碟中即可。

特点：饼质薄而柔软，口感甜糯，色白。

综合运用：春饼也称荷叶饼、单饼，一般用于佐食烤鸭、烤乳猪。

（二）盐焗、沙传热

盐、沙传热是将原料放在盐或沙中直接加热的加工方法。盐传热法通常有盐焖法；沙传热法通常有沙焖、泥烤法。

1．盐焖

盐焖是将原料埋入盐中，用中、小火缓慢加热至原料成熟的加工方法。此方法利用物理传热的机理，用盐作传热介质使原料成熟，用纸包裹加热，即使严密，原料中的水分也会有一定程度的散发，这也起到浓缩原料鲜味的效果。因此，焖制的成品皮脆骨酥，肉质鲜嫩，干香味厚，是一种别有风味的佳肴。其中以广东菜系的盐焖鸡最为著名。

由于盐这一物质传热性能好，受热快，传热也快，用它来作为传热介质具有三个优点：一是烧红的盐粒能够保证原料成熟，并取得质感脆嫩所需要的温度；二是盐粒在传热中，也有少部分盐分子渗入原料之中，有的还似白霜一样黏附在原料上，使原料增加了一些滋味和香气；三是盐焖的原料是用纸包裹，又埋在盐粒中，有一定的密封性，既能保持原料的本味，又能锁住原料的原有香气，这就是盐焖鸡打开以后香气扑鼻的原因。

作为一种技法，传统的盐焖法确实有独到之处。炒盐时要炒够温度，一般要炒至盐发出啪啪响声，呈现红色。炒制时切忌混入油渍、异味，否则会严重影响菜肴质量。盐焖时，最好用砂锅，先放部分热盐垫底，摆上原料后，撒上大量热盐，再加上盖。为防止盐温过快下降，可把砂锅放在小火上，每隔十多分钟翻身一次，如发现盐温不足时，可取出再炒一次。这样盐焖成熟的菜品能保持完整原形，肉烂离骨，骨酥香浓，原味鲜美。

例：盐焖鸡。

原料：肥嫩仔母鸡1只。

调料：葱、姜、香菜、粗盐、精盐、味精、八角、香油、沙姜末、熟猪油、精炼油各适量。

制作方法：将鸡进行初加工、洗净吊起晾干水分，去掉趾尖和嘴上硬壳，将鸡翅膀两边各划一刀，在颈骨上剁一刀（不要剁断）。用精盐擦匀鸡腔内部，加入葱、姜、八角，先用未刷油的绵纸裹好，再包上已刷好精炼油的绵纸。热勺放入粗盐炒至温度很高（略成红褐色），取出1/4放入砂锅内，把鸡放在盐上。然后，把其余3/4的盐盖在鸡上面，加上锅盖，用小火焖20min左右，使鸡成熟。把鸡取出，剥下鸡皮，肉撕成块，骨拆散，加入由熟猪油、精盐、香油、味精调成的味汁拌匀按原鸡形摆入盘中，香菜放在鸡的两边。热勺中放入精盐，烧热后放入沙姜拌匀，加入猪油，放入小碟随鸡一同上桌，供佐餐食用。

特点：骨酥、肉香、味浓，排列整齐，别有风味。

综合运用：盐焖鱼、盐焖里脊等制法类似。

2. 沙烤

沙烤的菜品一般很少，其方法与盐焖的方法基本相同，不再详细介绍。

五、特殊传热的加热技法

（一）熬糖技法

糖处理法，是将糖与介质加热，使糖受热产生一系列的变化，最终形成不同状态的加工方法。一般烹调中运用的有三种：一是出丝（即习惯上所说的拔丝）；二是出霜（即习惯上所说的挂霜）；三是起黏发亮（即习惯上所说的蜜汁）。

事实上，如果以水为介质进行加热，从宏观上看，此三种状态是一个连续的过程，当将糖投入水中使糖颗粒溶解于水中，经过一定时间的加热，糖汁起黏，形成蜜汁（实践中也有先用油上色后再熬糖的方法）；继续加热水分蒸发，溶液开始过饱和，糖晶体析出冷却后，形成糖霜；如果继续加热到颜色变化，则是糖的熔化阶段，黏性增大，一旦冷却，糖浆就会出丝变成玻璃态。这样看来，蜜汁是一种使糖液增稠的加工方式，挂霜是一种使糖重新结晶的加工方式，拔丝是一种使糖熔化变性的加工方式。前两种具有可逆性，而后一种具有不可逆性。当然，在实践中加热的介质可以有不同的选择，加热的时间也可以有不同的选择，目的是达到所需的要求和状态。

1. 拔丝法

拔丝法是将过油预制的熟料放入熬好糖浆的锅内搅拌加热，裹匀一层有黏性呈胶状的糖浆而成菜的技法。成菜可趁热蘸凉开水食用。

拔丝法主要用于制作甜菜，是中国甜菜制作的基本技法之一，也是甜菜制作中最具有特色、最有影响的一个典型技法，它的制作关键是熬制糖浆。这种糖浆是没有完全凝固的胶状物，它既能黏住主料，又能拔出细长的糖丝，故称拔丝。成菜以后，用筷子夹出主料，拔出糖丝后，再在凉开水碗内一蘸，粘在主料表面的糖浆即凝固成一层晶莹、明亮、松脆、香甜的薄壳，拔出的糖丝则缠绕在薄壳上，食之别有风味。特别是刚上桌时，顾客一起夹食，顿时满桌出丝，全席生辉，为宴席增添欢快情绪，活跃气氛。

拔丝菜所用的主料非常广泛，最常用的是根茎蔬菜、鲜果，如山药、苹果、香蕉、西瓜、橘子、葡萄等；干果类的莲子、白果、畜肉及蛋制品的使用也较多。这些原料在使用前都要进行去皮、壳、核、籽，以及去骨等加工处理，也都要加工成块、片、条和蓉球等小型料，有的可取自然形态。除可食生料外，大都要初步熟处理成半成品或熟品。初步熟处理的方法较多，有的经两三道的熟处理，如焯、蒸、炸等，但大部分都是用挂糊油炸的方法（有的原料富含淀粉，如山药、马铃薯、白薯等则不用挂糊而直接油炸），也有的在油炸前直接拍匀干淀粉，或者熟后滚沾淀粉，或蒸烂捣泥捏成各种造型后下入油锅炸。正是由于用料广泛，初步熟处理方法多，因而拔丝菜肴的风味质感也多种多样，香甜、松脆、软嫩、酥烂、绵糯等，特别是用不同鲜果作主料的，除共有香甜风味外，又有多种浓郁的果香味，可谓各有特色。

拔丝甜菜的主料初步熟处理，尤其是挂糊油炸处理的，要与熬制糖浆同时进行（或间隔时间不长），主料炸好，糖浆熬好，即可放在一起翻匀食用。如过早油炸，就会出现糊层或者变软不脆，或过多吸收了糖浆并加速糖浆的凝固，使糖浆失去拔丝的黏性，以致拔不出丝来或拔丝易断，影响菜的品质。拔丝甜菜适宜热吃，若凉后再吃就没有拔丝的情趣。

熬糖是拔丝菜肴的关键经过实践得出以下几个关键点。

（1）蔗糖拔丝最佳温度为160℃ 由实验结果可知：蔗糖立方晶型晶体熔点在160℃，立方晶型向无定型态的转化点温度也在160℃，因而蔗糖拔丝最佳温度点就是160℃。

（2）蔗糖最佳拔丝升温区间为158～162℃ 实验证明：蔗糖163℃以上分解及焦糖化现象严重，而158℃以下不能出丝。因而，蔗糖最佳拔丝升温区间为158～162℃。实验还表明，油拔时蔗糖最佳升温区间要相对延长些，达到158～164℃。由于最佳拔丝升温区间太短，因而光凭肉眼观察物象的温度是否到达，是要有相当经验的，一般年轻厨师很难掌握。但如果正确应用现代测温仪表，就容易解决了。

（3）蔗糖最佳拔丝降温区间为162～124℃ 实验发现：蔗糖立方晶体熔融以后再冷却降温，并不立即凝结为固体，而是有一段很长的凝结过程，其间均可拔丝、出丝。这段过程称其为蔗糖最佳拔丝降温区间，具体为162～124℃，这是因为无定形态（又称玻璃化态）固体不具备敏锐的凝固点而只有一个冷凝温度范围。这一段最佳拔丝降温区间的存在，保证了拔丝菜肴从出锅到装盘、上桌、食用之间允许有一段时间差和降温过程，仍然可以在食客手中拔出丝来。但我们毕竟还应注意，这个最佳拔丝降温区间下限为124℃，不要把拔丝菜上桌温度落得过低。

（4）熬糖时要注意不断搅拌，使其受热均匀 实验表明：在加热和冷却过程中，糖液的温度总是明显滞后于油的温度。表明蔗糖传热性能相当差，因而厨师在铁锅中熬糖时，要用手勺不停地搅拌糖液，否则会因为受热不均引起局部焦化分解。

拔丝菜肴选用绵白糖制作拔丝效果比较好，因为拔丝菜肴的原理是利用热力将蔗糖从结晶状态转变成无定形体，又称玻璃体。蔗糖在玻璃体状态时，具有热可塑性，借外力可出现缕缕细丝，在低温时，呈透明状，并具有脆性。制作拔丝菜肴是将糖用水或油进行熬制，随着水分蒸发，逐步形成饱和溶液和过饱和溶液。当含水量达到2%左右时，蔗糖晶体开始融化成液体，最后形成非晶体的无定形的玻璃体。这时即可投入坯料炒匀。

蔗糖在过饱和状态时，容易结出晶粒，晶粒的存在会影响无定形玻璃体的亮度、脆度，还会影响出丝和糖丝的长度。转化糖或淀粉糖浆能抑制蔗糖在过饱和状态晶体的形成，有利于蔗糖形成玻璃体。绵白糖中含有20%的转化糖，因此采用绵白糖做拔丝菜肴，可以避免糖在过饱和状态析出晶体，影响出丝效果和质量。实践表明，在炒糖时加几滴食醋，可拉出较长的糖丝。这是由于蔗糖是双糖，炒糖时加食醋，使糖液呈酸性，可加速蔗糖水解，生成等量的葡萄糖和果糖（称为转化糖），可防止蔗糖在过饱和状态出现晶粒，有利于拔成丝。但食醋不宜多加，否则会使蔗糖全部转化成转化糖，形成糖稀，则拔不出丝。

例：拔丝苹果。

原料：苹果、面粉、鸡蛋各适量。

调料：白糖、精炼油、香油各适量。

制作方法：将苹果削皮切成滚刀块，拍上干面粉。取一个碗，将鸡蛋、面粉、水调制成糊，将苹果挂上糊待用。将挂糊的原料投入七成热的油勺内炸至结壳、呈金黄色时倒入漏勺沥油。炒勺加底油和糖，炒至糖融化，待糖液呈棕黄色时投入炸好的原料颠勺，使苹果沾匀糖液后，倒入抹上香油的平盘内，上桌时带一碗凉开水。

特点：色泽金黄透亮，金丝缕缕，香甜可口。

综合运用：拔丝红枣、拔丝香蕉、拔丝冰棒等制法类似。

2. 琉璃法

琉璃法为拔丝烹调方法的分支，其操作方法即拔丝法。琉璃法与拔丝法的不同之处在于，拔丝菜肴是成菜后装入盘内，配冷水即刻供食；琉璃菜肴是成菜后散在净案上，逐个拨动使其冷却、间离。由于成品表面包裹一层透明糖壳油明晶亮，状如琉璃，故名，琉璃又称琥珀。常见的品种有琉璃樱桃肉、琥珀桃仁、琉璃藕等，多为宴席中的小菜或甜品。

3. 挂霜法

挂霜法是将加工预制的半成品或熟料放入熬好糖浆（较拔丝糖浆略浓）的热锅内，挂匀糖浆，取出迅速冷却，使表面泛起白霜的成菜技法。

挂霜主要用于制作甜菜，具体操作与拔丝大体相同，主要差别有以下三点：

（1）初步熟处理方面　挂霜的初步熟处理方法比拔丝多，除了用油炸处理外，挂霜还可以用炒法、烤法等，即使用油炸处理，挂霜的油炸方法也较多，如挂糊炸、干炸、清炸、蒸煮成熟后炸等。

（2）熬制糖浆技术方面　糖浆有老、嫩的区别。拔丝熬的糖浆偏老，色泽深、黏性大，成为能够拔出糖丝的胶状物；而挂霜熬的糖浆较嫩，不上色、黏性较小，拔不出丝，但凉凉后能泛起白霜。二者不同的技法处理在于：挂霜糖溶液比拔丝的要浓一些，成品会泛起白霜，糖水配比约为3∶1。挂霜熬制时间比较短，其临界线是糖浆不能变色。实践证明，当糖液的浓度达到80%～85%（质量分数，下同）时，最适合挂霜。糖溶液在各种浓度时，具有不同的沸点，如糖液浓度为70%时，其沸点为105.5℃；糖液浓度为80%时，其沸点为111.6℃；糖液浓度为90%时，其沸点为122.7℃。因此可以根据炒糖时的温度来掌握糖液的浓度。实验证明，糖汁温度达到113℃时，糖液即处在过饱和状态，糖液的浓度即达到80%～85%，最易挂霜。通过观察也可知糖汁的稀稠度，随着锅内温度升高，水分挥发，糖汁由稀变稠，并有黏稠感；也可通过用锅铲将糖汁舀起向下倾倒，糖汁呈似流非流的半流体、并在锅铲边缘呈现大型的薄片时，即可认为糖汁达到过饱和状态，此时立即将糖汁离火，让其热气稍微散发，投入坯料，快速炒匀，让糖汁全部裹在坯料上，结晶开始析出，形成白色粉霜后，翻炒要轻、慢，使坯料不成团块，即可使菜肴具有松脆甜香、洁白似霜的外观和质感。

（3）挂糖浆量的要求　挂霜比拔丝严格，必须挂得不多不少。少了，不能保证主料挂浆均匀，泛起的白霜也不会均匀；多了，主料挂浆过厚，糖浆冷却散热就变得缓慢，不但不易泛霜，还会继续凝结成大的结晶颗粒，或结成硬块。一般来说，主料与糖浆的比例大体以2∶1为宜。

（4）受热后的冷却　拔丝菜挂上糖浆后要求趁热食用，防止凉了拔不出丝。而挂霜菜挂上糖浆后必须立即冷却处理，这一处理是挂霜菜成败的关键。霜是由糖溶液受热重新结晶的特性所形成的，糖溶液受热不断出现结晶，晶粒不断聚集变大。但一旦停止受热，温度下降，不但晶核不再长大，而且还会由大变小，分散开来，温度下降越快，晶粒也分散越快、越小，最后成为相当于砂糖颗粒1/20的小晶粒，形成白霜。如果对泛霜缺少把握，可在主料挂浆前，向糖浆内撒上适量的干淀粉搅匀，再挂上主料冷却，以弥补糖浆泛霜的不足，会取得较好的泛霜效果。

（5）不同的外观和口感　挂霜菜色泽洁白似霜，形态美观雅致，口感油润、松脆、干香，而拔丝菜则是色黄透亮，香甜松脆。

挂霜法在有些地区被称为返砂、黏糖等，有的因挂霜菜的技术不易掌握就不熬糖浆，只在主料上撒上糖粉，也似白霜，它的外观比口感用熬糖制成的挂霜制品相差甚远。近年来，有些地区在熬糖浆时加入杏仁霜、果珍、乳粉、咖啡、巧克力等，丰富了这种技法的品种和风味。

例：挂霜腰果。

原料：生腰果400g。

调料：绵白糖、植物油各适量。

制作方法：生腰果用水煮约20min，捞出，晒干水分，再用植物油炸酥。锅中加水和白糖熬制糖浆，熬成后（约为140℃），将炸好并沥净油的腰果倒入，离火翻拌均匀（可在通风处或冷水中浸透锅底，以使锅中温度下降），再用筷子轻轻拨动，待原料表面凝一层糖霜时即成。

特点：色泽白净，酥脆香甜。

综合运用：挂霜花生、挂霜桃仁、挂霜金枣等制法类似。

（二）非热加工制熟方法

非热熟处理法是食物熟处理中特殊的一种，是一种不用加热、只通过调味而使食物达到食用的处理方法。它包括冷菜制作中的部分加工方法，如泡、醉；也包括一些特殊的菜肴，如生鱼片。前一种加工原理较为复杂，而后一种加工原理简单，便于操作。非热熟处理后的原料就是通常人们所说的可以“生吃”的原料，为避免这些原料被人食用后产生不良反应，加工中的最根本任务是消毒和杀菌。一般情况下，在烹饪加工中通过不加热而进行的消毒和杀菌多采用清洗、腌渍和发酵等方法。鉴于食品工业的发展，多种烹饪加工的内容都已转化为食品工业的内容，这既给烹饪加工提供了便利，也使目前烹饪行业中保留的加工方法都较为简单。这里主要介绍水处理法，针对非热熟处理来说，水处理法主要有洗淋和浸泡两种。

洗淋是将原料用水洗净后再进行调味的加工方法，如凉拌黄瓜，利用水的特性将原料中细菌尽可能多地清除掉；浸泡是将原料置于水中，等待一段时间，使原料中的杂质沉积后，再进行调味的加工方法，如凉拌罗皮。严格地说水处理使用的水，应该与清洗加工中使用的水有所不同，这里使用的水必须是凉开水、过滤水或清洁水。目前，国内的厨房中有些采用的是过滤装置过滤的水来处理原料，可以改进卫生状况。

水处理法，大多数生食的原料都是先用水处理后，再进行调味。采用的方法有生拌、生炝。生拌与生炝的手法基本类似，只是调味上口味的浓厚度不一样，炝比拌在口味上更重些，且多使用胡椒粉、花椒等辛香料，以使菜肴具有特殊的风味。选料范围是脆嫩的植物性原料和质嫩的动物性原料，刀工成形多为条、块、片等小件料。操作程序：原料→洗干净→改刀→调味→达到质量要求。自然界中的众多原料并不是所有的都可以生食，尤其是动物性原料，现在许多能生食的动物原料制作的菜肴都是考虑到原料的口感，在加工中手法和工序均不复杂，主要保证其新鲜度和卫生，当然，为了人们能适应生食，调味多使用辛香味重的调味料，如生鱼片中使用的瓦萨比（也称力三，一种日本芥末）、生食河虾中使用的胡椒粉等调味料。

例1：凉拌蜇皮。

原料：海蜇皮500g，香菜50g。

调料：盐、味精、葱油各适量。

制作方法：将海蜇皮切成丝，使用清水浸泡，直到沙粒被去净，再用净化水淘洗几遍待用。将处理好的海蜇丝中加入盐、味精调好味，淋入葱油，撒些香菜即可。

特点：色泽雅致，口味咸鲜，质感酥脆。

综合运用：凉拌黄瓜、凉拌萝卜等制法类似。

例2：生炝活虾。

原料：活河虾500g，香菜50g。

调料：酱油、糖、盐、味精、白酒、胡椒粉、姜末、香油各适量。

制作方法：将活虾放清水中养数小时，使虾吐净杂质，捞出，用净化水淘洗几遍，再用酒、盐略腌待用。将活虾放入带盖的器皿中，倒入用酱油、糖、盐、味精、香油、胡椒粉调好的卤汁，撒上姜末、香菜，食时拌匀即可。

特点：肉质爽嫩，口味咸鲜微辣。

综合运用：生炝鱼片、三文鱼生吃等制法类似。

第四节 火候的概念及其基本要素

一、火候的基本概念

火候是烹调技术三大基本要素中熟制的核心内容。“火候”一词原出于古代道家关于炼丹的论著中，指调节火力的大小，后被用来形容厨师烹煮、煎熬食物时，掌握食物成熟的度。清代袁枚在《随园食单》中专门介绍了火候，使控制火候的经验被记载并传播开来。近代科技的发展使控制火候的技术进一步完善与提高，也使火候的概念从对现象的认识过渡到本质的认识。不论哪种加热方式，一般都应经历热源、传热介质和原料三个部分。对热源而言，表示在单位时间内产生热量的多少；对传热介质而言，表示单位时间内传热介质所达到的温度和向食物所供热量的多少；对原料而言，表示原料单位时间温度升高的速度。可以看出，温度与时间是两个关键的因素，改变任意一个因素，都会使火候产生不同的变化，使食物的加热产生不同的结果。当然，原料的大小、质地、数量，介质的种类、季节的变换都会对火候产生影响，这就需要依上述变化来调节加热的温度与时间，使菜肴达到人们所需要的结果。总而言之，火候就是根据不同原料的性质形态，不同的烹法与口味要求，对热源的强弱和加热时间长短进行控制，以获得菜肴由生到熟所需的适当温度。

大量的烹饪实践过程已经证明：烹饪原料由生至熟是通过热源释放热量或能量，将热量或能量以传热介质作载体或直接传递给烹饪原料，烹饪原料吸收热量或能量而发生一系列的理化变化的过程。

二、热源

热源就是指热能的来源，通常指能够燃烧并发出热量的物体，也包括一些可以转变为热能的其他能量。热源在烹饪中具有重要作用，理想的热源是确保菜肴质量的重要因素之一。

（一）热源应具备的条件

（1）热量充足　热源能够按不同的烹调方法，达到所要求的火力或温度，以确保成菜质量。

（2）便于调节　热源能够按烹调不同阶段所需的火力进行调节，这就要求热源有能量调节装置，以便于调节火力的大小。

（3）使用便利　烹调是一项综合技能要求较高的工艺过程，也是一项较复杂的工作。使用方便的热源会提高工作效率，降低劳动强度。

（4）无污染　厨房卫生条件的优劣直接关系到菜肴的质量及操作者和食用者的身体健康。因此，卫生无污染是对热源的一个基本要求。

（5）使用安全　热源的使用要安全可靠，以确保操作人员的安全。

（6）节省能源　能源是人类生存的条件，是人们共同关心的话题，因此，使用烹调热源时应力求节能。

（二）热源种类

目前所使用的热源按存在的状态和载体的不同可以分为以下几种类型。

（1）固态热源　在常温、常压下以固体状态存在的燃料，如煤、木材、柴草等。

（2）液态热源　在常温、常压下以液体状态存在的燃料，如柴油、酒精等。

（3）气态热源　在常温、常压下以气体状态存在的燃料，如液化石油气、沼气、煤气、天然气最为常见。

（4）能态热源　不是燃料，而是在一定条件下能够转变为热能的其他能量。烹饪中以电能加热食物较为常见。

三、火力

火力是指各种能源经物理或化学变化转变为热能的程度。中式烹调多用明火，其火力的大小强弱，除受气候冷暖和炉灶结构等因素的影响外，主要取决于燃料的种类、质量、数量以及空气的供应情况。燃料燃烧过程属化学变化范畴，空气供应充足，燃料就能充分燃烧，可释放出最大热量，反之所释放的热量就少。因此，以燃料燃烧作为热源的炉灶，在使用同种燃料且数量、质量均一定时，调节火力强弱的关键是控制炉灶内空气的流通。

目前在饮食行业中，以各种燃料为热源的加热设备多是明火，人们习惯将炉灶在燃烧时表现的形式如火焰的高低、色泽、火光的明暗及热辐射的强弱等现象作为依据，鉴别火力的大小。根据火焰的直观特征，可将火力分为微火、小火、中火、旺火四种情况。

（一）微火

微火又称慢火。微火的特征是火焰细小或看不到火焰，呈暗红色，供热能力弱，适用于焖、煨等烹调方法和菜肴成品的保温。

（二）小火

小火又称文火。小火的特征是火焰细小、晃动、时起时落，呈青绿色或暗黄色，光度暗淡，热辐射较弱，多用于烹制质地老韧的原料或制成软烂质感的菜肴，适用于烧、焖、煨等烹调方法。

（三）中火

中火又称文武火，是仅次于旺火的一种火力。中火的特征是火苗较旺，火力小，火焰低而摇晃，呈红白色，光度较亮，热辐射较强，常用于炸、蒸、煮等烹调方法。

（四）旺火

旺火又称武火、大火、猛火、烈火等。旺火的特征是火焰高而稳定，呈黄白色，光度明亮，热辐射强烈，热气逼人，多用于炒、熘、爆等烹调方法。

本章小结

火候的掌握是烹调加工中一项重要的技术环节，它的成功与失败直接影响到菜肴最后的色、香、味、形、质等诸方面，因而成为从业人员的基本技术要素之一。掌握和理解食物熟处理的基本原理和方法才能科学地运用，最终改进、完善菜肴，把握制作关键。本章着重阐述的是食物熟处理的基本原理及运用。内容主要是关于火候、传热、传热介质等方面的知识，是食物熟处理的原理和概念。

课后习题

1. 简述火候的热学原理。
2. 简述厨房设备的选购原则。
3. 为什么油不宜长时间使用？

参考文献

[1] 唯高．火候［M］．北京：中国物资出版社，2010.
[2] 杨铭铎，孟宁，崔莹莹．烹饪中蒸汽传热工艺——蒸制技法及其研究进展［J］．食品工业，2019，40（11）：299-303.
[3] 杨国堂．中国烹调工艺学［M］．上海：上海交通大学出版社，2008.
[4] 周晓燕．烹调工艺［M］．北京：中国纺织出版社，2008.
[5] 张建军，陈正荣．饭店厨房的设计和运作［M］．北京：中国轻工业出版社，2014.

05 第五章 CHAPTER

刀工及勺工力学

本章导学

烹饪行业中，俗语云“练刀翻勺，看墩上灶”，说的就是刀工与配菜、勺工与临灶烹调的关系，表明刀工与勺工是烹饪工作中的基本功和关键工艺操作。本章在认识刀工与勺工力学概念的基础上，了解其中的力学原理，运用正确的站案、选刀、握刀、运刀、执锅姿势，根据原料和成品要求，正确合理地采用相应的刀工和勺工处理技术。

学习目标

◎知识目标

1. 了解刀工与勺工中的力学原理。
2. 熟悉刀工与勺工动作。
3. 掌握刀工与勺工中各种力的作用及运用。

◎能力目标

1. 能根据产品不同质地和烹饪方法应用不同的刀法。
2. 能根据不同原料和烹饪方法应用相应的勺工技法。

◎素质目标

1. 培养学生从力学的角度分析刀工和勺工的能力。
2. 培养学生具体问题具体分析的思维习惯。

知识结构图

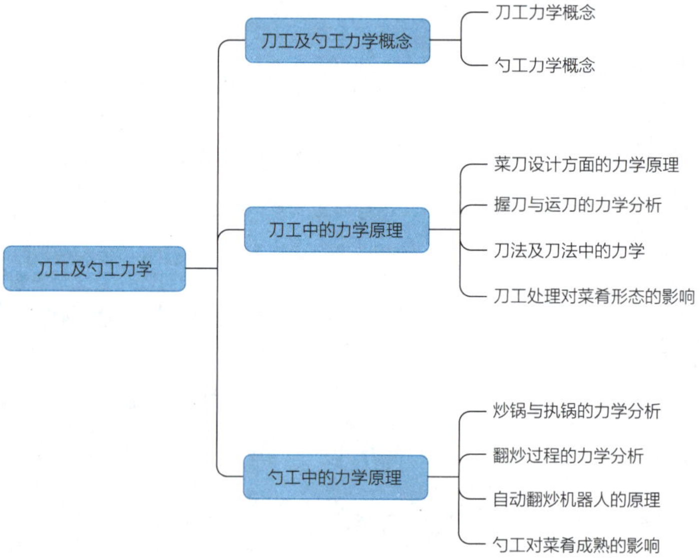

第一节
刀工及勺工力学概念

所谓刀工，是指根据烹调要求，运用不同刀法，将烹饪原料加工切制成一定形状的操作过程。其对于原料的定形和色、香、味的形成起很大的作用，且影响烹调方法的选择和营养的吸收与利用。我国厨师历来对刀工极为重视，古时就把刀工与烹调合称为“割烹”。孔子曾主张“食不厌精，脍不厌细”，并提出“割不正不食”的论点，可见古人对刀工技术的注重。在长期的实践中，劳动人民特别是历代厨师通过实践和摸索，创造了各种不同用途的刀具和刀法。

一、刀工力学概念

（一）刀工中的各种力与作用

1. 动力

源于人体的生物能。通过人的臂、腕、手作用于厨刀，使得厨刀与原料接触，与之发生各种类型的相对运动，将原料从整体变成各种不同形状，此过程形成不同的刀法。不仅仅包括切割时的压力，也包括回刀的提力。该动力与操作者的姿势、砧板高度、握刀方法等有关。

2. 切割力

切割力是指刀与原料接触后，动力传递到刃部，对原料产生的切割作用，切割力方向垂直于刃线。

3. 侧压力

侧压力是指刀进入原料中后，在刀的侧面产生的压力，使得原料相分离，侧压力方向垂直于刀面。

4. 摩擦力

因为原料摩擦因数的存在，由切割力和侧压力产生的阻止刀与原料相对运动的力即为摩擦力。摩擦力大小与原料自身的特性及原料在砧板的位置等有关。

5. 阻力

阻力源于原料自身的强度和组织纤维，是阻止刀与原料的相对运动，保持原料原有形态的力。阻力与食品原料的材料力学（弹性模量、脆度、强度极限等）特性有关。

此外还有刀的重力、人体自身的重力等。

刀工工艺实际上就是上述诸力的综合作用，合理运用动力（不同刀法），克服摩擦力和阻力，使其达到预想的相对运动效果，即使原料达到所要求的成形效果。

（二）站案者的姿势

在刀工工艺中，操作者站立操作厨刀切配时，如同其他行业，如教师、车工等工作者一样，有合适的工作姿势，可称之为“功架”，即要求“腰不弯、腹不挺、膝不屈、头不歪”，丁字步，侧身站，刀背与人的正面呈45°角。这种功架有利于臂膀力、小臂力的充分发挥，使腕力灵活自如地传递到刀刃上。

所谓“丁字步”即左脚向前，右脚在后，仿佛“稍息”。这种“丁字步”与常见的“八字步”不同。通常人们握刀总是用右手，当右手握刀来推切原料时，人的力总是从右向左前方使出，此时人的身体也从右向左前方倾斜，若采用“八字步”法，支持身体平衡的主要是左脚前部和右脚后跟两点，人不易站稳。若改用“丁字步”，左脚前部和右脚前后部形成三点，三点成一面，较之“八字步”更有利于保持运刀时身体的平稳。

“侧身站”是指人的正面与操作台案板的边线的交角呈45°，人的小臂与刀背成直线，并与人的正面呈45°，如图5-1（a）所示。

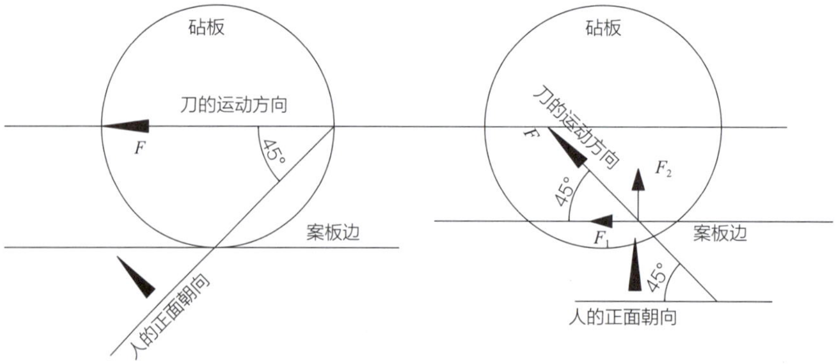

（a）侧身站立　　（b）正面站立

图5-1　人的站姿

之所以如此，可从力学的角度作如下分析。人体上臂一般以下垂向前运动最为自如，而右下臂放平时，则总是向左前方，宛如写字状（左下臂放平时，则总是向右前方）指向胸前正中位置，最为自如。这时下臂与身体正面所成的变角实际上就是45°左右。如果人体正面站立（人的正面朝向垂直于案板边），如图5-1（b）所示，则右下臂最方便自如地使出的力表示为F（刀运动方向），那么它在水平方向的切割分力为F_1，如式（5-1）所示。

$$F_1=F\cos 45°=0.707F \tag{5-1}$$

式中　F——切割力，N；

F_1——水平方向切割分力，N。

则在水平方向的切割力即打了七折，十分的力只有七分的劲。而原料一般放在砧板的左边（可使刀尖悬空，减少刀与砧板的摩擦力，在之后有详细说明），需要用到水平方向力的切割。可见，如果正面站立，运刀时就使得一部分体力无益地消耗掉，工效降低，容易疲劳。而如果侧身与案板边呈45°角，刀刃也随之转移了方向，完全可应用于水平方向切制，如图5-1（a）所示。

（三）砧板高度

砧板的高低直接影响体力的正常发挥。过低，会使操作者身体弯曲，形成拱背，压迫心肺，不仅工效差，而且持久工作会腰酸背疼，甚至会影响人体正常发育或形成职业性的生理病变。

过高，则会使人的“功架”过分拉大，用力的强度增加，此时相当大的一部分力用不到刀刃上，而仅仅使在“功架”上，以致操作吃力，不能持久。正确的高度，应根据操作者的身高确定，一般以人的腰带高度为最佳。因为人的肘关节与腰带相齐，腰带的高度恰好是小臂的水平线。这样，操作者可不耸肩，不卸臂，双肩关节自感轻松，效果最好，也最省力。

（四）原料在砧板上的位置

强调原材料在砧板上的位置，实际上是注意减少刀刃与砧板的摩擦，而尽量使之有效地作用在原料上，这是用力和省力的一个重要方面。具体来说，一般原料应放在砧板左边接近边缘处。

前面讲到，刀刃运动的方向是与人的正面所对的案板边缘线相平行的方向，此时若将原料放在左边缘处，运刀时刀的尖端即可超出砧板边缘，放出空档，使刀的中后部有效地落在原料上，使刀与砧板的摩擦减小。这样，力的作用就很充分，不仅能省力，而且还能延长砧板的使用期限，保持刀刃的锋利。刀的中后部发力省力的原因可见本章第二节握刀方法与用力的关系部分内容。

若将原料放在中间切，刀尖不着空档而接触砧板，就会使一部分刀用来“切”砧板，而感到吃力，工效不大，砧板中间还会出现凹部。常见一些砧板出现凹部，便是不注意原料放置的位置，不合理使用造成的。

二、勺工力学概念

所谓勺工，是指在临灶烹调过程中，使用不同的力度，运用不同的运勺方法，采取一连贯的动作，从而完成菜肴制作的整个过程的操作技术。勺工操作涉及物体运动的力学关系，因此需从力学角度分析原料在勺内的运动，以便更好地理解、掌握勺工的技术要领。

（一）勺工中的各种力与物体的运动

勺工中的各种力及其作用如下。

1. 动力

动力源于人体的生物能。通过人的手和勺柄作用于勺（锅）和其中的原料，与之发生各种运动。为合理发挥动力，应注意翻炒姿势、执锅的方法等。

2. 摩擦力

摩擦力是勺中原料与勺壁之间产生的相互作用力，是人通过手臂的运动带动勺中原料朝一定方向、按一定速度运动的条件之一。

3. 向心力

勺中原料获得一定的动力之后，按惯性、沿勺（锅）壁以抛物线的轨迹运动的一个分力即为向心力。

此外还有重力等力也发生作用。

（二）勺工动作

1. 晃勺

将炒勺作顺（逆）时针方向的晃动，使勺内原料旋转，可防止原料粘锅底或焦煳，并保证翻勺的顺利进行。

2. 翻勺

翻勺又称颠勺、颠锅。通过推、拉、送、扬、摆等动作，使勺内的原料进行翻转运动，用于汤汁较少的菜肴。

（1）前（后）翻勺　最常用的勺工技术。方法为左手握住勺把（锅身），稍向前倾斜（前低后高），原料要集中。手臂用力向前推出，待料滑动到前勺（锅）沿时，迅速向后一挑一拉，料即回落勺（锅）中，形成前→上→后→下→前的一个运行循环。如原料离勺壁上下颠动，从前不断向后翻转，此为小翻勺（锅）。后翻勺的用力方向与前翻勺正好相反，动作要领相同，后翻适合于带汤汁的菜肴翻勺用。

（2）左（右）翻勺　方法是左手握住勺把（锅耳），稍向右倾斜，左高右低，原料要集中。手臂用力右摆（推），待料滑动到右勺（锅）沿时，迅速向左一挑、一摆（拉）、一接，原料即翻落勺（锅）中，形成右→上→左→下→右的一个运行循环。如原料略离勺壁右、左颠动，从右不断向左翻转，此为左小翻。右翻的用力方向与左翻正好相反，适合带汁的菜肴制作。

（3）大翻勺　使原料在勺内作180°翻转，先顺时针方向晃动炒勺，使原料转动起来，接着顺势一挑、一拉，让原料从勺的正前方脱出炒勺的瞬间借着大幅度的回拉力，使离勺的原料向中间翻转，这时要根据原料下落的速度和位置，将原料接入炒勺（原料必须翻成底朝天）。操作时的注意事项：炒勺要光滑不涩，须先润勺；勾芡要适当，太稠翻不动，太稀原料与汤分离形不成一个整体，汤汁四溅，影响翻勺质量，又会出现烫伤事故；晃勺时可酌情在勺边淋少许油，以增加润滑度；回拉时力度要适当，拉动的幅度要大些；接迎回落物料时位置、速度要适当。

3. 手勺与炒勺（锅）的配合

（1）手勺握法与使用　左手端炒勺，右手执手勺推、转、拨、拌原料或装盘，便是一个手勺与炒勺配合的过程。手勺的握法是：右手食指压住勺杆，拇指、中指等握住勺把，用腕力挥动。基本的翻转配合是从勺（锅）的左边将料拉带回勺（锅）的中后部位，再由中后部用手勺背将料推送至中前部，再用勺（锅）口将料从中前部拉带回中部，这样即完成一个配合过程。

（2）手勺与炒勺的多种配合形式。

①前翻勺时，原料落入锅底的瞬间，利用手勺背部由后向前推料，如此反复，达到均匀、不粘锅、不煳锅的目的，适于拔丝、炒等技法。

②原料下锅后，用手勺翻转数次炒散，然后再翻勺炒制，适于炒、爆、熘等技法。

③勾入芡汁后及时用手勺推转原料，使芡汁均匀，同时翻勺（锅），使料不巴锅。

④炒勺晃动时与手勺配合，沿顺（逆）时针方向顺勺（锅）沿推拨原料，以增强旋转力度和调整力度的平衡，不使料巴锅，又不至于将料弄破碎。

⑤菜肴出勺（锅）时，用手勺配合，或舀，或拖拉、拖带、拨等。

第二节　刀工中的力学原理

刀工中的力学原理主要是指包括菜刀的设计、菜刀的使用（即运刀）及菜刀的维护等方面的力学原理等。

一、菜刀设计方面的力学原理

菜刀一般都由刀刃、刀身、刀把三部分构成，此三部分在设计时，与力学原理都有一定的关系。

（一）刀刃

理论力学有公式（5–2）：

$$p=F/S \tag{5–2}$$

式中　p——压强，Pa；

F——作用力，N；

S——力作用的面积，m^2。

式（5–2）表明压强与接触面积成反比。任何物体能够承受的压强都有一个限度，超过这个限度物体就会被压坏或陷入其中。因此要使菜刀切入物体就必须使菜刀对物体的压强大于物体表面所能承受的最大压强。对于烹饪原料，由于其种类繁多，结构多样，用纯力学的原理对其力学性质进行研究无疑是不适宜的。例如，对于某些蔬菜，用力切割时，蔬菜在受到切割的同时，由于压力的作用，还会产生一定的变形。但有一点是可以肯定的，就是对于特定种类的原料，其所受应力强度极限是一定的。显然，切割强度极限就是切割时原料的极限应力，而应力的大小与开始时其表面的压强成正比。无论刀刃怎样锋利，与原料接触时都有一个接触面积，也就是说绝对锋利的刀是没有的。刀越锋利，与原料接触时的接触面积就越小。对于给定原料，其切割时的极限应力是一定的，当原料所受应力超过极限应力时，就开始断裂，而应力的大小与开始时的压强成正比，所以为使原料被切断，就必须加大原料所受的压强。由公式（5–2）可知，刀刃越锋利，即S越小，p越大，则原料越易断裂。在用力较小的情况下，可以通过减小刀口与物体的接触面积来增大菜刀对物体的压强。因而在设计时要求刀口薄、刀刃锋利。

上式是基于类似于材料力学中所讨论的原料，即刚性原料。因此，上式只粗略地适用于质地坚硬的和脆性的原料。对于质地松散的原料，如鸡蛋、灌肠等，在考虑受剪切应力的同时，还要考虑挤压应力。为了保持形态的完整、美观，则采用各种特殊的刀法，如锯刀法。这是因为，对于受切割的原料，除了可能发生剪切被破坏外，还可能由于局部表面被挤压而被破坏。原料所受的压力称挤压力，由于挤压作用而引起的应力称挤压应力。若挤压应力过大，就会使挤压处的局部发生塑性形变以至破坏。现以切割香肠为例，对香肠的挤压发生在近半个圆柱表面上。挤压应力的分布比较复杂，这里只就与刀切原料时类似的情形加以说明。经验表明，在切香肠时，要用锯刀切，这是因为如采用其他刀法，香肠所受的挤压力要大于用锯刀法时所受的挤压力。由于香肠受挤压应力的极限很小，若用其他刀法就会超过挤压强度极限，香肠就会破碎。

此外，刀刃在设计时还要考虑力的分解原理：设两侧刀面之间的夹角为a，设刀刃向下的力为E，物料对刀两侧侧面产生的正压力均为N_1，如图5–2（a）所示。其合力为N，如图5–2（b）所示，可利用式（5–3）推导得到式（5–4），得N：

$$N=\sqrt{N_1^2+N_1^2-2N_1N_1\cos\alpha} \tag{5–3}$$

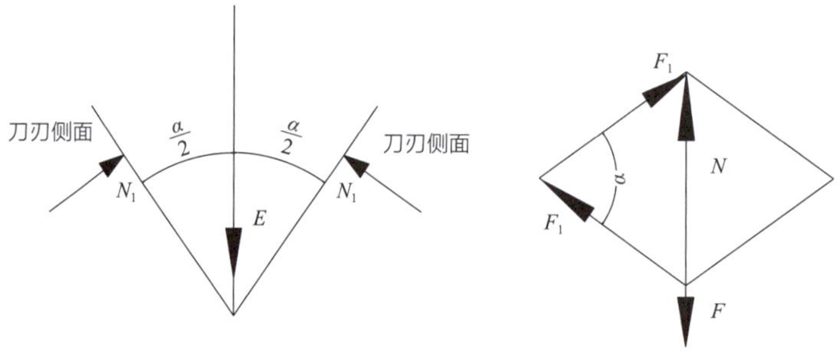

（a）受力示意图　　（b）力的综合和平衡示意图

图5-2　刀向下切割原料时的受力分析

$$N = 2N_1 \sin\frac{\alpha}{2} \tag{5-4}$$

式中　N——物料对刀刃面的垂直作用力的合力，N；

N_1——物料对刀刃面的垂直作用力，N；

α——刀刃面的夹角，°。

根据力的平衡原理，向下切割原料时需要克服N，由式（5–5）可得E：

$$E = N = 2N_1 \sin\frac{\alpha}{2} \tag{5-5}$$

式中　E——刀刃对物料的垂直作用力的合力，N。

所以显然，α值越小，即菜刀的刀刃越薄，在切制菜肴时，所需要的力E越小，即越省力。

（二）刀身

刀身在设计时要考虑摩擦问题：切菜时，当菜被向两侧挤压时，刀的侧面和菜的断面发生相对滑动，于是菜刀受到斜向上的滑动摩擦力，这两侧的滑动摩擦力将阻碍着刀的向下运动，因此，菜刀的侧面越光滑，动摩擦因数越小，菜刀受到斜向上的滑动摩擦力（阻力）越小，切菜越容易。有些刀身上有孔，一方面可以方便悬挂，另一方面也是在切制原料时，其孔所携带的大气压能与原料外的大气压抵消，从而减小摩擦力。同时也能防止刀身黏住食物。

刀身的厚与薄，其重量是不相同的，所用的外力就有较大区别。如使用这两种类型的刀去砍性质相同的坚硬带骨的原料时，若挥刀的速度、施加的外力以及砍原料作用的时间都固定不变，产生的效果却大不相同。采用薄刀挥臂砍剁时，觉得轻飘飘用不上劲，刀口锋面处所受的压强很大，但原料并不能被砍断，反而刀口的锋面受到冲击时极易摧折而形成缺口。采用厚刀或砍刀挥臂砍剁时，则没有用不上劲的感觉。质量较大的菜刀，在挥刀时，可以存储较多的动能，从而在切劈原料时，能够获得更大的压力。而为了节省材料，则要考虑菜刀的质量小、重量轻。所以针对不同用途的刀，其刀身大小（质量）不同，肉刀质量较大，刀身较宽厚，而水果刀则与之相反，且水果刀因为质量小，体积小，可以方便转动，灵活处理果皮。

（三）刀把

传统厨刀在使用时，刀把上手部的施力方向与阻力方向不在同一条直线上，这就导致人们在使用时必须手腕下压，虎口施力，而无法直上直下均匀施力，否则把手会向下旋转产生力矩而使厨刀向上翘起，如图5-3（a）所示。

为了避免传统厨刀的这个问题，如图5-3（b）所示，将厨刀把手和刀刃做一定的弯折处理。这样厨刀的用力与阻力在同一条直线上，不会产生使厨刀旋转的力矩，并且这样的设计使厨刀的施力集中在刀刃中部，增加单位长度上的切削力，避免消耗多余的力，提高操作效率。另一方面，根据人体工程学知识可知，把手的弯折处理也能使手腕处于顺直状态，当工具的把手与刀背线呈10°左右的夹角时，效果最好。

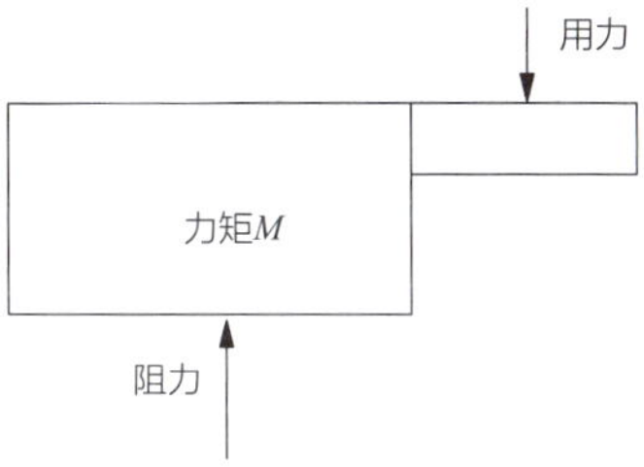

（a）传统厨刀

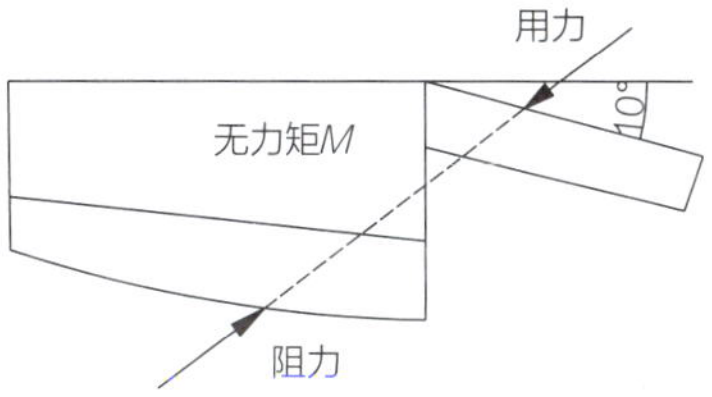

（b）改良厨刀

图5-3 两种厨刀施力示意图

对于厨刀把手的尺寸设计，其设计要素主要包括把手的长度、直径、截面形状等，把手尺寸的设计主要基于人体工程学中人的手部生理尺寸进行设计。把手的长度取决于使用者的掌宽，性别不同也会略有差异。通常，把手的长度必须接近和超过人体手掌宽度，故应以男性大尺寸掌款为设计依据。根据国家标准GB/T 10000—2023《中国成年人人体尺寸》，95%的男性（18～65周岁）手宽为8.9cm，一般来说，手握式工具把手的长度尺寸在100～125mm，使刀柄的长度满足多数人的需求。对于厨刀而言，把手的直径直接影响着握感舒适性。根据不同情况，把手直径一般接近于使用者的手握尺寸。把手直径一般取25mm，既保证了使用时的握感，又不会因为刀柄太粗从手中脱落。刀柄的截面形状为椭圆形，外形更加圆润，增加了与使用者手掌的接触面积，也加强了使用者的舒适度且不易脱落。且刀把表面有刻纹，增加了摩擦力，防止由于油腻造成手与刀把的脱落。

二、握刀与运刀的力学分析

（一）握刀方法与用力的关系

采用正确的握刀方法，能使臂部的力量通过手腕传入刀柄，再传入刀刃。一般要求右手手心下部顶住刀柄尾端，产生掌的推力，拇指、食指、中指紧握刀柄，使力按正确的方向发挥出来。这种握刃方法尤其适宜于推刀切。当然握刀时不要握得太紧或太松，以免力量被“捆”或“松弛”。

对这种握刀方法可作如下力学分析。右手心下部顶住刀柄尾端，可使右手向前的力直接传递在刀上，而不是靠手指、手掌握紧刀柄得来的摩擦力推刀前进。一般来说，摩擦力是与正压力成比例的，比例常数就是摩擦因数。如果手与刀柄的摩擦因数简单地表示为μ，握紧刀柄的力表示为N，那么摩擦力f为：

$$f=N\cdot\mu \qquad (5\text{-}6)$$

式中 f——摩擦力，N；

N——正压力，即手握刀所产生的压力，N；

μ——摩擦因数，一般小于1。

式5-6中，因为摩擦因数一般是小于1的，所以f一般小于N。只有N相当大时，即将刀握得很紧，才有足够的摩擦力使刀向前运动。可见靠握紧刀柄来推刀，会浪费很多力，远不如靠手心顶住刀柄直接产生推力而推刀省力。

操作人员握刀后，使用任何一种刀法，都是在外力的作用下，沿着一定的方向，使力做功的。由于所施外力方向的不同，刀口锋面的作用点也不同。"作用点"，就是指刀口锋面将原料断开或制开时，完成做功的有效部位。在运用刀法切料过程中，作用点随所施外力方向的不同而变化。在实际应用过程中，由于一些刀工刀法运用的不同，刀口锋面上"作用点"运行的距离有长有短，必将产生不同的刀法效果。握柄位置，视原料质地、所用刀法而定。脆嫩易断的原料，可握在刀柄的稍后部分，以减少手腕摆动幅度；反之，则应握在刀柄的稍前部分，使力点前移，增大刀力。设原料与刀的接触点为O，原料对刀的支持力为P；实际操作中，操作者的拇指和食指起施加力的作用，设力为F，作用点为A；中指、无名指和小指起支点的作用，设支撑力为N，作用点为B，以B为支点，如图5-4所示。对于给定的原料，当其所受的剪切力达到一定值时即被切开，故P为定值，而对于操作者，AB也就是拇指、食指与中指、无名指、小指的距离，可以认为是不变的（同一操作者），所以，操作者所用的力的大小只与原料与刀口接触点O到无名指、小指的距离OB有关。根据力矩的平衡原理，得到式（5-7）和式（5-8）：

$$P \cdot OB = F \cdot AB \tag{5-7}$$

$$F = P\frac{OB}{AB} \tag{5-8}$$

式中 P——在接触点O，原料对刀的支持力，N；

F——在作用点A，刀对原料施加的力，N；

N——在作用点B，中指和小指对刀的支持力，N；

OB——O点到B点的距离，m；

AB——A点到B点的距离，m。

由式（5-8）可知，OB越大，操作者用的力F就越大，OB越小，操作者用的力F就越小，就越省力。所以，在切原料，尤其是坚硬的原料时，尽可能用刀的中部或根部，这样会更省力。实践中，虽然根部更省力，但是上下、左右摆动均不方便，故一般用中部。所以极易切的原料用刀头，极难切的用刀根，以达到省力的目的。

需要挥臂劈剁的原料，刀柄要握紧，但落刀时又不能过死，以减少手臂的震动。排斩蓉

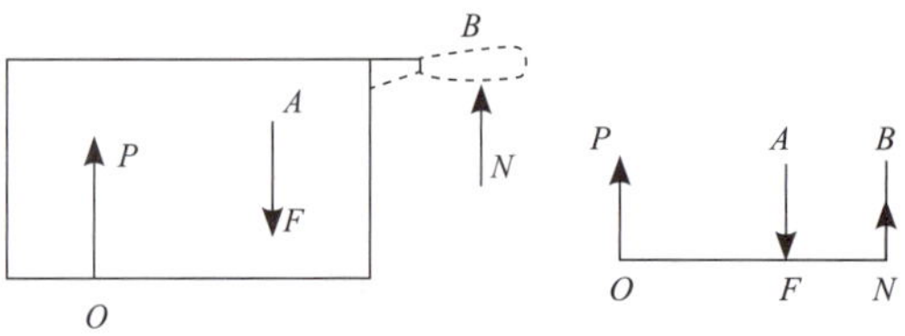

（a）力的作用示意图　　（b）力矩平衡示意图

图5-4 握刀的用力分析

料时，如鱼、鸡、虾蓉等，由于原料黏稠，极易粘贴刀面，则需巧劲施艺，运刀起落，自感提中有撒，下碰即提，制作一种“弹性”，这样不仅能使蓉料带上“劲”，而且关节轻松不酸，有经验的厨师排斩时，其运刀的节奏声有如快马疾蹄，列车飞驰，十分悦耳。

（二）菜刀使用方面（运刀）的力学原理

根据菜的种类和性质，菜刀有不同的用法。归纳起来不外乎四种用法：压入式、冲击式、拉动式和转动式，从而涉及的力学知识就有所不同。

1. 压入式

如切萝卜片和豆腐块等，使用时只需用不大的力直接将菜刀压入即可。这是由于这一类物体表面所能承受的最大压强较小的缘故。

2. 冲击式

如肉类有较好的弹性和韧性，排骨坚硬，这类物体表面所能承受的最大压强较大且不怕压坏，因而斩肉末时举刀略高，砍排骨时举刀较高，目的是让刀在接触物体时具有较大的初速度，从而使菜刀具有了较大的初动量，斩或砍后菜刀的末动量为零，动量的变化量较大。由于斩或砍时作用时间较短，由动量定理可知物体对菜刀的平均作用力较大，根据牛顿第三定律得知菜刀对物体的平均作用力也较大，从而使菜刀对物体的压强大于物体表面所能承受的最大压强，因此能斩烂或砍断物体。这种方式，能够用较小的力通过打击获得较大的作用力（冲力），达到省力的目的。

3. 拉动式

如剖鱼等，不是直接用较大的力，不能采用压的方式，而是用较小的力将菜刀在鱼肚上来回拉动。原因是看起来很锋利且平滑的刀口，实质上是一根微小的锯条，拉动的目的在于让锯条似的刀锋割断鱼肚上的上皮组织、结缔组织和肌纤维等，从而将鱼剖开。况且鱼肚有很好的弹性和韧性，能承受的最大压强较大，但怕压坏，如采用压的方式，就会将鱼肚内的许多不需要（或有害）的东西（如苦胆等）弄烂。这种方式，能够用较小的力，通过拉的方式使刀做来回切割运动，达到目的。

4. 转动式

如撬南瓜蒂等，使用时将刀尖插入南瓜蒂边缘，用手扳动刀柄使刀转动而将南瓜蒂撬掉。这里菜刀实质上起到了杠杆（省力杠杆）的作用，由于动力臂大于阻力臂而使动力小于阻力，即用较小的动力就可以克服较大的阻力，达到省力的目的。事实上，刀把越长，相当于动力臂越大，在同样阻力的情况下动力就越小，越省力。

三、刀法及刀法中的力学

（一）刀法

刀法是指对原料切割的具体运刀方法，常用的有四大类，如果再细分，有二十几种之多。依据刀刃与原料或砧板的接触角度，分为直刀法、平刀法、斜刀法和混合刀法四大类型。

1. 直刀法

直刀法是刀法中较复杂的，也是最主要的一类刀法，指刀面基本与原料或砧板保持直角的刀法，直上直下，主要使用腕力和臂力。原料成形精细，平整规一，故行业中称作“切”

或“剁”或“排”。适用于韧性、脆性原料。

表5-1、表5-2、表5-3为最常用的直刀法中的“切”“剁”“排”的操作方法与运用。

表5-1 不同切法的操作方法与运用

切法类型	直切	推切	拉切	锯切	铡切	滚料切
操作方法	用力垂直向下，不移动切料位置	运用推力，刀刃垂直向下、向前运行	运用拉力，刀刃垂直向下，向后运行	推切、拉切的结合	运刀如铡刀切草	切料时，一边进刀一边将原料相应滚动切制
适合的原料	脆嫩性的植物性原料	薄嫩易碎的原料	韧性原料	酥烂易碎原料	薄壳原料、小型颗粒原料	球形或柱形原料

表5-2 不同剁法的操作方法与运用

剁法类型	砧剁	排剁	跟刀剁	拍刀剁	砍剁
操作方法	将刀扬起，运用小臂的力量，迅速垂直向下，截断原料	反复有规则、有节律地连续剁	原料嵌进刀刃、随刀扬起剁下断离	刀刃嵌进原料，左手掌猛击刀背、截断原料	借用大臂力量，将刀高扬、猛击原料
适合的原料	带骨和厚皮的原料	用于制作肉蓉、菜泥	带骨的圆而滑的原料	带骨的圆而滑的原料	大型动物头颅的开片

表5-3 不同排法的操作方法与运用

排法类型	刀跟排	刀背排
操作方法	运用刀根部刃口在原料肉面排剁	用刀背对原料肉面排敲
适合的原料	腱膜较多的块肉及扒、炖、焖的禽类原料	猪排、牛排

2. 平刀法

平刀法是指刀面与砧板或原料基本保持平行，刀水平横向运动，有步骤、有层次地将原料批成一片一片的薄片。这种刀法发力时主要使用手臂和腕力，刀工处理后的原料要求刀切面平滑，厚薄一致。它主要用于软性、韧性或脆性的原料。

3. 斜刀法

斜刀法要求刀面与砧板或原料成一斜度，刀成斜线运动。主要使用腕力，并有节奏地、左右手协调地将原料一刀一刀地批成薄片。

4. 混合刀法

混合刀法即用直刀法和斜刀法，或用两种以上的刀法。它的最大特点，无论是直刀切还是斜刀切，都不直接切断原料，只是以剞进原料的一定深度为限。这个深度要根据原料的性质和用途而定，其作用是便于成熟入味，增加菜肴的美观和品种，如爆炒腰花、菊花鱼等。

（二）刀法中的力学

各种刀法的应用与力学也有一定的关系，本书以直刀法中常见的刀法为例说明，进行力学分析。

1. 直切

左手自然弯曲压在原料上，中指背或其第一骨节抵住刀面，刀直上直下，此过程中，用力较均，幅度小而快，但只选用较脆的植物性原料，如莴苣、马铃薯、黄瓜等。

直刀是典型的提力和压力合用的刀技。使用直刀时，臂部的力运到手腕，灵活地使刀起落，使腕部的提力巧妙地在刀刃上产生直刀的压力。从力学角度看，将刀提起，就使刀具有"势能"，让刀落下，刀就产生"动能"。直刀法就是运用这个动能将原料切开的。当然，将刀提起，要消耗人的能量，所以不是提得越高越好。就直刀技法而言，应以既能达到加工目的，又自感轻松、不疲劳为宜。

直切这种刀法，通过加在刀上的外力——垂直力，使刀沿力的方向垂直落下，"作用点"在刀口锋面的前端接触原料的部位，使原料断开。所以直切刀法最适宜加工脆性原料，而不适宜加工韧性原料。这是因为韧性原料断裂强度大，直切时加在刀上的外力，受到运行距离小的限制，做功比较小，不能使外力得到充分施展，所以很难切断韧性原料，而采用推切或拉切的刀法，就可以使直切刀法解决不了的问题迎刃而解了。

2. 推切

推切或拉切刀法，刀是向斜下方运行的，所用的力是垂直力与水平力的结合，"作用点"自刀口锋面的前部移动到中部，从而使刀具有较长的运行距离，做较大的功，从而使断裂强度大的韧性原料很容易被切断。

推切由内向外，边向前推边向下切，着力点在刀后端，一刀推到底即将原料切断，不再拉回。用于切纤维性植物原料，如姜片等。推切是推力、压力、拉力、提力合用的一种刀法。就力的方向而论，推力是向左前方，压力是向下，拉力是向右后方，提力是向上。在这里，拉力和提力属于回刀力的作用，回刀时当然也有切的作用，但主要是为了使下一刀具有推力和压力的"势"，而必须将刀提起收回，是一种连贯性的动作。当然回刀时，刀拉回的幅度和提起的高度对推力和压力都有直接影响，必须根据原料的性质和刀的情况灵活掌握，因此具有很强的技巧性。

如果说提力、拉力是为了使下一刀具有推力、压力的"势"，那么推力、压力则是切开原料的关键。在使用推切时，怎样用最小的力达到切开原料的目的，这就涉及刀刃与原料接触的角度问题。刀刃切原料，先是刀刃的前部切入原料中，此时刀刃与砧板上的原料形成约30°的角。之所以如此，是因为其中包含着一种力的作用原理，即力求减少刀刃与原料的接触长度，以增大刀刃对原料的压强。如果操作者使用同样大的力，此时刀刃与原料接触处越小，刀作用于原料上的压强也就越大，越是容易切开原料。若继续切下去，刀的前部和后部受推力和压力的合力作用，刀口与砧板平面形成的角度逐步缩小，刀刃与砧板逐步遇合，原料也就逐渐被整个切开了。从力的作用上看，这与剪刀剪布的道理相似，剪刀口与布料都只有很小的一点接触，此时这一点的压强很大，而别处并不受力，所以剪起来轻松，效果也好。

3. 拉切

拉切时，边向后拉刀边向下切，着力点在刀前半部（先剁后拉），用于切软而韧的原料，如无筋瘦肉、鸡丁等。

这两种推拉切刀法方法相同，从力矩平衡来说（图5-5）两种动力臂L_1一定，图5-5（a）推切的阻力臂L_2小于图5-5（b）拉切阻力臂，则推刀更省力，但为什么要以拉刀切韧性较大的肉类呢？是因为一般菜刀前端较薄而利，后端较厚而钝，由于拉刀着力点在前端，根据压

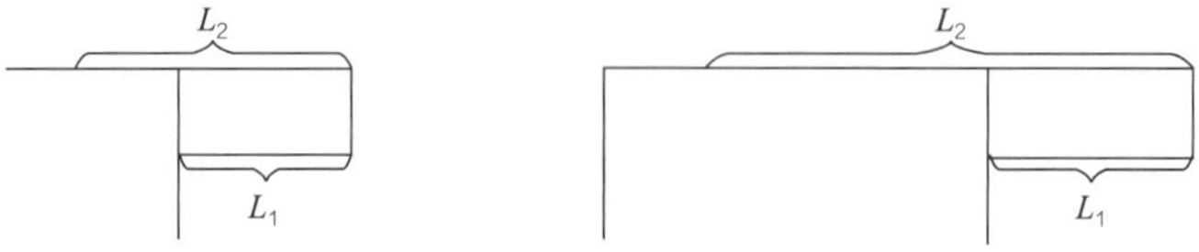

（a）推切力矩示意图　　（b）拉切力矩示意图

图5-5　推拉切力矩示意图

强$p=F/S$，用前端切肉时，接触面积更小，因此拉刀的压强更大，足以破坏肉中纤维，所以切肉用拉力较合适。

4．锯切

推拉结合，推时切断原料外面的一半，拉时切断里面一半，先轻后重，待切入原料2/3左右时，再用力切断，用于硬而韧的原料，如肉类、火腿、回锅肉等。

5．铡切

让刀像铡草一样切开原料，操作方法有三种。

第一种，右手握住刀柄，提起，使柄高于刀的前端，左手按住刀背前端使之着墩，并使刀口的前部按在原料上，然后对准要切的部位用力下压切下去。用于体积小，形圆易滑的原料，如洋葱等。

第二种，右手握住刀柄，将刀口放在原料要切的部位上，左手握住刀背的前端，左右两手同时用力压下去。用于加工带壳的咸蛋、蟹等。

第三种，右手握紧刀柄，将刀刃放在原料要切的部位上，左手用力猛击刀背，使刀猛铡下去。左手猛击过程中，因有较大的加速度，刀受力较大，易于切断原料，用于加工略带小骨头的生料或熟料，如油淋鸡、鸭等。

四、刀工处理对菜肴形态的影响

刀工处理对菜肴形态的影响，除了将原料按需要运用各种刀法切成块、片、条、丝、丁、粒、末、段、蓉、球、丸等形状外，对于形态的影响还体现在经过刀工处理后，原料表面积增加，对菜馅、肉馅力学特性的影响，以及剞花刀后原料的受热变形等。

（一）刀工处理与表面积的关系

可以将原料想象成规则的圆球颗粒状物料，如果实际中颗粒为非圆球状，则可以采用当量半径的方法。则单位质量的原料外表面积按式（5-9）：

$$S=\frac{A}{m}=\frac{4\pi r^2}{\rho V}=\frac{3}{\rho r} \tag{5-9}$$

式中　S——单位质量的原料外表面积，m^2；

m——原料质量，kg；

A——圆球颗粒表面积，m^2；

r——圆球颗粒半径，m；

ρ——原料密度；kg/m^3；

V——原料颗粒体积；m^3。

由上式可知，在原料密度不变的情况下，随着原料颗粒特征尺寸（半径）的减小，其外表面积增大。而经过刀工处理，显然原料的外表面积增大。

随着外表面积的增大，由传热及传质学可知，其单位时间的传热量与传质的量也随之增加，从而使得经过刀工处理后的原料更易于成熟、冷冻、入色与入味。

（二）刀工处理菜馅（菜泥）的结构力学特性

切碎后的菜馅（菜泥）的附着性、黏性、弹性、松弛等结构力学特性有所变化。如果菜泥的附着性过大，在使用模具或其他器具做烹调加工时应设法降低其附着能力，否则会发生黏结，影响烹调效果。降低附着性的方法有：改变菜泥配方或在器具的工作表面抛光、电镀等。松弛时间在某种程度上表现菜泥保持其形状的能力，这对菜肴冷造型热烹调有所影响。

（三）刀工处理对肉馅、泥（蓉）持水力的影响

肉馅和泥（蓉）是烹调中经常用到的原料形态，成品多要求细嫩，而嫩度是衡量其质量的重要指标。作馅、泥（蓉）的原料多为富含蛋白质的动物性原料，成品的嫩度很大程度上与持水力有关，其持水力的大小除与原料本身含水量大小、部位有关外，还与刀工处理有关。

蛋白质分子表面分布着各种不同的极性氨基酸残基，由于这些极性基团同水分子之间的吸引力，使与水接触的蛋白质成为高度水化状态。又由于蛋白质分子结构的复杂性，影响水化的因素也比简单分子复杂得多。蛋白质分子的水化作用可用图5-6加以说明。直接吸附在蛋白质分子表面的水分子同蛋白质结合得最牢固，称作束缚水或结合水，它们与自由水是有很大差异的，距离蛋白质很远的水分子则是完全自由的。实际上，蛋白质分子的形状并非图中所示的那样规则，极性基团在表面的分布也很不均匀。蛋白质的周围（如图5-6），结合水、极性氨基酸残基及疏水性氨基酸残基之间实际上没有严格的界限。一些实验方法得到的结果表明，每克球状蛋白质能结合0.2～0.3g水。pH对蛋白质的水化作用有较大影响，在等电点时，整个蛋白质分子呈电中性，水化作用最弱。蛋白质表面亲水基团的多少及电解质也影响蛋白质的水化作用，原料经刀工处理后，越细腻，颗粒越小，表面积就越大，亲水基团暴露出来的就越多，持水力就越大，成品就越嫩。在低浓度时，盐类能提高蛋白质的水化能力，这是由于电解质的正负离子吸附在蛋白质分子表面增加了蛋白质分子表面的电荷。因此，在搅拌馅和泥时，加入少量食盐，吃水量会加大，成品嫩度加大，就是电解质作用的结果。

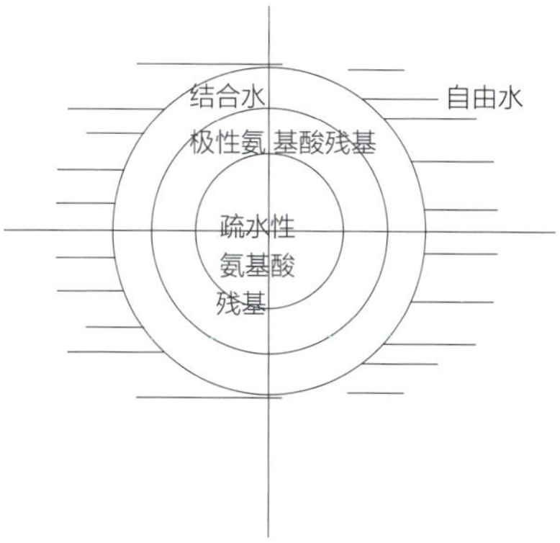

图5-6　蛋白质分子的水化作用示意图

（四）剞花刀后原料的受热变形

适合于改花刀块的原料均为富含蛋白质的原料，尤其是胶原蛋白，如猪腰子、鱿鱼、带皮的鱼肉等。如将鱿鱼改成麦穗花刀，即原料经改刀后加热成麦穗形。具体方法是，先用抹布将鱿鱼表面擦净，避免改刀时打滑，然后在凹面改刀，先用斜刀在原料上制成斜刀纹，刀与菜墩所成的角度为30°～40°，再转一个角度，剞上平行的直刀纹，两道纹交叉呈“人”字

形，然后再改成长方块，加热后卷曲即成麦穗形。

其机理为蛋白质中含有大量的肌原纤维，按一定顺序和走向排列，当受热时，肌原纤维开始收缩，剞花刀的一面只在两刀口之间收缩，局部受力，而没剞花刀的一面则整体收缩，受力方向同纤维伸展方向。这样，总的效果是，在整体上剞花刀的一面只表面局部受力，整个面不受力，没剞花刀的一面受沿肌原纤维方向的收缩力，所以，整个原料受热后沿受力一面即没剞花刀的一面弯曲。若取一束肌原纤维为例，由于应力集中，剞花刀的一面在刀口与刀口之间断开分离，长度不变，没剖花刀的肌原纤维排列及加热后受力情况一面沿肌纤维方向收缩，长度变短。对于荔枝花刀块、玉米花刀块、菊花花刀块等，也有类似的情形。

第三节 勺工中的力学原理

一、炒锅与执锅的力学分析

（一）炒锅的力学原理

用于翻炒的锅，常用的有两种：一种是带柄的，多用于北方，俗称炒勺；另一种是带耳的，多用于南方，称作炒锅。无论哪一种锅，其形态均近似于半圆球壳形。选用这种形态的锅，较之平底锅，其优点是有利于锅中的原料尽可能向锅底中心部位集中，不至于在翻炒时因原料过于分散而达不到理想的效果。下面从理论上对圆球壳形锅的特点进行分析。

在平放的锅中任选一原料并抽象化，表示成一质点M，如图5–7（图中BC为水平线）。设其质量为m，把过M点与锅曲面相切的平面同水平面的夹角记为θ，则原料重量$G=mg$可分解为等效的两个力，即垂直于锅面的正压力N，和沿切线AB方向的分力F，则可得式（5–10）和式（5–11）：

$$N = mg \cdot \cos\theta \quad (5\text{–}10)$$

$$F = mg \cdot \sin\theta \quad (5\text{–}11)$$

式中 N——垂直于锅面的正压力，N；

F——沿切线方向的分力，N；

m——原料的质量，kg；

θ——原料位置M点与锅曲面相切的平面与水平面的夹角，°。

N的方向垂直压在M点处的锅面上，被锅的弹力所平衡，原料被锅托住而不掉出。F的方向沿切线趋向于锅底中心，使原料滑向锅底中心O'。由于正压力N的存在，会在原料与锅的内表面之间产生摩擦力，阻止原料滑向锅底，但因锅中油料等物有很强的润滑作用，这个摩擦力很小，略去不计，则最后的结果还是原料以$g \cdot \sin\theta$的加速度向锅底中心最低处下滑。原料越靠近锅沿，即位置越高，$g \cdot \sin\theta$的值越大，下滑的趋势也越大。原料越靠近锅底，即位置越低，$\sin\theta$的值也就越小，下滑的趋势越小。到锅底中心最低处时，$\theta=0$，则得$g \cdot \sin\theta=0$，原料也就不再下滑了。原料所处M点是任意选定

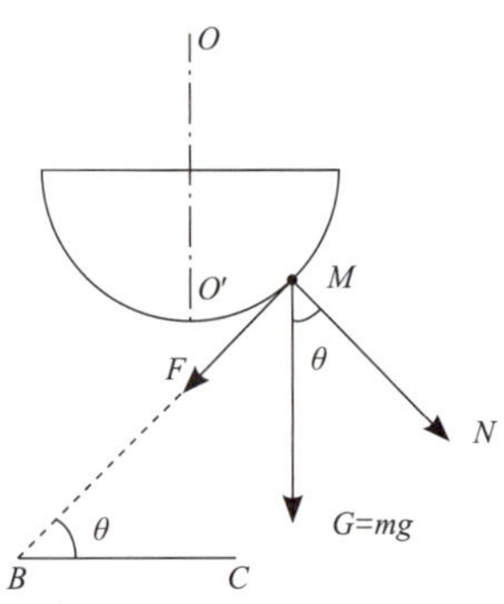

图5–7 原料在锅中的受力分析

的，它是这样，那么锅中其他各处原料也都应该是这样。这就是圆底锅有利于原料集中的原因，也就是它优越于平底锅翻炒的奥妙之处。

平底锅平放时，$\theta=0$，锅中各处都是这样，这时$N=mg\cdot\cos\theta=mg$，原料重量全部作为正压力压在锅上，同时$F=mg\cdot\sin\theta=0$，故无下滑分力，可见不利于原料集中。即使是整形原料，翻锅的效果也没有圆底锅理想。因此，我们选用翻炒的锅，还是以选用近似半圆形的圆底锅为好。且锅越圆，其下滑的加速度越能保持恒定。

（二）执锅的方法及其力学分析

正确的端锅姿势是：两脚分开，自然站立，与肩保持同宽；两腿自然站直，左手端握锅把，曲肘90°，将锅放于正前方，双眼平视。

1．端握单柄炒锅的方法

正确的端握单柄炒锅的姿势为面对炉灶，上身自然挺起，双脚分开，与肩同宽站稳，身体与炉灶相距约15cm。左手掌心向上，大拇指在上，四指并拢握住锅柄。端握炒锅时力度要适中，而且锅应该端平、端稳。

2．端握双耳炒锅的方法

左手大拇指勾住锅耳，其余四指并拢，掌心向着锅沿，紧贴锅沿，握锅时五指同时用力，夹住炒锅。正式烹调时，应该用厚的湿抹布包裹住锅耳，以免烫伤手。

3．端锅的操作要领

（1）动作正确　以双耳锅为例，用左手的大拇指勾住锅耳，并用其余四指托住锅身，将锅置于胸前大约15cm处。

（2）持锅平稳　锅应平稳地端于正前方，不能歪，也不能斜。

（3）力度适中　应根据锅的重量和自己的力量，使用适中的力度将锅托住，不要举得过高，也不能被锅累得下沉。

（4）用力恒定　要将锅托住，端稳，端平放于正前方，并能够坚持数分钟而不变形。

4．力学分析

一般来说，翻炒用的锅，基本上是均质、对称的，半径为R。根据“力系简化原理”，可以将它所受的重力亦即其重量设为G_1，看成集中作用在它的几何中心上，而菜肴的重量G_2也可认为集中于此点，如图5-8所示。假设人手作用于锅沿的力为F，力矩为M_A。执锅时，锅处于静止状态，由力的平衡和力矩的平衡可得式（5-12）和式（5-13）：

$$F=G_1+G_2 \tag{5-12}$$

$$M_A=(G_1+G_2)R \tag{5-13}$$

式中　F——人手作用于锅沿的力，N；

G_1——锅的重力，N；

G_2——原料的重力，N；

M_A——锅体饶A点逆时针旋转的力矩，N·m；

R——锅体中心到A点的力臂，m。

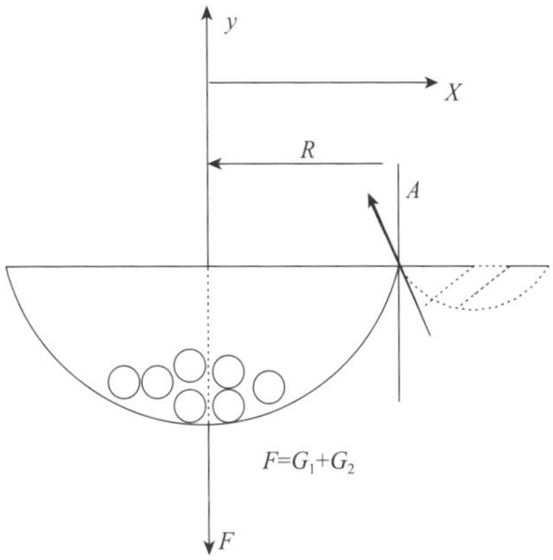

图5-8　人的作用力与锅体及原料的力平衡分析

（三）各种勺工技术的力与运动

在勺中物料运动过程中，如果在某个方向的力突然加大，物料会朝着这个方向发生移动（扬颠），当这个力大到一定程度时，物料会顺着运动的方向，沿勺（锅）壁抛物线角度抛（扬）起而脱离勺（锅）的摩擦力的作用。如果这时手和勺停止运动，动力消失，物料会洒落出勺（锅）外面。如果这时手和勺按照物料被抛起的轨迹去迎接物料，它就又会落入勺（锅）中。

如果在物料回落勺（锅）中时，手和勺迅速迎接（举），这时，上迎的力与物料回落时的重力相作用，产生反弹力，会使物料溅洒出勺外。如果物料在即将被抛出勺（锅）沿、沿勺（锅）壁的抛物线角度作惯性运动时，我们及时撤回送出去的力，同时自其相反方向施加一个拉回来的力，物料在向心力和拉回来的力的合力作用下，会迅即回落到勺（锅）之中，回落的物料会底面向上。这就是我们经常在勺工操作中看见的物料翻了身折回勺（锅）中的原因。

以上就是在勺工中推、拉、送、扬、晃、举、颠、翻时各种力的相互作用的情形。勺工中的“倒”是物料的重力与勺（锅）的摩擦力相互作用时，重力克服了摩擦阻力而产生运动的结果。

要想熟练地掌握翻炒技术，必须掌握正确的翻炒姿势。各地厨师师承及传授的翻炒姿势各有特色，不尽相同。下面仅就其一般的共性作一些分析。

翻炒姿势与灶台高低有一定的关系。用于翻炒的灶台，其高度一般为0.85～0.90m。灶台太高，人的手臂就要过高抬起，这样就会加重手臂及手腕的负担，人会感到十分吃力。反之，灶台太低，人必然会弯腰曲背，加强腰腹的负担，时间长了就会感到腰酸背疼。翻炒时，要求两脚分立站稳，呈八字形。人体正面距离灶台边缘约10cm。左手握炒锅，右手持手勺，上身向前微倾。而当人体上身向前倾斜的时候，腰部、臀部及脚关节则要相应地向后移动。关于这一现象，我们可作如下力学解释。

当人体站直，双手垂直放下时，体重是经由“重心”沿铅垂线指向地面的。如果这线与地面的交点位于双脚所站地面的范围之内，人体就是站定的。如果超出了这个范围，人就站立不稳。厨师手握装有菜肴的炒锅时，经由“重心”的这条铅垂线则移向双脚的前方，于是厨师或者移动脚步，调整这个范围的位置与大小，或者活动身体某些关节与部位，调整重心铅垂线的位置，以满足上述保持稳定的条件。炒锅重量越大，要求腹部收缩幅度也越大，这样才能始终保持重心铅垂线指向双脚中间的范围，人在稳定的状态下操作。当然，在翻炒时，由于炉台位置的固定，厨师除了因装盘需要移动脚步外，一般不需要大幅度地移动脚步，所以，常见的是更多地活动腰、臂、臀、脚等部位以调整重心铅垂线的位置，保持人体平稳。

一般姿势是两脚分开站立，两脚尖与肩同宽，一般为40～50cm。要求上半身保持自然正直、自然含胸、略向前倾，不向右弯腰曲背，目光注视勺中原料变化。

二、翻炒过程的力学分析

（一）菜肴起抛及其运动轨迹

翻锅按菜肴的翻转情况，有大翻，锅中菜肴一次性作180°翻转；有小翻，也叫“叠翻”——每一次翻锅，只有部分原料作180°翻转，翻起的部分与另一部分相重叠。本书着重介绍大翻。

翻锅的情形十分复杂，厨师将一个装有菜肴的锅拿起，然后将锅中的菜肴翻转掉面，需要经过推、拉、晃、送、弹、扬、收、托等几道复杂的、连贯的操作步骤。这些连贯的操作步骤，从力学的观点来看，是一种既有“牵连运动”，又有“相对运动”的很复杂的复合运动。其中既有“平移”，又有“转动”。

仅就转动而言，有手指和手掌以手腕为“转动轴”的转动，还有这些部位及上臂一起以肩关节为“转动轴”的转动，甚至还有其他更复杂的运动。在这个过程中，上面提到的几个“转动轴”本身，实际上都在运动，而且这些运动是同时发生的。可见翻炒操作的这种运动并不比一般机械构件的运动简单多少。

厨师在翻锅之前有一个习惯性的动作，就是左手握炒锅、右手握手勺，锅中原料在手勺的巧妙配合下进行不规则的圆周运动，俗称“晃锅”。厨师晃锅时，锅中原料数量必须有一定的限制，如果原料过多，它在锅内活动的范围缩小，也就是说原料在锅中的运动距离减短，这样原料就难以达到起抛的速度，锅中的菜肴难以翻转。因此用于翻锅的原料不宜太多。

晃锅对于翻炒的作用，犹如助跑对于跳高的作用，没有助跑，跳高难以达到理想效果，同样，没有晃锅，翻炒也难以完成。看似平常的晃锅，对于翻炒来说，具有十分重要的意义。首先，晃锅能减少原料与炒勺之间的摩擦阻力。但凡用于翻锅的原料（即菜肴），其表面都有一些油分子，晃锅时许多油分子都分布在原料与锅之间，使原料润滑，便于翻叠。其次，原料从锅中被抛出，需要一定的速度，而晃锅就是为了使锅中原料达到起抛速度而进行的有效运动。再次，晃锅还有一个很重要的作用，就是使原料在锅中拌和均匀的前提下，能向锅底靠近人体较近的一侧集中，并将炒锅倾斜一定角度，原料离锅底一定距离，调整原料位置，为使原料最后“冲刺”“起跳”做准备。

在翻锅时，原料好像是从锅里被“抛”出来的，但它既不是“平移”一段距离后落回锅中，也不是绕固定轴“转动”一个角度后落回锅中。从地面看上去，它是怎样运动的呢？又是怎样翻转过来的呢？对于这个问题，可以从“瞬时速度中心”（瞬心）原理的角度认识。

基于炒锅匀质、对称的性质，可以将炒锅简化为在通过锅柄或耳子的铅垂对称面上的一段弧线来进行研究。如图5-9，翻锅时，瞬心不一定在C点（手握锅处），而可能在其他的地方，如腕、肘、肩或其他某一点上，但这一系列的点肯定是存在的，只要经过一些简化过程，最后总可以不再顾及翻炒操作时复杂的“牵连运动”和“相对运动”，而可以认为在任何一瞬间，炒锅及其中原料的绝对运动，是绕被称为瞬心的这一点所作的单一的瞬时转动，设这一点为D，可得E、B、F、C等各点的绝对速度如式（5-14）至式（5-17）。

$$v_E=DE\cdot\omega \tag{5-14}$$

$$v_B=BE\cdot\omega \tag{5-15}$$

$$v_F=FE\cdot\omega \tag{5-16}$$

$$v_C=CE\cdot\omega \tag{5-17}$$

式中　v_E——E点的绝对速度，m/s；

v_B——B点的绝对速度，m/s；

v_F——F点的绝对速度，m/s；

v_C——C点的绝对速度，m/s；

ω——瞬时角速度，rad/s；

DE——D点到E点的距离，m；

BE——B点到E点的距离，m；

FE——F点到E点的距离，m；

CE——C点到E点的距离，m。

一般来说，因为瞬时速度中心较接近于人体，故一般$DE>BE>FE>CE$，所以$v_E>v_B>v_F>v_C$。

至此，我们可再进一步作如下分析：图5-9中的EBF弧，已经可以看作是即将被翻炒操作抛出炒锅的一块原料的抽象化轨迹，我们设想它代表了一份肉末涨蛋或一条干烧鲫鱼，那么E、B、F就代表了原料上的几个不同的点，它们对于地面的绝对速度也是不同的，而且仍然是$v_E>v_B>v_F$。

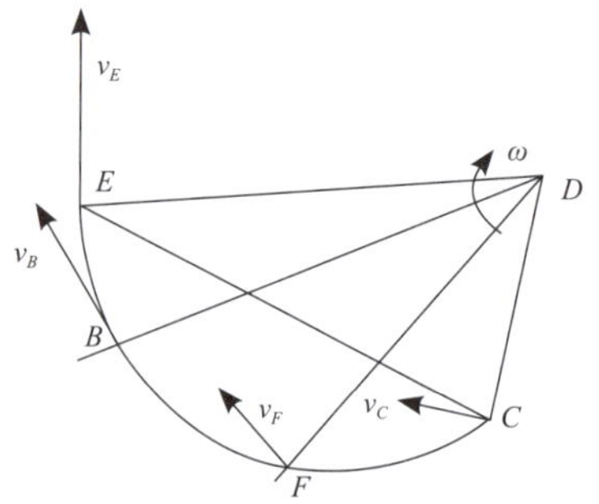

图5-9 炒锅绕瞬心运动轨迹示意图

于是可以得出如下结论：翻炒操作时，虽然炒锅及其中原料并不是像绕固定轴旋转的转轮一样转动，但它仍然是在围绕一系列的瞬心，在铅垂面内相对于地面作连续的旋转运动，这个转动是相对于地面而言的单一的绝对运动，所以炒锅及其中的原料就必然会翻转。就如图5-9中代表原料的EBF弧是在绕D点翻转一样。由于炒锅各点及锅中原料与瞬心的距离有大有小，它们绕瞬心旋转时的线速度也就有大有小。一般来说，越是处于执锅处的对边锅沿上的速度越大；越是靠近锅柄或耳子手握处一边的速度越小。速度大小的差别也是翻炒操作时原料翻转得比较理想的原因，是翻锅技巧的奥妙所在。在此可以做一简单的小实验：拿一本书平放在手掌上，手指适当用力使书本以腕或肘为中心，对着你自己的正面向上运动，或干脆让手指用力“弹”一下书本离你较远的一端，这时就能看到书本对着你翻了过来而且发现远端比近端翻得快，因为在同一时间里，远端经过的路程比近端经过的路程要多。

厨师将力经由炒锅作用在菜肴上，使锅中菜肴按一定条件由静止加速到较大速度，当菜肴因此而达到某速度v_0时，即使炒锅突然不动甚至撤走，原料仍将继续运动——即被抛出锅外的原料出锅后，脱离了炒锅的“约束”，只受到重力的作用，因而它的运动状况将会有所改变。尽管原料被“抛”到空中后，仍然有翻转的运动，但这时的问题已经不再是研究它怎样转动，而是研究它被“抛”到空中后作为一个整体，继续运动的路线是什么，也就是说现在要研究的是它整体运动的轨迹问题。这样，我们又可以运用力学中关于质点化的原理，把它抽象为只有质量的质点来进行研究了。这就像几十千克重的炮弹在飞行中的同时又在围绕自身的轴线旋转着，炮弹上各点的运动轨迹很复杂，但在有些情况下，也可以把炮弹看作质点来研究一样。

现在我们将原料以质量为m的质点M表示，如图5-10，它被“抛”出炒锅时具有的运动速度称为初速度v_0，方向与水平的X轴呈θ角，以M离开炒锅处为原点O建立直角坐标系OXY，因质点M这时只受重力的作用，水平方向不再受力，所以就加速度而言，水平方向加速度为零，竖直方向加速度为g，竖直向下。

根据式（5-18）和式（5-19），得到原料在水平和铅垂方向的速度为：

$$v_X=v_0\cos\theta \quad (5\text{-}18)$$

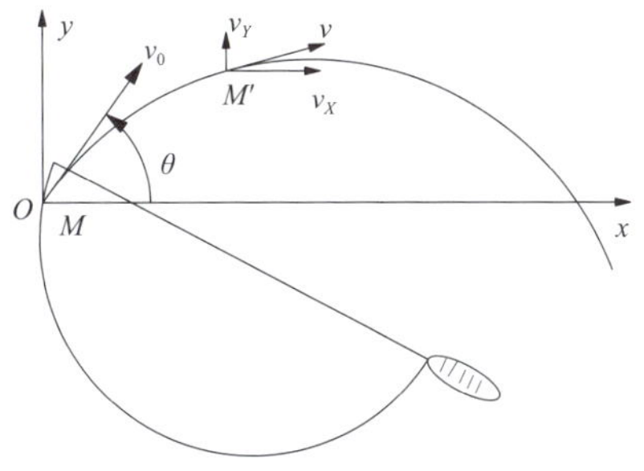

图5-10　原料被抛出炒锅后的轨迹示意图

$$v_Y = v_o\cos\theta - gt \tag{5-19}$$

式中　v_Y——原料铅垂方向的速度，m/s；

v_o——原料出炒锅时具有的运动速度，m/s；

θ——原料出炒锅时具有的运动速度与水平的夹角，°；

g——重力加速度，m/s^2；

t——运动时间，s。

由此可见，当θ=0°时，菜肴翻起后做竖直上抛运动，落点为原位置。当θ=90°时，菜肴为平抛运动，落点要么为锅外，要么在锅内。只有当0°＜θ＜90°时，菜肴才可以抛起，而水平方向将只作匀速运动，铅垂方向则作向下匀加速的运动，即在向上运动时将越来越慢，经过最高点后，向下运动将会越来越快。所以，就速度而言，M将不沿直线而是沿曲线运动，并可确定：在M离开炒锅t秒钟后沿水平和铅垂方向运动的位移分别为S_X和S_Y。由式（5-18）和式（5-19）积分可得式（5-20）及式（5-21）：

$$S_X = v_0\cos\theta\cdot t \tag{5-20}$$

$$S_Y = v_0\cos\theta\cdot t - \frac{1}{2}gt^2 \tag{5-21}$$

式中　S_X——原料离开炒锅后沿水平方向的位移，m；

S_Y——原料离开炒锅后沿铅垂方向的位移，m。

由此得式（5-22），可知点M的轨迹方程为：

$$y = x\cdot\tan\theta - \frac{gx^2}{2v_0^2}\sin 2\theta \tag{5-22}$$

式中　y——原料离开炒锅后铅垂方向的坐标，m；

x——原料离开炒锅后水平方向的坐标，m。

这是一种抛物线的方程式。表明原料离锅以后，就整体而言，确实是沿抛物线运动的。当然，原料实际上除有质量外，还有体积，且既非刚体，也并非真是几何学上严格定义的一个“点”。在它们沿抛物线运动的同时，仍在进行着前面讨论过了的“转动”。翻转着的原料上，每点的实际运动轨迹要远比“抛物线”复杂得多。说它是抛物线，那只是根据“刚化原理”或“质点化原理”抽象地从整体上作一个大致的描述。

（二）菜肴回收的技巧及其力学原理

原料被抛出锅后，并不是就可以不管了，还得把原料适时、准确、安全、稳妥地回收到锅中来。显然是要适时地将锅收回在那条抛物线经过的地方才能收回原料，太高太低，太前太后都不行，而且太早太迟也不行。我们对弯下腰或抬起手用炒锅接住原料总感到不太方便，而比较乐意在什么高度将原料“抛”出去，就在什么高度收回。

如图5-10所示，为求抛物线上与抛出点高度相同点的水平方向的位置，则由式（5-22），令y=0，可得式（5-23）：

$$x=\frac{v_0^2\tan 2\theta}{g\sin 2\theta} \tag{5-23}$$

可知回收原料的最佳位置，是与翻炒操作时，将原料“抛”出时的速度大小和“抛”出时的角度θ直接相关的。

考虑到翻炒时，人们不便跑前或退后接收原料（除纯粹为了表演及个别为特殊目的而进行的大翻锅外），而比较习惯于活动手、腕、肘和上下臂，便能顺利地接住它们。再参考到一般人做这种活动时，手容易达到的前后距离大致是0.6～1m的范围，即可以设定上式中的$x\approx$ 0.6～1m。根据操作经验，可以观察到当我们将原料从锅中“抛”出时，这个夹角为40°～50°。

假定x=1m，θ=40°，已知重力加速度g=9.8m/s^2，则由式（5-21），可得到v_0=3.1m/s。该速度比一般步行速度约快一倍，比一般短跑速度约慢一半，与一般长跑速度相近，手臂运动时，是不难让手掌和在它前边一些的炒锅及其中的原料达到这个速度的。

如果翻炒操作时，确实以v_0=3.1m/s的速度将原料“抛出”在其后方约1m处将其回收，则根据式（5-18），可得到“抛”与“回收”的时间约为0.45s。

原料落在N点被炒锅接住时，根据式（5-16）和式（5-17），可分别得到其在N点的速度为v_X=2.2m/s和v_Y=2.2m/s，其速度综合为v_N=3.1m/s，其方向斜向下45°角（因为水平方向与竖直方向速度相等）。

当原料被炒锅接住时，如果炒锅是静止不动的，那么就是炒锅用外力F作用于原料M，使其速度由v_N改变为零。这里就有一个使速度改变的时间间隔Δt，在这个时间间隔Δt中，外力F使M的动量产生变化量，这在力学上是一种“碰撞”的过程。在碰撞中，物体的动量发生变化，动量的变化量等于作用于物体上的力在碰撞时的冲量。一般来说，碰撞时物体相互作用的时间间隔Δt很短，由此相互作用的力F却很大，作用力的变化也很大，这样的力一般称为“冲力”。对于同样的冲量而言，冲力的平均值与碰撞时间间隔成反比，碰撞的时间间隔越短，冲力的平均值就越大；碰撞的时间间隔越长，冲力的平均值就越小。

对于菜肴而言，如果冲力太大的话，那会将菜肴撞成细渣。所以要想保持菜肴形状的完整，必须延长碰撞的时间间隔。厨师在翻锅时常常将锅向后下方斜拖一段距离，这种做法其目的就是延长这个时间间隔，以便有足够的“缓冲”时间来减小冲力。可见厨师大翻锅时，向后斜拖一段缓冲距离的操作手法，正是翻炒技术的另一奥妙之处，并不是做来好看的花样。该动作看上去似乎十分简单而又自然，但从力学的原理上来说，却同长距离跑道上高速飞机的滑降，宇宙飞船返回地面时的软着陆等的必不可少一样，有其相似的内在原因，具有异曲同工之妙。

三、自动翻炒机器人的原理

（一）烹饪机器人概况

炒菜机器人能够完成烹饪过程中大部分炒菜动作，使人们能轻松便捷地获得营养、健康、富有风味的美食。随着快餐行业的发展及快节奏的生活方式的出现，人们难以挤出较多的时间和精力去准备一日三餐，往往选择去快餐店就餐或者点外卖。然而厨师炒菜会受到劳动强度、烹饪环境等的限制，烹饪设备则可以24h不间断地工作。因此，为了满足快餐业、外卖业的发展需求及消费者的消费需求，智能化烹饪设备是餐馆必不可少的硬件基础。所以目前炒菜机如火如荼地发展起来。

1. 国内炒菜机的发展现状

国内的炒菜机目前主要有小型家用自动炒菜机、大型立式搅拌炒菜锅、大型滚筒炒菜锅、简单多功能炒菜机（自动翻炒）四种类型。

小型家用自动炒菜机可以模拟人工烹饪，利用单片机开发控制程序，一个按钮即可自动启动烹饪模式。将所有准备好的主要原料、配料和调味料一次放入机器，设定程序后，机器就可以自动烹饪。这种机器具有不产生油烟、不粘锅和改善家庭空气质量的巨大优势。其菜肴炒制容量小，适合在家庭里使用。

大型立式搅拌炒菜锅这类设备运用搅拌叶片搅拌的方式来加工菜肴。通过合理设计搅拌叶片的形状和动作方式，其控制器控制搅拌叶片和锅具的运动，使其完成菜肴炒制动作，如翻菜、盛菜等。大型立式搅拌炒菜锅主要应用于大型团膳、单位和学校食堂等单次出菜量较大、出菜品质要求质量较高且口味稳定一致的场所。由于体积大、食材多、食材和空气接触机会少，所以对菜肴的口味有一定的影响，且锅具运动比较简单，其只适合烹饪块状且不易碎的菜肴。同时对烹饪菜肴也有一定局限性，仅仅能实现简单的烹饪方法，不能实现烹饪中一些关键的工艺，如颠锅、翻炒等。

大型滚筒炒菜锅，这类产品主要是采用特殊形状的炒板来搅拌菜肴，搅拌炒板与滚筒内壁固连，通过滚筒内壁的转动来搅拌加工好的菜肴。大型滚筒炒菜锅加入了控制系统，使炒板动作、人工加料、加热和操作时间的控制上更加精确。大型滚筒炒菜锅应用场景和炒制效果与第二类大型立式搅拌炒菜锅相差不大。搅拌炒板由采用直流电机拖动的滚筒内壁来带动，因电机及传动部件与加热部件之间必须做隔热处理，所以大型滚筒炒菜锅大都采用风机进行空冷。

简单多功能炒菜机主要由加热组件、液态调料泵送组件、固态原料投放组件、锅具组件、翻炒组件、电气控制系统等部分组成，是简单多功能炒菜机的关键核心组件。液态调料泵送组件负责给菜肴烹饪时泵送液态调味料；固态原料投放组件负责炒菜时自动向锅具中加入固体食材。锅具组件是炒菜机的核心部分，实现颠锅功能。翻炒组件通过翻炒叶片的旋转实现菜肴的翻炒。炒菜机在烹饪菜肴时，有手动模式、自动模式两种控制模式。手动模式时，炒菜机各功能部件的动作由人工来干预实现；选择自动模式时，整个炒菜过程无需人工参与，只需选择需要炒制的菜品菜单，从而完成自动烹饪过程。

2. 国外炒菜机的发展现状

由于国外烹饪技法不同，烹饪设备功能也与国内的大相径庭，大部分都无法实现中国传统炒菜中的颠锅和翻炒功能。例如德国厨房家电公司“Miele”的产品。这是一款设计蒸炉，具备蒸炉所能具备的全部优势。这款产品还提供多种烤箱功能，内腔尺寸可选择，具有风扇加强功能，还有传统加热、增强烘焙和烧烤等多种操作模式。该产品是组合式烹饪中的佼佼者，具有加湿烹饪和干热功能，可实现完美的烹饪效果，尤其适用于烘焙和烧烤，但是不能胜任中式菜肴。

由英国Moley Robotics制造的烹饪机器人，有两个机械臂，机械臂上装有许多传感器、马达，从而使机械臂做到和人类手一样灵活。通过两个机械臂来模仿人的双手，摆脱了菜肴种类和烹饪技法的束缚。机器人系统的运行，可以实现多种中式菜肴的炒制，功能非常强大；同时该机器人还可以做许多其他事，比如餐盘清洗、取放物品等。但是该机器人售价十分昂贵，这对一个普通家庭或企业来说都是难以承受的。

（二）锅具动作机构原理

目前能够实现翻炒功能的烹饪机器人，一般都是通过锅具动作机构，模拟人工的动作效果，加以实现。目前动作机构的传动系统一般都是曲柄连杆机构或与其他机构，如凸轮机构的组合，其实现方式有多种，一般根据总体结构复杂性、控制系统复杂性、电机个数、成本、空间利用率、锅盖的配合及是否需要其他划散、搅拌结构辅助均匀受热等加以区别选择。

锅具动作机构不仅能够实现块状物料在锅具内的大翻和小翻，而且能够使物料在锅具内受热均匀，与划散机构动作配合实现物料在锅具内的搅拌和划散；与中间出料机构配合，实现中间出料，将控油后的油（或刷锅废水）倒入油槽（或废水槽）。

其结构原理如图5-11所示。该机构的核心部分是一个曲柄摇杆机构，而锅具则固联于摇杆上。电机1带动曲柄使滑杆做往复运动与摆动，锅具与滑杆连成一体，在滑杆做往复运动与摆动的过程中，锅具中心做近似椭圆的变速运动。电机2通过锥齿轮使滑杆（包括锅具）做旋转运动，从而使锅具实现翻动和倾倒动作。上述装置安装在一个运动平台上，由其他电机驱动实现整体平移。该运动机构的运动合成使锅具机构实现翻动、水平移动和晃动。

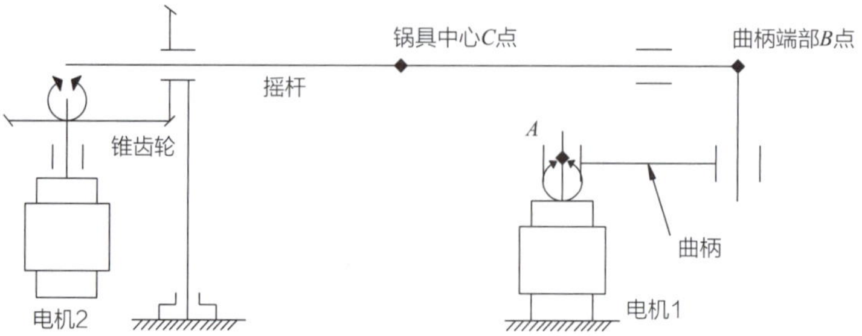

图5-11 锅具动作机构原理示意图

设曲柄（晃锅的速度）为ω，角加速度$\varepsilon=0$，则可得式（5-24）和式（5-25），可知锅具中心C点和曲柄端部B点的加速度分别为：

$$a_C = a_B + a_{C/B} \tag{5-24}$$

$$a_B = a_B^n + a_B^\tau,\quad a_B^n = \omega^2 \cdot r,\quad a_B^\tau = 0 \tag{5-25}$$

式中 a_B——B点（曲柄端部）加速度，m/s^2；

a_C——C点（锅具中心）加速度，m/s^2；

$a_{C/B}$——C点相对于B点的加速度，m/s^2；

a_B^τ——B点切向加速度，m/s^2；

a_B^n——B点法向加速度，m/s^2；

r为锅具的半径，m。

将式（5-25）和曲柄摇杆机构中摇杆的角速度和角加速度公式代入式5-24，可得图5-11中锅具中心C点的加速度曲线，由此对其速度、位移、轨迹等作进一步的计算。

四、勺工对菜肴成熟的影响

（一）勺工技术概述

勺工，是由握勺、翻勺、出勺三个技术内容组成，但起关键作用的是翻勺技术，从这个意义上讲，勺工就是对翻勺技术而言。勺即锅，一般来说，北方多叫勺，南方多叫锅（广东称为镬），南方把翻勺称作翻锅。用于烹调菜肴的勺，大体可分为两种：一种称为“炒勺”（南方称为煸锅），由于主要用油料传热，又称“油勺”。这种勺的特点是：勺底较厚，边缘较薄，色泽明亮，滑而不涩，又称为“双底勺”，适用于炒、爆、煎、熘等一类技法，做出的菜肴色泽艳丽，鲜嫩可口。另一种称为“汤勺”，基本结构与“炒勺”相同，只是勺底较薄，传热较快（又称单底勺），适用于汆、烩、扒、焖等技法，常用来烹调汤菜，故名“汤勺”。

运用翻勺烹调菜肴，是我国前辈厨师的独特创造，它把菜肴烹调过程中的加热、调味、勾芡等各道工序巧妙地、有机地结合起来，取得了手铲铲翻（一般家庭做菜方法）所不能取得的种种特殊效果。例如：旺火速成的炒、爆菜，运用翻勺技术，就能大大提高烹调的速度（行话叫“抢火候”），在短促的时间内，完成了加热、调味、勾芡等各道工序，一气呵成，迅速出勺，取得菜肴特别鲜嫩的效果。如果用手铲来做，顾得上铲翻加热，就顾不了调味、勾芡；顾得上调味、勾芡，就顾不了铲翻加热，不能很快地完成烹调过程，从而保持菜肴鲜嫩。又如扒菜，讲究菜形，要求出勺的菜形如入勺前的形状一样，这就必须运用翻勺技术才能实现。许多扒菜，特别是高级扒菜，不但口味好，而且形象美观，除刀工技巧外，娴熟的翻勺技巧也起很大的作用。同时，翻勺又是保证菜肴均匀受热、调料入味、芡汁交融的重要条件。这些效果，用手铲是不能同时达到的。所以，勺工是增加烹调速度，创造美观菜形，提高菜肴质量的技术措施，一直受到厨师们的重视。

（二）勺工技术对菜肴成熟的具体影响

1. 保证烹饪原料均匀地受热成熟和上色

原料在勺内不停移动或翻转，使原料的受热均匀一致，成熟度一致，原料的上色程度一致。及时端勺离火，能够控制原料受热程度、成熟程度。

2. 保证原料入味均匀

原料的不断翻动使投入的调味料能够迅速而均匀地与主辅料融合渗透，使口味轻重一致，滋味渗透交融。

3. 形成菜肴各具特色的质感

如菜肴的嫩、脆与原料的失水程度相关，迅速地翻拌使原料能够及时受热，尽快成熟，使水分尽可能少地流失，从而达到菜肴嫩、脆的质感。不同菜肴其原料受热的时间要求不同，勺工操作可以有效地控制原料在勺中的时间和受热的程度，从而形成其特有的质感。

4. 保证勾芡的质量

通过旋勺、翻勺可使芡粉分布均匀，成熟一致。

5. 保持菜肴的形状

对一些质嫩、不宜进行搅动、翻拌的原料，可采用旋勺，而不使料形破碎；对一些要求形整不乱的菜肴，翻勺可以使菜形不散乱，如烧、扒菜的大翻勺。

毋庸置疑，菜肴烹调关键取决于勺工技术的高低优劣。因此，初入厨行必须从练习翻勺开始。具有娴熟的勺工技术后，才能临灶掌勺，烹调菜肴。然而，勺工技术的掌握，并非一日之功。仅翻勺一项而言，就有多种方法。常见的有大翻勺、小翻勺、晃勺、颠勺、滑勺等。其中大翻勺的技术难度最大。大翻勺顾名思义就是翻勺的动作幅度非常大，通过翻勺能将菜肴在勺中一次性完全翻过来，并保持其形不散。它的运用范围较广，适宜扒、煽、煎、贴、烧等类菜肴的制作。大翻勺根据其不同的翻转方位，又有前翻、后翻、左翻、右翻之分。小翻勺与颤勺则属于动作幅度较小的翻勺技术，适合于炒、爆、熘、烧、焖、烹等类菜肴的制作。而滑勺、晃勺则是通过对勺体的转动而形成原料不离勺底，作旋转运动的一种用勺技术，主要用于翻勺的预准备、勾芡及加入调味品的技术中。

本章小结

本章从受力分析角度对刀工和勺工等所涉及的运动学和动力学方面的内容进行了介绍。主要内容包括：刀工切配和勺工中的站姿、刀的结构的合理设计、握刀与运刀的力的合理运用、各类刀法中的力学特性、炒菜和执锅时的动力学特点、翻锅原料受力和运动轨迹、合理的刀工处理和勺工运用对菜肴形态和成熟的影响等与传统烹饪相关的内容，在此基础上，初步介绍了曲柄摇杆机构自动炒菜机器人的工作原理和运动特性。本章内容为理解传统烹饪刀工和勺工机理提供了物理学视角，并可启发人们在此基础上为烹饪炒菜机器人的进一步发展提供思路。

课后习题

1. 刀工中有哪些力，其作用分别是什么？
2. 站案者应如何正确站立，能够省力切配原料？
3. 直刀法中不同运刀方法对应不同原料及成形结果是什么？
4. 如何进行直切的力学分析？
5. 勺工中有哪些力，其作用分别是什么？
6. 端锅的操作要领是什么？
7. 试描述勺工中推、拉、送、扬、晃、举、颠、翻时各种力的相互作用的情形。
8. 简述方头菜刀刀把的设计要求。
9. 简述运刀的力学原理。
10. 简述圆底炒锅相比于平底炒锅更利于翻锅的原理。
11. 简述国内中式炒菜机的形式。
12. 为什么中餐厨师相比于西餐厨师，一把方头厨刀即可完成多项工作？
13. 未来烹饪机器人是否可以取代厨师的临灶工作？

参考文献

[1] 王元生，姚昌启．刀工中的力学运用［J］．中国烹饪，1989（2）：25-27.
[2] 阎喜霜．烹饪科学与加工技术［M］．哈尔滨：黑龙江科学技术出版社，1991.
[3] 王千钧．菜刀上的力学知识［J］．中国科技博览，2009（30）：50.
[4] 姚昌启，王元生．翻炒技术中的力学原理（上）［J］．中国烹饪，1991（5）：21-25.
[5] 姚艳龙，姚甜静，姜亚杰．基于人机工程学的厨刀改良设计［J］．安阳工学院学报，2021，20（4）：36-37.
[6] 阎喜霜．烹调原理［M］．北京：中国轻工业出版社，2000.
[7] 姚昌启，王元生．翻炒技术中的力学原理（中）［J］．中国烹饪，1991（6）：23-27.
[8] 刘银华，闫维新，周晓燕，等．自动烹饪机器人［J］．上海交通大学学报，2007（1）：119-122.
[9] 罗长松．中国烹调工艺学［M］．北京：中国商业出版社，1990.
[10] 朱宝鼎，李军．中式烹调技艺［M］．大连：东北财经大学出版社，2003.
[11] 朱良银．刀工与火候［M］．北京：人民军医出版社，1992.
[12] 韩应成．实用刀工技法［M］．北京：中国纺织出版社，2009.
[13] 李长茂，任京华．中餐烹调技术［M］．北京：中国商业出版社，2006.
[14] 贾人卫，王小敏．中餐烹调技术［M］．北京：旅游教育出版社，2004.
[15] 刘辉聪．智能炒菜机器人设计与研究［D］．北京：北京林业大学，2019.
[16] 胡志霞，陈福娣，裴广彬．中国烹饪基本功训练教程［M］．2版．上海：上海交通大学出版社，2024.
[17] 杨震宇，管红东．烹饪技术刀工技能的训练方法与运用分析［J］．现代食品，2023（22）：49-51.
[18] 贾俊凯．浅谈刀工美化在中式烹调中的重要性［J］．现代食品，2023（2）：78-80.

06 第六章 CHAPTER 烹饪感官科学

本章导学

随着生活水平的提高，人们不仅要求食物能满足营养需求，还希望其具有独特的风味及良好的感官性能。本章介绍了四大基本味和影响味觉的因素，在实践中，通过调节相关因素，并利用味与味之间的相互作用来提高食物的味感。也将深入阐述嗅觉的产生机理、嗅觉特征、不同种类食物的气味分类、香辛料等。本章还对视觉进行了概述，需重点掌握烹饪原料在加工或贮藏过程中颜色变化背后的科学原理。

学习目标

◎知识目标

1. 掌握味的分类以及不同味的特征、影响味觉的因素、食物的呈味机理。
2. 了解嗅觉生理，嗅觉特征以及食物香气的形成因素，掌握食物在加工过程中产生香气的原理。
3. 了解视觉心理和视觉的特征。
4. 掌握酶促褐变和非酶褐变的定义，产生因素及预防措施。

◎能力目标

1. 了解各因素对味觉的影响，掌握不同状况下的调味技巧。
2. 熟悉烹饪中常用香料的分类，并能够在烹饪中合理利用各种香料。
3. 掌握烹饪中色彩搭配的基本原则，能够制作色彩搭配合理的食物。
4. 能够善于利用或规避褐变反应。

◎素质目标

1. 培养学生的综合思维能力。
2. 理论联系实际，培养学生积极探索、主动学习的能力。
3. 培养学生的创新意识。

知识结构图

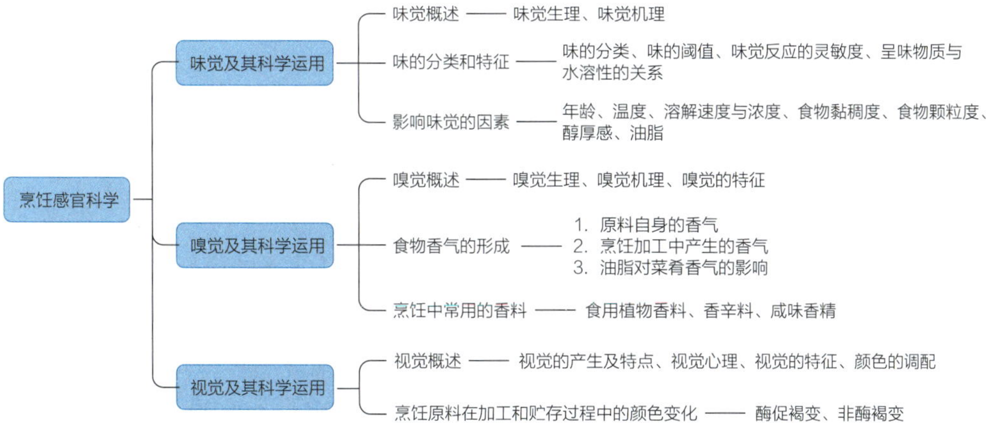

第一节 味觉及其科学运用

一、味觉概述

民以食为天，食以味为先。中国烹饪非常讲究菜肴的味，以味为核心是中国烹饪的显著特征之一。味觉是人的一种本能感觉，我们把用肉眼看得见的食物送入口腔，再通过口腔进入消化道的这个过程所引起的生理感觉定义为“味觉”。这种定义实际上是种广义的味觉，因为其中包含着心理味觉（如形状、色泽等）、物理味觉（如硬度、触觉、冷热度、黏稠度、咀嚼感等）和化学味觉（如咸味、甜味、酸味、苦味、鲜味、辣味等）这三种不同的味觉。因此广义的味觉是这三种不同味觉的综合体现。我们在日常饮食中单纯由舌头所感到的味觉是化学味觉。它是食物中的呈味成分作用于味的感觉器所引起的感觉。

（一）味觉生理

食物的呈味成分决定了食物味的多样性，食物的味必须通过人体的味觉器官来感知，而味觉器官主要由味感受体和味觉神经构成。味觉是由味蕾感受到的，舌头表面的味蕾如图6-1所示。味蕾的顶端有一个小孔，称为味孔。食物的各种味道都是由于食物中可溶性呈味成分溶于唾液，或食物溶液接触舌头表面的味蕾，再进入味孔，通过收集和传递信息的神经感觉系统传导到大脑，经大脑的综合神经中枢系统的分析处理和识别，使人产生味觉，味蕾的结构见图6-2。

味蕾通常由40 ~ 150个香蕉形的味细胞板样排列成桶状组成，内表面为凹凸不平的神经元突触，10 ~ 14d由上皮细胞变为味细胞。味细胞表面的蛋白质、脂质及少量的糖类、核酸和无机离子，分别接受不同的味感物质。

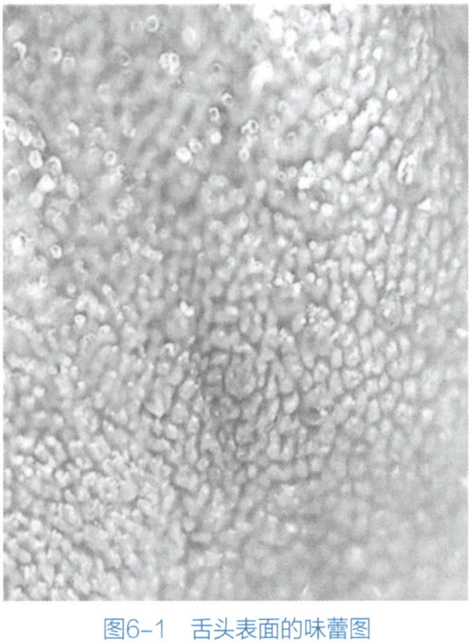

图6-1 舌头表面的味蕾图

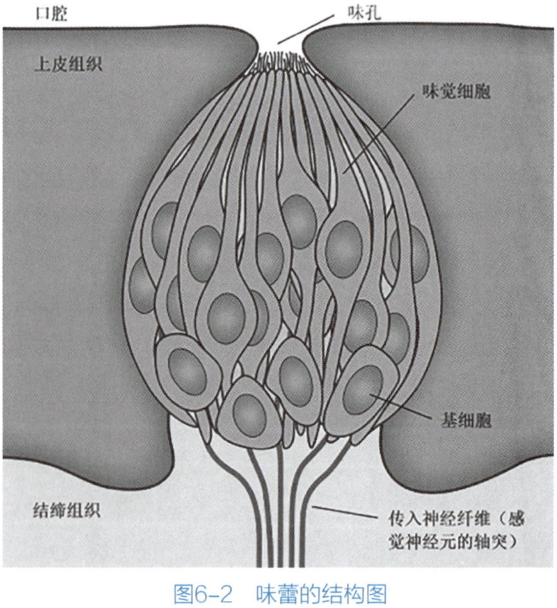

图6-2 味蕾的结构图

舌面上长有许多突起物，称为舌乳头。舌乳头的形状按其形状分为丝状乳头、菌状乳头、叶状乳头和轮廓乳头四种。丝状乳头最小、数量最多，主要分布在舌前2/3处，因无味蕾而没有味感。菌状乳头、轮廓乳头及叶状乳头上有味蕾。菌状乳头呈蘑菇状，主要分布在舌尖和舌侧部。成人的叶状乳头不太发达，主要分布在舌的后部。轮廓乳头是最大的乳头，呈“V”字形分布在舌根部位。在普通成年人的舌头前部，每一侧都有100个以上菌状乳头，平均有几百个味蕾。沿着舌体两侧，从舌尖到大约舌根的2/3处，是几条平行的凹槽，是叶状乳头，它们很难被发现，因为舌头伸出时，它们往往会变平。轮廓乳头以倒“V”字形排列在舌头后部的一些比较大的纽扣状的突起，在它们周围的外部凹槽或沟状缝隙内也分布有几百个味蕾。

软腭上的味蕾主要分布在上腭根部的后面。舌根部和咽喉上部对味觉也很敏感。味蕾的数量统计表明，味觉灵敏度较高的人通常含有较多的味蕾。味蕾在舌黏膜皱褶中的味乳头的侧面上分布最稠密，因此，当用舌头在硬腭上研磨食物时，味觉感受器最容易兴奋起来，加上唾液溶解呈味物质的作用，从而产生“越嚼越有味”的感受。

（二）味觉机理

关于味觉机理，现在普遍接受的是：呈味物质分别以共价键、离子键、氢键和范德华力形成四类不同的化学键结构。在味细胞膜表层，呈味物质与味受体发生一种松弛、可逆的结合反应过程。刺激物与受体彼此诱导相互适应，通过改变彼此构象实现相互匹配契合，进而产生适当的键合作用，形成高能量的激发态，此激发态是亚稳态，有释放能量的趋势，从而产生特殊的味感信号。由于甜受体是由按一定顺序排列的氨基酸组成的蛋白体，若刺激物极性基的排列次序与受体的极性不能互补，则将受到排斥，就不可能有甜感，换句话说，甜味物质的结构是很严格的。由多烯磷脂组成的苦味受体，对刺激物的极性和可极化性同样也有相应的要求。因受体与磷脂头部的亲水基团有关，对咸味剂和酸味剂的结构限制较小。

二、味的分类和特征

（一）味的分类

从生理学的角度可以把味分为甜味、酸味、苦味、咸味这四种基本味。但是由于不同的国家和民族因为饮食习惯和生活习惯的不同以及风味爱好的差异，对味的分类也产生了一定的区别。除了四种基本味以外，我们有时也会遇到清凉味、碱味、金属味等其他味。

（二）味的阈值

在品尝食物的口味时，往往要衡量呈味物质对味觉神经刺激的强弱，或者要用大小不同的数值来表示呈味物质的味觉强度和味觉范围。人们在对食物的味进行研究时，在数量上对食物和呈味物质的味觉强度和味觉范围进行量度，以保证描述、对比和评价的客观性和准确性。通常可以使用的数值参数包括：阈值、等价浓度、辨别阈，使用最多的是阈值。

所谓味的阈值，是指人可以感觉到的某种特定味的最低浓度。阈值中的“阈”是指生理刺激的划分点或是临界值的概念。在表示呈味物质的味觉强度和味觉范围时，常用味的阈值来表示呈味物质的呈味能力大小。

在实践中，测量阈值的人会发现观察者反应转变的水平点有变化。经过多次测量，即使对单一个体也会有可变性。在递增和递减试验中，即使是相同的试验组，人们转变反应的水平点也会不同。当然，人群间也有差别。这些导致了定义阈值的一般经验法则的确立总是有一些随意性，因此，将检测到50%次数的水平定义为阈值。例如，食盐水是咸的，可是把它稀释至极淡就感受不到与清水的区别了，感到食盐水咸味的NaCl含量一般必须在0.08%（质量分数）以上，这种浓度在不同的人和不同的试验条件下，也存在着差别。阈值的获得就是在许多人参加评味的条件下，有半数以上的人感到有咸味的浓度，称之为食盐的呈味阈值，也称最低呈味浓度。

阈值越低，说明人对它的感受性越高，敏感程度越高。一般来讲，通常呈现咸味、甜味的呈味物质的阈值比较高，而呈现酸味和苦味的呈味物质的阈值则比较小。对于呈味物质，阈值小也就是最低呈味浓度低，而阈值小的呈味物质即使浓度加以稀释，但仍能感觉到其味。几种常见呈味物质的阈值见表6-1。

表6-1 几种常见呈味物质的阈值（25℃）

名称	味道	阈值/%
蔗糖	甜	0.5
食盐	咸	0.08
柠檬酸	酸	0.0025
盐酸奎宁	苦	0.0001
谷氨酸钠	鲜	0.03

（三）味觉反应的灵敏度

一般来讲，舌尖对甜味最敏感，舌尖和舌尖的前两侧边缘对咸味最敏感，舌头的两侧中部（即舌头靠腮的两侧）对酸味最敏感。舌头的根部对苦味最敏感。

食物在舌头和硬腭间被研磨最易使味蕾兴奋，因为味觉通过神经几乎以极限速度传递信息。人的味觉感受到滋味仅需1.5～4.0ms，比触觉（2.4～8.9ms）、听觉（1.27～21.5ms）和视觉（13～46ms）都快得多。自由神经末梢是一种被囊包着的末梢，分布在整个口腔内，也是一种能识别不同化学物质的微接受器。

当品尝含有甜、酸、咸、苦四种基本呈味物质的混合溶液时，甜、酸、苦、咸等味不是同时被感知的。即人对口腔内各种呈味物质的刺激反应时间是不同的。

食物从进入口腔触及舌头开始，到产生味的感觉，这一反应过程是非常快的，仅需1.5～4.0ms。其中咸味的感觉最快，为0.307s；甜味为0.446s；酸味为0.536s；苦味的感觉最慢，为1.082s。所以一般来说，各种味觉中，苦味总是在最后才能使人产生感觉。

（四）呈味物质与水溶性的关系

一种物质要使人产生味觉，其先决条件必须是这种物质要能够溶解于水，即呈味物质必须是水溶性物质。例如把一块十分干燥的糖块放在刚刚用滤纸擦干的舌头上时，是不能使人感到糖的甜味的。只有当糖溶于唾液时，我们才能感觉出它的甜味来。因此，一切呈味物质都必须是水溶性的。只有溶解在水中的呈味分子才能刺激我们的味觉神经。人是不可能对完全不溶于水的物质产生味觉的。

味蕾与呈味物质接触时，是呈味物质溶解在舌表面以后，通过舌头味蕾上的味孔进入味蕾内才能引起味觉。因为味觉感受器是化学受纳器，所接受的是化学信息，只有溶解的分子才能激活它。舌头由于唾液的分泌而保持湿润，所以溶于液体的呈味物质能够激活味觉感受器细胞。另外，由于味觉感受器细胞在舌面的分布不均匀，所以品尝过程中，我们要在口中不停地咀嚼食物，通过咀嚼运动和舌头的搅动，让溶解的呈味物质与味觉感受器细胞充分接触，从而感受到食物的味道。

三、影响味觉的因素

（一）年龄对味觉的影响

婴儿的味蕾随着生长发育而有所变化。10个月的婴儿味觉神经纤维就已经成熟了，能辨别咸味、甜味、苦味和酸味。味蕾在婴儿哺乳期就分布得很多了。随着年龄的增长，味觉将逐渐衰退。日本研究人员对从幼儿到老人的不同年龄层次的人进行了味觉试验。以砂糖作为甜味剂，成人的甜味阈值是1.23%，小孩则为0.68%，试验说明小孩对糖的味敏感性约是成人的两倍。而随年龄层次的变化，不同人群对食盐的咸味敏感性变化不明显。但是幼儿对苦味极敏感，而老人对苦味则较为迟钝。年龄到50岁左右，味觉敏感性衰退的迹象更加明显。但对不同的味，其敏感性衰退有差异。老年人对酸味的敏感性衰退不明显，但甜味降低50%，苦味只有约30%，咸味仅剩25%。

一个人的舌头上有轮廓乳头8～12个，外形较大。而在一个轮廓乳头内含有若干个味蕾，在不同的年龄阶段所含的味蕾数量是不同的。而一个人的舌体上味蕾数量的多少，能够反映出某人的味觉敏感程度。味觉衰退的原因正是由于味觉器官味蕾数量随年龄的增大而减少的缘故。一般来讲，年龄增长到50岁以上，舌体上味蕾的存在数量就会相应减少，人的味觉敏感程度有较为明显下降的趋势。儿童和青少年舌体上的味蕾数量较老年人多，故他们的味觉敏感程度较高。据测定，舌头上一个轮廓乳头所包含的味蕾数量为33～508个，平均为250个。年龄到50岁以后，味蕾的数量逐渐下降，到70岁以后，味蕾的数量变化较大，可由200个减少到88个左右。不同年龄层次的人，一个轮廓乳头中的平均味蕾数量与味觉敏感度之间的关系见表6-2。

表6-2 一个轮廓乳头中的平均味蕾数量与味觉敏感度之间的关系

年龄	数量/个	敏感度	年龄	数量/个	敏感度
0～11月	240	强	30～45岁	218	较强
1～3岁	244	强	50～70岁	200	较弱
4～20岁	252	最强	74～85岁	88	弱

另一方面，人到了老年以后，唾液分泌也大为减少。而人的唾液不仅能起到湿润食物和溶解食物的作用，而且还具有随时洗涤口腔的作用。洗涤口腔以使味蕾不容易受其他外来物质的影响，以达到更精确地辨别食物的目的。因此，老年人由于味蕾数目和唾液的分泌量随着年龄的增加而降低，导致了老年人与青少年相比，其味觉敏感度大为减退。有时老年人甚

至对咸味都失去了正确的判断，或将咸味与酸味错误地等同起来。

（二）温度对味觉的影响

食物温度的高低对人的味觉也会产生一定的影响。同一种食物在不同的温度品尝时，人在味的感觉上是有差异的。这是因为食物中的可溶性呈味成分对味觉神经刺激的强弱与品尝食物时的温度之间存有一定的联系，从而导致人对食物的味感判断上有强弱之分。

产生味感时最能刺激味觉神经的温度在10～40℃，其中又以30℃时最为敏感。试验表明在低温（0℃）和常温（25℃）这两种不同的食物温度时，人对产生酸、甜、咸、苦几种基本味感的阈值上，是有着明显差异的。其具体阈值的数据可见表6-3。

表6-3 五种基本味感的阈值

呈味物质	味别	25℃阈值/（mol/L）	0℃阈值/（mol/L）
盐酸奎宁	苦味	0.0001	0.0003
食糖	甜味	0.5	0.8
柠檬酸	酸味	0.0025	0.003
食盐	咸味	0.08	0.25
谷氨酸钠	鲜味	0.03	0.11

在低温和常温时，人之所以会产生上述四种基本味的味感强度上的差异，其原因可能是食物内的呈味成分在溶解或被唾液浸润后，呈味分子与舌头上的味蕾相接触，从味蕾进入味孔后刺激味觉神经，从而产生味感。如果食物的温度在一定范围内升高，那么品尝时食物中各种呈味分子的运动速度也相应地加快，使得口腔中食物的呈味分子与味蕾的接触概率增加，进入味孔的呈味分子数量也就增多，对味觉神经的刺激就会增强，最终判断得出的味感强度就大。

在烹饪实践中，我们对于那些适用于冷吃的菜肴，制作时可以人为地将口味调得偏重一些，以弥补品尝时因温度低而产生的口味不足。实际上这也是提高了溶液中呈味物质的浓度，从而刺激味觉神经的作用增强，提高了食物中呈味物质的呈味强度。但这必须以不影响人们品尝食物的舒适感为度。

（三）溶解速度和浓度对味觉的影响

由于呈味物质只有溶解之后才能被感知，显然溶解速度对味感是有影响的。因此，产生味觉的时间就有快有慢，味觉维持的时间也有长有短。通常呈味物质溶解快的味感产生得就快，但消失得也快。比如蔗糖较容易溶解，味觉的产生、消失也快；较难溶解的糖精与此相反，其甜味感产生得慢，而持续的时间较长。

实践经验告诉我们，呈味物质的浓度不同则味感不同，只有适合的浓度才有愉快的味感。不同呈味物质的浓度与味感的关系是不同的。通常，任何浓度的甜味都是愉快的；任何单一的苦味几乎总是让人难以接受。低浓度的酸味和咸味令人愉快；而高浓度的酸味和咸味则会使人感到难受。另外，在可以感知的范围内，呈味物质的浓度与味感强度呈正比关系，即浓度高则对人的味觉感受器的刺激强度也高，味感强度大。

（四）食物黏稠度对味觉的影响

黏稠度是影响食物质量的重要因素。黏稠度是物理现象，是对物质外观的直接反应。良好、适当的黏稠度使食物看上去具有一种浓厚感、真实感，虽然只是外观表象，但是黏稠度对食物的口感来说，是一个非常重要的影响因素。因为食物讲究色、香、味、形、质俱佳，尤其是对中国菜肴而言。

良好的外观表象必须有相应水平的内在品质支持，否则就会给人以虚假的感觉，人们就会认为这个食物是低档的，甚至是不能食用的。黏稠度影响着食物的风味：黏稠度高可以延长呈味成分在口腔内黏着的时间，给较弱的味感以更多的感受时间，同时降低了呈味成分从食物中释放出来时的速度；对于过强的味感还可以给予一定程度的抑制。这些作用都有益于味蕾对滋味的良好感受。但是食物的黏稠度必须适当，黏稠度过高后味不净，有糊住嗓子、非常难受的感觉；而黏稠度较低，则味感会迅速消失，使人觉得食物的风味不完整、不细腻、不丰满。可见适当的黏稠度可以做到锦上添花，提升品质，给人以满足感。黏稠度的确定，决定于食物的特征、食物的传统风格、消费对象、食用方法等因素。食物黏稠度的调整是食物调味的重要组成部分。高档菜品“红扒鲍鱼”汤汁的良好黏稠度，是菜肴口味、色泽的重要表现，要求汤汁浓稠、附着性强、回味浓厚。烹制“蟹粉豆腐羹”时用蟹油、淀粉勾芡，使蟹粉、豆腐黏性增强，主料、配料、调味料附着、混合在一起，形成的口感厚重、鲜美，达到菜肴色、香、味、形、质俱佳的效果。

勾芡是中国烹调的基础技术之一，许多菜肴在烹制过程中，都要经过勾芡。勾芡能使菜肴的汤汁黏稠度增大，使芡与菜肴的汤汁有机融合在一起，具有明显的滋润口感和提鲜增味的作用，从而有利于菜肴美味感的形成。勾芡后黏稠度高的菜品可以延长呈味成分在口腔内黏着的时间，特别是给较弱的味感更多的感受时间。例如“黄鱼鱼肚羹”，恰当黏稠度的羹在口腔中能品味出鲜美的味道。如果不进行勾芡，而是制作成“黄鱼鱼肚汤”，在口腔中产生的味感就会轻淡得多，同时味感也会迅速消失。

（五）食物颗粒度对味觉的影响

食物的颗粒度是食物的特征性质。通常来说，食物颗粒越小，越有利于呈味成分的释放，同时对口腔的触动较柔和，对味觉的影响有利，所以细腻的食物可以美化口感。这一点对酱类、膏状等含水分较高的食物来说尤其重要。用豆泥、山药泥等蔬菜泥制作的“八宝豆泥”“蜜汁双泥”，颗粒的细腻度既是外观的要求，同时也影响到入口时的触觉美感和细腻度的享受。而有些食物因为要在咀嚼过程中才能体验出美好的口感和食用时的快乐，这些食物就必须有明显的颗粒度、适当的弹性、韧性及滑顺的质感。例如浙江名菜“蛋黄梭子蟹”，咸蛋黄的粉状颗粒，通过用油炒制后，覆盖在梭子蟹壳上，品尝时能体验出蛋黄的鲜美、颗粒细腻的美感。又如点心制馅用的莲蓉、豆沙、蛋黄等，这些都需要在咀嚼过程中体验出颗粒细腻的美感和食用时的快感，因此，就必须使馅心具有明显的颗粒度，才能在品尝时体现出恰当的细腻和滑顺的感觉。

（六）醇厚感对味觉的影响

醇厚感是由于食物中的呈鲜味的成分多，并含有肽类化合物及芳香类物质，味感相互均衡协调而留下良好的厚味。如果食物的汤汁中缺少水解动物蛋白（HAP）、水解植物蛋白

（HVP）等成分是不可能有醇厚感的。与黏稠度不同，醇厚感是指味觉丰满、厚重的感觉，涉及味的本质，属于化学现象。良好的黏稠度可以改善食物的醇厚感。例如适当浓度的味精和食盐的水溶液只能产生非常单薄的鲜味感，但是加入适量的水解动物蛋白或者水解植物蛋白后，不仅提高了鲜味强度，而且产生一定的醇厚感。现在食品行业中的调味师还广泛使用酵母抽提物（商品名为酵母浸膏），从而产生均衡的味感，有助于促进诸味谐调，形成醇厚感，提高食物的品质。酵母浸膏中含有核苷酸类鲜味成分、较多的肽类化合物及芳香类物质，因而成为常用的风味醇厚调整剂之一。可见产生醇厚感的原因之一是诸多呈味成分的共同协调作用。

烹饪中常见的鸡汤、高汤虽为液体的汤汁，却淡而不薄，给人以鲜美醇厚的感觉。品尝时味感连绵不绝，后劲不断。因此，鸡汤、高汤在烹饪中的应用有助于促进菜肴醇厚感的形成。鸡汤、高汤中除了含有一定量的谷氨酸钠以外，还含有其他多种鲜味物质，如肌苷酸钠、呈鲜味的氨基酸和短肽等。这些鲜味物质之间的相互作用，相互配合，使得鸡汤的鲜味变得格外醇厚浓郁。此外，鸡汤、高汤中还含有动物性脂类、矿物质和其他一些辅助呈鲜成分，这些呈鲜辅助成分有的虽然含量甚微，但在呈现鸡汤的醇厚感上却起到了很好的味感辅助作用和诱导作用。

（七）油脂对味觉的影响

油脂不起直接的呈味作用。它对味感的影响是间接的、隐性的。这是因为油脂往往给人更多的是弱的、反应较慢的味感印象。

油脂在口腔中的触觉是受诸多影响因素支配的，如油粒的大小，舌头表面形成油膜的厚度、溶解性、扩散性、乳化性等。含有油脂的食物在品尝时之所以能感觉到它的味道，实际上是含有油脂的乳化液或混浊液对味觉神经作用的结果。当水溶性的呈味物质与油脂形成乳化液（有时是形成混浊液）后，这些乳化液或混浊液将会粘连在菜肴或面点上，使得人们进食时对味觉产生影响。

食物中的油脂会减弱甚至能够短暂地改变食物的味道。因为食物中的呈味物质都是水溶性的，油脂在口腔内形成的薄膜通过屏蔽作用阻碍了水溶性呈味物质与味觉器官的接触，但是油脂薄膜不可能将口腔内所有味觉器官全部覆盖，而且油脂薄膜也在受到唾液的动态冲刷作用。所以在有油脂存在时，人的味觉感官对各种呈味成分的感知是不同的，是动态变化的，使得风味有了很好的层次感和立体感。油脂的这种作用缓和了呈味物质对味觉器官的刺激强度，使食物的味道更加可口。例如蛋黄酱就是一种水包油型的典型乳化液，而人造奶油与蛋黄酱不同，它是油包水型的，即油脂在体系中是大量存在的。由于这两种形态的乳化液不同，品尝时呈味的特点也不同。蛋黄酱中的呈味物质直接作用于味觉感受器，所以品尝时，能够马上感觉到有明显的滋味。但是人造奶油则首先是油脂作用于舌头，使舌头有油感，然后才感觉到有咸味的产生，味感产生的速度要慢一些。

如果是调味品的水溶液与油脂形成了混浊液，分散的均匀性比乳化液低，这种现象在烹调菜肴时常有所见。如果这种混浊液静止时间稍长，油脂与菜肴的汤汁之间即会分层，含有调味品的混浊液会粘连在菜肴上，食用时立即品尝出菜肴的滋味。这实际上相当于调味品溶液在起作用。油脂的存在只不过是丰富了这种味感，使汤汁的味感显得不那么单调。这种呈味感觉与水包油型的乳化液呈味时的感觉有些相似。

经油脂烹调后的菜肴或面点更味美可口的另一方面因素是，舌头的表面有油脂存在时，会影响到食物中的部分呈味物质向着嗅觉感受器发生移动，从另一侧面丰富了味感。

第二节 嗅觉及其科学运用

作为五感之一的嗅觉，同样也可以作为人们认识事物的一条途径。通过使用嗅觉，人们可以分辨食物种类。嗅觉往往先于味觉，有时也先于视觉。人们在摄取食物时，最初的印象就来自视觉和嗅觉。菜肴在没有端上桌子之前，鼻子就可以闻到香味了，香气可以诱发联想，可以引起人们对食物的审美。对精美的食物产生的种种遐想本身，就是一种美的享受。各种植物、食材有各自独特的气味，如苹果有独特的清香，人们不会把它和肉类相混淆。利用嗅觉也可以辨别食品的新鲜程度，如新鲜烤出的面包有可辨的清香味道，人们平常不只在享受松软的口感，也在享受那种清香的气味，口齿留香。当享用各种食品时，人们不只得到了味觉上的满足，更是追求嗅觉美感的满足。

一、嗅觉概述

（一）嗅觉生理

嗅觉是一种复杂的生理感觉，它直接依赖于人们鼻腔里的嗅觉器官。人体的嗅觉感受器神经元是能察觉挥发性、低相对分子质量物质（即刺激物、气味、有气味的物质或引起嗅觉的物质）的感觉细胞，一般按极性沿一定方向排列，表面带负电荷。

能引起嗅觉的物质需具备以下条件：容易挥发、能溶解于水中、能溶解于油脂中。嗅感物质被人体感知的过程如图6–3所示。人体嗅觉神经元位于鼻腔中一个相当小的区域，称为嗅上皮。嗅上皮覆盖着一部分鼻中隔侧壁以及上鼻甲的中央壁。正常呼吸时，随着每一次吸气，携带挥发性分子的空气就通过外鼻孔经过鼻腔并经过上皮表面。呼吸是一个循环的过程，每次正常呼吸，膈肌和胸壁的有规律收缩引起空气流动，是导致嗅上皮暴露于可引起嗅觉的分子中的最初过程。每一个嗅觉细胞内都包含一种嗅觉接受器，人体的嗅觉接受器有七种类型，各自负责不同气味的感知。低浓度气味物质依赖于一两个神经元中心或嗅小球，嗅小球是神经元末梢的一个小的集成单位，嗅觉信号传递中，不同的微量气味会有不同个数的小球被触发。嗅上皮将感知的信号传达给嗅小球——嗅觉的第一次中枢，神经信号由此发出，止于前嗅核、嗅结节，到达第二次中枢的前梨状皮质、扁桃体等处（这些组织位于眼窝的前头）。所有这些组织构成第二嗅觉区域，它的功能一是识别气味，二是对气味进行综合判断和鉴赏。

当香气成分吸附在嗅细胞表面时，将使嗅细胞的表面电荷发生改变，产生微小的电流，从而刺激神经末梢呈兴奋状态，并最终传递到大脑的嗅觉区域，使人们产生判断结论。人们喜欢或乐意接受的嗅觉物质，便被称为香气成分。但需要指出的是，在大多数食品中，总是包含许多种香气成分。因此，食品的香气，往往是一种混合物的嗅觉结果。这种结果，有时会因接受者的不同，产生不同的接受感觉。例如，臭豆腐所散发的气味，有人认为很香，但也有人认为很臭。

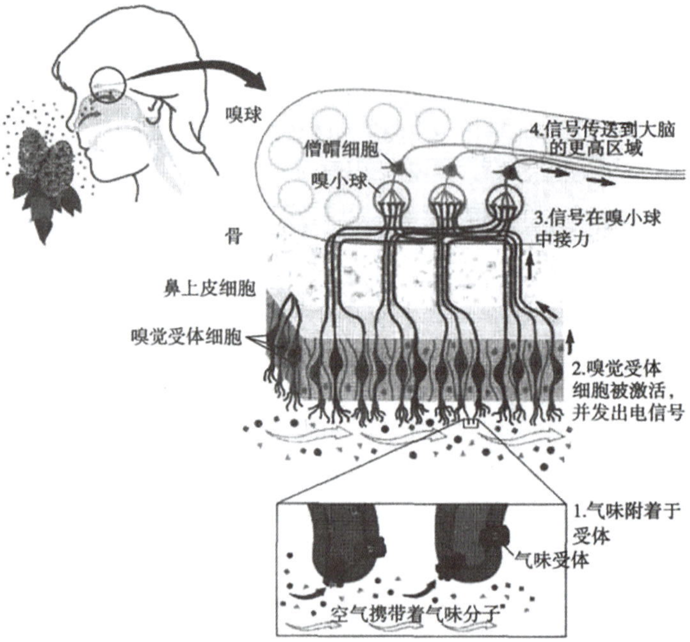

图6-3 嗅觉的产生

（二）嗅觉机理

2004年美国的理查德·阿克塞尔和琳达·巴克由于发现了气味受体和嗅觉系统组织，证明了嗅觉系统是如何起作用的，被授予当年的诺贝尔生理学或医学奖。嗅觉系统是我们人类以分子技术破译的第一种感觉系统。阿克塞尔和巴克证明，人体基因的3%被用来编码嗅觉受体细胞膜上的不同气味受体。当一种气味受体被一种气味物质激活时，嗅觉受体细胞中电信号就被触发并经过神经突触传递到大脑。每个气味受体首先激活一种成对存在的G蛋白，后者又转而刺激环一磷酸腺苷的形成。环一磷酸腺苷是一种信使分子，可激活离子通道，让其开通，然后细胞被激活。

他们在研究中发现了一个大的基因家族，由约1000个不同的基因组成（占人体基因总数的3%），后者产生了相同数量的嗅觉受体类型。这些受体位于嗅觉受体细胞上，后者占据了鼻（黏膜）上皮上半部分的一小块区域，而且能嗅闻到吸入的各种气味分子。每一种嗅觉受体细胞只拥有一种类型的气味受体，每一种受体能探测到有限数量的气味物质。因此，嗅觉受体对几种气味是高度特异性的。受体细胞把细细的神经突触直接接通到独特的微小球囊区域，即嗅球，后者位于大脑的主要嗅觉区。而携带同一类受体的受体细胞把其神经突触接通到同一嗅球。在嗅球中的这些微小区域，气味信息又被进一步转换到大脑的其他部位。在这些部位，来自一系列嗅觉受体的信息进行结合，便形成了一种嗅觉类型。因此，我们在春天能闻到丁香花的香味，并且在其他的时候唤起这种嗅觉记忆。

在每一种嗅觉受体细胞中都有一种类型的气味受体。阿克塞尔和巴克分别独立地证明了每个单独的嗅觉受体细胞只表达一种并且只有一种气味受体基因。因此，气味受体有多少，就有多少类型的嗅觉受体细胞。如果记录来自单独的嗅觉受体细胞的电信号，就可能证明每个细胞不仅仅与一种气味起反应，也可能与几种相关的分子起反应，尽管有强度的不同。

大多数气味是由多种气味物质分子构成的，每种气味分子激活几种气味受体，这就导致了一种结合密码形成一种“气味类型”。这种情况有点类似五色马赛克的色彩。由此才构成了我们识别气味能力的基础，并且形成了约对一万种不同气味的记忆。

（三）嗅觉的特征

嗅觉的特征包括敏锐性，个性差异大、易疲劳、适应和习惯、表现出较强的相互掩盖和抑制的现象等。

1. 敏锐性

人的嗅觉相当敏锐，具有察觉许多极低浓度有效气味的能力。一些风味化合物即使在很低的浓度下也会被感觉到，有些呈嗅物质在极低的浓度下就能被感知。训练有素的专家能辨别4000种以上不同的气味。这点现在仍然超过化学分析中仪器方法测量的灵敏度。我们可以检测许多重要的、在十亿分之几浓度水平范围内的风味物质。

由于嗅觉对于区分强度水平的能力相当差，因此，相对于其他感觉而言，测定的嗅觉阈值差别经常很大。对于未经训练的个体辨别或标识气味类别能力的早期试验表明，人只能可靠地分辨大致3种气味强度水平。从复杂气味混合物中分析识别其中许多成分的能力也是有限的。我们往往是将气味作为一个整体的形式而不是作为单个特性的堆积加以感受的。人的嗅觉也会因病理变化而发生变化，称为病态嗅觉。

2. 个性差异大

不同的人嗅觉差别很大，即使嗅觉敏锐的人也会因气味而异。对于同一种气味物质的嗅觉敏感度，不同人具有很大的区别。有的人甚至缺乏一般人所具有的嗅觉能力，通常称为嗅盲，这是由遗传导致的。就是同一个人，嗅觉敏锐度在不同情况下也有很大的变化。某些疾病对嗅觉有很大的影响，如感冒、鼻炎都可以降低嗅觉的敏感度。环境中的温度、湿度和气压等的明显变化，也对嗅觉的敏感度有很大的影响。通常认为女性的嗅觉比男性敏锐。

3. 易疲劳、适应和习惯

持续的刺激易使嗅觉细胞产生疲劳而处于不灵敏状态，如人在闻香水时间稍长后就不觉其香，同样长时间处于恶臭气味中也能忍受。古语“入芝兰之室，久而不闻其香；入鲍鱼之肆，久而不闻其臭”就是指的这个道理。一般情况下，人对较平常的气味1～2min就可适应，即使较为强烈的气味经过10min也能适应。因为一种气味的长时间刺激，可使嗅觉中枢神经处于负反馈状态，感觉受到抑制，产生对其的适应。这说明嗅觉细胞易产生疲劳而对该气味处于不灵敏状态，但对其他气味并不疲劳。另外，注意力的分散会使人感觉不到气味，时间长些便会对该气味形成习惯。因为嗅觉的疲劳、适应和习惯这三种现象是共同发挥作用的，因此彼此之间很难区别。

4. 相互掩盖和抑制的现象

气味性质相互影响的方式还不清楚，但气味混合物在性质上与单一化合物的性质会有很多相似之处。例如，对一个二元混合物的气味剖析得到的结果同单一成分的气味剖析结果非常相似。虽然风味感觉的强度有所不同，但如果混合物种类很多，就可以产生一种全新的风味。例如合成的番茄味是由多种化合物混合而成的；咖啡香气由几百种物质构成，其中许多物质单独存在时是没有任何咖啡味的；用气相色谱法分析红烧肉的香味时也发现，某些关键物质在单独存在时没有任何红烧肉的香气，但在混合物中就会产生红烧肉香气。

5. 混合抑制消除的现象

混合抑制消除是指在几种不会合成新的成分的混合物中，鼻子对其中一种成分的气味适应后，会使得另外成分的气味变得非常突出。研究发现，有些物质可以很容易地被从混合物中区别出来，而另外一些物质则不太明确。如果鼻子对已知物质疲劳了，另外一些物质可能就会显现出来，使得未知物质更容易被确认。嗅觉的抑制和消除现象是感官检验需要考虑的重要问题，这也是为什么感官检验应该在无气味的环境中进行的理由。如果检验环境中有气味，经过短时间后，嗅觉系统对环境中的任何气息都会变得麻木，如果该气味出现在所检产品中，检验人员就会对它们没有反应，而对于其他风味或香味则会由于抑制效应的消除而有过于强烈的反应。

6. 阈值随身体状况变动

嗅感物质的阈值受身体状况、心理状态、实际经验等人的主观因素的影响尤为明显。当人的身体疲劳、营养不良、生病时可能会发生嗅觉减退或过敏现象，这时会感到食物平淡不香。如人患萎缩性鼻炎时，鼻黏膜上缺乏黏液，嗅细胞不能正常工作造成嗅觉减退。女性在月经期、妊娠期或更年期可能会发生嗅觉减退或过敏现象等，这也说明人的生理状况对嗅觉也有明显影响。心情好时，敏感性高，辨别能力强。正常情况下，实际辨别的气味越多，越易于发现不同气味间的差别，辨别能力就会提高。

7. 香与臭不是绝对的

香与臭不是绝对的，这不仅是对不同生物物种而言，气味对同一生物物种的感受也因气味的浓度而有所改变。如麝香对于人而言，低浓度时香，高浓度时臭。有些气味在低浓度时无害或有益，高浓度时可能有害。

二、食物香气的形成

食物香气的来源和产生可以分为三个方面：即原料本身固有的香气；食物在烹饪加工过程中通过化学反应而形成的香气；在烹饪加工过程中人为地添加香料或食用香精来增香。

（一）原料自身的香气

1. 生食蔬菜的香气

大多数蔬菜食用时都要经过烹煮，但也有些品种可以生食，例如百合科的大蒜，十字花科的圆白菜、花椰菜，葫芦科的黄瓜，茄科的番茄，伞形花科的胡萝卜、芹菜等。它们在生鲜状态下大多数具有青草气味，但经过咀嚼后便产生不同的风味，现选几种介绍其香气成分。

（1）大蒜　中餐厨师视大蒜、洋葱、香葱、韭菜、芦笋等百合科蔬菜为香辛类蔬菜，它们都有刺激性的气味。它们的风味物质以硫化物为主，特别是含有丙烯基、烯丙基、正丙基、甲基等构成的二烯丙基三硫化物、二烃基硫醚类、硫代丙醛类、硫氰酸类等，甚至还有烃基次磺酸、硫代亚磺酸酯、硫醇和二甲基噻吩等。嗅感物质都是在其组织被破坏以后，在酶的催化下产生的，它们具有穿透性很强的特点。除此之外，它们的风味物质中也有含氧和含氮的化合物。由于刺激性太强，它们的多种成员都要经过烹调后再食用，唯大蒜常作为一种调料捣成蒜泥后直接食用，或直接食用其嫩叶。

从大蒜中已鉴定出的含硫成分有30多种，其中的二烯丙基三硫化物（简称蒜油）有特别强烈的大蒜臭味，而另一种被称为大蒜素的具有辣味的主要成分是2–丙烯基硫代亚磺酸烯丙酯，也具有蒜臭。此外，柠檬醛、α–水芹烯、芳樟醇等非硫化合物，在氨基酸、蛋白质、单糖等营养成分的协同下，体现其风味特色。

（2）圆白菜（结球甘蓝） 圆白菜、花椰菜、芥菜、小萝卜和辣根等十字花科蔬菜，其香味成分的特征化合物都是硫代异氰酸酯（即异硫氰酸酯），因品种不同而有不同的特征化合物。在中餐中除小萝卜外，其他品种都需经过烹调后食用，但西餐中，圆白菜和花椰菜常被生食。

圆白菜的嗅感成分很多，主要有二甲基二硫化物、甲基丙基二硫化物、3–烯丙基二硫化物、二甲基硫醚、二丁基硫醚、甲基乙基硫醚、甲基苯基硫醚等；相关的硫醇类；异硫氰酸甲酯、烯丙酯、丁酯、3–丁烯酯等；己醇、丙烯醇、反–2–丁烯醇、顺–2–戊烯醇、顺–3–己烯醇等醇类；乙醛、丁醛、丁酮、丁二酮、2–丁烯醛、反–2–戊烯醛、反–2–己烯醛等羰基化合物。其中以硫化物为其特征香气。

（3）芹菜 芹菜因含有2%的糖而有微弱的甜味，而其温和的苦味可能是由葎草烯所引起的。芹菜含有数十种挥发性成分，多属于萜烯类烃及其含氧衍生物，还含有少量的肽类、有机酸和酚类化合物。而欧芹（荷兰芹）的香气成分是芹菜醇、硫化物、吡咯类化合物、多种萜类化合物。芹菜的刺激性气味可能与非类黄酮苷类化合物有关。

2. 水产品的气味

水产品包括鱼类、贝类、甲壳类等动物种类及水产植物，这里主要是指鱼类，因为鱼类水产品的气味突出。每种鱼类的气味因新鲜程度和加工条件不同而互不相同。

（1）新鲜鱼类的腥气 生鲜的鱼带有极其特殊的腥气味。河中淡水鱼类腥气味的主体成分为六氢吡啶类化合物。当六氢吡啶与附于鱼体表面的乙醛聚合，则生成河中淡水鱼类的腥气味。鱼体表面的黏液内均含有δ–氨基戊酸和δ–氨基戊醛，它们都具有强烈的腥气味。在鱼类的血液中也含有δ–氨基戊醛，所以也有强烈的腥气味。

（2）新鲜度降低时的臭气 鱼类新鲜度降低后的臭气成分有氨、三甲胺、硫化氢、甲硫醇、吲哚、粪臭素以及脂肪酸氧化的生成物等。其中三甲胺为鱼腥臭的主要代表，当鱼体中三甲胺的浓度在1mg/L，还察觉不出来；如果含量达到2mg/L左右时，就能被嗅察出较明显的鱼腥臭。三甲胺是鱼中一种无臭的氧化三甲胺在鱼体发生腐败时，被细菌产生的还原酶还原生成的。

尤其是鲨鱼鲜度降低时会产生强烈的腐败腥臭味，这是由于鲨鱼体内含有的大量氧化三甲胺被还原成三甲胺的缘故。

一般淡水鱼中所含的氧化三甲胺较海水鱼中少，故其鲜度降低时，其腥臭味不如海水鱼那样强烈。

鱼体表面的黏液中含有蛋白质、卵磷脂、氨基酸等，因细菌的作用即产生氨、甲胺、硫化氢、甲硫醇、吲哚、粪臭素、四氢吡咯、四氢吡啶等腥臭物质。

因为鱼腥成分大多都为胺类，为碱性物质，烹调中可用食醋中和之，除去腥臭味。此外乙醇、醋酸的气味也能掩蔽一些腥臭味。

3. 肉类的气味

肉的气味随屠宰前及屠宰过程的条件、动物的品种、年龄、性别、饲养状况等有所改变。不过，后期加工所产生的风味是它的主要方面。

畜肉的气味稍重于禽肉，特别是反刍动物。野生动物肉的气味是重于家养的。总体看来，动物肉在新鲜时，气味很小，主要是一些血腥味。肉的后熟作用会增加醛、酸等物质，从而使肉的气味有上升的趋势。

肉的气味主要来源于肌肉部分和脂肪部分，脂肪部分的气味往往更大。不同肉的气味不同，这主要决定于其脂溶性的挥发性成分，特别是短链的脂肪酸，如乳酸、丁酸、己酸、辛酸、己二酸等。带有分支的脂肪酸、羟基脂肪酸使肉味带臊气，如羊肉的膻气成分是4-甲基辛酸、4-甲基壬酸。不同性别的动物肉气味往往还与其性激素有关。如未阉的性成熟雄畜（种猪、种牛、种羊等）具有特别强烈的臊气，而阉过的公牛肉则带有轻微的香气。

畜肉在成熟期间，由于亚黄嘌呤类、醚、醛类化合物的积聚会改善肉的气味。但腐败时的肉，由于微生物的繁殖，产生硫化氢、氨、尸胺、组胺等具有令人厌恶的腐败臭气，故腐败肉不能再作为烹调加工的原料。

4．乳类的气味

鲜牛乳有淡淡的香气。而饮用乳品、奶油、黄油、乳粉、炼乳、乳酪等各种乳制品，都是以鲜乳为原料经过加热消毒处理后的产品，所以它们的香气成分大体相似，既有天然的嗅感成分，也有因加热、酶促、微生物、自动氧化等产生的嗅感成分，主要有挥发性有机酸、羰基化合物、酯类和硫化物，其中仅有机酸就测出了140多种。

5．食用油脂的气味

食用油脂的气味主要是由挥发性的低级脂肪酸和非脂成分引起的。油脂的异味则往往是因使用和贮存、加热、氧化而产生的小分子物质所引起的。这些低级脂肪酸多是偶碳原子数的，如酪酸（丁酸）、己酸、辛酸、癸酸、月桂酸（十二酸）和肉豆蔻酸，而相对分子质量低的羰基化合物则是形成油脂酸败气味的主要原因。

芝麻油是中餐最广泛使用的调香油脂，已鉴定出香气的主要成分是乙酰吡啶，此外还有愈创木酚、2-乙酰吡咯、2-甲基吡咯、3-甲基吡喃、糠醇等特殊成分。低沸点的含硫化合物和多种醛类也有一定的作用。

（二）食物在烹饪加工中产生的香气

菜肴、面点等所有食物，由原料经过加工、烹制、调配等技术措施以后，风味物质的种类和含量都发生巨大变化，香气成分更是如此。现分述如下。

1．畜禽肉类制品与菜肴的香气

研究发现，因美拉德反应、氨基酸热降解、脂肪热氧化降解以及硫胺素的热降解而得到的反应产物是畜禽熟肉制品和菜肴香气的主体。仅以熟牛肉而言，起重要作用的化合物就达到40种，其特征成分有硫化物、氮化物类和呋喃类，而风味物质总数在240种以上。

熟猪肉的香气成分与牛肉多有相同之处，但以γ-内酯和δ-内酯居多，不饱和的羰基化合物和呋喃类化合物含量也较多。

熟羊肉的香气主要受羊脂肪的影响，含硫和含氮的成分与牛肉相似。

熟鸡肉的特征香气成分是硫化物和羰基化合物。

畜禽肉类制品的香气成分与热处理方式有很大的关系，同一块肉，用不同的烹调方法加工，其风味也会不同。

2．鱼、贝类制品与菜肴的香气

鱼、贝、虾、蟹气味的有关成分是胺类、酸类、羰基化合物和含硫化合物，还有少量的酚类和醇、酯等。这些成分经加热煮熟后产生了很大的变化，熟鱼所含的挥发性酸、含氮化合物和羰基化合物构成了诱人的香气。但不同品种的鱼，其香气组成的变化很大。而烤鱼、熏鱼等则因调料改变了其风味成分。

甲壳类和软体类水生动物熟制后，非挥发性的味感成分的风味效果远大于嗅感成分。例如章鱼、乌贼、贝类等的鲜味是由氨基酸、肽、酰胺和琥珀酸等成分共同作用的结果，但不能因此忽视嗅感作用。蒸煮螃蟹的香气成分是某些羰基化合物和三甲胺；牡蛎、蛤蜊的头香成分是二甲硫醚；煮青虾的特征香气成分有乙酸、异丁酸、三甲胺、氨、乙醛、正丁醛、异戊醛和硫化氢（H_2S）等；海参、海鞘类香气特征成分为2,6-壬二烯醇、2,7-癸二烯醇、辛醇、壬醇等。

3．蔬菜烹煮时的香气

生食蔬菜的香气成分已如前述，但大多数蔬菜都要烹熟后才能食用，即使是生食品种有时也要烹熟。可是一经烹熟后，其香气成分将会发生显著的变化。例如刺激性气味很强的百合科蔬菜洋葱、韭葱、细香葱、大蒜、韭菜、芦笋等，在烹煮受热后，特征气味的含硫化合物都要降解，香辣催泪的气味减弱，例如二丙基硫醚热降解产物丙硫醇比蔗糖还要甜。十字花科的圆白菜、花椰菜、芥菜、小萝卜和辣根等的特征香气成分异硫氰酸酯加热会分解成腈类产物，且会促使其他含硫化合物的降解和重排。茄科的番茄、柿子椒、马铃薯等受热烹调后，某些氨基酸特别是甲硫氨酸分解产生硫醇、硫醚等新的香气成分。马铃薯烹调后含有的芳香气味成分近50种，计有C_2～C_{10}的饱和与不饱和芳香醛和酮，C_3～C_8的饱和与不饱和醇，芳香醇、橙花醇和香叶醇等萜类醇，硫醇、硫醚、噻唑等含硫化合物，以及一些含氮化合物和呋喃类化合物等。伞形科的胡萝卜、芹菜等在烹熟以后风味变化也很大，例如烹熟的芹菜含有较多的甲醇和乙硫醇。烤紫菜的头香成分达40多种，主要的是羰基化合物、硫化物和含氮化合物。

食用菌类的香气特别浓郁。例如蘑菇挥发物中就有1-庚烯-3-醇、2-庚烯-4-醇等醇类，糠醛、茴香醛等羰基化合物，肉桂酸甲酯、茴香酸甲酯等酯类，乙酰胺、苯甲醛氰醇等含氮化合物，硫氰酸苯乙酯、异硫氰酸苄酯等含硫化合物。新鲜的香菇并无明显的香气，但经过干燥加工的干香菇有诱人的香气。

4．瓜果及其制品的香气

生食水果的香气已如前述，这些生食水果如果受热，其香气成分会发生降解，与生鲜状态有显著差异，所以天然果汁在食品加工中都需要再行调香。

对于加热而言，坚果类的香气变化很大，例如栗子、核桃、榛子、香榧子等都是如此，更典型的是咖啡、可可、甜杏仁和花生。以花生为例，生花生仁的香气成分主要是已醛、辛醛和2-壬烯醛，而炒花生的香气成分有300余种，以羰基化合物为主要成分，还有多种吡嗪类化合物。

5．粮食类制品的香气

稻米和小麦粉是我国人民的主食，大米饭和面食是最值得研究的对象，现叙述如下：

大米饭刚煮好时，有一股诱人的香气，过去认为是硫化氢（H_2S）、乙醛（CH_3CHO）和氨（NH_3），后来对新蒸煮的米饭顶空成分分析结果证明，其挥发性成分有40种，主要是低相对分子质量的醇、醛、酮类化合物，如C_2～C_{10}的醛、异戊醛、苯甲醛和苯乙醛等，C_7～C_{10}的2-酮、6-甲基-5-庚烯-2-酮等，C_5～C_7和C_9的醇、1-辛烯-3-醇等，还有苯、萘以及乙酸乙酯、呋喃类、苯酚类化合物、脂肪酸、内酯、缩醛、噻吩、噻唑、吡啶、吡嗪、吲哚、喹啉等。稻米的特殊品种香米，有人报道其香气的关键成分是2-乙酰基-1-吡咯啉，其阈值为0.0001mg/kg，具有爆玉米花的香气，在香米中的含量是普通米的10倍。

米糠也有特殊的香气，已鉴定出其挥发性成分有250种之多，有烷烃、烯烃、芳香族化合物、醇类、醛类、酮类、酯类和内酯类、酸类、酚类、乙缩醛类、呋喃类、吡啶类、吡嗪类、喹啉类、噻唑类、噻吩类等。而对米饭香气贡献最大的是米糠中的酮类化合物，用完全去掉米糠的精白米所煮的米饭的香气是很淡薄的。

小麦本身的挥发性成分种类较少，主要是C_1 ~ C_9的饱和醇，C_2 ~ C_{10}的醛类等，C_3 ~ C_7的脂肪酮类，以及乙酸乙酯、二甲苯、萘、二甲基萘等，但是特殊香气还不清楚。目前，小麦面粉的香气相关研究不多，我们中国人喜吃的面条、馒头、包子等的香气研究也不多，而面包、糕点、饼干等相关研究则有许多报道。

玉米的挥发性组分已经鉴定出60多种，主要是C_1 ~ C_9的饱和醇类和不饱和的顺–4–庚烯–2–醇及1–辛烯–3–醇，饱和的C_2 ~ C_9的醛类和2,4–癸二烯醛等，4–庚烯–2–酮，香叶基丙酮和C_6 ~ C_9的饱和的脂肪族甲基酮类，月桂烯等萜烯类和2–戊基呋喃，但特征香气也未定。此外，玉米经过烘烤后变化很大，有相当多的吡嗪等含氮杂环化合物出现。

生大豆在干燥状态下挥发性成分较简单，主要有C_1 ~ C_7的饱和醇和1–辛烯–3–醇，C_1 ~ C_8的饱和醛和反–2–已烯醛、苯甲醛等醛类，丙酮、2–庚酮和3–辛酮等酮类，甲酸乙酯、乙酸乙酯等酯类，苯、甲苯和二甲苯的芳烃，脂肪酸类和胺类等。生大豆磨碎后有豆腥气味，其主要成分是已醇、已醛、乙基乙烯基酮等，而烘炒大豆的香气则以12种吡嗪类化合物为主，还有糠醇、癸醛、苯乙醛、5–甲基糠醛、愈创木酚和*N*–乙酰基吡咯等。

中餐中常用的红豆沙，在其原料生红豆中没有明显的香气，但煮烂后有特殊的香气，其主要成分是3,5–二甲基–1,2,4–三硫环戊烷、2,5–二甲基噻吩、四氢噻吩和4–甲基–2–甲氧基苯酚等。

对于烹饪行业而言，烘焙食物和油炸食物是非常多的，它们的特征香气也是很复杂的。因为涉及碳水化合物、油脂、氨基酸和蛋白质的热分解，以及其他调味辅料的影响，相关的研究也未能广泛开展，所以我们就不再讨论了。

（三）油脂对菜肴香气的影响

经油脂烹调制成的菜肴面点，其香气都很浓郁，食用时更觉香气扑鼻。这是因为油脂起着一种保香剂的作用。油脂能够溶解很多香味物质。在烹制菜点过程中，烹饪所产生的香味成分有很多已转移到了油脂中，从而在食用时达到满意的效果。因为味觉和嗅觉这两方面同时作用的结果，使得我们在品尝美味食物时产生满口生香、余味无穷的愉快感觉。这种效果在热制热吃（这也是中国菜肴食用时的一大特点）的过程中，显得尤其突出。因为温度的升高加强了芳香物质的挥发。例如一碗温度很高的鸡汤，上面漂浮着一层油脂，从外观上看，看不见鸡汤的热气蒸腾，而且鸡汤的香气也不那么浓郁，然而当用勺子在鸡汤内搅动后再食用时，鸡汤的温度之高和香气之浓郁均可明显地表现出来。

基于大部分香气物质具有亲脂性，并且能很好地溶解于油脂中这一原理，烹饪中常常将一些香辛料与油脂一同熬炼成香气强烈的调香油脂，例如将花椒、五香、丁香、葱等香味调料与植物油一同熬炼后，产品的风味各异，分别形成各具一格的花椒油、五香油、丁香油、葱油等。它们都各自具有强烈的芳香，尤其适用在冷菜、凉拌菜及某些面点和小吃中，以达到增香、调香的效果。在使用这些调香油时，要注意尽可能避免在高温或在加热时间较长的情况下使用，否则香气挥发速度会加快，减弱应有的呈香效果。

用中国传统的烹调技法生产葱姜油、花椒油、辣椒油等是食用油脂香化处理的典范。其特点是以香辛料为香化剂，处理温度一般在120℃左右。如果需要获得更丰富的香化，必须使用各种油溶性香精或香料。而采用工业化方法生产有烹调风格的香化油脂时，则是在50℃左右的温度下，用各种油溶性香精或香料调配出所希望和要求的香型和风格，所用的香精香料被油脂吸收。因为在可能的情况下，采用低温对保护芳香成分、获得最佳质量有利。但是目前的香精香料尚不能调配出中国传统烹调技法所产生的那种香味特征，也就是说炝葱姜油、花椒油、辣椒油等的香化技术是目前工业化生产所不可替代的。因此，可以通过这两种技法的组合运用，实现优势互补，突出各自特点，以满足不同的消费要求。

另外，在烹饪过程中为了增加一些菜肴的香气，常在菜肴即将出锅或出锅后淋上一些香味较浓的油脂，如香油、葱油、花椒油、蒜油、鸡油、奶油等。例如在“红烧鳗鱼”出锅时淋入香油可去腥增香；“榨菜肉丝汤”出锅时滴上几滴香油则香气四溢；在“松子炒玉米”出锅前加少许奶油，成菜奶香扑鼻；还有“麻辣豆腐”淋入花椒油，“鸡油菜心”淋入鸡油等，都能使成菜的香气各具特色，别具一格。应用淋油的方法来增加菜肴的香气也需注意三点：一是淋入的油脂要与原料的香气和谐；二是淋入的油脂不能影响成菜的色泽；三是淋入的油脂不能掩盖原料本身的香味。

三、烹饪中常用的香料

中餐厨师最喜爱用的调香原料是食用植物香料。早在2500多年前就有文字记载，而且受中医“药食同源”思想的影响，这些香料植物几乎都是中草药。被称为香辛料的植物组织都具有明显的芳香气味，精油含量高，并且几乎都有保健功能。当今，天然食用植物香料正得到越来越多的烹饪工作者的青睐。无论是在中式烹调还是在西式烹调中，都可以看到各种各样的食用植物香料在使用。虽然各种香气不可简单地加和，但却会产生一定的遮掩作用和增香作用。遮掩作用即某些气味在混合香中会互相遮掩，如“以香遮臭”。而增香作用，即加入少量某种食用香料后，使得香气的强度发生了较为明显的变化。在烹饪加工中，对于一些无香味或香味不足的菜肴，往往通过添加某些香味较浓的食用香料来增强香味。

（一）食用植物香料

食用植物香料又称为食用香辛料，这是由于食用植物香料的不少品种兼有辣味，故多将此类调料称为食用香辛料，简称香辛料。食用香辛料是指可用于各类食物加香调味，能赋予食物以香、辛、辣等风味，并有增进食欲作用的植物类原料的总称。人们生活中用于菜肴和食物调味的有特殊香味的植物几乎都属于天然香料植物。我国利用食用植物香料调味的历史源远流长，早在公元前551年就有文字记载。在传统的烹饪行业中，对于食用植物香料的运用则显得更加广泛。人们以茴香、花椒、桂皮、姜、丁香、辣椒、芥末、杏仁等香辛料为主体香料，与食用油脂巧妙地调和，构成中国烹饪的特色复合风味。最早人们是用天然食用香料物质掩盖食物存放期间产生的异味，而现在利用各种天然食用香辛料在食物中的赋香、矫臭、抑臭及赋予辣味等功能，不仅产生变化无穷的美味，而且有增进食欲的效果，使人的胃口大开，有些甚至是地区、民族饮食的标志。另外，很多天然食用香辛料还具有着色、防腐、抗氧化等功能。

目前已被国际组织确认的天然食用香辛料有70多种，通常使用含香最浓的植物部位。较为常见的有葱、姜、大蒜、辣椒、八角、茴香、肉桂、花椒、胡椒、小茴香、洋葱、丁香、草果、橘皮、白芷、薄荷、砂仁、肉豆蔻、芫荽、月桂叶等，香辛料的大致分类见表6–4。在烹饪加工过程中往往需要添加适量的香辛料，用以改善或增加菜点的香气，或掩盖原料中的不良气味，如腥气、膻气、臭气等。烹饪中恰当地使用香辛料，能使菜点的香气大大超过原料固有的香气，形成一种综合香气，使人产生愉快感。此外，各种香辛料在加热的条件下，挥发性更强，香气更浓郁。这是因为加热可以促进香气物质的挥发而致。因此，正确了解和使用香辛料，可以使菜点获得良好的香气，有助于刺激进餐者的食欲。

表6–4 香辛料的大致分类

香辛料种类	具体品种
香味调味料	胡椒、辣椒、芥末、山萮菜、姜等
兼具香和味的香辛料	肉豆蔻、肉豆蔻衣、肉桂、丁香、洋葱、大蒜、香芹、花椒、小茴香、多香果等
以香气为主的香辛料	百里香、洋苏叶、月桂、小豆蔻、芫荽、牛至等
以颜色为主的香辛料	红辣椒、姜黄根、藏红花等
其他香辛料	酒、麻油、糟类等

烹饪中经常使用的香辛料种类繁多，大多是天然香辛料，包括它们的鲜、干原料制品。但在面点的制作中，尤其是西式糕点中有时也用一些香料制品以及食用香精。近几年来，我国许多城市还流行着一些新鲜的果香型风味菜肴。另外，有些香辛料还具有着色性、防腐性、抗氧化性等功能。

对于烹饪中使用的香辛料，不同的种类使用的部位也各不相同，如茎、根、皮、花蕾、叶子、种子等。有些是干燥后的原料（大部分属于这一类），如八角、茴香、丁香、桂皮、花椒等；有的则是使用新鲜的原料、如姜、葱、蒜（它们也常常被归类于蔬菜类中）等。在使用香辛料时，可以有多种加热方式。对于长时间加热的烹调方法，可以直接投入香辛料，与原料同时加热；对于炒、爆、烧等烹调法，通常用炝锅的形式，先将这些香辛料放入有底油的热锅内、煸炒出香味后再放原料进行烹调；还可以用来熬制或浸制葱油、葱汁、姜汁、蒜汁后再使用；此外，可以将香辛料直接切细后加入原料中，如凉拌冷菜类常采用此法；还有一些则是用数种香辛料混合而制成，如咖喱粉、五香粉等。在使用这些调料时加热时间宜短，因为香气成分很容易挥发，加热时间长香气会变弱。几种常见食用香辛料的风味特征见表6–5。

表6–5 几种常见食用香辛料的风味特征

名称	特点	各种特性及其强度						
		辣味	芳香	苦味	甘味	脱臭性	着色性	防腐性
胡椒	强烈芳香并具麻辣味	强烈	量			强		强
芥末	刺激性香气并有辛辣味	强烈						强
小豆蔻	樟脑型香气而微苦	强		强				
花椒	香、有麻辣味	强烈	强			强		

续表

名称	特点	各种特性及其强度						
		辣味	芳香	苦味	甘味	脱臭性	着色性	防腐性
肉桂	芳香而有刺激性	强	强烈		强			
丁香	强烈芳香有麻辣味	强	强烈			强		
小茴香	芳香浓郁		强烈		强	强		
芫荽	特殊芳香		强烈		强			
洋苏叶	强烈芳香及凉苦味		强	强		强		
月桂叶	清香		强	轻微		强		
砂红	芳香浓醇而清凉		强	强				

（二）香辛料

香辛料在使用时主要有三种形式，即完整香辛料、粉碎香辛料和香辛料提取物。目前在烹饪中常用的是完整香辛料、粉碎香辛料，即食用植物香料的原来形态或者粉末产品。有研究证明，在传统的烹调方法中使用香辛料提取物对菜肴进行科学的调味，其调味效果与传统的香辛料（完整香辛料、粉碎香辛料）相比，在置信度95%时有显著性差异，调香效果明显优于传统的调香方式。此外，通过一定的工艺对香辛料进行粉末化，并根据传统调味配方将提取物进行复配，具有无渣、味浓、速溶性好、使用方便等优点，应用前景非常广阔。

1. 完整香辛料

完整的香辛料是指其原形保持完好，不经任何加工，这样不仅可增香，而且还可利用其口感和视觉的特点，使食物具有特色。当然有的情况下，也用纱布袋将植物香料包裹起来再使用，这样可以更好地满足菜肴品质的需要。使用完整香辛料的缺陷是在使用时香气成分释放缓慢，香味不能完全释放并均匀分布在食物中。

2. 粉碎香辛料

粉碎香辛料是指完整香辛料经过晒干、烘干等干燥过程后，再粉碎成颗粒状或粉末状，使用时直接添加到食物中。使用粉碎香辛料的优点是香气释放速度快，味道纯正。其缺点是有时会影响食物的感官，如粗糙的颗粒分布在食物中会影响食物的口感。

香辛料单独使用时香气和口味比较单调、生硬、不协调，因此，更多的情况下，多种香辛料是混合使用。由于粉末状的香辛料更易混匀、使用方便、效果更好，人们发明了专用的复合香辛调味料，也称混合香辛料。利用其特殊的混合香气，取得的调香效果更好。代表性品种有西餐的咖喱粉、中式的五香粉以及墨西哥的辣椒末和日式七味辣椒等。此外，还有为了适应现代快节奏生活和饮食方便化而开发出的各种餐桌调味盐和调味酱。粉碎香辛料中用量最大的是黑胡椒，特别是美国人食用较多，而欧洲人偏爱白胡椒。胡椒粉有碎粒状及整粒状等，颗粒大小随各地食用习惯而定。

3. 香辛料提取物

香辛料提取物是指通过蒸馏、萃取等方法，将香辛料的有效成分提取出，通过稀释后形成液态油，或是通过喷雾干燥等方法制成的粉末。这是目前较先进的调味形式，它不影响被调味食物的感官状态。

另外，采用食品级丙二醇、异丙醇、甘油和油脂作稀释剂，对精油、油树脂进行稀释就形成香辛料香精，油溶性的精油、油树脂经乳化处理就成为香辛料乳液；使用环糊精、树胶、明胶等将其包埋保护起来，经喷雾干燥还可以制成微胶囊化制品，可以防止精油香气的挥发损失和使油树脂更加稳定，有利于使用和贮藏，但是成本较高。此外，还有香辛料煎液、速溶香辛料等。

（三）咸味香精

咸味香精（savory flavoring）是20世纪70年代兴起的一类香精。“咸味香精”这个名词是从国外引进的“舶来语”，指的是开胃菜肴的风味是咸的、香辣的、美味可口的、味道极佳的。然而许多人认为把“savory”理解为“咸味风味”的翻译似乎更加准确。为了更深入地了解人们对“savory”的理解，英国一家香料公司做了一个调查，将146种与“savory”有关联的香气描述列出，供被调查者挑选。经过统计，以下10种描述排在最前面：①油炸鸡肉；②烹调的肉制品；③调味品；④大蒜和洋葱；⑤辛辣的；⑥温暖的；⑦黑胡椒；⑧烟熏样；⑨乳酪样；⑩烟熏鲱鱼样。由此可见，所谓咸味食物，就是具有上述风味的食物，包括用各种牛肉、猪肉、鸡肉、羊肉、鱼肉、海鲜等做成的食物，以及番茄酱、洋葱、大蒜、炸薯条、各种香辛料、烧烤肉、烟熏肉、烟熏鱼、火腿、香肠、乳酪等。因此，所谓咸味香精，就是为了模仿各种咸味食物的风味而开发的香精。

我国20世纪80年代开始研究生产咸味香精，20世纪90年代是我国咸味香精飞速发展的10年。经过20多年的时间，目前我国咸味香精生产技术已经进入世界前列，咸味香精生产量和消费量也进入世界前列。在最初的10年里主要是在方便面的调料中应用，而在随后的10年开始在肉制品、鸡精、膨化食品中应用。近几年，咸味香精的应用已经从上述领域扩展到了餐饮业。

咸味香精在餐饮行业中悄然兴起，出现了诸多餐饮专用的咸味香精，其品质相当高，使用效果也在不断提高。烹饪中把咸味香精添加在各种卤菜、烧、烤、烩类等菜肴以及羹、汤、面食、米线、火锅中，都能使香味十分浓郁。从餐饮行业来看，对于咸味香精，短短的几年，烹饪工作者从听说，到尝试使用，一直到现在的餐馆较普遍使用，使用情况已经发生了很大的改变。尤其是大型中式餐饮连锁企业中常常使用，已普遍为消费者接受和喜爱。例如鸡粉调味料、浓缩鸡汁调味料、鲜味酱油、麻辣鲜、排骨味王、肉味王、卤肉料、饺子料、包子料、炖肉料、火锅底料、肥羊底料、各种蘸料和涮料等。

咸味香精的生产是以畜禽肉、骨、脂肪，鱼、虾、蟹、贝，以及香辛料作为基础原料。其制造方法主要有调香法、热反应法以及调香与热反应相结合的方法。调香所用的香料包括天然香料和合成香料两大类。热反应的主要原料是氨基酸、还原糖和其他配料。而水解植物蛋白（HVP）、水解动物蛋白（HAP）、酵母等是很重要的氨基酸来源。

咸味香精在餐饮行业中常常使用。厨师在烹饪中用何种肉作为烹制菜肴的原料，常常可以选用相应肉香味的咸味香精，例如用牛肉原料做菜就用牛肉香精，用猪肉原料做菜就用猪肉香精。质量好的咸味香精在使用后，可以明显改善菜肴的风味，香气逼真醇和，咸味香精的香味和口感与菜肴十分协调。

目前，中国餐饮业已经进入了连锁化发展的轨道，而大型的快餐连锁企业在制作大批量的菜肴时，往往需要用到各种咸味香精。其中，有些品种的咸味香精使用频率和使用量很高，主要原因有以下几点：一是因为同一品种菜肴的批量很大，常常是同一品种的菜肴有几百份或者几千份；二是菜肴品种与酒楼饭店相比比较单一，易于使用咸味香精。快餐企业往往是十几个品种到二三十个品种，相对于酒楼饭店的几十个品种到上百种要少得多；三是大型的快餐企业常常配备专门的调味人员，负责调味料和咸味香精的称量和调配，用量易于合理控制。

各连锁店菜肴风味的统一和标准化问题是制约中式餐饮连锁发展的主要瓶颈之一。连锁性的快餐店，每天需要事先准备好大量包括主食、菜肴、各种小吃和炸货、汤汁以及专用调味汁等在内的标准化餐饮产品。这些工作往往会受到厨师主观因素的制约，这些因素包括厨师技术和经验的差异、口味的偏好、健康状况、情绪波动等。尽可能采用标准化进行生产是解决该问题的良好对策之一，快餐连锁企业往往采用中央厨房集中生产，中央厨房能将中餐菜肴烹调加工过程中的调味及添加咸味香精实现统一化、标准化，运用冷冻冷藏技术使菜点半成品、成品保持新鲜。通过餐饮企业各连锁门店的统一销售，可以为消费者提供色、香、味一致的菜点。这种方式既能保证食物安全，又能保证各个连锁店菜肴的色、香、味一致，目前正成为国内大型餐饮连锁企业争相采用的生产方式。

现在，咸味香精已从原来主要通过鸡精、鸡粉之类的产品为餐饮业服务，转向为根据餐饮企业的要求有针对性地研发出特色更加明显的餐饮专用品。有专家认为中餐连锁化为咸味香精提供了新的发展机遇。未来的一二十年，中国咸味香精的生产还将保持较高的增长速度，将会有更多的餐饮专用精品咸味香精出现。同时，随着咸味香精生产和使用量的扩大，人们对使用咸味香精后是否会引起食物安全问题也在不断加深关注。

第三节 视觉及其科学运用

人类在认识世界的过程中有75%的信息量是由视觉提供的。因此，在感觉分析中，视觉评定占有十分重要的位置。菜肴的色泽好坏是评价菜肴质量的标准之一。因为具有不良色泽的菜肴，不管其营养价值如何高，也难被消费者所接受。菜肴的色泽不仅能引起人们的食欲，而且是鉴别菜肴质量优劣的一项重要感官指标。美丽而符合人们心理要求的菜肴色泽是优质菜肴的一个重要特征，相反，不正常、不自然、不和谐的菜肴色泽常被认为是不佳、变质或工艺不良的直观标志。如新鲜的青菜应该具有鲜嫩的绿色，新鲜的瘦肉应该呈现正常的鲜红色等。

一、视觉概述

（一）视觉的产生及生理特点

视觉的产生依赖于视觉的适宜刺激和视觉的生理机制。视觉的生理机制是光源光或反射光作用于晶状体，光线经过晶状体的折射，在视网膜上形成物像。物像刺激视网膜上的感光细胞，使细胞产生的神经冲动沿视神经传入大脑皮层的视觉中枢，最后产生视觉。

视网膜由大量光敏细胞组成，光敏细胞按其形态和功能可分为视杆细胞和视锥细胞。视杆细胞灵敏度极高，能辨别明暗，但对颜色不敏感。视锥细胞既可辨别明暗，又可辨别颜色。视杆细胞和视锥细胞都与视神经末梢相连。视神经汇聚到视网膜上的一点，然后通向大脑，该汇聚点无光敏细胞，因而称为盲点。在白天正常照度下，人眼对不同波长光的敏感程度与夜晚或微弱光线下人眼对不同波长的敏感程度有所不同。在明亮光线作用下，明视觉过程主要由视锥细胞完成，所以有彩色感觉，人眼可以看清物体的外形和细小的地方，并能分辨出不同的颜色。当光线暗到一定程度时，就只由视杆细胞起作用，人眼不能分辨光谱中各种颜色，只能看到物体的外形，整个光谱带只反映为明暗不同的灰色条纹，没有彩色视觉，只有黑、白、灰视觉。人的视网膜中有视杆细胞1.1亿～1.2亿个，视锥细胞660万～700万个。视锥细胞富集于视网膜中心，其周围的黄斑区内视杆细胞和视锥细胞的比例大约为1∶10，在黄斑区分辨力最高。

（二）视觉心理

在视觉中枢神经系统对外来颜色信号进行分析时常引入人的心理因素，说明了人类个体对颜色具有不同的喜好。对于烹饪来说，这种追求由来已久，孔子主张“色恶不食”。美国人Birren对食欲和颜色的关系做过调查，其结果表明：黄绿色最倒胃口，红色到橙色为最高兴奋点，黄色和绿蓝（青）色的效果也很好。然而这个结果只是美国人的心理味觉。因为日本人也做过心理调查，与Birren的结果并不一致。这正好说明了人类对不同颜色的认同，受到历史传统、文化背景、风俗习惯和宗教信仰等诸多人文因素的影响。因为菜肴的色和香，是人们对它的第一感觉，为了更好地诱发食欲，选择迎合食客心理的颜色非常重要。

食物的颜色有多种，但不管它们如何变化，都有偏红或偏蓝的倾向。带有不同程度红色、黄色的颜色，一般称为暖色，在心理上给人活泼、愉快、兴奋的感受；带有不同程度蓝色、青色的颜色，一般称为冷色或偏冷色，在心理上让人感到安静、沉稳、踏实。心理学家进行过人类对此种关系的心理统计，结果表明：红色至橙色之间的颜色诱发食欲的作用最强，橙色至黄色次之，黄色至绿色最差。中国人对食物颜色的追求，特别是对蔬菜、水果制作的菜肴，喜好保持原料的原色或本色，而且强调与季节的配合，夏季重冷色，冬季重暖色，这种对色彩冷暖的心理追求，在中餐中表现得非常强烈。鉴于视觉的心理效应直接影响人们的食欲，所以烹饪加工过程中非常注意菜肴色泽的控制。

（三）视觉的特征

1．明暗视觉

在白天正常光照下，人眼对不同波长光的敏感程度与在夜晚或在微弱光线下的敏感程度有所不同。明视觉过程主要由视锥细胞完成，所以有彩色感觉。当光线暗到一定程度时，就只有视杆细胞起作用，人眼不能分辨各种光谱，整个光谱带只反映为明暗不同的灰色条纹。

2．彩色视觉

彩色视觉是人眼的一种明视觉功能，依靠视网膜上3种类型的视锥细胞（即红敏细胞、绿敏细胞和蓝敏细胞）实现，这3种细胞都有自己的相对视敏曲线。某些波长既能刺激红敏细胞，又能刺激绿敏细胞，红光与绿光以适当比例混合作用于视网膜产生彩色感觉。相同波长的光引起的视觉效果是完全相同的，人的大脑是根据3种光敏细胞的光通量比例来决定彩色感觉的。

3．光适应

从明亮处进入黑暗处后，人们的视觉逐步适应黑暗环境的过程称作暗适应，一般要经历4～6min，完全适应需要经历30～50min。从暗环境进入明环境的暂时性视物不清过程称为明适应。明适应是人眼感受性慢慢降低的过程，开始几秒钟内感受性迅速降低，大约30s以后降低速度减慢，经60s达到完全适应。在有些情况下，视网膜上某点受到强光照射，这一点的视敏度与其他部位不同，当再看均匀亮度背景时就会感到背景中相应点呈黑色，这种现象称为局部适应。

4. 视觉疲劳与残像

当人眼视线从注视着的明亮物体移开或闭上眼睛的瞬间仍会有明亮物体的影像残存，残像的色彩与原像相同，称为正残像，其残留时间一般仅为几分之一秒。正残像消失后会随之出现负残像，即暗影，这是由于受明亮光照射的视觉细胞视敏度下降（即视觉疲劳），当再看较暗、较均匀的背景时，该区域不能及时提高视敏度而在这个背景上感到有一个形状相同的暗影。

另一种色觉疲倦是在长期注视某一彩色物体后，视网膜上相应部位的视敏细胞对该彩色光的视敏度下降，在注视不太亮的白色表面时就会出现原物体的形象，而色彩是原色彩的补色。

5. 视错觉

观察物体形状所得的印象与实际形状有差异称为视错觉。如图6-4中所示，*AO*的长度与*OB*的长度相等，但由于直线两端附加物的影响，看起来觉得*AO*的长度短于*OB*。人眼的水平运动比垂直运动快，视线习惯于从左到右，从上往下；看圆形的物体总是习惯沿顺时针方向看。眼睛在上下方向运动比在水平方向运动容易疲劳；对水平方向尺寸和比例的估计比对垂直方向的估计要准确得多；当眼睛偏离视觉中心时，在偏离距离相同的情况下，人眼对4个象限的观察率依次为左上、右上、左下、右下，直线轮廓比曲线轮廓更容易让人眼接受。

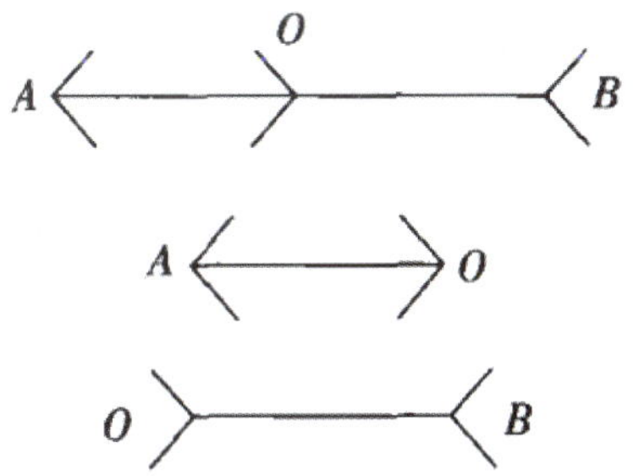

图6-4 直线两端附加物对视觉的影响

（四）颜色的调配

以红、黄、蓝三原色互相混合可以产生各种不同的颜色效果。调色师、画家和油漆工都可以利用不同的色料，互相搭配，经过彼此混合调配出五彩缤纷的色彩。在烹饪行业，厨师所用的原料几乎都是单一的颜色，如红的番茄、绿的青菜等，它们的颜色都不可以经过调色的方法而进行改变。但在面点和鸡尾酒的制作调配中，可以运用不同颜色的色素来进行合理调配，以求达到我们所需要的色彩效果。

在原料的贮藏加工中，常常遇到原料颜色变化的情况。有时向好的方向变化，如水果成熟时变得更美丽，面包烤好后变为人们喜爱的褐黄色；但更多的时候是向不好的方向变化，如苹果切开后的褐变，绿色蔬菜经烹调后变为浅褐色，生肉在贮存中失去新鲜的红色而变褐。因此，控制色变在烹饪加工和原料贮藏中是重要的。菜肴和原料的颜色变化大多为色素的化学变化所致，所以认识不同食物色素的稳定性、变化及变化条件对于控制菜肴的颜色具有重要意义。

二、烹饪原料在加工和贮存过程中的颜色变化

原料在烹饪加工过程中经常发生变色现象。如苹果、桃、梨、马铃薯、茄子等，去皮和切片后常变成褐色；食物在烘烤中形成的金黄色等都属于变色现象。

褐变在食物中是最广泛的颜色变化，其中有些褐变是人们所需要的，如熏烤类菜肴出现的棕褐色等。但也有许多褐变是不受人们欢迎的，如蔬菜、水果等出现的褐变，不仅会损伤它们的外观，而且风味及营养价值等都会受到影响。

根据发生机理的不同，褐变主要可分为酶促褐变和非酶促褐变两大类型。

（一）酶促褐变

酶促褐变多发生在水果、蔬菜等新鲜植物性原料（如苹果、马铃薯、香蕉）中，当它们受到机械损伤（如去皮、切开、压汁）或处于异常的环境变化（如受冻、受热）下，在氧化酶的催化下进行氧化便发生颜色变深、变褐的现象，称酶促褐变。

1．酶促褐变的机理

酶促褐变是在酶参与下的不可逆的氧化过程。酶促褐变发生在水果、蔬菜等新鲜植物性原料中，这些植物组织中的酚类物质在完整的细胞中作为呼吸传递物质，这是氧化过程和还原过程之间的平衡。一旦植物离株或失去营养源之后，在短时间内其呼吸作用并未停止，只要有氧气和酶存在，氧化过程照样进行，但还原过程却不能与之平衡，结果造成氧化物大量积累，有色的醌式化合物逐渐增多，导致食物变色。

参加酶促褐变的酚类物质主要有两种类型：一种为含有酚类物质的氨基酸如酪氨酸；另一种为多酚类。在水果和蔬菜中最易引起酶促褐变的酚类是邻二酚类和一元酚类。一般在多酚氧化酶的作用下，反应最快的是邻二酚类，对二酚类也可以被氧化，但间二酚类不能被氧化，甚至间二酚类对多酚氧化酶还具有一定的抑制作用。可以被多酚氧化酶所催化的还有一些结构比较复杂的多酚类衍生物，如花青素、黄酮类等。

食物要发生酶促褐变，必须同时具有三个必要条件，即酚类物质（也称为酚类底物）、氧气和酚氧化酶。有些瓜果如柠檬、香瓜、西瓜等由于不含有多酚氧化酶，所以它们不发生酶促褐变。

2．防止果蔬酶促褐变的方法

根据酶促褐变所需要具备的三个条件，在实践中可以有针对性地加以防止。主要从降低或抑制酶的活性和隔绝氧气这两方面入手，具体方法有以下四种。

（1）加热处理　来源不同的多酚氧化酶对热的敏感性并不相同。然而在75～95℃的温度下加热7s，即可以使大部分酶失活。例如桃泥中的酶在90℃条件下可以完全被破坏。但水果和蔬菜经过加热后，常常会影响它们原来的风味，所以必须严格控制加热的时间与温度，以达到既能制止酶的活性，又不影响产品原有的风味。加热过度会引起产品质量裂变。相反，如果热处理得不彻底，未能钝化酶的活性，那么果蔬组织的破坏则会加强酶与基质的接触而加速褐变。

目前广泛采用的加热方式有水煮和汽蒸，这两种方法都容易破坏产品的风味。此外，一些新型非热加工方式，如微波加热法，其穿透力强，可使组织内外均匀迅速地受热，对产品风味影响较小，产品风味质量俱佳。

（2）调节pH　多数多酚氧化酶其活性最适宜的pH范围是6～7。pH在3.0以下，其活性几乎完全可以被抑制。

用降低pH来抑制果蔬的褐变，也是最常用的方法。一般多采用柠檬酸、苹果酸等有机酸的混合液来调节pH。切开后的果蔬常浸在有机酸的稀溶液中，这对于用碱法去皮的水果还有着中和残碱的作用。

（3）化学药品抑制酶的活性　二氧化硫、亚硫酸钠、亚硫酸氢钠和偏亚硫酸钠等都是多酚氧化酶的有效抑制剂。当加热处理影响食物风味时，可采用亚硫酸法。此法不仅可以防止酶促褐变，还有一定的防腐作用，并能避免维生素C的氧化损失。但使用亚硫酸法也有不利的方面，如用量不当会使食物产生不愉快的气味，并能使含有花青素的果蔬脱色，还会破坏食物中的维生素B_1，残留量较高时，对人体健康也有影响。

食盐也可以抑制多酚氧化酶的活性。一般多与柠檬酸或维生素C并用，如单独使用，则须用200g/L的食盐水才可抑制多酚氧化酶的活性。

（4）隔绝氧气法　最简便的驱氧方法是将果蔬浸泡在清水、糖水或盐水中与氧气隔离以抑制酶促褐变。但在水中浸泡的时间一久，存在于组织中的氧也会引起果蔬缓慢的褐变。

（二）非酶褐变

酶促褐变是在生物酶的催化下进行的生化反应，而非酶褐变则是典型的纯化学反应。但这类反应不像酸碱中和反应那么简单，它们往往是由一系列子反应连续进行的较长反应过程。

1．美拉德反应

美拉德反应又称羰氨缩合反应，即指羰基与氨基经缩合、聚合生成类黑色素的反应。由于此反应最初是由法国化学家美拉德于1912年发现的，故以他的名字命名。美拉德反应的产物是棕色缩合物，所以该反应又称为“褐变反应”。这种褐变反应不是由酶引起的，所以属于非酶褐变。几乎所有的食物均含有羰基（来源于糖或油脂氧化酸败产生的醛和酮）和氨基（来源于蛋白质），都可能发生羰氨反应，故在食物加工中由羰氨反应引起食物颜色加深的现象比较普遍。如烤面包产生的金黄色、烤肉产生的棕红色、酱油和陈醋的黑褐色等均与其有关。

2．焦糖化反应

在没有任何含氨基化合物存在的情况下，单一组分的糖在120～150℃的高温下，也能发生降解、缩合、聚合等反应，从而形成黑褐色的焦糖色素（俗称糖色），称为焦糖化反应。这也是非酶褐变的一种。焦糖化反应在酸、碱条件下均可进行，但速度不同。糖在强热的情况下生成两类物质：一类是糖的脱水产物，即焦糖或酱色；另一类是裂解产物，即一些挥发性的醛、酮类物质，它们进一步缩合、聚合最终形成深色物质。至今为止，科学研究尚不能确切地解释焦糖化反应的机理，焦糖的结构组成也尚未被认识。一个几乎毕生在实验室中从事焦糖研究的英国化学家Brache感叹地说：“焦糖不仅具有复杂性，而且也无法预测，只有最大限度内将原料、制备技术、时间、温度等加以控制，才能保证高质量产品的可重复性。”

现代科学研究虽然未能彻底认识焦糖化反应的机理，但对非酶褐变反应的前期机理及反应生成物已有了明确的认识。一般认为，焦糖化反应有两种类型：一类是在有胺伴随下的美拉德反应。另一类是纯焦糖化反应（单纯地加热葡萄糖的焦化反应），即在相当高的温度下（大约200℃）使碳水化合物产生醛类，然后缩合成染色成分。

3．维生素C的氧化褐变

除了美拉德反应和焦糖化反应之外，还有一种非酶褐变也是常见的，这就是维生素C（抗坏血酸）的氧化作用。

（1）抗坏血酸氧化褐变的机理　抗坏血酸氧化引起的褐变有两种情况：一是抗坏血酸氧化成脱氢抗坏血酸，随即进行水解、脱羧、失水而生成糠醛，生成的糠醛进一步缩聚便生成结构复杂的有色物质，这是蔬菜、水果类食物在有氧条件下变色的原因之一。二是脱氢抗坏血酸可与氨基酸或其他氨基化合物发生羰氨反应的褐变。

（2）影响抗坏血酸氧化褐变的因素 影响抗坏血酸的氧化褐变的因素有氧气、温度、环境的pH和抗坏血酸的浓度等。抗坏血酸氧化褐变需要氧的参加，温度也可以加快反应速度，同时环境的pH与抗坏血酸的浓度也会影响褐变程度。在中性或碱性溶液中脱氢抗坏血酸的生成速度较快。在pH低于5的酸性溶液中，抗坏血酸氧化生成脱氢抗坏血酸的速度较缓慢，并且反应是可逆的。金属离子也能促进抗坏血酸的氧化褐变的速度。铜、铁离子的影响较大，所以用铜、铁容器盛放的果汁容易引起褐变。

在烹饪加工和贮藏中，食物并不是只发生一种褐变现象，如烹制卤肉、红烧肉、红烧鱼等过程中，既有美拉德反应，又有焦糖化反应。所以，原料在烹饪加工和贮藏过程中，褐变过程错综复杂，褐变产物也是多种多样。

本章小结

在本章中，我们对味觉、嗅觉、视觉及其科学运用进行了概述，并重点介绍了味的分类与特征、影响味觉的因素，食物香气的形成和烹饪中常用的香料，烹饪原料在贮存和加工中的颜色变化，重点涉及美拉德反应、焦糖化反应、酶促褐变等颜色反应。

课后习题

1. 美拉德反应和焦糖化反应的区别是什么？
2. 影响味觉的因素有哪些？
3. 什么是酶促褐变？举例说明防止酶促褐变的方法。
4. 嗅觉有哪些特征？

参考文献

[1] 毛羽扬．烹饪化学［M］．3版．北京：中国轻工业出版社，2022.
[2] 黄梅丽等．食品色香味化学［M］．2版．北京：中国轻工业出版社，2008.
[3] 阚建全．食品化学［M］．3版．北京：中国农业大学出版社，2016.
[4] 童光森等．烹饪工艺学［M］．北京：中国轻工业出版社，2020.

07

第七章 CHAPTER

常见的烹饪变化原理及其运用

本章导学

美拉德反应、焦糖化作用、胶凝作用、蛋白凝固作用和乳化作用是在烹饪过程中常见的变化。掌握、熟悉以上变化的原理及规律，有利于提升烹饪菜品的感官和营养品质。

学习目标

◎知识目标

1. 掌握美拉德反应的定义及基本原理。
2. 掌握焦糖化作用的定义及基本原理。
3. 掌握胶凝作用的定义及基本原理。
4. 掌握蛋白质凝固作用的定义及基本原理。
5. 掌握乳化作用的定义及基本原理。

◎能力目标

1. 了解美拉德反应在烹饪中的实际应用，掌握美拉德反应控制关键技术点。
2. 了解焦糖化作用在烹饪中的实际应用，掌握焦糖化反应控制关键技术点。
3. 了解胶凝作用在烹饪中的实际应用，掌握胶凝反应控制关键技术点。
4. 了解蛋白凝固作用在烹饪中的实际应用，掌握蛋白凝固反应控制关键技术点。
5. 了解乳化作用在烹饪中的实际应用，掌握乳化反应控制关键技术点。
6. 能够通过学习和训练培养学生的开发创新意识。

◎素质目标

1. 培养学生用科学理论指导烹饪实践的能力。
2. 培养学生的审美意识和职业素养。

知识结构图

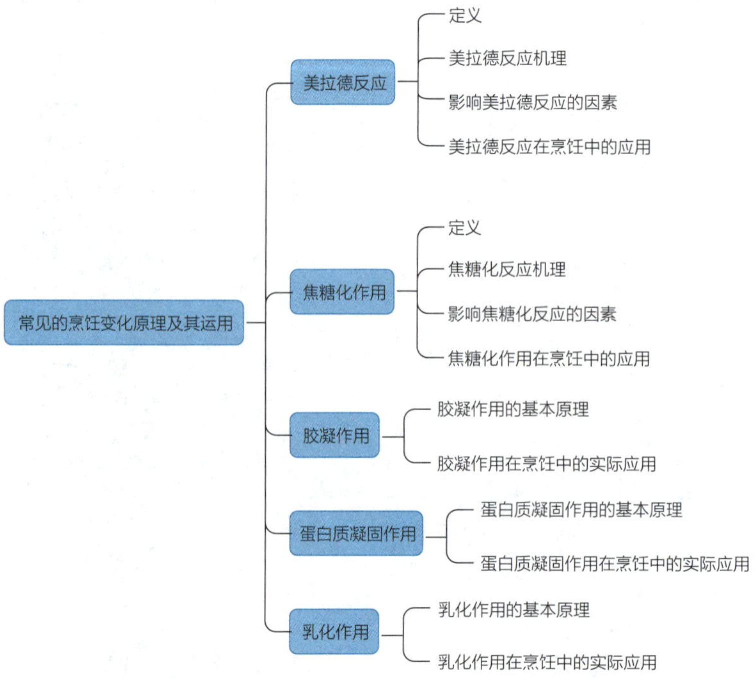

第一节 美拉德反应

一、定义

美拉德反应（Maillard reaction），它是以法国化学家路易斯·卡米拉·美拉德（英语：Louis Camille Maillard）命名，又称麦拉德反应、梅拉德反应、梅纳反应、羰氨反应。Maillard反应是广泛分布于食品工业的非酶褐变反应，指的是含游离氨基的化合物和还原糖或羰基化合物在常温或加热时发生的聚合、缩合等反应，经过复杂的过程，最终生成棕色甚至是棕黑色的大分子物质类黑精或称拟黑素。除产生类黑精外，反应还会生成还原酮、醛和杂环化合物，这些物质是食品色泽和风味的主要来源。几乎所有含有羰基和氨基的食品在加热条件下均能产生Maillard反应。Maillard反应能赋予食品独特的风味和色泽。所以，Maillard反应成为食品研究的热点，与现代食品工业密不可分，在食品烘焙、咖啡加工、肉类加工、香精生产、制酒酿造等领域被广泛应用。

二、美拉德反应机理

美拉德反应按其本质而言是氨基、羰基间的加缩反应，它可以在醛、酮、还原糖及脂肪氧化生成的羰基化合物与胺、氨基酸、肽、蛋白质甚至氨之间发生反应，热反应和长时间储藏都可以促使Maillard反应进行，其化学过程十分复杂。目前对该反应产生低分子和中分子的反应机理比较清楚，而对产生的高分子聚合物的机理仍不能很好地解释。食品化学家Hodge认为美拉德反应过程可以分为初期、中期和末期三个阶段，每一阶段又可细分为若干反应。

（一）初期阶段

Maillard反应的初期阶段包括羰氨缩合和分子重排两种作用。

羰氨缩合：氨基化合物中游离氨基酸与羰基化合物的游离羰基缩合形成亚胺衍生物，该产物不稳定，随即环化成*N*–葡萄糖基胺。分子重排：*N*–葡萄糖基胺在酸的催化下经阿姆德瑞（Amadori）分子重排生成有反应活性的1–氨基–1–脱氧–2–酮糖，即单果糖胺。

此外，酮糖还可与氨基化合物生成酮糖基胺，而酮糖基胺可以经过分子重排异构成2–氨基–2–脱氧葡萄糖。Maillard初级反应产物不会引起食品色泽和香味的变化，但其产物是不挥发性香味物质的前体成分。

（二）中期阶段

在此阶段Amadori重排产物（ARP）通过3条不同的反应路线：一是在酸性（pH小于7）条件下进行1,2–烯醇化反应，经过1,2–烯胺醇、3–脱氧–1,2–二羰基化合物，最终生成羰基甲基呋喃醛或呋喃醛。二是碱性条件下进行2,3–烯醇化反应，产生还原酮类及脱氢还原酮类化合物；三是继续进行裂解反应形成含羰基或二羰基化合物，或与氨基进一步氧化降解，在斯特勒克（Strecker）降解中，*α*–氨基酸与*α*–二羰基化合物反应，失去一分子CO_2降解成为少一个碳原子的醛类及烯醇胺，各种特殊醛类是造成食品不同香气的因素之一。

（三）末期阶段

该阶段主要为醛类和胺类在低温下聚合成为高分子的类黑精或称类黑素。此阶段反应相当复杂，其反应机制尚不清楚。除类黑精外，还会生成一系列美拉德反应的中间体还原酮、醛类及挥发性杂环化合物。主要有Strecker降解产物氨基酮，而氨基酮经异构为烯胺醇则再经环化形成吡嗪类化合物。

三、影响美拉德反应的因素

Maillard反应机制相当复杂，不仅与参加反应的糖类的羰基化合物及氨基酸等氨基化合物种类有关，而且还与温度及反应时间、水分活度、pH、金属离子、化学试剂和辐照等外界因素有关。了解这些因素对Maillard反应的影响，有助于我们控制食品褐变，对食品工业具有重大的现实意义。

（一）氨基酸和糖的种类

糖是Maillard反应中必不可少的一类物质。有资料表明，单糖和ARP的呋喃或吡喃糖比其他形式的糖更能脱水。环状ARP脱水后随着温度的升高形成共轭产物，再经过专一的再环化，可形成五、六、七环杂环化合物，而许多杂环类化合物本身就是风味物质。有研究者认为随着环状结构的增大，Maillard反应速度急剧降低。所以，在食品加工中可以人为地添加适量的糖，使其形成诱人的风味、色泽。

在美拉德反应中，参与反应的糖可以是双糖、五碳糖和六碳糖。可用的双糖有乳糖和蔗糖；五碳糖有木糖、核糖和阿拉伯糖；六碳糖有葡萄糖、果糖、甘露糖、半乳糖等。反应的速度为五碳糖＞己醛糖＞己酮糖＞双糖，开环的核糖比环状的核糖反应速度要快，因为开环核糖更利于ARP形成。

氨基酸是发生Maillard反应的重要物质。常见的生物界中构成天然蛋白质的氨基酸共有20种，每种氨基酸所产生的风味都不一样。有研究表明，甘氨酸、丙氨酸、酪氨酸、天冬氨酸等氨基酸于180℃和等量葡萄糖反应可产生焦糖香气；而缬氨酸能产生巧克力香气；组氨酸、赖氨酸、脯氨酸可产生烤面包香味；苯丙氨酸则能产生一种特殊的紫罗兰香气；L–精氨酸，能产生烤蔗糖香味；L–甲硫氨酸，能产生马铃薯香气、香味；L–谷氨酸，能产生奶油糖果香气、香味；L–亮氨酸，能产生烤干酪香气、香味；L–异亮氨酸，能产生烤干酪香味。因此在加工过程中，我们可以利用氨基酸的这种性质，将其和葡萄糖直接加入食品并热处理，使食品产生宜人的风味和色泽，以提高营养和改善食品的风味。

（二）温度和反应时间

温度是Maillard反应当中最重要的影响因素之一，一般情况下，Maillard反应速度随加工温度的上升而加快，香味物质也主要在较高温度下反应形成。一些低相对分子质量的杂环化合物在高温下有利于形成。其中吡喃环对热敏感，开环后使产物结合增加，然后再环化，从而形成新的碳环或杂环化合物，大多数是含有六、七、八元环的芳香族化合物如苯、呋喃、噻唑、吡咯、吡啶等。烯醇胺或α–氨基酸在高温下也可缩合成吡嗪类化合物。

若温度过高，时间过长，不仅使食物中营养成分氨基酸和糖类遭到破坏，而且可能产生致癌物质，随加工温度的升高，其含量也越高。如花生、油脂等物料的焦化，以及在制作咸味香精膏体，如鸡肉、牛肉、豆酱等膏体时都可能产生致癌物质，对食品安全造成影响；若温度过低，反应比较缓慢，同时也会影响呈香风味物质的形成，达不到成品的风味效果；所以，在食物的生产中如何控制反应温度和时间使反应中生成更多的特征香味成分，以及如何在食物加工处理中预测并提供有效的控制点以避免生成致癌物质将是近阶段研究的一大热点。

（三）水分活度和pH

Maillard反应的强度很大程度上取决于介质的水合作用，为达到最大的反应活性，一般要求食品水分含量在10%以上，通常为15%为好。在一定范围内（10%～25%），Maillard反应速度随水分的增加有上升趋势，完全干燥的食品难以发生Maillard反应。若用Maillard反应制备肉类香精，水分活度在0.65～0.75最适宜，水分活度小于0.30或大于0.75反应很慢。

一般Maillard反应速率随着pH（3～10）上升呈上升趋势，在偏酸性环境中，美拉德反应会被抑制，反应速率降低，吡嗪类物质难于形成。在强酸环境下，氨基处于质子化状态，使*N*–糖基化合物（葡基胺）难以形成，从而使反应难以进行下去，因为在强酸条件下，*N*–葡萄糖胺容易被水解，而葡萄糖胺是Maillard特征风味形成的前体物质，这就导致呈香达不到预期效果；在偏碱性环境下，美拉德反应加速，反应物质生成得很快，速度很难控制，因氨基酸是一类两性离子，它在碱性介质中呈阴离子，此时氨基反应活性较强，易发生褐变反应。

（四）金属离子和化学试剂

金属铁离子和亚铁离子能加速反应进度，铜能催化还原酮的氧化，而钙镁离子则对反应有一定的抑制作用。研究表明，钙盐与氨基酸结合生成不溶性化合物。Leonard研究发现，在磷酸盐缓冲溶液中，随着缓冲液浓度的增加，甘氨酸减少，色素增多。这可能是因为磷酸盐影响醛糖的稳定性，所以它的存在会加速Maillard反应的进行。

（五）辐照

辐照也可以引起Maillard的发生，但是在辐照条件下的反应与加热情况下有所不同。非还原双糖、蔗糖在加热的条件下不产生褐色色素，但是在辐照的条件下有褐色物质形成，它表明在辐照的情况下，蔗糖也出现了还原性。

在辐照时，糖类参与反应的速度为蔗糖＞果糖、阿拉伯糖、木糖＞葡萄糖，但是在热反应中，糖类参与反应的速度是戊醛糖＞庚醛糖＞己酮糖＞双糖。这可能是因为辐照释放出的能量使糖苷键断裂，从而释放出羰基，进一步与氨基化合物发生反应。

（六）美拉德反应各个影响因素控制

美拉德反应的褐变初期是食品加工过程产生风味物质中间体所必需的，但它对食品的保藏、品质不利，这也是从事食品行业科研人员所必须研究如何去遏制的。为防止褐变可采用以下方法。

（1）隔氧法　以阻止由于与氧接触所发生的氧化反应。

（2）降低温度　Maillard反应是一个吸热反应，随着温度的增加，反应速率也随之加快。一般温度每升高10℃，反应速度提高3～5倍。有研究表明，在100℃得到的甘氨酸和葡萄糖色度，在56℃下要反应250h才能达到这个色度。因此，食品冷藏或低温贮藏有利于抑制食品的褐变。

（3）降低pH和调节水分活度　在酸性条件下（pH<3.0），美拉德反应中的羰氨缩合是一个可逆过程，因为羰氨缩合过程中封闭了游离氨基酸，反应体系pH下降，因此碱性条件有利于反应的进行。

（4）添加酶或化学物质　在干蛋白粉储藏过程中，由于赖氨酸与葡萄糖发生褐变导致成品失色，若预先添加葡萄糖氧化酶于蛋白粉中，使葡萄糖氧化成酸则可防止褐变。

四、美拉德反应在烹饪中的应用

（一）美拉德反应对菜肴的影响

美拉德反应是烹饪过程中菜肴的色泽和浓郁芳香的各种风味的主要来源，特别是对于一些传统菜肴的烹饪工艺过程，如红烧肉、烧鸡的烧制，北京烤鸭、广东烤乳猪的烤制以及干炸带鱼、酥炸牛肉卷的炸制中形成良好风味所不可缺少的化学反应。但同时由于生成这些风味物质的前提物质大多来自原料中的营养成分，如糖类、蛋白质等，从营养学角度来说，菜肴在烹饪加工过程中发生生成风味物质的反应是不利的。反应不但使菜肴的营养成分受到损失，尤其使那些人体需要而自身不能合成或合成量远远不能满足人体需要的氨基酸等不能被充分利用。当这些反应控制不当时，甚至还会生成抗营养的或有毒性的物质，如丙烯酰胺糖基化最终产物。因此，深入研究美拉德反应对菜肴的影响，有利于在烹饪过程中，控制菜肴色泽、香味的变化或使其反应向着有利于色泽、香味生成的方向进行，减少营养价值的损失，增加有益产物的积累，从而提高菜肴的品质。

1. 美拉德反应促进菜肴形成良好的色泽

美拉德反应因菜肴烹调方法、加热时间和加热温度的不同，会产生从浅黄色、金黄色、浅褐色、红棕色直至深棕黑色等色泽。例如脆皮乳鸽的红褐色就是美拉德反应和饴糖在加热中变化共同形成的。在油炸乳鸽前，在乳鸽表面涂刷一层饴糖，炸制后会形成美丽的棕红色，也是因为增加了乳鸽表面的糖类等含羰基化合物，使之与乳鸽表皮的蛋白质等氨基化合物在高温作用下发生美拉德反应，从而形成诱人的色泽。

但牛乳中含有丰富的蛋白质、氨基酸和乳糖（一种还原糖），在烹饪处理过程中易发生美拉德反应引起色变，而改变牛乳或乳类菜肴洁白光润的感官特性，这是在烹饪中需要防范的现象。

2. 美拉德反应促进菜肴形成良好的香味

烹饪过程中美拉德反应产生的香味物质主要有含氧杂环的呋喃类、含氮杂环的吡嗪类、含硫杂环的噻吩和噻唑类，同时还包括硫化氢和氨类物质。

烹饪原料中所含糖类和氨基酸种类不同，产生的风味也不同。烤猪肉香味来源于核糖与半胱氨酸的美拉德反应；烤牛肉香味来源于核糖与谷胱甘肽的美拉德反应。烹饪方法不同，同种原料产生的香气也不同。比如马铃薯经水煮产生的香气与经烘烤产生的香气大不相同。

北京全聚德烤鸭，在放进烤炉前，要先在烤鸭的外表涂全聚德特制的酱料（其中存在一定量的糖和香料物质），晾干后烤制，能使烤鸭的香味更加独特，这道特殊工序以糖类和含硫氨基酸为基础，通过加热时所发生的热降解、美拉德反应以及各种生成物的二次或三次反应等，形成包括了数百种化合物的香气成分，这些物质的有机混合就形成烤鸭特有的风味了。

当然，烹饪过程中菜肴风味特征性香味来源于肌肉组织中脂肪的热分解。在烹饪过程中，脂肪的热分解和氧化产物与美拉德反应产物之间发生相互作用，有利于良好风味的形成。

3．具有抗氧化作用的美拉德反应产物（MRPs）有利于菜肴的保存

美拉德反应产物（MRPs）中的促黑激素释放素、还原酮及一些含氮、硫的杂环化合物具有一定的抗氧化活性，能够防止菜肴，特别是含油脂菜肴氧化变质。且某些物质抗氧化活性甚至可与合成的抗氧化剂相媲美。抗氧化作用包括破坏自由基链和延缓氧化产物的生成，还原过氧化物和钝化自由基，络合重金属。因此，可利用木糖+赖氨酸、木糖+色氨酸、二羟基丙酮+组氨酸和二羟基丙酮+色氨酸的美拉德反应产物，来防止烹饪牛排在冷藏过程中的脂类成分氧化。MRPs是烹饪过程中自身产生的一类物质，可以认为是天然的抗氧化剂，这在将来的烹饪名菜名点工业化生产中是非常重要的。

4．美拉德反应降低了菜肴的营养价值

在烹饪过程中，美拉德反应消耗的主要是烹饪原料中的氨基酸和糖类。精氨酸、色氨酸、组氨酸、苏氨酸等在加热过程中，极易和还原糖反应而失去其功能。而在所有氨基酸中，最易在美拉德反应中损失的是赖氨酸。有研究表明牛乳分别在100℃，110℃、120℃二次灭菌20min后，乳中的赖氨酸损失分别为1.1%、3.6%、9.6%。酪蛋白或乳清蛋白与乳糖在加热到120℃，时间为1h，赖氨酸的损失：酪蛋白+乳糖为50.5%，乳清蛋白+乳糖为42.5%。即使在美拉德反应的初期，在不引起色泽变化的时候，赖氨酸与还原糖反应，产生一种稳定的化合物ε-脱氧-果糖-半乳糖-赖氨酸（LacLys），从而使有效赖氨酸的数量明显减少。而赖氨酸是人体的必需氨基酸，人体不能自身合成赖氨酸，必须从食物中摄取。在人体合成蛋白质时，在各种氨基酸中赖氨酸是最重要的一种，少了它，其他氨基酸就受到限制或得不到利用。所以从营养角度看，美拉德反应降低了菜肴的营养价值。

5．控制不当的美拉德反应会降低菜肴的安全性

烹饪过程控制不当，美拉德反应会产生丙烯酰胺、糖基化终产物（AGEs）等物质，降低菜肴的安全性能。自2002年4月瑞典国家食品管理局和斯德哥尔摩大学宣布高温加热食品中有丙烯酰胺产生以来，大量研究发现：大多数食品中存在丙烯酰胺，各类食品中丙烯酰胺存在的数量多少不一，丙烯酰胺是一种可能的神经毒素和致癌物质。研究表明，食物中丙烯酰胺主要是由天冬酰胺参与美拉德反应而产生的。并且天冬酰胺在大多数烹饪原料中都可以找到，如芦笋、马铃薯、面粉、山芋等原料中都有存在。像炸薯条、炸油条等，在炸、烤、煎等烹调方法中，高温、长时间低水分条件下加热引起的美拉德反应是形成菜肴中丙烯酰胺的重要途径。

AGEs和白内障的形成、动脉硬化、早老性痴呆、肾病、糖尿病有关。所以，高温长时间的烹饪中的美拉德反应会降低菜肴的安全性能。

总之，美拉德反应在消耗烹饪原料中的营养成分的同时，产生风味物质提高了菜肴的感官品质。但控制不当，也会产生有害物质影响菜肴的安全性能。所以，在烹饪过程中，要加强对美拉德反应的控制，在促进风味的同时，减少有害物质的产生。

（二）在烹饪过程中对美拉德反应的控制

美拉德反应的化学过程十分复杂，它可以在还原糖、醛、酮等羰基化合物与胺、氨基

酸、肽、蛋白质等氨基化合物之间发生反应，具体过程还存在着许多疑点。但是可以通过影响美拉德反应的重要因素，了解原料中氨基酸和糖的种类、数量，分析各个菜肴的烹饪方法，在烹饪过程中应根据菜肴不同的品质要求和具体的烹饪工艺条件来选择适当的因素，合理控制美拉德反应。

1. 控制烹饪加热温度和加热时间

有些菜肴要求色泽红亮、风味浓郁。烹饪过程中可适当提高烹饪的温度、延长烹饪的时间来充分利用美拉德反应赋予菜肴以整体的愉快、诱人的风味。然而，对于要求色泽洁白光亮的菜肴，可降低烹饪温度、缩短烹饪时间，抑制美拉德反应。

（1）提高温度　可以提高温度，如梅菜扣肉，肉块通过“走油”上色。因为油温可达180℃以上，这是水和蒸汽两种烹饪介质所无法比拟的，高温走油法，促进肉表面美拉德反应，使肉块表面色泽加深。

（2）在适当的温度下延长烹饪时间　可以在适当的温度下延长烹饪时间，如红烧肉，选用肥瘦各半的五花肉，在红烧过程中脂肪成分部分溶出，形成油水混合介质，在汤水较少的情况下，有效地提高了锅内温度。采用小火使温度被控制在一定范围内，长时间烧制，促进美拉德反应生成更多的风味成分和形成纯正的红烧肉色泽。猪肉脂肪成分在这样的火候下产生热降解、氧化生成猪肉特有的香味。且脂肪加热降解、氧化产生各种挥发性化合物如烷烃、醛、醇、酯和羧酸等，又进一步参与美拉德反应形成更为复杂的香气物质。

（3）降低烹饪温度，缩短烹饪时间　可以降低烹饪温度，缩短烹饪时间，如大良炒鲜乳，首先，尽量减少蛋清、牛乳加热时间；虾仁、鸡肝、火腿等配料预加工成熟；用中火烧热炒锅，下牛乳，烧至微沸盛起。其次，炒制的温度控制在刚好凝固，炒至嫩熟即成，以保持其质地洁白软嫩。

2. 调节氨基化合物和羰基化合物的含量

各种烹饪原料中所含的氨基化合物和羰基化合物种类和数量各不相同，有的含氨基化合物丰富，如蛋乳类、禽畜肉类、水产品类烹饪原料。有的含羰基化合物丰富，如马铃薯、米面粮食类烹饪原料。为了在烹饪过程中达到很好的风味和色泽，可在烹调加热前，人为地添加适量的糖或氨基酸。如在面包生坯上刷涂鸡蛋液、在烤鸭的表面刷上含有饴糖的酱料，实质就是增加美拉德反应物，促进生成物的生成，使面包或烤鸭形成诱人的风味、色泽。也有在某些原料中加入酵母，利用发酵法去除微量糖和降低pH，来减少美拉德反应的发生。

3. 合理选择烹调方法

食物中两种普通的成分，还原糖与天冬氨酸在高温状态下相遇后，最终导致了致癌物质丙烯酰胺的产生。丙烯酰胺是在对含淀粉食品的加工过程中自然产生的，然而恰在丙烯酰胺生成之时，食品中产生了一些可口的美味。应寻找一种通过改变食物配制、加工以及其他操作以降解食品中丙烯酰胺的方法，避免人们通过加工、烹调的食物而摄入丙烯酰胺。

因此，合理选择烹调方法，尽量避免高温长时间加热含淀粉烹饪原料，最好将烹调的温度控制在120℃以下。还可控制菜肴中水分含量，通过分子流动性来控制丙烯酰胺生成。另外，也可对烹饪原料在加热前进行处理。尽量采用减少天冬酰胺和还原糖含量的措施减少丙烯酰胺形成。如，避免使用低于8℃的低温冷藏马铃薯，否则会增加还原糖含量。采用天冬酰胺酶处理食品原料，降解天冬酰胺，以切断与还原糖的反应。据报道，马铃薯预先经过0.5%～1.0%柠檬酸溶液小于20min处理，就可以大大降低丙烯酰胺的形成。

还有研究表明：微波炉加热的菜点中丙烯酰胺的含量比较低；水煮的菜肴中检测不到丙

烯酰胺的存在。所以，要结合现代先进的烹饪器械，科学地运用烹调方法。

（三）美拉德反应在面包中的应用

1．美拉德反应对面包的影响

（1）使面包上色　面包中的还原糖在经过加热时发生的聚合、缩合等反应，经过复杂的过程，最终生成棕色甚至是棕黑色的大分子物质类黑精或称拟黑素，从而使面包产生非常诱人的金黄色至深褐色。

（2）增加风味　氨基酸与等量的葡萄糖在180℃高温作用下经过了热分解、氧化、重排或降解形成香味，从而使面包增加风味。

（3）营养价值的降低　美拉德反应会降低蛋白质的营养质量、蛋白质变性以及抑制胰蛋白酶活性等。氨基酸与糖结合造成了营养成分的损失，蛋白质与糖结合，结合产物不易被酶利用，营养成分不易被消化.

（4）抗氧化作用　美拉德反应中产生的褐变色素对油脂类自动氧化表现出抗氧化性，这主要是由于褐变反应中生成醛、酮等还原性中间产物。

2．面包糖含量对美拉德反应的影响

面包种类有很多，其含糖量高低都有不同。美拉德反应又叫褐变反应，受温度高低的影响决定类黑素的产量高低。糖含量越高反应速度就越快，如果温度再高会导致其反应速度加快，所以糖含量高的面团不宜用高的温度来烘烤。反之，含糖量过低的面团则需用高温来烘烤。

充足的烘烤，赋予面包美好的烤色外表以及馥郁饱满的香甜气味。面包在冷却过后，排除了体内的酒精味道，充满了食材与发酵的柔和香气，与表皮甜美的浓郁焦香，这两者的交融形成了面包整体的芳香。

3．发酵对美拉德反应的影响

面包最主要的步骤是发酵，而酵母在发酵时会不停地产酸使面团的pH降低，而在偏酸性环境中，美拉德反应会被抑制，反应速率降低，所以面包如果发酵过度会导致面团pH过低，面团偏酸，使美拉德反应被抑制，反应不强烈，上色偏慢。酵母在发酵时会消耗面团中的糖，如果发酵过度，会使面团中的糖消耗过多，也会影响美拉德反应，使其上色偏慢。

然而如果发酵不足，酵母消耗面团中的糖少，会比正常发酵的面团含糖量高，所以美拉德反应会偏强烈，上色会过快，颜色偏深。

第二节　焦糖化作用

一、定义

焦糖化是焦糖化作用或焦糖化反应的简称。糖类，尤其是单糖，在没有氨基化合物存在的情况下，加热到熔点以上的高温（一般是140～170℃），因糖发生脱水与降解也会产生褐变反应，这种反应称为焦糖化反应（caramelization），又称卡拉蜜尔作用。焦糖化反应的结

果生成两类物质：一类是糖脱水聚合产物，俗称焦糖或酱色；另一类是降解产物，主要是一些挥发性的醛、酮等。它们给食品带来悦人的色泽和风味，但若控制不当，也会为制品带来不良的影响。

二、焦糖化反应机理

糖类在无水条件下加热，或者在高浓度时用稀酸处理，可发生焦糖化反应。由葡萄糖可生成右旋光性的葡萄糖苷（1,2–脱水–α–D–葡萄糖）和右旋光性的葡萄糖苷（1,6–脱水–β–D–葡萄糖），前者的比旋光度为+69°，后者的为–67°，酵母菌只能发酵前者，两者很容易区别。在同样条件下果糖可形成果糖酐（2,3–脱水–β–D–呋喃果糖）。由蔗糖形成焦糖（酱色）的过程可分为3个阶段。

开始阶段：蔗糖熔融，继续加热，当温度达到约200℃时，经约35min的起泡（foaming），蔗糖失去一分子水，生异蔗糖苷，无甜味而具有温和的苦味，这是焦糖化的初始反应。

生成异焦糖苷后，起泡暂时停止。稍后又发生二次起泡现象，这就是形成焦糖的第二阶段，持续时间比第一阶段长，约为55min，在此期间失水量达9%，形成的产物为焦糖苷，平均分子式为$C_{24}H_{36}O_{18}$。焦糖苷的熔点为138℃，可溶于水及乙醇，味苦。

中间阶段起泡55min后进入第三阶段，进一步脱水形成焦糖稀。焦糖稀的熔点为154℃，可溶于水。若再继续加热，则生成高相对分子质量的深色难溶的物质，称为焦糖（caramelin）。这些复杂色素的结构尚不清楚，但具有下列的官能团：羰基、羧基、羟基和酚羟基。

三、影响焦糖化反应的因素

各种单糖因熔点不同，其反应速度也各不一样，熔点越低，焦糖化反应越快。葡萄糖的熔点为146℃，果糖的熔点为95℃，麦芽糖的熔点为103℃。由此可见，果糖引起焦糖化反应最快。

糖液的pH不同，其反应速度也不同，pH越大，焦糖化反应越快。在pH为8时要比pH为5.9时快10倍。

四、焦糖化作用在烹饪中的应用

焦糖化用于生产多种食物，包括以下几类。

1．焦糖酱

焦糖酱是一种用焦糖制成的酱汁，由焦糖和奶油混合而成。根据预期的应用，可以使用其他成分，例如黄油、果泥、酒或香草替代奶油。焦糖酱用于各种甜点中，尤其是作为冰激凌的浇头。

2．太妃糖

太妃糖有时也称为“焦糖糖果”，是一种柔软、致密、耐嚼的糖果，是通过煮沸牛乳或奶油与糖、葡萄糖、黄油和香草（或香草调味料）的混合物制成的。糖和葡萄糖分别加热至130℃，然后加入奶油和黄油，冷却后，将混合物搅拌并重新加热，直至达到120℃。烹调完成后，再添加香草或任何其他调味料和盐。

3. 烘焙中的焦糖化作用

糖的焦化作用是使面包表皮呈现烘焙颜色的一个重要因素。把焦糖化控制在一定的程度内，可以使烘焙产品有令人悦目的色泽与风味。不同的糖对热的敏感性又不一样，果糖、麦芽糖、葡萄糖对热非常敏感，易成焦糖，而蔗糖、乳糖的热敏感性则低些。同时，糖溶液的pH低，糖的热敏感性就低；反之pH升高则热敏感性增强，如pH为8时其速度比pH5.9时快10倍。面包生产中所加的糖多为蔗糖，本身对热的敏感性较低，呈色不深。但由于酵母分泌的转化酶作用及面团的pH较低，蔗糖易被水解成葡萄糖或果糖，从而增强焦糖化作用，使面包上色。这样，虽然蔗糖本身不易焦化，但在面包生产中创造了能直接使用单糖的条件，让最终转化的单糖完成焦化、上色作用。

4. 煎肉上色

在做红烧肉、红烧排骨、煎任何肉类或非肉类的时候，表面形成一层褐色。

5. 焦糖色素

生产焦糖色素的原料一般为蔗糖、葡萄糖、麦芽糖或糖蜜。高温和弱碱性条件可提高焦糖化反应速度，催化剂可以加速此反应，并可生产具有不同类型的焦糖色素。市场上有3种商品化焦糖色素。第一种是由亚硫酸氢铵催化蔗糖生产的耐酸焦糖色素，可应用于可乐饮料、其他酸性饮料、烘焙食品、糖浆、糖果以及调味料中，这种色素的溶液是酸性的（pH为2～4.5），它含有带负电荷的胶体粒子，酸性盐催化蔗糖糖苷键的裂解，铵根离子参与Amadori重排。第二种是将糖与铵盐加热产生红棕色并含有带正电荷的胶体粒子的焦糖色素，其水溶液的pH为4.2～4.8，用于烘焙食品、糖浆以及布丁等。第三种是单由蔗糖直接热解产生红棕色并含有略带负电荷的胶体粒子的焦糖色素，其水溶液的pH为3～4，应用于啤酒和其他含醇饮料。焦糖色素的等电点在食品的制造中有重要意义。例如，在一种pH为4～5的饮料中若使用等电点pH为4.6的焦糖色素，就会发生凝絮、浑浊乃至出现沉淀。磷酸盐、柠檬酸、延胡索酸、酒石酸、苹果酸以及一些无机酸、碱等对焦糖的形成有催化作用。

第三节 胶凝作用

一、胶凝作用的基本原理

溶胶或溶液在适当条件下转变为凝胶（冻胶) 的现象称为胶凝。如肉汤冷后成为肉冻，豆浆中加入钙镁盐后凝成豆腐。

凝胶是指不能流动的固体或半固体的胶体，可看成水分散到固体中的胶体。凝胶网络中有自由水，这些水是被网络结构限制的，属于宏观上不可流动的自由水（图7-1）。

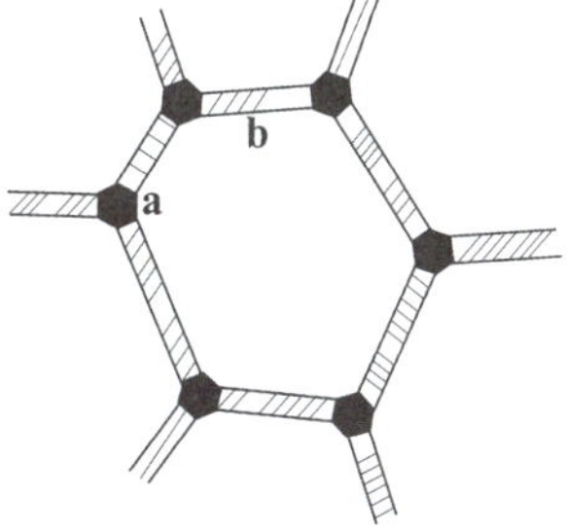

a（黑色）——蛋白质疏水部位发生疏水作用
b（粗黑线条）——蛋白质亲水部位水化层
图7-1 蛋白质亲水凝胶的网络结构示意

凝胶可以通过溶胶的胶凝作用形成，也可通过干物质的吸水形成。凝胶的种类很多，根据胶凝条件或机制，有热凝胶、冻凝胶（冻胶）、酸凝胶、碱凝胶、盐凝胶、氧化凝胶（如血浆蛋白）等类型。例如，内酯豆腐是大豆蛋白的酸凝胶，松花蛋是乳清蛋白的碱凝胶，传统豆腐是大豆蛋白的盐凝胶。根据成分，凝胶可以是蛋白质凝胶，也可以是多糖凝胶等。

凝胶的含水量及其水分状态不同，其性质也不同，根据这一特点，凝胶可分为干凝胶、液体凝胶。干凝胶相对缺乏水分，外观是干燥的凝胶（仍可通过蒸汽与环境交换水分），而液体凝胶相对富含水分，属于湿固态食品，其水分不仅可以通过蒸气交换，而且还能以液态流动、渗透方式交换。干凝胶可以吸水，而液凝胶可以脱水，这是它们的主要区别。

蛋白质胶凝作用是指变性蛋白质分子发生聚集并形成有序的蛋白质网络结构的过程。一般认为蛋白质网络的形成是由于蛋白质—蛋白质、蛋白质—溶剂间的相互作用，邻近肽链之间的吸引力和排斥力达到平衡时引起的。静电吸引力、蛋白质分子之间的作用（包括氢键、疏水相互作用等）、二硫键等有利于蛋白质肽链的靠近，而静电斥力、蛋白质与水之间的作用则使蛋白质肽链发生分离。

蛋白质形成凝胶的过程主要分为两步：①蛋白质分子构象改变或结构部分伸展，发生变性；②变性的蛋白质分子逐步聚集，有序地形成可以容纳水等物质的网状结构。

根据蛋白质形成凝胶的途径，一般将蛋白质凝胶分为两大类：一是热致凝胶，如卵白蛋白加热形成凝胶；二是非热致凝胶，如通过调节pH、加入二价金属离子或凝乳酶制作干酪，碱对乳清蛋白的部分水解形成皮蛋等。

根据蛋白质形成凝胶的热稳定性，蛋白质凝胶分为两大类：一是热可逆凝胶（如明胶加热时形成溶液，冷却后又恢复凝胶状态）；二是非热可逆凝胶（如大豆蛋白，凝胶一旦形成，热处理不会再发生改变）。热可逆凝胶主要是通过蛋白质分子间的氢键保持稳定；非热可逆凝胶则多涉及分子间的二硫键的形成，因为二硫键一旦形成就不容易再发生断裂，加热不会对其产生破坏作用。

蛋白质通过两类不同的结构方式形成凝胶（图7–2）：①肽链通过有序串形聚集排列，形成的凝胶是透明或半透明的，如卵白蛋白、溶菌酶、血清蛋白、大豆球蛋白等的凝胶；②肽链自由聚集排列，形成不透明的凝胶，如肌浆球蛋白在高离子强度下形成的凝胶，乳清蛋白、*p*–乳球蛋白形成的凝胶。常见的蛋白质的凝胶结构可同时存在这两种不同的方式，而且受pH、蛋白质浓度、加热温度、加热时间、离子强度等条件影响。此外，某些不同种类的蛋白质共热可产生共胶凝作用。

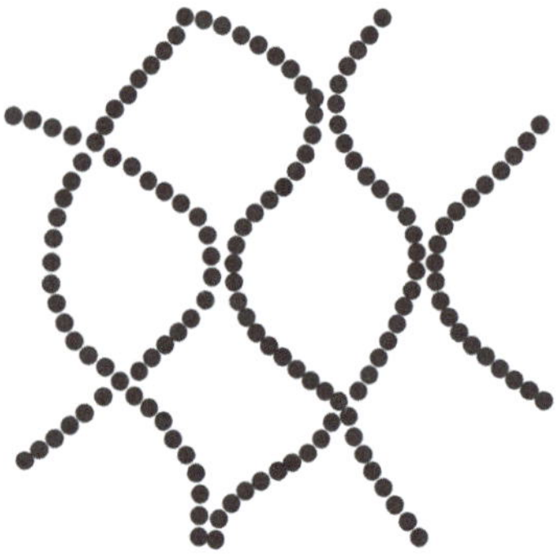

（a）串形有序聚集

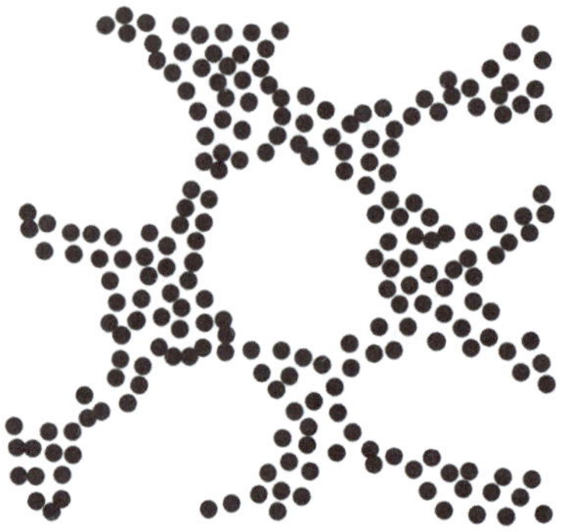

（b）自由聚集

图7–2 蛋白质凝胶的网状结构

蛋白质形成凝胶后具有立体的三维网络空间结构，高度水合，每克蛋白质可结合10g以上的水，网络内部可以容纳其他物质，对食品的风味（品质、质构等方面）具有重要影响。

二、胶凝作用在烹饪中的实际应用

胶凝作用是一些蛋白质非常重要的功能性质，在许多食品制备中起着重要的作用。其中包括各种乳制品，凝结的蛋白、明胶、凝胶、各种加热的肉糜或鱼制品、大豆蛋白制品，膨化或挤压织构化植物蛋白和面包面团等。蛋白质胶凝作用不仅可用来形成固体黏弹性凝胶，而且还可以提高吸水性、增稠性、黏着性、乳化性或泡沫稳定性。蛋白质凝胶对肉类食品，不仅可以使之具有半固态的黏弹性特征，还有稳定脂肪、黏结、保水等作用，对酸乳、豆腐等的生产更为重要，是这类食品形成的基础。例如，蛋类制品中的“水煮蛋”“咸蛋”“皮蛋”，乳制品中的“干酪”，豆类产品中的“豆腐”“豆皮”等，水产制品中的“鱼丸”“鱼糕”等，肉类制品中的“肉皮冻”“水晶肉”“芙蓉菜”等。

蛋白质的胶体性质在烹饪操作中的应用很广。各种冻类菜点、蛋乳制品、鱼肉糜制品、豆腐、香肠、多种仿真菜品（仿荤素菜）等，都是以蛋白质的凝胶作用为基础的。就食物而言，人们希望凝胶类食物具有较大的膨润性和持水性，束缚水的数量越大，凝胶类食物的滑润性越大。显然，凝胶的形成过程中，蛋白质的水化作用起着重要作用。

一些富含蛋白质的干凝胶，如鱿鱼、海参、蹄筋、干贝等，在烹调前的发制过程，就是蛋白质凝胶干化的逆过程，统称为干凝胶的膨润过程，膨润后的产物是凝胶状态，而不是溶胶，因其天然状态不是溶胶。由于一般食物蛋白质的等电点都在微酸性pH处，所以烹饪中一般采用加碱方法而不是加酸方法来改善干货原料的水化状况，如碱发干货就是一个例子：因为加碱更能远离蛋白质的等电点，使其带电荷更多，所以更有利于干货原料中蛋白质的水化作用，膨润效果很好。

第四节 蛋白质凝固作用

一、蛋白质凝固作用的基本原理

蛋白质经强酸、强碱作用发生变性后，仍能溶解于强酸或强碱溶液中，若将pH调至等电点，则变性蛋白质立即结成絮状的不溶物，此絮状物仍可溶解于强酸和强碱中。如再加热，则絮状物可变成比较坚固的凝块，此凝块不易再溶于强酸和强碱中，这种现象称为蛋白质的凝固作用（protein coagulation），实际上，凝固是蛋白质变性后进一步发展的不可逆的结果。通常可导致蛋白质发生凝固的因素有加热、酸、碱、盐、酶等。

热诱导蛋白变性凝固的机制是蛋白质肽键在受热后产生强烈振荡，原来蛋白质空间结构的次级键，特别是氢键断裂，破坏了肽键的特定排列，是内部的非极性基团如疏水基暴露于表面，失去原有的亲水性质，因而降低了蛋白质的溶解度，促进了蛋白质分子间的相互结合而凝结，形成不可逆凝胶而凝固。

酸碱诱导蛋白质变性凝固的可能机制是蛋白质溶液pH的改变导致蛋白质肽链中的某些

基团的解离程度发生变化，从而破坏了维持蛋白质分子空间结构所必需的某些带相反电荷基团之间因静电作用而形成的键。在强酸、强碱条件下，高静电荷引起的强烈的分子静排斥导致蛋白质分子的肿胀和展开，甚至肽键的水解，使蛋白质发生不可逆的变性凝固。

盐诱导蛋白质凝固的机理，目前主要有三种假说。一是离子桥学说，即盐中的阳离子如Ca^{2+}和Mg^{2+}与蛋白质分子的羧基和咪唑基之间的桥联作用；二是盐析学说，加入无机盐可降低蛋白质溶解度，使得蛋白质凝聚而析出；三是认为盐使蛋白质溶胶的pH接近蛋白质的等电点，引起蛋白质电荷量降低而凝固。然而，这三种假说都有各自的合理性与局限性。

常见的酶诱导凝固剂有转谷氨酰胺酶、木瓜蛋白酶以及菠萝蛋白酶等。研究发现，酶促使蛋白质胶凝凝固的机制可能是由于酶作用于蛋白质的一些特定部位的肽键使其断裂，从而巯基、二硫键和疏水性氨基酸残基暴露，蛋白质随即通过疏水作用、二硫键等作用聚集，进而形成凝胶。

二、蛋白质凝固作用在烹饪中的实际应用

蛋白质热变性凝固的性质，在烹饪中有着广泛的应用。如焯水是烹饪中常用的一道工序，可排除动物性原料中的血污，解除部分腥味、膻味。原料焯水去异味时，应采用冷水锅，蛋白质热变性凝固缓慢，原料中血污、异味溶出得多，焯水就会获得较好的效果。如果采用沸水下锅，原料骤然受到高温，原料表面的蛋白质立即变性、凝固而收缩，使细胞孔隙闭合，原料内部的血污、异味不易除尽，达不到理想的焯水目的。同理，在制作高汤时，原料也应冷水下锅，以控制蛋白质热变性和凝固的过程，通过缓慢地加热，使细胞的内容物在蛋白质凝固和原料收缩的过程中缓慢充分浸出，这样制作出的高汤味道鲜美、浓郁，更会增加菜肴的美味。另外，经过初加工的鱼、肉在烹制前用沸水烫一下或在较高温度的油锅中速炸一下，原料表面骤然受到高温，原料表层的蛋白质迅速热变性凝固，细胞孔隙闭合，可保持原料中的营养成分，减少水分损失，最终烹制出鲜嫩的菜肴。

利用蛋白质的酸凝固作用可生产酸牛乳、酸奶油、凝乳。在烹饪中常用的酸为醋酸。利用蛋白质的盐凝固作用可生产豆腐、豆浆、咸鸭蛋等。豆腐制作就是利用盐（石膏和盐卤等）使蛋白质变性的作用；在豆浆中加入氯化镁或硫酸钙，豆浆在70℃以上即可凝固；腌制鸭蛋，食盐使蛋黄的黏度逐渐增加而变稠凝固。

第五节 乳化作用

一、乳化作用的基本原理

乳化作用是指乳化剂使不相溶的油、水两相乳化形成相对稳定的乳状液的过程。食品乳化体系定义为互不相溶的两个分散液态相。常见的液态相为水相与脂肪相。由于两相的极性不同，界面张力相当大，所以乳化体系在热力学上为不稳定分散体系，需要通过表面活性物质（乳化剂）的作用降低界面张力，增加体系的稳定性。乳化作用机理通常包括以下三个过程。

界面吸附：乳化剂在水—油两相界面发生富集的现象，可分为物理吸附和化学吸附两种类型。物理吸附主要是分子引力或静电引力，吸附过程选择性差、作用力小且易于解离；化学吸附则比较稳定。

定向排列：乳化剂分子在水—油两相界而插入内相中，形成致密排列的现象。由此可见，乳化效果和剂量有很大关系，在当乳化剂使用量不足时，就有可能影响其形成紧密定向排列，两相可以接触碰撞可产生聚集收缩作用，乳浊液不稳定然后出现油水分层现象。

胶束形成：乳化剂在水—油两相界而吸附、定向排列的过程中，逐渐形成各种胶束。乳化剂以单一分子状态溶于水时，亲水基团的亲水力大于亲油基团与水的相斥力，故被水相包裹。当乳化剂分子持续增加时，乳化剂分子吸附于界面并逐渐定向排列成单分子膜，亲油基团相互靠拢形成球状胶束。

蛋白质由于分子中具有亲水、亲油基团或区域，是天然的两亲性物质，从而具有乳化性质，在油—水体系中，蛋白质能自发地迁移至油—水界面和气—水界面，到达界面上以后，疏水基定向到油相和气相，亲水基定向到水相并广泛展开和散布，在界面形成一蛋白质吸附层，所以可以在乳化体系的形成中发挥乳化剂作用。

许多食品都是蛋白质稳定的乳化体系，如牛乳、冰激凌、黄油、干酪、蛋黄酱、肉馅等。在天然食品的脂肪球中，由磷脂、不溶性脂蛋白和可溶性蛋白的连续吸附层所构成的“膜”稳定着脂肪球，这种膜是由三酰甘油、磷脂、不溶性脂蛋白和可溶性蛋白质的连续吸附层所构成。蛋白质通常在稳定这些乳化体系时起重要作用。蛋白质在分散的油滴和水相的界面上吸附，能使液滴产生抗凝集性的物理学、流变学性质，如静电斥力、黏度等。氨基酸的侧链也可能发生电离，这种电离作用可以产生有利于乳状液稳定性的静电排斥力。

有很多因素影响蛋白质稳定的乳状液性质，包括内在因素，如pH、离子强度、温度、存在的低相对分子质量表面活性剂、糖、油相体积、蛋白质类型和使用的油的熔点；外在因素，如制备乳状液的设备的类型、剪切速度。比如，蛋白质的乳化能力与溶解度成正比，一旦乳状液形成，不溶的蛋白质起到稳定乳状液的作用。加热处理时，界面上的蛋白质的黏度和硬度降低，其乳化能力也随之降低。当体系中加入其他小分子表面活性剂时，它们能够替换蛋白质留在界面上，使蛋白质的乳化能力降低。二硫键可能是提高蛋白质乳化活性的重要因素。

蛋白质的溶解度和乳状液稳定性之间通常存在正相关性。不溶解的蛋白质对乳化作用的影响很小。在肉糜乳状液中（pH为4～8）、氯化钠（0.5～1g/L）的存在可以增加蛋白质的乳化容量，这可能是因为肌原纤维蛋白发生盐溶，使溶解度与伸展度都增加。热聚集不溶性的大豆蛋白质比可溶性的乳化效率低，但一旦乳状液形成后不溶性蛋白质颗粒能对其起到稳定作用。

pH对蛋白质的乳化性质因蛋白质种类而有所不同。有些蛋白质在等电点时具有良好的乳化性质（明胶、卵清蛋白），其他蛋白质在非等电点pH时，乳化作用更好（大豆蛋白、花生蛋白、酪蛋白、乳清蛋白、牛血清蛋白和肌原纤维蛋白）。

加热通常能降低吸附在界面的蛋白质膜的黏度和硬度，因而会降低乳状液的稳定性。但是具有高度水合的界面蛋白质膜的胶凝作用，能提高表面黏度和硬度，并能使乳状液稳定，因此肌原纤维蛋白的胶凝作用对乳状液（如灌肠）的热稳定性是有好处的，其结果是提高对水和脂肪的保持性和增强黏结性。

添加小分子表面活性剂，一般对蛋白质稳定的乳状液的稳定性是不利的，因为它们能降低蛋白质膜的硬度并减弱蛋白质保留在界面上的作用力。

可溶性蛋白质在乳化特性中最重要的属性是它具有向油/水界面扩散和吸附的能力。一旦蛋白质的一部分与界面接触，则非极性氨基酸残基朝向非水相，于是系统中的自由能降低，其余部分的蛋白质可自发地吸附在界面上。大多数蛋白质在吸附时会大大伸展，如果达到很大的面积，即可伸展成为单分子层（≈1mg/m^2，1~2nm厚）。有人认为蛋白质的疏水性越大，界面上蛋白质的浓度越大，界面张力变得越小，乳状液也越稳定。

球蛋白具有稳定的结构和很强的表面疏水性，因此不是一种良好的乳化剂，例如乳清蛋白、溶菌酶的卵清蛋白。酪蛋白酸盐比起上述蛋白质来是一种较好的乳化剂，因为它们除了具有高的溶解度之外，还具有解离的天然伸展结构（无规则缠绕），总疏水性较大，而且多肽链的高度疏水区与高度亲水区是隔离的。酪蛋白胶束（脱脂乳粉）、肉和鱼肉蛋白、大豆蛋白（特别是大豆离析物）以及血液的血浆等蛋白质成分都具有很好的乳化性质。吸附在界面上的蛋白质膜由于膜薄，高度水化和带有电荷，可能导致形成最适宜、最稳定的乳状液和泡沫。

二、乳化作用在烹饪中的实际应用

蛋白质胶体的乳化作用在烹饪中的应用也很广泛，几乎所有用乳、蛋和肉糜制作的菜肴，都涉及蛋白质的乳化作用。如烹制多种汤和调味汁，由于蛋白质是很好的两亲物质，其乳化作用使油脂均匀地分布在水中，避免了汤和调味汁的分层现象。在蛋糕的制作中，蛋白质的乳化作用使气体与蛋白质结合，形成气泡。

本章小结

本章简要介绍了常见的烹饪变化：美拉德反应、焦糖化作用、胶凝作用、蛋白质凝固作用、乳化作用，重点介绍了几种变化的基本原理和影响因素，并具体讲解了几种变化在烹饪中的实际应用。

课后习题

1. 影响美拉德反应的因素有哪些？
2. 影响焦糖化反应的因素有哪些？
3. 导致蛋白质凝固的因素有哪些？
4. 蛋白凝固在烹饪中有何应用？
5. 什么是蛋白质的胶凝作用？其形成机理是什么？
6. 蛋白质胶凝作用在烹饪中有哪些实际应用？
7. 乳化作用的机理是什么？
8. 影响蛋白质稳定的乳状液的因素有哪些？
9. 乳化作用在烹饪中的实际应用？

参考文献

[1] 陈小宏. 烹饪化学[M]. 北京：中国轻工业出版社，2001.
[2] 黄刚平. 烹饪化学[M]. 上海：复旦大学出版社，2011.
[3] 李红，张华. 食品化学[M]. 北京：中国纺织出版社，2022.
[4] 谢达平. 食品生物化学[M]. 北京：中国农业出版社，2014.

08 第八章 CHAPTER 烹饪卫生与安全

本章导学

从农田到餐桌实施全程质量控制已成为食品卫生与安全领域的全球性任务，烹饪作为食物链的终端技术在防止病从口入、确保消费安全上起着决定性作用。本章旨在培养学生的实践能力和独立思考能力，能够将所学的知识应用到实际生活中，提高对健康饮食的认识和兴趣，同时了解营养的基本知识和食物的选择方法，掌握烹饪过程中营养的保持和卫生的重要性，从而养成良好的饮食习惯。

学习目标

◎知识目标

1. 掌握烹饪卫生与安全的概念，掌握食品生物性危害及其控制措施。
2. 熟悉食品的化学性危害的定义及其控制措施。
3. 掌握餐饮服务中的卫生与安全的基本知识和技能。

◎能力目标

1. 应用所学知识提高菜点产品质量、营养素含量、卫生安全质量。
2. 培养学生的实践能力和独立思考能力。

◎素质目标

1. 掌握烹饪卫生与安全的基本概念、分类、发展现状、趋势及新技术。
2. 培养学生热爱科学的态度，增强努力学习和应用新技术的意识。

知识结构图

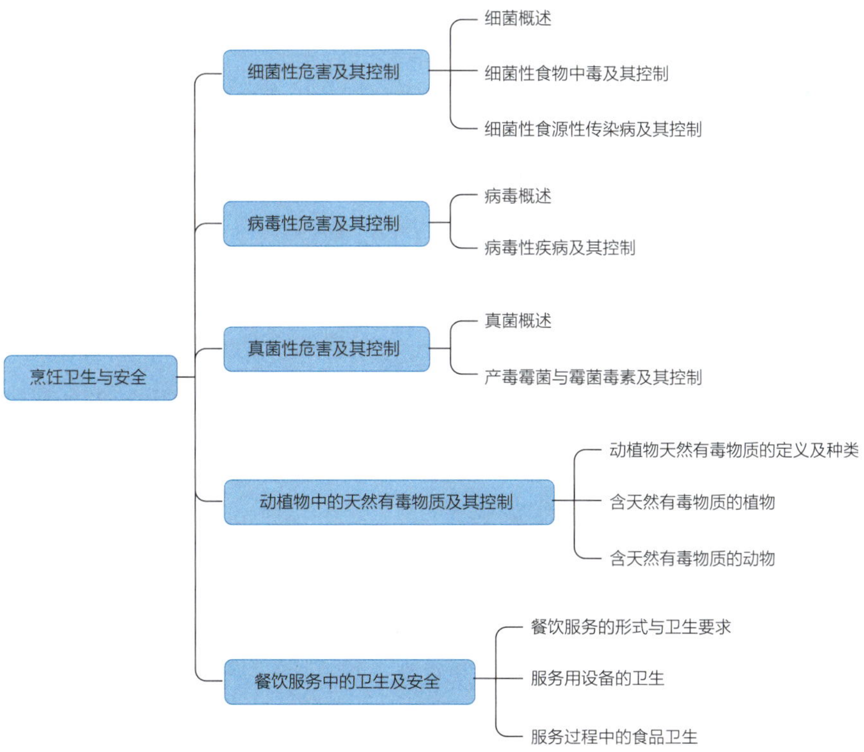

第一节 细菌性危害及其控制

一、细菌概述

（一）细菌的形态大小

细菌是一种单细胞微生物，不含叶绿素。单个细菌体积微小，一般用微米作为其测量单位。例如60个大肠杆菌排列在一起的长度相当于一根头发丝的直径。单个的细菌只有在显微镜下放大1000倍才能看得见。细菌个体形态分为球菌、杆菌和螺旋菌。如果细菌是以群体形式存在则称为菌落，肉眼也可以看得见。一个菌落通常要由上千万个细菌组成。细菌在其适宜环境下有其典型的形态，然而随环境的改变，细菌的形态也往往发生不规则的改变，从而出现多形态，如畸形、衰退型等。

（二）细菌细胞的结构

细菌的结构有一般结构和特殊结构之分。一般结构是指所有细菌都具有的细胞结构，如细胞壁、细胞膜、细胞质等。细胞壁是一种坚硬的外壁，但略有弹性，有固定菌体的外形和保护机体的作用，可以保护细菌体不受热和化学品的侵袭，增强细菌抵御死亡的能力。细胞膜是细胞壁与细胞质之间的一层柔软而富有弹性的半渗透性膜，它控制着细胞内外物质的交换渗透作用，又是许多重要的活动场所，在维持菌体新陈代谢中起重要作用。细胞质是指细胞膜包裹的菌体结构部分，呈溶胶状态，是细菌的内在环境，具有生命活动所有的各种特征，含有各种酶系统，是细菌与其周围环境不断地进行新陈代谢作用的场所。核质是细菌的遗传物质，由DNA构成环状的染色体，其主要功能是传递遗传特征。

另一些细菌除具有以上结构外，还有荚膜、鞭毛、芽孢等一般细菌所没有的结构，这些结构称为细菌的特殊结构。某些细菌在一定条件下，于细胞壁的外面覆盖一层疏松透明的黏液状物质，称为荚膜。荚膜不是细菌的主要成分，它由细菌分泌的糖类衍生物或多肽积聚而成，如将荚膜除去，并不影响细菌的生存。有荚膜的细菌常常表面发黏。荚膜能加强细菌的致病力和保护菌体，使其在体内不易被白细胞吞噬。

某些细菌的表面，长着一种纤细而呈波状的丝状物，称鞭毛。鞭毛是细菌的运动器官，绝大多数能在食物中繁殖的病原菌常常依附在人体、尘埃、空气、食物、衣着或鼻涕、唾液而从一处移到另一处。少数细菌也经过在环境中的移动而迁移。有鞭毛的细菌则能够运用鞭毛做自身运动，通过鞭毛的运动使细菌能够寻找生存所需的食物。一般来说，球菌没有鞭毛，有些杆菌和弧菌有鞭毛，所有螺旋菌均有鞭毛。

某些细菌在其生命的一定阶段，由于外界环境不利于其生长繁殖，细胞质脱水浓缩，在菌体内形成一个圆形或椭圆形的内生孢子，称为芽孢。菌体未形成芽孢之前称为繁殖体或营养体。能否形成芽孢是由该菌的遗传特性所决定的。芽孢不需要营养物质，是细菌生长所处的休眠时期，但它对高温、低温、干燥和化学物质的抵抗力，要比细菌体本身强大得多。有的芽孢可以存活几十年。一旦芽孢所处的外界环境有利，则芽孢又可以发芽长出细菌体，而恢复繁殖力和产毒力。

（三）细菌的生长与繁殖

细菌是无性繁殖的，即以细胞分裂进行增殖，一个母细胞分裂成两个子细胞，称为二分裂法。两个子细胞分离开，形成两个新的菌体，这一过程称为繁殖一代，所经历的时间称为代时。在理想条件下，细菌繁殖一代只要20min。

1．细菌的生长曲线

细菌生长指的是细菌在数量上的增多而不是体积上的增大。

（1）缓慢期　是细菌生长的开始期。细菌活动开始加强，但数目不见增加。事实上，这期间，细菌的总数还可能有所下降，因为可能有一部分细菌不能适应环境而死亡。缓慢期的长短受很多因素的影响，短的只有几分钟，长的可达数日、数周甚至数月。在低温下保藏的食品，缓慢期就会延长。食品经过灌装、冷冻、干燥脱水、辐照、化学保鲜处理过，缓慢期会延长。

（2）指数期　当细菌经历前一阶段适应环境后，就以最快速度进行繁殖，缓慢期随即结束。指数期是细菌生长的第二阶段，在此期间，细菌的增代时间最短，细菌数呈指数型增加。如增加数以时间为坐标，则出现直线上升图形。此时期细菌的生长代谢最旺盛，菌体形态及生理特征最为典型，对外界环境的作用也比较敏感。

（3）稳定期　在此阶段细菌不再增加，因为营养物质逐渐耗尽，某些代谢物质的积累以及其他外界因素的作用都会使细菌生长受到限制，使得新生的细菌数与死亡的细菌数大体平衡，活菌数没有增减，细菌时间总数保持稳定。此时期细菌的芽孢开始形成，代谢产物如外毒素等逐渐产生。细菌在食物中的繁殖达到了稳定期，食品在形状、味道、颜色和结构方面一般都变得不能为人接受了。

（4）衰老期　在此时期，细菌繁殖越来越慢，死亡率越来越高，死菌数超过活菌数，生长曲线随时间呈直线下降。细菌的生理代谢活动逐渐趋于停止。但是如果不能做到完全消灭细菌，最终会使一些细菌残留下来开始另一循环。

2．影响细菌生长的因素

食品中细菌生长繁殖的影响因素是多方面的，如食品的种类、食品所提供的营养条件、食品所处的外界环境条件、食品的加工方法、共存于食品中的细菌种类等，但最重要的是温度、湿度、酸碱度、氧气条件。

（1）温度　温度对细菌的影响很大。一般情况下，细菌对低温的敏感性没有对高温敏感性那样显著。在低温条件下，细菌一般并不死亡，只是其新陈代谢活动降低，但其活力仍存在，当温度升高后，仍能恢复正常的生命活动，但也有少数细菌在低于其最低温度时死亡，同时也有少数细菌则能继续缓慢生长。而在高温情况下，细菌不但停止生长且易死亡，主要是由于高温使细菌的蛋白质和酶发生变性。根据细菌对温度要求的不同可分为嗜冷菌（−28～20℃）、嗜温菌（20～45℃）和嗜热菌（45～60℃）。正常引起人体疾病的病原菌往往都是嗜温菌，其生长的适宜温度基本与人类体温及人类生命活动的适宜环境温度相似。烹饪原料在储藏时的温度影响到以后的细菌活动。美国卫生部把7～60℃定为危险温区。因此原料储存、初加工、端送给客人都应当缩短在危险温区中停留的时间。餐饮食品必须趁热供应或者迅速冷却、绝对不能存放于温热环境，以免腐败变质。

（2）湿度　湿度必须达到细菌宜于生长的条件。这里引入水分活度（*Aw*）的概念。*Aw*是指食品中所含水汽压力与同温度下纯水的水汽压力之比。纯水的*Aw*是1.0。食品中的*Aw*可以用以下几种方法来降低。

物理干燥法：经过干燥的食品因A_w降低，故相对于未干燥的食品，其保存时间要长。

冷冻干燥法：食品在冰冻状态下，因其形态已变成固体，故水分不能被细菌所利用。水只有在液态时才能被细菌利用。

（3）酸碱度　食品的酸碱度对细菌来说是很重要的。酸碱度的标准量称为pH，从1～14。低于7的是酸性，高于7的是碱性，恰好为7的为中性。绝大多数细菌适宜在pH为7.2～7.4（中性略偏碱性）环境中生长，导致这些食品容易腐败变质。在储藏过程中具有潜在的危险。而一些自然生长的食品（如水果）和发酵食品（如泡菜、酸乳、发酵香肠等）酸碱度偏低，足以阻止绝大多数病原菌的活动。食醋本身具有杀菌作用，可以做凉拌菜的配料。酸性饮料如柠檬汁则只要封装良好就可以长期保藏。

（4）氧气　各种细菌需要氧气的情况不一样。需氧菌需要游离氧，厌氧菌须在没有游离氧的情况下才能生长良好，兼性厌氧菌则无论在有游离氧或没有游离氧的环境中都能繁殖。食品工业常以抽真空包装（去除游离氧）、气调包装（增加氮气含量，减少氧分压）来加工贮藏食品。

二、细菌性食物中毒及其控制

（一）细菌性食物中毒

食物中毒多由细菌、真菌及其毒素、有毒动植物、化学污染物引起。由于细菌性中毒多为集体发病，所以一旦发生，就会造成多方面的损失。食物中毒的发生与市场和经济状况、卫生知识普及程度、食品卫生监督检测力度、食品卫生法贯彻情况、食品从业人员修养有着直接的关系。

1．细菌性食物中毒的特点

细菌性食物中毒的发生具有以下共同特点。

（1）潜伏期较短　从有毒食物进入人体到最初症状出现的这一过渡期称为潜伏期。细菌性食物中毒往往在食用食物后突然发病，短时间内可能有大量病人发病。

（2）症状相似　症状是指发生疾病时表现出来的异常状态。中毒病人的症状可因吃进有毒食物的多少以及体质的强弱而轻重不同。但同种细菌或细菌毒素引起的中毒，病人都有相似的临床表现，最常见的为急性肠胃炎，如腹痛、腹泻、恶心、呕吐等。

（3）有共同的饮食史　病人都是由于吃了同一种或几种有毒食品或带菌食品而发生的。往往在一个饭店、一个食堂、一个地区在同一时期内或一餐中吃了有毒食物后，有时在间隔一定时期后，有许多人陆续发病。而未进食过有毒食品、带菌食品的人不发病。

（4）流行呈暴发性　在饮食业中食物中毒的发生，来势凶猛、时间集中、发病率高，少的几十人，多的数百人，甚至上千人，都是突然发病。这是因为每张餐桌上都可能供应有同一种有毒的或带菌的食品造成的。

（5）不直接传染，一般无传染病流行时的余波　只要及时送病人抢救治疗，并停止供应、进食有毒食品，发病率就可以得到迅速控制。细菌性食物中毒一般发生于每年的5～10月。另外，此时期内人体防御能力较低，也是造成细菌性食物中毒的诱因。细菌性食物中毒发病急，死亡率低。一般在吃下被污染食物后24h发病，呈急剧暴发型。如能及时抢救，一般病程短，恢复快，病死率低。

2．细菌性食物中毒的发生必须具备的条件

细菌性食物中毒的发生必须同时具备下列5个条件。

（1）要有一个细菌源　生食品、食品制作人员、老鼠、苍蝇、蟑螂等昆虫和动物、尘土、不洁抹布等都属细菌污染源。

（2）该细菌要进入食品　加工生熟不同的两种食物使用同一块案板，或其他厨房用具，两次加工期间未彻底洗净，生料上的细菌就会进入到熟食品上。操作人员的手在接触某一细菌源（如鼻、嘴、头发、污染的餐具）之后未洗手又去接触熟食品，细菌就会随手转移到未受污染的食品中。食品不加盖、抹布一布多用等都属错误的操作方法，都会带来细菌性污染。昆虫叮爬也会带来污染。

（3）该食品要适合细菌的生长　导致食物中毒的细菌最可能在下列食品中生长：肉类、禽类及其制品，汤料，肉汁，炖肉、炖鱼调味汁，乳类，奶油，蛋制品等。

（4）该食品要在温热条件下放置一段时间　当人体吃下含少量食物中毒病菌的食品后，一般不生病，一个健康的成年人吃下大约100万个细菌才会生病。细菌数量与毒素之间几乎成比例关系。食品中细菌数由1000个/g增至100万个/g，在25～27℃条件下需3～5h。

（5）该食品被人体吃下　食品在放置过程中未经冷藏，致使病菌繁殖到足以引起中毒的数量，食用前又未经彻底加热，或即使加热而未能破坏细菌产生的毒素，最后导致中毒。餐饮业食物中毒事故的发生多由初加工不当、原料污染、烹煮不彻底、保藏不当、误用调味品等原因造成。

3．食物中毒病菌致病机理

细菌性食物中毒发病机理可分为感染型、毒素型、混合型三种类型。

（1）感染型　由于人体食入含有大量活菌的食物而引起中毒。致病菌在肠道内继续生长繁殖，引起消化道感染，产生胃肠道症状。某些致病菌死亡裂解后释放内毒素，刺激体温调节中枢引起体温升高等症状。常见的感染型食物中毒病原菌有沙门菌属、变形杆菌属、致病性大肠杆菌等。

（2）毒素型　某些致病菌（如葡萄球菌）污染食物后繁殖并产生能引起急性胃肠炎反应的肠毒素（enterotoxin），人体随污染食物食入大量细菌肠毒素而发生中毒。肠毒素激活小肠黏膜细胞上的腺苷酸环化酶或鸟苷酸环化酶，使细胞内环磷酸腺苷（cAMP）或环磷酸鸟苷（cGMP）浓度升高，促使肠黏膜上皮细胞分泌功能亢进，肠腔内电解质与水分大量潴留而腹泻。常见的毒素型食物中毒有葡萄球菌肠毒素和肉毒毒素食物中毒。

（3）混合型　某些污染食物的致病菌被人体食入后，既能侵入肠黏膜，引起肠黏膜的炎性反应，又能产生肠毒素引起急性胃肠道症状，如副溶血性弧菌食物中毒。

4．食物中毒及相关疾病的法律责任

造成食物中毒的单位要承担一定的法律责任，情节轻微的要承担罚款等经济责任；造成严重事故的要追究刑事责任和民事赔偿责任。我国《中华人民共和国食品安全法》规定：消费者因不符合食品安全标准的食品受到损害的，可以向经营者要求赔偿损失，也可以向生产者要求赔偿损失。接到消费者赔偿要求的生产经营者，应当实行首负责任制，先行赔付，不得推诿；属于生产者责任的，经营者赔偿后有权向生产者追偿；属于经营者责任的，生产者赔偿后有权向经营者追偿。生产不符合食品安全标准的食品或者经营明知是不符合食品安全标准的食品，消费者除要求赔偿损失外，还可以向生产者或者经营者要求支付价款十倍或者损失三倍的赔偿金；增加赔偿的金额不足一千元的，为一千元。但是，食品的标签、说明书

存在不影响食品安全且不会对消费者造成误导的瑕疵的除外。

5．事故的处理

餐饮业一旦发生食物中毒事故，应当积极做好救治病人的工作，并及时向所在地卫生行政部门报告，以便协助做好食物中毒的调查、处理工作，为采样检验，追查事故的发生原因提供各种便利。地方人民政府卫生行政部门对已造成食物中毒或者有证据证明可能导致食物中毒事故的，可以采取如下临时监控措施。

（1）封存造成食物中毒或者可能造成食物中毒的食品及其原料。

（2）封存被污染的食品用工具及用具，并责令进行清洗消毒。经检验，属于被污染的食品，予以销毁；未被污染的食品予以解封。食物中毒发生后，餐饮业管理人员应根据生产情况展开中毒原因的调查研究。调查内容包括：①原料从采购、运输、储存、初加工、烹调、熟制品的存放，直到销售和消费的每一个环节，包括原料和制品的质量，运输工具和包装有无可能带来污染；②储存条件（如温度及时间等）、加工和烹调方法（如加热温度、时间）及烹调加工后有无再污染的可能；③食物剩余和保存情况；④检查货仓、冷冻库、厨房和餐厅卫生情况、操作规程和卫生制度执行情况；检查厨师、服务员等接触食品的工作人员的健康状况，有无呼吸道感染和化脓性皮肤病，以便从中发现中毒原因和污染源；应根据调查资料进行整理和总结，掌握食物中毒发生规律，制定出更加严格的卫生制度，确定今后的预防措施。

（二）沙门菌食物中毒

1．疾病特点

由沙门菌引起的食物中毒在我国内地发生的细菌性食物中毒中最为常见，因为由摄入沙门菌的活菌而引起，而被认为是一种感染性中毒。沙门菌中毒常见症状包括恶心、呕吐、腹泻，全身发热，这些症状可能是内毒素对肠道壁的刺激引起。食物中毒的潜伏期为12～24h。

2．病原对食品的污染

沙门菌是无芽孢的兼性厌氧细菌，属杆菌类，主要来源于肠道，如分布于畜、家禽的肠道，也可污染其他组织，但这些动物并没有任何被污染的症状。对于新鲜的家禽肉，这种微生物污染问题长期无法解决。如用于烧烤的新鲜鸡肉中，70%带有沙门菌。鸡肉的污染与屠宰时拉断肠管的操作有关。

沙门菌可以通过蛋壳上的粪便污染，从蛋壳上的细缝和母鸡感染的卵巢而进入蛋内。虽然沙门菌可能存在于带骨肉组织中，但多数原因是加工人员在处理食品过程中的交叉污染所引起。操作人员通过指尖传递的沙门菌能存活数小时，并能进一步污染食品。沙门菌也可以从人、猴子、猪、牛、青蛙、乌龟和鸡的体内分离出。厨房害虫如鼠、蟑螂、苍蝇也会带菌。引起沙门菌中毒的代表性食物有肉类、禽类、蛋类、熏鱼、生沙拉。豆制品和糕点有时候也能引起中毒。

只要把食物彻底烹煮过，再快速冷却，就可以预防沙门菌食物中毒。沙门菌不耐热，只要用普通的烹调方法就可以杀死。

3．疾病控制

预防沙门菌食物中毒的措施如下。

（1）防止污染　严禁使用病死畜禽作为烹饪原料，防止生熟交叉污染和食品从业人员带菌污染。

（2）抑制细菌繁殖　肉类食品应置于10℃以下的低温处贮存，应配备冷藏设备，并按食品低温保藏的卫生要求贮存食品。

（3）杀灭病原体　对可能带菌的食品，在食用前使用加热灭菌法是预防沙门菌食物中毒的关键措施。

（三）致病性大肠杆菌食物中毒

1．疾病特点

大肠杆菌是埃希菌属细菌的俗称。有几种大肠杆菌是无害的，是人畜肠道中的常见菌，还能合成B族维生素、维生素K、叶酸供人畜利用，它产生的大肠杆菌素可抑制某些病原菌在肠道内繁殖。但也有些大肠杆菌携带产毒基因或产生肠毒素引起腹泻，严重的会有类似霍乱或痢疾的症状。产毒性或致病性的大肠杆菌可在被感染的病人粪便中找到，由病人与食品直接接触所传播，也可经空气或水传播。

致病性与非致病性大肠杆菌不能从形态上区分，只能从抗原性质不同加以区分。大肠杆菌有O、K、H三种抗原。O抗原为菌体抗原，是细胞壁上的糖、类脂、蛋白质复合物；K抗原为菌体表面抗原，如荚膜、菌毛，其成分是多糖；H抗原为毛抗原，成分是蛋白质。各抗原有多种，以阿拉伯数字表示。大肠杆菌O157：H7为肠出血性大肠杆菌（enterohemorrhagic *E.coli*），产生肠毒素，造成肠出血，有10%可发展为肾出血。主要症状是突发性腹痛，并危及肝、肾。在小儿中常导致溶血性尿毒综合征，威胁生命。

2．病原对食物的污染

大肠杆菌属人畜粪便中的正常菌群，受粪肥的蔬菜普遍带菌，水质受粪便污染的可能性也较大；畜禽屠宰过程中割破肠管会使肉中带菌；鸡蛋刚生下即受到污染；厨师接触生的原料后手上细菌还可能向熟食品转移。

3．疾病控制

目前针对这种毒素尚无有效的治疗方法，主要预防措施是不吃生食，在致病性大肠杆菌产毒前将其消灭。

（四）副溶血性弧菌食物中毒

1．疾病特点

副溶血性弧菌为分布极广的一种近海嗜盐性弧菌，常呈弧状、杆状、丝状等多形性。菌体一端有鞭毛，能活泼运动，无芽孢，兼性厌氧。溶血性弧菌引起的食物中毒，潜伏期2～48h不等，通常是在吃了受感染的食物后10～20h出现症状。主要症状为腹痛、腹泻、呕吐、发热、发冷、水样便等。一般2～5d后痊愈。

2．病原对食品的污染

副溶血性弧菌主要分布于海水及沿海淡水中。常可在海洋生物及海水中找到，能使人的红细胞发生溶血而致病。在沿海地区的夏秋季节，常因食用大量被细菌污染的海产品引起食物中毒。在非沿海地区则常因食用带菌的腌菜、腌鱼、腌肉等腌制食品发生中毒。副溶血性弧菌不耐热，经过适当烹调即可杀死。将海产品冷冻可以减少副溶血性弧菌感染的机会。生熟食品要分开保存，准备生食的食品绝不能用海水来冲洗。副溶血性弧菌的繁殖速度极快，繁殖一代仅需8min左右。如刚捕捞的新鲜乌贼，其污染菌数仅10～100个/g，在30℃2h或37℃1.5h，菌数可达1×10^4个/g。在短时间内，凭人们的感觉还未发现鲜度下降以前，鱼体上已有大量的细菌了。一般发病的菌量在100万个即可发病。那么如果人吃了100g含菌数为1×10^4个/g的乌贼，食物中毒就可能发生了。

副溶血性弧菌食物中毒过去在日本报道最多，主要与多数人食用生鱼片有关，目前主要依靠芥末酱来杀菌。我国生产水产品多依靠食醋杀菌和低温冷却来控制细菌数。将生鱼片包装后辐照灭菌再冷藏，是目前最有效的措施。

3．疾病控制

（1）防止污染，防止生熟食品及其容器具的交叉污染，带菌者及手的污染。

（2）控制细菌繁殖，海产食品及其熟食品应低温储藏，最好不超过2d。因为副溶血性弧菌在10℃以下即不能繁殖，2～5℃即停止生长。

（3）杀灭病原体　厨房烹调鱼、虾、蟹、贝类等海产品应烧熟煮透，防止外熟里生，蒸煮时需100℃加热30min。加工生食海皮等凉拌菜时应先洗净后再在开水中烫几分钟，加入食醋浸渍时间达10min，然后再加其他调料拌食。饭菜食用前应回锅煮透。

（五）金黄色葡萄球菌肠毒素中毒

1．疾病特点

金黄色葡萄球菌呈球形，不形成芽孢，繁殖时排成葡萄串状，对外界抵抗力较强。在有氧或无氧的环境下皆可存活，多数情况下产生黄色或金色色素，是一种致病性细菌。金黄色葡萄球菌本身不耐热，但它产生的肠毒素却较为稳定，不易被破坏。金黄色葡萄球菌的肠毒素是种蛋白质，它不会改变食物的色、香、味。

从食入带有毒素的食物到发病，一般为2～4h，主要症状为恶心，剧烈反复呕吐，上腹部剧烈疼痛，腹泻和水样便，体温一般正常。极个别人因剧烈吐、泻可造成脱水而虚脱或循环衰竭。病程1～2d，愈后良好。

2．病原对食品的污染

金黄色葡萄球菌广泛存在于空气、土壤、水中及一些物品上，人和动物的皮肤表面以及天然孔和腔道如鼻腔、咽喉，粪便毛发、伤口部位带菌数会很高。在貌似健康的人群中，有20%是这种菌的带菌者。食品在烹调之后一经与带菌者接触即被污染。容易引起金黄色葡萄球菌食物中毒的食物有乳、肉、禽、蛋、鱼及其制品。金黄色葡萄球菌是食源性致病菌之一，当身体免疫力下降或皮肤受伤时，金黄色葡萄球菌就有可能引起化脓性感染，化脓部位常常是炎症的发生地，如肺炎、脓肿、关节炎、急性呼吸道感染，口腔、鼻腔炎症的患部，患有乳房炎的乳牛的乳，带有化脓性感染的牲畜肉。操作人员在工作间隙不经意抓挠、掏鼻、扣耳后，未经消毒接触直接入口食品，易造成病菌传播。

3．疾病控制

对金黄色葡萄球菌肠毒素中毒的预防，初看起来似乎不大可能，因为它几乎无处不在，其实还是有办法的，控制方法如下。

（1）加强对人员的管理，病人和颜面、手部化脓或上呼吸道感染患者不能作为生产经营人员，应从食品生产经营系统中暂时调离，应当禁止有皮疹、感冒、腹泻或有伤口者处理食物。

（2）食物尽量加盖，减少空气源性污染。

（3）食物应低温保藏、缩短存储时间，以防止肠毒素的产生。

（六）肉毒梭菌毒素食物中毒

1．疾病特点

肉毒梭状芽孢杆菌简称肉毒梭菌，是一种厌氧菌，它在厌氧条件下（如在密封的罐头中）生长得最好。它是一种梭状杆菌，有芽孢。芽孢对热、酸有极强的抵抗力。它所产生的毒素称为肉毒毒素（botulinus toxin），是现今已知的毒素中毒性最剧烈的一种。被人食用后，产生神经麻痹症状。例如一茶勺纯肉毒毒素（4g）可以杀死40万到50万人，1g可以杀死10万人，一滴可以杀死5000人。但肉毒毒素并不耐热，100℃时10～20min可完全破坏。肉毒梭菌食物中毒潜伏期2～336h，一般为12～36h。肉毒毒素中毒时引起运动神经麻痹、脑神经麻痹，却无常见的呕吐、腹泻等症状。发病初期症状为头晕头疼口干，继而吞咽困难，咽喉肌和膈肌麻痹，丧失反应能力。严重者在3～10d内因呼吸困难及心肌麻痹而死亡。如果患者得以幸存，麻痹状态可能延续6～8个月。本病病死率高达50%。

2．病原对食品的污染

肉毒梭菌为腐生菌，广泛分布于土壤和动物粪便中以及植物和水体中，其芽孢可以长期存活。污染食品后，在适宜条件下（无氧，18～30℃）可以大量繁殖并产生毒素。

食品多因受到带菌的土壤、尘埃或受到粪便污染而带毒。世界各地引起此类中毒的食品也因饮食习惯、膳食组成、制作工艺的不同而有差异。如美国常见于蔬菜和水果罐头，欧洲常见于火腿、腊肠和其他肉制品，日本、俄罗斯常见于鱼制品。在我国多由植物性食品如臭豆腐、豆豉、豆酱、面酱等家庭式作坊自制发酵食品引起，也见于肉类和其他食品，如罐头、腊肉、熟肉等。

3．疾病控制

加热不够的罐头食品容易引起肉毒毒素食物中毒。餐饮业不可向客人提供家庭自制的罐头食品。酸度低的食品（如豆类、水果、蘑菇等）、加热不够的熏鱼、发酵食品也都是可能引起肉毒毒素中毒的食品。对肉毒毒素食物中毒最有效的预防方法还是彻底加热，用亚硝酸盐加工腌肉也有杀菌作用。应重点加强食品生产过程中的卫生监督。如果发现罐头已膨胀、有气味或内装食品腐败的，严禁食用，绝对不可有侥幸心理。稍有可疑处，就要经过较长时间的煮沸后才能食用。

（七）蜡样芽孢杆菌食物中毒

1．疾病特点

蜡样芽孢杆菌是一种连锁状杆菌，像梭菌一样，条件不利于生长时能形成芽孢，但不同的是它是需氧菌，有氧才能生长。这类食物中毒发作很突然，而且往往又很快，但大多数情况下不会致人死亡。蜡样芽孢杆菌可产生肠毒素，引起毒素性食物中毒。肠毒素又有呕吐毒素和腹泻毒素两种。疾病潜伏期2～15h，症状为呕吐、腹痛，部分人腹泻。

2．病原对食品的污染

蜡样芽孢杆菌分布于土壤和水中，其芽孢通常出现于谷物中，特别是大米和玉米粉中，香料中也存在。食品在加工、运输、储藏、销售等各个环节均易受到自然界病菌的污染、不洁容器和炊具的交叉污染，食品从业人员的操作污染。受污染的食品如放在较高温度处，芽孢发芽形成繁殖体，迅速繁殖并产生耐热毒素，食前不加热或加热不彻底，就可能引起中毒。引起蜡样芽孢杆菌中毒的食品种类繁多，我国主要为米饭、米粉，少数为肉类和豆类食品。引起中毒的食品，除米饭有时微黏，入口不爽或稍带异味外，大多数食品感官正常，无腐败变质现象。

3. 疾病控制

（1）防止污染　在食品加工、运输、储存和销售过程中避免尘埃和空气等自然污染。

（2）控制繁殖和产生毒素　各种食品必须注意在冷藏条件下作短时间存放。剩饭及其他熟食品在食用前必须充分加热后再吃，加热要保证100℃、20min。必须提及的是引起食物中毒的细菌种类还有很多，如肠球菌、变形杆菌、小肠结肠炎耶尔森氏菌、河弧菌、创伤弧菌、气单胞菌、类志贺邻单胞菌、空肠弯曲菌、椰毒假单胞菌酵米面亚种、产气荚膜梭菌等均可引起食物中毒，也应引起重视。沙门菌、志贺菌中的一些菌种可引起食物中毒，另一些菌则可引起传染病，如沙门菌可以引起伤寒、副伤寒等传染病。

三、细菌性食源性传染病及其控制

（一）食源性传染病概述

食源性传染病是指由于摄入细菌或病毒污染的食物以及含有活的寄生虫幼虫或虫卵的食物而引起的一类疾病。传染病能在人与人或人与动物之间传播，如不及时治疗和预防，会造成流行，特别是在人口密集、饮食卫生条件差的地区和餐饮产业，其危险性更大。

1. 食源性传染病与食物中毒的区别

与食物中毒不同的是，传染性微生物仅以人们食用的食物为载体而侵入人体，进入后在人体的消化道内繁殖，或者转移到体内的其他组织中繁殖，而食物中毒病原菌则在食物中繁殖或再产毒。

2. 食源性传染病传播的条件

传染病在人群中发生、发展和转归的过程称为流行过程。传染病在人群中流行必须具备传染源、传播途径和易感人群三个基本条件。

（1）传染源　传染源是指体内有病原体生长繁殖并能向体外排出的人和动物。包括病人、病原体携带者、患病或携带病原体的动物。病人是传播疾病的主要传染源，特别是非典型性病人。病原体携带者往往不易察觉，它们停止排泄病原菌之前，不应去做加工食品的工作或其他直接接触食品的工作。如属实无法避免时，应重视洗手消毒。

（2）传播途径　传播途径是指病原体从传染源体内排出，再侵入易感者所经过的途径。常见传播途径有：经空气、飞沫和尘埃传播；经水、食物和苍蝇传播；日常生活接触传播；虫媒传播；经血液、体液和血制品传播；经土壤传播。

（3）易感人群　易感性是指人群对某种传染病的易感程度。人群的易感性取决于该人群的免疫能力，人群免疫能力低、易感性高，则该人群为易感人群。为了提高人群免疫力，降低易感性，在疫区或进入疫区前必须接种相关疫苗，我国涉外厨师如去非洲工作，必先注射霍乱疫苗，因为我国为非疫区，而非洲为疫区。准备去非洲的人群则为易感人群。但如先注射疫苗后出国，则即使到了非洲，他们也已是非易感人群了，从而可以切断霍乱传染病流行过程中三个基本环节的联系。

传染病根据传染源不同可分为人体传染病、动物传染病、人畜共患传染病三类。所谓人畜共患，意即可由动物传染给人，或人传染给动物，也可能同一种病菌在人与人之间传播，也可以在动物与动物之间传播。食源性传染病则包含可能使人通过饮食感染的各种动物病、人病，也包括以食品作为传播途径的人与动物共患性疾病，因而预防这类疾病比预防食物中毒的任务要艰巨得多。

3. 食源性传染病的法治管理

我国历来重视对传染病的法治管理，颁布了《中华人民共和国传染病防治法》《家畜家禽防疫条例》《突发公共卫生事件应急条例》，以及进出口动植物检疫、肉品卫生检验条例等相关法律法规。我国餐饮业人员上岗前，必须先取得健康证，凡患有痢疾、伤寒、病毒性肝炎等消化道传染病、活动性肺结核、化脓性或者渗出性皮肤病，不得参加接触直接入口食品的工作。

（二）炭疽

1. 疾病特点

炭疽杆菌引起的人畜共患传染病称为炭疽。该菌主要从皮肤侵入引起皮肤坏死，形成焦痂、溃疡、脓肿和毒血症，也可引起肺和肠的病变。炭疽杆菌是一种需氧性芽孢杆菌。在形成芽孢前对外界（日光、热、化学消毒剂等）抵抗力低下，但形成的芽孢具有很强的抵抗力，高温不能灭活，在动物体内及其污染的环境和泥土中能存活多年。

2. 病原对食品的污染

可能患病的动物有牛、马、羊、猪、犬等，以草食动物多见。接触病畜肉或血液、皮、毛、畜舍周围空气均可感染。食入带菌的畜肉、乳或被污染的其他食品，可引起急性肠炎、腹泻、呕吐、腹痛及水样便，重者形成类炭疽（与家畜病况相似），并有生命危险。

3. 疾病控制

①病畜应焚烧后深理，或处死消毒后深埋。

②宰杀动物的从业人员应确保没有伤口。

③带有炭疽芽孢的物品经^{60}Co-γ射线辐照需40kGy剂量处理才能灭活。

（三）结核病

1. 疾病特点

由结核分枝杆菌引起的人畜共患的慢性传染病称为结核病，它是一种古老的疾病，曾经是流行广泛、致死人数最多的疾病之一，民间多称为“痴病”。结核病在人群聚居的地方都可能存在和发生传播，现在仍是重要的传染病。可经过呼吸道、消化道等途径进入人体，侵入全身器官，造成肺、肠、胃、淋巴结多种组织的结核病，尤以肺结核占多数。结核分枝杆菌耐干燥，在干燥痰中能存活2～8个月。肺结核临床表现以疲乏无力、食欲减退、午后微烧、面部红晕、夜间盗汗、咳嗽为主要特征。

2. 病原对食品的污染

细菌病的传染源是病人和病畜。病菌可由飞沫或痰液通过空气经呼吸道传播疾病，还可通过病人用过的餐具、用具及与病人共餐、进食被结核分枝杆菌污染的食物而感染。人也可能通过食用未经消毒的结核病病牛的肉或牛乳而引起。

3. 疾病控制

（1）活动性肺结核患者或痰中带菌者，应立即调离食品制售工作，尽早隔离治疗。临床症状消失后，可恢复一般工作，但不能从事直接入口食品的制售及餐具消毒工作。对反复治疗两年以上痰中仍带菌者，则应调离食品企业。

（2）牛乳应实施巴氏灭菌。

（3）婴儿需接种卡介菌（一种结核分枝杆菌的疫苗）。

（4）开展宣传教育。

（四）布鲁氏菌病

1. 疾病特点

由布氏杆菌所引起的疾病又称波浪热，是以长期发热、关节疼痛、肝脾大为特征的慢性人畜共患传染病。布鲁氏菌病流行于世界各地，在我国内蒙古、新疆、黑龙江等地呈季节性流行。

2. 病原对食品的污染

人多因食用病畜的生乳、乳制品或生的、半生的病畜肉类而引起发病。

3. 疾病控制

（1）对病畜肉加强卫生检验，作高温处理或盐腌处理。

（2）对牛乳进行巴氏灭菌即可。

（3）对牛群注射疫苗，以防止这种疾病在牛群中传播和人体生病。

（五）李斯特菌病

1. 疾病特点

单核细胞增生李斯特菌所引起的疾病在临床上以单核细胞增生为特征。本病可经消化道感染，也可经眼结膜、破损皮肤发生接触性感染，还可经呼吸道感染及昆虫传播。不同人群可分别引起脑膜炎、败血症、心内膜炎、皮炎等剧烈症状，属人畜共患传染病。

2. 病原对食品的污染

李斯特菌广泛分布在土壤、水中，易感动物包括人、其他哺乳动物、禽类、鱼类和甲壳类动物，尤以牛、兔、犬、猫最为易感。这种细菌的特点是低温下能生长，在4～6℃的冰箱中还能繁殖。因此，放在冰箱中的食品，或经冷藏运输的食品，如有此菌存在，它们都可生长并使人致病。1988年世界卫生组织调查发现，此菌可以通过水源、食品原料、厨房食物制作中任何一个环节的污染传播给人类，但主要的食品有四种：牛乳及牛乳制品、牛肉、蔬菜与沙拉、海产品。

李斯特菌在60℃条件下10min可杀死，但食品中的李斯特菌对蒸煮过程抵抗力较大，因此，蒸煮不能作为从食品中除菌的有效手段。李斯特菌在-20℃可存活一年，因其能在极端环境下生存，常被称作“超级细菌”。对速冻食品实施辐照灭菌，可以彻底杀灭病原体。

3. 疾病控制

防止李斯特菌病最有效的办法是不食用生牛乳、生肉和由污染原料制成的食品。危害分析与关键点控制体系（HACCP）和其他加工操作管理措施对企业原料潜在污染源的控制也有效。

（六）痢疾

1. 疾病特点

病原为痢疾志贺菌随食物和水等经口感染而引起。其主要表现是腹泻、腹痛、里急后重、排黏液脓血便，可伴有发热及全身中毒症状。急性期一般数日即愈。少数病人因治疗不彻底，可转为慢性。

2．病原对食品的污染

痢疾志贺菌仅寄生在人的身上，因此如果发生细菌性痢疾，那一定是有人在某个时期携带细菌的结果。带有痢疾志贺细菌的食品制作者上厕所后没有洗手就去接触食物，使食物污染，可能引起事故。另外，如果厨房里有了苍蝇等害虫，也可能会将细菌从带菌的排泄物传播到食品上。

3．疾病控制

将食物加热、冷冻，从业人员应遵守卫生规章制度，扑灭苍蝇，用卫生方法来加工食品。

（七）霍乱

1．疾病特点

霍乱弧菌可引起霍乱，这种疾病对人体危害严重。本病发病急、传播快，是亚洲、非洲大部分地区人群腹泻的重要原因，属国际检疫的传染病。其症状为十分严重的腹泻和呕吐，结果会导致病人脱水。霍乱患者死亡率很高。

2．病原对食品的污染

本病通常由污染的水传播。但有时也由食物传播，如鲜鱼、鲜贝以及水果、蔬菜。苍蝇是重要的传播媒介。

3．疾病控制

前往那些霍乱流行的国家的所有旅行者必须注射霍乱疫苗并要求每6个月注射一次。此外，由鼠疫耶尔森菌引起的鼠疫、念珠状链杆菌引起鼠咬热，猪丹毒丝菌引起人体类丹毒等都是可以通过食品传播的人畜共患细菌性传染病，也应受到重视。

第二节 病毒性危害及其控制

一、病毒概述

（一）病毒的特点

病毒是一类比细菌更微小、无细胞结构的、只含一种核酸的活细胞内的寄生物。因为没有完整的细胞结构，显然不同于其他生物，它具有以下突出的特点。

1．个体极小

病毒个体又称病毒粒子，其大小大多数介于最小细菌的大小和最大蛋白质分子大小之间。测量病毒大小的单位用纳米（nm）表示。各种病毒的大小差别悬殊，最大者约为300nm（例如痘状病毒），最小的只有10nm（例如口蹄疫病毒）。较大的病毒进行适当的染色后，可以在光学显微镜下看到。绝大多数病毒小于150nm，故不能用光学显微镜检查，必须用电子显微镜放大数千倍乃至数万倍才能看到，所以又称超微微生物。

2．无细胞结构

病毒是仅由核酸和蛋白质外壳组成的有生命特征的核蛋白颗粒，故病毒又称分子生物。

3. 严格寄生

病毒只有少数几种酶，不能独立地进行新陈代谢，只具有一般大分子的特征，只有在活寄主细胞中才表现生命活动，具有生命特征，是严格的专性活细胞寄生生物。病毒不能独立生活，也不能在无生命的人工培养基上生长，必须依赖于寄主细胞提供酶、营养和能量才能生活。病毒向宿主细胞提供遗传信息，通过宿主细胞的合成作用进行复制，形成新的病毒粒子。病毒一旦脱离了宿主细胞，便不能进行任何形式的代谢，在活体外，只保留着在适宜条件下感染宿主的潜在能力。

病毒对抗生素不敏感，而干扰素却能阻止病毒的复制。根据病毒的宿主种类，可以把病毒分为动物病毒、植物病毒、细菌与放线菌病毒（即菌体）三大类。在烹饪卫生与安全领域重点研究动物病毒。

（二）病毒的形态

不同的病毒形态各异，但各种病毒的形态是相当稳定的，其基本形态为球状、杆状、蝌蚪状及多边形等。

球状病毒实际上是多角体或多面体。球形一般是由20个等边三角形构成的20个面的多面体，因个体极小，电镜下看起来似球状。大多数动物病毒呈球状。杆状病毒包括方砖形、线形、子弹状等，大多数植物病毒呈杆状。蝌蚪状病毒是由球状的头部和杆状的尾部结合而成的颗粒。病毒感染宿主细胞后，常在宿主细胞内形成一种在光学显微镜下可见的小体，称为包涵体（inclusion bodies）。包涵体的大小、形状及其在细胞中的部位，对诊断病毒病具有辅助鉴别意义。

（三）病毒的传播途径

由于病毒是专性活细胞内寄生物，因此，凡有生物之处，都有其相应的病毒存在。病毒在自然界分布广泛，种类很多，病毒进入宿主易感细胞内引起感染的结果，取决于病毒与宿主两者力量的对比。

病毒的入侵途径决定感染的发生与发展。自然条件下，呼吸道、消化道、皮肤的黏膜是病毒入侵机体的三大重要门户。病毒入侵呼吸道后，一般在呼吸道停留较短时间，然后扩散至其他部位；有的病毒则仅在呼吸道局部增殖引起疾病。通过消化道感染的病毒在消化道消化时，被胆汁溶解破坏，从而失去活性。多数食源性传染病即通过粪—口途径引起消化系统疾病。

一些病毒可通过注射、咬伤或机械等损伤皮肤后侵入引起感染。另一些病毒通过胎盘或产道直接由亲代传播给子代，这种传播方式在其他微生物中很少见。其中有些病毒如乙型肝炎病毒，可引起新生儿早产、先天畸形或死胎。

（四）病毒的复制

病毒的复制是指病毒粒子侵入细胞后到子代病毒粒子中释放出来的全过程。

一旦病毒攻击了一个活细胞，它就能迫使那个活细胞复制出病毒。而后细胞破裂，于是新的病毒又能去攻击别的健康的活细胞。

（五）病毒对人体的感染

病毒侵入宿主后，因病毒的种类、毒性和机体免疫力等不同可表现为不同的感染类型。

1. 隐性感染

病毒进入机体后，不表现为临床症状的称为隐性感染。可能因为病毒毒性较弱或机体防疫能力较强，结果使病毒不能大量繁殖，不致造成细胞组织的严重损伤。也可能因病毒不能最后侵入到鞭毛细胞，故不表现或极少表现临床症状。但隐性感染的机体仍有向外界传播病毒而成为传染源的可能性。

2. 显性感染

病毒在寄主细胞内大量增殖引起细胞破坏、死亡达到一定数量，产生机体组织损伤；或者毒性产物积累到一定程度时，机体表现为明显的临床症状，称为显性感染。

病毒感染在临床上又有急性感染、慢性感染之分。急性感染指病程在数日至数周的感染，潜伏期短、发病急，其特点是恢复后机体内不再存在病毒。但另一些病例中，病毒可在机体内持续数月至数年，病毒呈显性或隐性感染后，并未完全清除，可持续存在于血液或组织中且不断排出体外，或经输血注射而传播，患者仅表现出轻微症状或无临床症状。

（六）病毒的控制

病毒受理化因素作用后失去感染性的过程称为灭活。可通过加热、辐照及药剂处理进行。

1. 加热

一般来说，加热灭菌处理、烹调处理的方法也适合对病毒的灭活。大多数病毒在60℃条件下30min或100℃条件下数秒钟内即被灭活。加热对病毒的灭活作用，主要是由于构成病毒的蛋白质分子发生了变性，从而阻止病毒吸附于寄主细胞。加热也能破坏病毒复制所需的酶类，使复制不能进行。

2. 辐照

辐照近年来广泛应用于食品的灭菌消毒处理，射线以及紫外线都能使病毒灭活。γ射线能使病毒蛋白质和核酸分子中的化学键发生断裂，使病毒受到破坏。紫外线易被病毒的核酸分子吸收，使核酸发生结构改变，抑制核酸的复制，因而导致病毒灭活。

3. 药剂

病毒对化学物质的抵抗力一般较细菌强，可能是因病毒缺乏酶之故。

（1）脂溶剂　一些病毒的外表含脂质成分，易被乙醚、氯仿、丙酮等有机溶剂溶解，使病毒失去吸附宿主细胞的能力，乙醚的破坏作用最大。

（2）酚类　酚为蛋白质变性剂，能除去或破坏病毒的蛋白质结构，可作为病毒的消毒剂，如1%～5%的苯酚溶液，可使许多病毒灭活。

（3）醛类　甲醛能破坏病毒的感染性，使病毒核酸变性。

（4）酸性、碱性消毒剂　大多数病毒在pH6～8的范围内比较稳定，而在pH5.0以下或pH9.0以上迅速灭活。一般常用酸性或碱性消毒剂对污染病毒的器具进行消毒，如1%～3%盐酸溶液浸泡消毒。

（5）氧化剂、卤素及其他化合物　病毒对这些化学物质都很敏感，如过氧化氢、高锰酸钾、漂白粉、碘和碘化合物均为有效的病毒灭活剂。70%甲醇和乙醇均能使大多数病毒灭活。过氧乙酸、次氯酸盐等对肝炎类病毒均有较好的消毒作用。

（6）中草药　一些中草药如板蓝根、大黄、贯众等对某些病毒有一定的抑制作用。

二、病毒性疾病及其控制

目前已知的人类病毒有300多种，资料表明，此数目正急剧上升。但与食品有关对人类构成致病性的只是其中的一小部分。有人将病毒分为以下几类：呼吸道病毒、肠道病毒、肝炎病毒、痘类病毒、麻疹病毒、虫媒病毒、狂犬病毒。根据病毒的特点以及发生食源性疾病的感染途径，重点应注意甲型肝炎、肠道病毒感染等病毒性、食源性传染病的预防和控制。

病毒可以通过各种方式进入到食品中。在动物屠宰或谷物收割时就已经含有的病毒，这种病毒污染被认为是原发性的。而食品在加工储藏或者销售期间出现了病毒，则属于继发性的。预防或消除病毒的方法根据污染的类型和方式而有所不同。可出现原发性污染的食品包括肉类（尤其是牛肉）、牛乳、贝壳类和蔬菜。另一些食品在屠宰或收获时并不含病毒，但在到达消费者手里以前继发性污染了病毒，这种污染是通过昆虫与污染的表面及污染的水接触，或通过感染病毒的人加工食品等引起。

从食品原料中得到的病毒类型取决于产品的性质，在一定程度上取决于原发性或继发性病毒污染的种类。动物性食品容易被各种不同的病毒污染，一些病毒能在食品加工后存活下来，并且最终出现在成品中。根据病毒与宿主的关系，可将病毒分为如下三种类型。

感染动物但不感染人的病毒，如鸡新城疫病毒、鸭瘟病毒、猪瘟病毒、牛病毒、小鹅瘟病毒等，这类病毒虽然对人类的健康无直接危害，但能引起农牧业经济损失和畜禽的病变。

来源于动物体且能传染给人的病毒，如口蹄疫病毒、狂犬病病毒、禽流感病毒、SARS病毒（一种冠状病毒的新种，由猫科动物引起人体非典型性肺炎，具有致死性），这类病毒引起的疾病即人畜共患病。

来源于人类，但可感染动物的病毒，这类病毒往往较少单独存在，通常是在人类、牛、家禽中分离到相似类型的病毒，例如可以从人传染到牛，在实验条件下反过来也能得到同样的证实（即牛传染给人），这事实上是第2类的一个特例，这种交叉传播方式常常使疾病难以控制。

（一）甲型肝炎

1. 疾病特点

甲型肝炎是由甲型肝炎病毒（HAV）经肠道引起的最常见的急性传染病。甲型肝炎病毒是一种球形病毒。甲型肝炎患者在发病前2周和发病后1周从粪便中排出HAV的数量最多，HAV经口进入人体后，经肠道进入血液，引起病毒血症，经过1周后才到达肝，随即通过胆汁排入肠道并出现在粪便之中。甲型肝炎在临床上分黄疸型和无黄疸型。潜伏期15～45d，平均30d，早期症状为发热、乏力、恶心、厌食及呕吐，食欲不振，部分病人有腹胀或腹泻。病人多有肝大与压痛症状。无黄疸者病情较轻，容易康复。

甲型肝炎病毒对外界的抵抗力较强，能耐受60℃、1h，但于100℃加热1min可全部灭活。甲型肝炎病毒主要通过消化道传播，水源或食物被污染时可造成暴发性流行。据估计，摄入10～100个病毒就可引发疾病。

2. 病原对食品的污染

常见的污染食品为冷菜、水果和果汁、乳制品、蔬菜、贝类和冷饮。其中水、沙拉和贝类是最常见的污染源。

沿海居民喜食毛蚶、蛏子、蛤等贝类，食用时仅用开水烫一下，然后就剥开贝壳，取出贝肉，用酱油、香油、米醋等调味食用。这种食法味道固然鲜美，但由于贝类尚处于半生不熟状态，有些病毒未被杀灭，从而导致疾病。

HAV在自然界环境中和其他生物体中不能生长繁殖，但是可以较长时间生存，并有较强的传染性。贝类水生动物养殖在沿海滩涂，靠滤水进行呼吸和摄取腐殖质为生。一旦水域受到甲型肝炎患者排泄物或呕吐物的污染，HAV就会在贝类肝脏内浓缩积聚，其浓度要比水中高出数百倍。

3. 疾病控制

预防措施主要为切断传播途径、控制传播源，加强饮食、饮水、环境卫生，包括粪便的管理，养成良好的个人卫生习惯。餐饮从业人员可主动接受甲型肝炎病毒疫苗的免疫接种，以增强免疫力。

（二）乙型肝炎

1. 疾病特点

乙型肝炎的病原体为乙型肝炎病毒（HBV），疾病的主要表现为慢性肝炎，并可发展为肝硬化和肝癌。乙型肝炎病毒的结构分为包膜与核心两部分。包膜上的蛋白质即乙型肝炎表面抗原（HBsAg）。核心部分含核心抗原（HBcAg）和e抗原（HBeAg），是病毒复制的主体。对这些抗原体系的检测，可作为诊断乙型肝炎疾病及预后的一个标志。

乙型肝炎病毒对外环境抵抗力很强，对低温、干燥、紫外线均有耐受性。在60℃环境4h仍然稳定，经100℃加热20min或120℃高压蒸汽加热15min才能灭活。

病人、病毒携带者是乙型肝炎的传染源。可经血液和日常生活密切接触等传播。有资料表明，在急慢性乙型肝炎患者或HBsAg携带者唾液中，排毒率一般高达25%～50%，家庭成员与病人共用的牙具、茶具等日常生活用品可以间接传播。人体对病毒性肝炎普遍易感，感染后可产生免疫力，但各型肝炎病毒之间无交叉免疫。

2. 病原对食品的污染

蔬菜瓜果在生长过程中，被施用带病毒的粪肥，食用前冷拌生食而未经加热处理，即可引起感染。食品受苍蝇叮爬，接触污水或未消毒的手，病毒可向食品中转移。餐饮业餐具共用，不履行消毒程序，病人接触的餐具盛装的菜肴、面点可能会受污染。病人与健康人共同进餐时，未实行分餐制，筷勺混用，病毒可经病人的筷勺转移至餐桌食品中，健康人进食即引起感染。健康人的手接触病人用过的计算机键盘、电话机、门把手、水龙头后未消毒直接手抓食品，均可导致媒介中的病原污染食品。

3. 疾病控制

（1）加强对传染源的管理　认真贯彻对餐饮从业人员的定期体检制度，做到早发现、早诊断、早隔离。对急性病人应隔离治疗，基本治愈后观察半年。慢性肝炎待治愈后继续观察一年。观察期间不得参加直接入口食物加工和食具的消毒工作，待HBeAg呈阴性才可恢复原工作。对无症状HBsAg携带者应加强卫生宣传，要注意个人卫生，防止自己唾液、血液和其他分泌物污染周围环境及感染他人；所用餐具、剃刀、牙刷等生活用品应与他人分开。

（2）切断传播途径，要严格执行餐具消毒制度　被污染的餐具，必须在开水中煮沸20min以上。较大型宾馆、饭店有条件使用洗碗机等设备，洗涤与消毒可同时进行，应做好消毒后的保洁措施，避免二次污染。规模中等及小型餐馆可采取煮沸、蒸汽或化学药物消毒法。实行分餐进食制，开展卫生知识宣传，改变群众的不良饮食习惯，提倡使用一次性快餐盒。多人共餐时设置公筷公勺。

（三）脊髓灰质炎

1. 疾病特点

脊髓灰质炎病毒属肠道病毒的一种。引起的脊髓灰质炎也称小儿麻痹症，可引起终身残疾，危害较大。传染源是病人和无症状感染者。密切的生活接触是主要传播途径，感染者的粪便可污染饮水、食物，它们是传播病毒的中间途径。

婴儿在出生后几个月内，血液中存在来自母体的病毒抗体，在近1岁时抗体数量降到最低点。但随着年龄的增长，显性或隐性感染的结果，血液中的抗体阳性率不断升高，抵抗力增强。

病毒侵入机体后，定位于咽部或回肠的淋巴组织，患者可以从粪便和呼吸道排除病毒。病人一般无症状（占90%），少部分患者（4%～8%）仅表现为上呼吸道炎、胃肠功能紊乱或流行性感冒症状。部分人出现头痛、呕吐、颈部和背部强直等症状。当病毒累及脊髓前角灰质，引起脑颅神经核的病变时，导致神经细胞支配的肌肉瘫痪，这种病人约占1%。

2. 病原对食品的污染

脊髓灰质炎病毒在污泥和污水中可存留10d以上，如小儿生食此水灌溉的蔬菜，就有可能生病。而目前使用的去除污水、污泥中的病原菌的操作方法还不能有效地排除病毒或使病毒灭活。草率地使用污泥作为肥料和用排放的水灌溉而不进行适当的消毒处理，即可能对公众的健康带来潜在的危害。

贝壳类（牡蛎、贻贝、蛤和乌蛤等）由于进食而导致污染。贝壳类软体动物通过过滤出大量的水，来选择性摄取食物颗粒。首先，这些食物颗粒被软体动物吸附在所分泌的黏液鞘膜上，然后才被吸收。因此，软体动物的进食过程实际上也吸取了病毒。黏液鞘膜对病毒的结合属离子型，这些软体动物虽然在污染的海水中生存的时间不长，但足够造成严重的污染。贝类的消化系统（带毒部分）位于贝类的中心部位，经常规焖煮、油煎、烘烤、汽蒸后如烹制不透，仍有病毒残存。

3. 疾病控制

现在已有预防小儿麻痹症的糖丸疫苗。我国20世纪末已基本消灭这类疾病。

（四）口蹄疫

1. 疾病特点

口蹄疫是指牛、羊、猪等偶蹄动物的一种急性接触性传染病，以口腔、脚趾出现破溃性水疱为特征。人感染后可出现与家畜相似的疾病，在唇、舌部出现水疱，皮肤上水疱多见于手指、足趾、脸部，严重者可并发胃肠炎、神经炎、心肌炎甚至引起死亡。

口蹄疫病毒是一种球状颗粒，对外界的抵抗力很强，在饲料、饲草、皮毛、土壤中可保持传染性达数周至数月。但对高温、酸、碱均较敏感，阳光直射60min或煮沸3min即可灭活。

2．病原对食品的污染

人可经食肉引起感染。口蹄疫病毒在腌肉中可存活3个月，在骨髓中的病毒可生存半年以上。

3．疾病控制

最重要的是加强肉类食品检验检疫，一经发现即扑杀、销毁、消毒，采取封锁隔离等措施。当前许多国家都有疫苗，一些国家已消灭此病，要严防从国外传入。

（五）非典型性肺炎

1．疾病特点

非典型性肺炎是由冠状病毒的一个变种引起的，病原体与流感病毒有亲缘关系，已发现野生动物果子狸带有该病毒。2002年11月至2003年5月，我国（广东、香港、北京、山西等地区）以及加拿大、印度、泰国等全球40多个国家相继发生症状以发热、干咳、少痰为主的非典型性肺炎，重症者可因呼吸困难引起死亡。所谓非典型性肺炎又叫重症急性呼吸综合征，是相对于肺炎链球菌或双球菌引起的典型性肺炎而言的。其症状、肺部体征、血象相对没有典型肺炎感染那么明显。

2．病原对食品的污染

该病虽属呼吸道疾病，但其传播途径主要是密切接触，而餐饮业的宴会、集中聚餐以及厨师加工野生动物如果子狸等都是可能接触病毒的一个途径。由于该病毒可经空气传播，故还应注意空气卫生。

3．疾病控制

对病人要严格实行早隔离、早治疗、不陪护、不探视的原则，对非典型性肺炎疑似病人及早进行疫苗注射。空气用紫外线照射或用过氧乙酸喷雾与熏蒸。地面、物品、痰盂用含氯消毒剂浸泡消毒。餐饮业为预防疾病，应严格遵守《中华人民共和国野生动物保护法》，对未经检验、可能携带病原的野生动物禁止采购、加工。尽可能提供分餐服务及送餐服务。

（六）疯牛病

1996年英国首先发生“疯牛病”的消息，震惊了全世界。它由朊病毒感染引起，也可以感染人类，使之患克雅氏病。克雅氏病在1957年至2003年，美国、日本均有发病报道。为两位科学家克罗伊菲尔德和雅可布所发现。英国在1996年发现17名患者，平均年龄30岁，最小的仅15岁。此病具有很大的危险性，由于潜伏期长，一般数年至十几年，且无自觉症状，难以早期诊断。临床上主要表现为痴呆症，脑内的灰质和白质逐渐消失，大脑变成海绵状，脑功能消失。这些病变难于逆转，死亡率几乎为100%。

患者都是因与患病牛、羊接触或食用病牛、羊肉及其制品有关。特别是一些国家的牛饲料加工工艺中允许使用牛、羊等动物的内脏和肉作饲料，致使此病迅速蔓延传染给人类。对这类国际上近年流行的传染病，要给予足够的重视。

（七）狂犬病

狂犬病俗称疯狗病，是由狂犬病病毒（rabies virus）引起的一种人畜共患病。自古以来即在世界各地存在。目前还有不同程度发生。

狂犬病病毒是一种子弹形或试管形病毒。天然情况下对此病最易感的是犬、狼、猫、鼠。病毒存在于患病动物的神经系统及唾液中。主要由疯犬、疯狼等咬伤人和其他动物而传播。还有非咬伤性的传播途径，人和动物都有经呼吸道、消化道感染的病例。所以，对患狂犬病死亡的动物一般不应剖检，更不允许剥皮食用，只能全部销毁。

由于此病导致中枢神经系统受到感染，脑、脊髓受到严重损害，一旦发病即使有最好的医护条件，还是难免丧失生命。所以，对被狂犬咬伤的人，除处理伤口外，还应立即做免疫注射，以使其免疫力产生于发病之前，可能免于受害。因为病毒在感染部位的肌肉细胞中增殖并存留一定时间后才入侵神经系统，故疫苗及时补种，可起到预防的效果。餐饮业加工的狗肉应有产地防疫证明和兽医卫生检验合格印章。

第三节 真菌性危害及其控制

真菌是一类低等生物，其形态比细菌大，在显微镜下放大即可进行形态观察和品种鉴别。与细菌一样，真菌在自然界分布极广，土壤、水域、空气、动植物体内外均有它的踪迹。真菌在食品、酿造、医药工业等方面占有重要地位，如用来生产青霉素、头孢菌素等抗生素、淀粉酶、蛋白酶等酶制剂。另一方面，它们也给人类带来危害，常引起食物腐烂、工农业产品霉变、动植物病害等，和烹饪卫生与安全关系密切的真菌主要是霉菌和酵母菌。

一、真菌概述

（一）霉菌

霉菌是丝状真菌的统称。它们往往在潮湿的环境中大量生长，长出的丝状体即菌丝，俗称霉毛，肉眼可以看到，许多菌丝交织在一起形成霉斑、霉点。它们的孢子飘浮在空气中并大量存在，可以传播到食品中。

霉菌的菌丝比细菌大几倍到几十倍。霉菌的许多菌丝在培养基或媒介中生长，形成霉菌的菌落。因菌丝粗而长，形成的菌落较疏松，呈绒毛状、絮状或蜘蛛网状。菌落表面常出现不同的结构和色泽特征。

霉菌的孢子是指脱离母体后能发育成新个体的单细胞或细胞的繁殖体。虽然霉菌的菌丝碎片也能繁殖，但在正常自然条件下，真菌主要还是通过孢子来进行繁殖的。霉菌的孢子具有小、轻、干、多以及形态色泽各异、休眠期长和抗逆性强等特点，与细菌的芽孢有较大的区别。

霉菌在食品中大量生长繁殖，带来霉腐味，引起食品色、香、味、形等感官性状恶化、营养价值降低或失去，发生腐败变质，甚至还带有霉菌毒素，这种现象称为食品的霉变或霉腐。每年全世界平均至少有2%的粮食因发生霉变而不能食用。但在全球范围内，对食品安全构成威胁的则是霉菌毒素及其在食品中的残留问题。

（二）酵母菌

酵母菌多为单细胞，呈球形、椭圆形或圆柱形。一些酵母在繁殖过程中，子细胞和母细胞不立即分离而连成丝状，称为假菌丝。酵母菌的菌落与细菌菌落相仿，较大较厚，外观较稠和，透明度较低，色泽多为乳白色。

少数酵母菌以细胞分裂方式（裂殖）进行繁殖。多数则以出芽的方式进行。出芽繁殖的过程是在成熟的酵母菌细胞表面，向外突出形成一个小芽，叫芽体，当芽体长到一定程度时，两细胞（母细胞与子细胞）之间形成横壁，随后脱离母细胞，形成独立的新个体。如此循环往复，一个成熟的酵母菌通过出芽繁殖可平均产生24个子细胞。少数种类的酵母也是以孢子的形式繁殖的，与霉菌相似。

酵母菌通常不是食物传播性疾病的病因，但它们可以引起食物腐败。在自然界，酵母也是广泛存在的，其中嗜氧菌在水果（如红樱桃）中很易找到。它们喜欢相对较低的pH（酸性条件）。但更多种类的酵母菌则对食品产业是有益的，其在经济上的重要性在于它对糖的发酵能力。酵母菌可广泛用于蒸馏酒、啤酒、面包、乳酪、点心的制作。酵母菌中含有各种酶，它可使葡萄糖分解为乙醇和二氧化碳。乙醇就是生产与酒类有关的物质。在点心制造中，乙醇被烤炉的烘烤蒸发掉。而二氧化碳则能使点心松软，或使啤酒等饮料起泡。

（三）食品中常见的真菌

食品中常见真菌有曲霉属、青霉属、毛霉属、根霉菌属、镰刀菌属、酵母菌属。曲霉、青霉往往是食品霉变的前兆，而根霉和毛霉的出现往往表示食品已经霉变。曲霉、青霉易产生致癌性真菌毒素，对人体健康带来更大的危害。镰刀菌的某些种可以引起小麦、水稻等产生病害，有些使蔬菜、水果发生腐败，有些还是人和动物的致病菌。酵母属除了啤酒酵母能被工业利用外，一些酵母菌种可引起水果、蔬菜的发酵，使食品发生腐败，一些还能在酱油表面生产一层灰白色粉状的膜，影响酱油的质量。

（四）真菌生长的影响因素

水分对营养物质的吸收是必需的，真菌生长只限于潮湿的环境中。许多真菌在相对湿度95%～100%的条件下生长良好。当相对湿度降至80%～85%，真菌生长缓慢甚至停止。霉菌所需的水分活度（*Aw*）比细菌和酵母菌略低，但*Aw*降至0.7以下，一般菌也不能生长。粮食中含水量如在17%～18%，则是霉菌繁殖与产毒的理想条件。

一般真菌的最适生长温度为20～28℃，小于10℃和大于30℃时生长显著减慢。在0℃几乎不生长，但个别品种能耐低温，能在冰冻条件下生长而引起冷藏肉类的腐败。

大多数霉菌是严格的需氧菌，而大多数酵母菌则能借助无氧呼吸（发酵）获得能量。真菌适宜在pH4～6的食物中生长。霉菌的营养要求较低，只要有糖及少量氮、无机盐即可，因此极易在含糖的饼干、面包、粮食类食品上生长。

（五）食品中真菌的控制

绝大多数真菌不耐热，因此可以用将食品置于60℃条件下加热10min的方法予以杀灭。食品中霉菌生长综合性控制措施还包括干燥（晒干、红外线干燥、使用吸湿剂等）、低温、隔氧、使用防腐剂等，如将香草醛与肉桂醛混合制成防腐剂适用于蛋糕、糕点、年糕、果酱等多种食品的防霉。

二、产毒霉菌与霉菌毒素及其控制

霉菌毒素是某些霉菌在其所污染的食品中产生的有毒代谢产物。目前已知的霉菌毒素已有200种左右。一种霉菌毒素往往可以由多种霉菌产生，这种霉菌产毒的不专一性与细菌产毒有很大不同。

不同霉菌毒素对人体毒性作用不同，按其毒性作用的性质可分为肝脏毒素、肾脏毒素、神经毒素、致皮炎物、细胞毒素及性激素样作用等。

霉菌产毒往往只限于少数产毒霉菌，而产毒菌种中也只有一部分菌株产毒。

被霉菌毒素污染的食物，表观上一般并无霉变迹象，但随食物被人体摄入后，其中毒表现是多种多样的，如急性中毒、慢性中毒、致癌、致畸、致突变等。

历史上曾发生过的霉菌毒素中毒有麦角中毒、赤霉病麦中毒、黄变米中毒和黄曲霉毒素中毒等。在我国一些地区，黄曲霉毒素污染较严重。结合我国目前食品霉菌毒素污染的实际情况，应采取防霉去毒及食品中霉菌毒素含量检测等综合性措施。

（一）黄曲霉毒素

1. 毒素毒性

黄曲霉毒素是由黄曲霉和寄生曲霉产生的一类代谢产物。具有极强的毒性和致癌性。黄曲霉毒素耐热，一般在烹调加工的温度下破坏很少。在280℃时，发生裂解，其毒性可被破坏。紫外线对黄曲霉毒素有低度破坏性。

黄曲霉毒素主要作用于肝脏，出现中毒性肝炎，中毒症状为食欲差、呕吐、发热，接着出现黄疸、腹水、下肢浮肿，甚至死亡。黄曲霉毒素持续摄入所造成的慢性毒性，其主要表现是生长障碍，肝脏出现亚急性或慢性损伤及致癌作用。我国及部分亚非国家的肝癌流行病学调查资料发现，凡肝癌发病率高的地区，人类食物中黄曲霉毒素污染也较严重，实际摄入量也较多。

2. 毒素对食品的污染

黄曲霉毒素主要污染粮食和油料作物，例如玉米、花生、花生油。大豆中产毒量较低，原因之一是大豆受黄曲霉侵染后能激发产生大豆保卫素，抑制毒素的形成。

我国长江沿岸以及南方高温、高湿地区的粮油及其制品中黄曲霉毒素污染严重。据调查玉米、花生污染率分别可达47.2%和41.7%，最高含量可达1000μg/kg以上。食用油中花生油的污染较多，个别样品最高含量达1000μg/kg以上。而华北、东北和西北地区食品受污染较少。

3. 控制

（1）去毒　在食品加工过程中，一些黄曲霉毒素会被降解或分解，如有报道花生在烘烤过程中，有近50%的黄曲霉毒素发生了改变，以至于再也检测不出黄曲霉毒素。炒花生能部分去除，但不能完全去除黄曲霉毒素。

通常用花生制作花生酱和用坚果生产果仁糖果均可明显减少黄曲霉毒素的污染。除去小颗粒（皱缩的和极硬的颗粒），去除不易剥开的和褪色的果实，手工拣除变色的果实或用电子设备挑拣等，是去除污染的有效办法。

油料果实经榨油后，大部分黄曲霉毒素存在于油料的残渣中。在粗制植物油中剩下的少量黄曲霉毒素在用作肥皂原料时除去，肥皂原料是碱性提炼步骤的副产品。其余的微量黄曲霉毒素在脱色提炼步骤中去除，进而得到不含黄曲霉毒素的精制油。

将玉米通过加碱制作成玉米薄饼可有效地减少受污染玉米的黄曲霉毒素的含量。这种食品制作方法是世界一些地区（包括拉丁美洲一些国家）常用的方法。一些黄曲霉毒素很可能在碱水浸泡过程中被浸出，另一些则是受碱的化学作用而起变化。但如加工严重污染的玉米，这种过程仍不足以保证食品的安全性。

其他一些化学方法如用氨或过氧化氢处理粮食或饲料以及花生蛋白提取物（食品添加剂的一种）的方法，以及采取物理方法去除污染与化学反应去毒相结合的方式。

（2）防止污染 防止黄曲霉毒素污染的有效办法：花生、玉米收割后迅速干燥。尽可能避免昆虫性损害（因为昆虫会带入霉菌孢子造成早期污染），隔离受污染与未受污染的食品，以及加强毒素的监测。

我国制定了食品中黄曲霉毒素B_1的限量标准，如玉米、花生仁、花生油、玉米及花生仁制品（按原料折算）≤20μg/kg；大米及其他食用油≤10μg/kg；其他粮食、豆类、发酵食品≤5μg/kg。

（二）黄变米与黄粒米中的霉菌毒素

在日本由于大米霉变呈黄色，故称“黄变米”。从黄变米中分离出的霉菌主要有黄绿青霉、橘青霉和岛青霉等，分别带来黄绿青霉毒素（损害神经系统功能）、橘青霉毒素（损害肾脏功能）、岛青霉毒素（损害肝、肾及心血管功能）。“黄变米”曾引起大型食物中毒的暴发。

我国南方一些高温高湿地区，常因稻米未及时脱粒、干燥，致米粒呈不同程度的黄色而称“黄粒米”，从黄粒米中除分离出岛青霉和橘青霉外，还有黄曲霉、烟曲霉、构巢曲霉等，因而可能受到多种霉菌毒素的污染。在餐饮业使用时，为了保障消费者健康，应剔除黄变米粒。

（三）赭曲霉毒素

赭曲霉毒素是由曲霉属和青霉属的一些菌种产生的二次代谢产物，可引起动物的肾病，也是人类的一种可能致癌物。在气温较冷的地区，主要由纯绿青霉产生，在较温和地区多由赭曲霉产生。赭曲霉毒素在国外污染的食品主要是谷物、大豆、咖啡豆和可可豆，我国仅在玉米和小麦中偶有检出。

（四）展青霉素

展青霉素是一种由多种真菌如展青霉、荨麻青霉、棒曲霉和巨大曲霉等产生的有毒代谢产物。不仅可大量污染粮食饲料，还可对苹果及其制品带来严重污染。

临床上，展青霉素可以引起动物的急性、亚急性毒性作用，也具有致癌、致畸和致突变性，还有细胞毒性，降低免疫功能。我国制定的《食品安全国家标准 食品中真菌毒素限量》（GB 2761—2017）中规定，以苹果、山楂制成的产品中展青霉素限量指标为不超过50μg/kg。

（五）单端孢霉烯族毒素

单端孢霉烯族毒素是一组生物活性和化学结构相似的有毒代谢产物。大多数由镰刀菌属的菌种产生。它们多数是植物病原菌，可导致诸如根腐、枯萎等植物病害，如小麦和大麦的禾谷镰刀菌枯萎病、赤霉病等，禾谷镰刀菌还能引起人体赤霉病麦食物中毒。单端孢霉烯族化合物的主要毒性作用为细胞毒性、免疫抑制和致畸作用，可能有弱致癌性。

我国很早就知道赤霉病麦可引起人畜中毒。1960年以后，全国特别是长江流域各省均有赤霉病麦、病玉米中毒报告，中毒的发生往往与麦谷类赤霉病的流行有关。中毒症状主要有恶心、呕吐、头痛、腹痛、腹泻等。在评价食品中单端孢霉烯族毒素对食品污染的状况时，多以其代表物脱氧雪腐镰刀菌烯醇（DON）为代表。根据我国对小麦、玉米及玉米粉中DON的调查结果，并参考国外的限量标准，于2017年修订了我国小麦、玉米及其制品中DON的限量标准（GB 2761—2017）：大麦、小麦、小麦粉、麦片、玉米、玉米面（渣、片）≤1000μg/kg。

（六）玉米赤霉烯酮

玉米赤霉烯酮是由镰刀菌属菌种产生的代谢产物。该毒素主要污染玉米，也可污染大麦、小麦、大米、麦芽等谷物。许多国家曾报道，猪和牛等家畜摄食被玉米赤霉烯酮污染的谷物或饲料引起动物雌激素过多症。主要表现为阴道和乳腺肿胀、子宫肿大和外翻，严重情况下发生子宫脱垂等。玉米赤霉烯酮引起猪的雌激素过多在许多国家如澳大利亚、加拿大、丹麦、英国、美国、法国、德国、日本等均有过报道。

（七）串珠镰刀菌素、镰刀菌素与伏马菌素

串珠镰刀菌素是由串珠镰刀菌污染玉米等粮食谷物所产生的毒性代谢产物。动物试验表明毒素的主要毒性是危害心肌，表现为心肌劳损、心室颤动、心脏停搏。

镰刀菌素是由串珠镰刀菌产生的另一类具有致突变作用的有毒物质。在酸性和中性条件下较稳定，在碱性条件下降解加快。因此，在微碱环境中烹煮食品，有利于镰刀菌素降解，减少对人体的危害。

串珠镰刀菌的培养物中含有一种水溶性代谢产物，称为伏马菌素，是一种具有促癌活性的物质。其污染粮食作物的情况在国外如意大利、西班牙、波兰、法国、美国等地较为严重。我国从食管癌高发区林州市采集的玉米样品检测表明其伏马菌素污染率较高。伏马菌素还可引起灵长类动物患动脉粥样硬化的危险性增高。伏马菌素在<3mm的玉米颗粒中污染较重，因而去除较细颗粒部分可以作为初步降低伏马菌素含量的有效手段。

由于产毒串珠镰刀菌分布广泛，特别是伏马菌素的发现已成为食品卫生安全领域继黄曲霉毒素之后的又一个热点。世界卫生组织食物真菌毒素协作中心亦将伏马菌素作为近几年需首先进行研究的几种真菌毒素之一。对串珠镰刀菌及其有关毒素的深入研究，将有助于减轻它们对食品安全的威胁，保障人类的健康。

（八）链格孢霉毒素

链格孢霉是污染食物最普遍的真菌之一。它广泛分布于泥土和植物里，包括谷物、蔬菜、水果以及田间作物。有多种链格孢霉是重要的植物病原菌。它能在低温下生长，因此能引起冷藏的蔬菜、水果的腐败。链格孢霉能产生多种代谢产物，不少代谢物对动物和植物具有毒性。

链格孢霉对农产品侵染范围很广，随各地区的温度、湿度、通风和日照以及产毒菌株等情况而不同。从美国、澳大利亚、巴基斯坦、阿根廷、印度、西班牙和英国等地的高粱、玉米、小麦、油菜籽、葵花籽、苹果和番茄中均分离到数种链格孢霉，并检测出链格孢霉毒素。我国对河南省粮食检测结果表明，链格孢霉分离率达到82.2%，食管癌高发区检出率更高。

第四节 动植物中的天然有毒物质及其控制

由于人口不断增长，为了扩大食物来源，人们不断开发利用丰富的生物资源，以增加食物的种类。长期以来，人们对化学物质引起的食品安全性问题有不同程度的了解，却忽视了人们赖以生存的动植物本身所具有的天然毒素，于是在生产中不添加任何化学物质的天然食品受顾客青睐，身价倍增，一些媒体也将其描述为有百利而无一害的食品。事实并非如此，动植物中的天然有毒物质引起的食物中毒屡有发生，由此而带来的经济损失触目惊心。

一、动植物天然有毒物质的定义及种类

（一）动植物天然有毒物质的定义

人类的生存离不开动植物，在众多动植物中，有些含有天然有毒物质。动植物天然有毒物质就是指有些动植物中存在的某种对人体健康有害的非营养性天然物质成分，或因贮存方法不当，在一定条件下产生的某种有毒成分。由于含有毒物质的动植物外形、色泽与无毒的品种相似，因此，在食品加工和日常生活中应引起人们的足够重视。

（二）动植物天然有毒物质的种类

动植物中含有的天然有毒物质结构复杂，种类繁多，与人类关系密切的主要有以下几种。

1. 苷类

在植物中，由糖分子中的半缩醛基和非糖化合物的羟基缩合而成的具有环状缩醛结构的化合物称为苷，又称配糖体、糖苷。苷类一般味苦，可溶于水和醇，易被酸或酶水解，水解的最终产物为糖及苷元。苷元是苷中的非糖部分。由于苷元的化学结构不同，苷的种类也有多种，主要有氰苷、皂苷等。

（1）氰苷　氰苷是结构中含有氰基的苷类。其水解后产生氢氰酸，从而对人体造成危害，因此有人将氰苷称为生氰糖苷。生氰糖苷由糖和含氮物质（主要为氨基酸）缩合而成，能够合成生氰糖苷的植物体内含有特殊的糖苷水解酶，将生氰糖苷水解产生氢氰酸。

氰苷在植物中分布广泛，它能麻痹呼吸中枢，因此有镇咳作用，但过量可引起中毒。氰苷对人的致死量以体重计为18mg/kg。氰苷的毒性主要来自氢氰酸和醛类化合物的毒性。氰苷所形成的氢氰酸被吸收后，随血液循环进入组织细胞，并透过细胞膜进入线粒体，与线粒体中细胞色素氧化酶的铁离子结合，导致细胞的呼吸链中断，造成组织缺氧，体内的二氧化碳和乳酸量增高，机体陷入内窒息状态。

氰苷引起的慢性氰化物中毒现象也比较常见。在一些以木薯为主食的非洲和南美洲地区，就存在慢性氰化物中毒引起的疾病。虽然含氰苷植物的毒性取决于氰苷含量的高低，但还与摄食速度、植物中催化氰苷水解酶的活力以及人体对氢氰酸的解毒能力大小有关。

预防措施：首先，不直接食用各种生果仁，对杏仁、桃仁等果仁及豆类在食用前要反复用清水浸泡、充分加热，以去除或破坏其中的氰苷。其次，在习惯食用木薯的地方，要注意

饮食卫生，严格禁止生食木薯，食用前去掉木薯表皮，用清水浸泡薯肉，使氰苷溶解出来。最后，发生氰苷类食品中毒时，应立刻给中毒者口服亚硝酸盐或亚硝酸酯，使血液中的血红蛋白转变为高铁血红蛋白，高铁血红蛋白的加速循环可将氰化物从细胞色素氧化酶中脱离出来，使细胞继续呼吸，之后服用一定量的硫代硫酸钠进行解毒，被吸收的氰化物可转化成硫氰化物而随尿排出。

（2）皂苷　皂苷是类固醇或三萜系化合物低聚配糖体的总称。由于其水溶液振摇时能产生大量泡沫，与肥皂相似，所以称皂苷，又称皂素。皂苷对黏膜，尤其对鼻黏膜的刺激性较大，内服量过大可引起食物中毒。含有皂苷的植物有豆科、蔷薇科、葫芦科、苋科等，动物有海参和海星等。

2. 生物碱

生物碱是一类具有复杂环状结构的含氮有机化合物，主要存在于植物中，少数存在于动物中，有类似碱的性质，可与酸结合成盐，在植物体内多以有机酸盐的形式存在。其分子中具有含氮杂环结构，如嘌呤、吲哚、喹啉等。

生物碱的种类很多，已发现的就有2000种以上，分布于100多个科的植物中。其生理作用差异很大，引起的中毒症状各不相同。有毒生物碱主要有烟碱、茄碱、颠茄碱等。生物碱多数为无色味苦的固体，游离的生物碱一般不溶或难溶于水，易溶于醚、醇、氯仿等有机溶剂，但其无机酸盐或小分子有机酸易溶于水。

3. 酚类及其衍生物

酚类及其衍生物主要包括简单酚类、黄酮、异黄酮、香豆素、酸等多种类型化合物，是植物中最常见的成分。

4. 毒蛋白和肽

蛋白质是生物体中最复杂的物质之一。当异体蛋白质注入人体组织时可引起过敏反应，内服某些蛋白质也可产生各种毒性。植物中的肺蛋白抑制剂、红细胞凝集素、麻毒素等均属有毒蛋白，动物中鲇鱼、鳇鱼和石斑鱼等鱼类的卵中含有的鱼卵毒素也属于有毒蛋白。此外，毒蘑菇中的毒伞菌、白毒伞菌等含有毒肽和毒伞肽。

5. 酶类

某些植物中含有对人体健康有害的酶类。它们通过分解维生素等人体必需成分释放出有毒化合物。如蕨类中的硫胺素酶可破坏动植物体内的硫胺素，引起人的硫胺素缺乏症；豆类中的脂肪氧化酶可氧化降解豆类中的亚油酸、亚麻酸，产生众多降解产物。现已鉴定出近百种氧化产物，其中许多成分可能与大豆的腥味有关，不仅产生了有害物质，且降低了大豆的营养价值。

6. 非蛋白类神经毒素

这类毒素主要指河豚毒素、肉毒毒素、螺类毒素、海兔毒素等，多数分布于河豚、蛤类、螺类、海兔等水生动物中，它们本身没有毒，却因摄取了海洋浮游生物中的有毒藻类（如甲藻、蓝藻等），或通过食物链间接摄取将毒素积累和浓缩于体内。

7. 植物中的其他有毒物质

（1）硝酸盐和亚硝酸盐　叶菜类蔬菜中含有较多的硝酸盐和极少量的亚硝酸盐。因为蔬菜能主动从土壤中富集硝酸盐，其硝酸盐的含量高于粮谷类，尤其在叶菜类的蔬菜中含量更高。人体摄入的硝酸盐中80%以上来自所吃的蔬菜，蔬菜中的硝酸盐在一定条件下可还原成亚硝酸盐，当其蓄积到较高浓度时，食用后就能引起中毒。

（2）草酸和草酸盐 草酸在人体内可与钙结合形成不溶性的草酸钙，不溶性的草酸钙可在不同的组织中沉积，尤其在肾脏，人食用过多草酸也有一定的毒性。常见的含草酸多的植物主要有菠菜等。

8．动物中的其他有毒物质

畜禽是人类动物性食品的主要来源，但其体内的腺体、脏器和分泌物，如摄入过量或误食，可干扰人体正常代谢，引起食物中毒。

（1）肾上腺皮质激素 在家畜中由肾上腺分泌的激素，为脂溶性类固醇激素。如果人误食了家畜肾上腺，那么会因该类激素浓度增高而干扰人体正常的肾上腺皮质激素的分泌活动，从而引起一系列中毒症状。

预防措施：要加强兽医监督，屠宰家畜时将肾上腺除净，以防误食。

（2）甲状腺激素 甲状腺激素是由甲状腺分泌的一种含碘酪氨酸衍生物。若人误食了甲状腺，则体内的甲状腺激素浓度突然增高，扰乱人体正常的内分泌活动，从而表现出一系列中毒症状。甲状腺激素的理化性质非常稳定，在600℃以上的高温才可以破坏，一般烹调方法难以去毒。

预防措施：屠宰家畜时将甲状腺除净，且不得与“碎肉”混在一起出售，以防误食。一旦发生甲状腺中毒，可用抗甲状腺素药及促肾上腺皮质激素急救，并对症治疗。

（3）动物肝脏中的有毒物质 在狗、羊、鲨鱼等动物性肝脏中含有大量的维生素A，若大量食用其肝脏，则可因维生素A食用过多而发生急性中毒。此外，肝脏是动物最大的解毒器官，动物体内各种毒素大都经过肝脏处理、转化、排泄或结合，所以，肝脏中暗藏许多毒素。此外，进入动物体内的细菌、寄生虫往往在肝脏中生长、繁殖，其中肝吸虫病较为常见，而且动物也可能患肝炎、肝硬化、肝癌等疾病，因而动物肝脏存在许多潜在不安全因素。

预防措施：首先，要选择健康肝脏。肝脏瘀血、异常肿大、流出污染的胆汁或见有虫体等，均视为病态肝脏，不可食用。其次，对可食肝脏，食用前必须彻底清除肝内毒素。

二、含天然有毒物质的植物

植物是许多动物赖以生存的食物来源，也是人类粮食、蔬菜、水果的来源。世界上有30多万种植物，可是用作人类主要食品的不过数百种，这是由于植物体内的毒素限制了它们的应用。因此，研究含天然有毒物质的植物，防止植物性食物中毒，具有重要的现实意义。

目前，中国有毒植物约有1300种，分别属于140个科。植物的毒性主要取决于其所含的有害化学成分，如毒素或致癌物，它们虽然量少，却严重影响了食品的安全性。下面介绍一些比较常见的有毒植物。

（一）含苷类植物

1．苦杏仁

苦杏仁中的苦杏仁苷是有毒的化学成分。苦杏仁苷口服后易在胃肠道中分解出氢氰酸，故毒性要比静脉注射大40倍左右。人静脉注射约5g（相当于每千克体重约0.07g）即可致死。苦杏仁中的苦杏仁苷在人咀嚼时和在胃肠道中经酶水解后可产生有毒的化学成分氢氰酸，该物质可抑制细胞内氧化酶活性，使人的细胞发生内窒息，同时氢氰酸可反射性刺激呼吸中枢，使之麻痹，造成人的死亡。

苦杏仁中毒多发生于杏子成熟收获季节，常见于儿童因不了解苦杏仁毒性，生吃苦杏仁，或不经医生处方自用苦杏仁煎汤治疗咳嗽而引发中毒。

苦杏仁中毒潜伏期一般为1～2h。先有口中苦涩、头晕、恶心、呕吐、脉搏加快以及四肢无力等症状，继而出现不同程度的呼吸困难、胸闷，严重者昏迷甚至死亡。

预防措施：宣传苦杏仁中毒的知识，尽量不吃苦杏仁。当用苦杏仁做成菜时，应反复用水浸泡，充分加热，使氢氰酸挥发后再食用。

2．木薯

木薯中含有一种亚麻配糖体，遇水时，经过其所含的亚麻配糖体酶作用，可以析出游离的氢氰酸而致中毒。氢氰酸被吸入或内服达每千克体重1mg时，即可导致迅速死亡。木薯内的配糖体不能在酸性的胃液中水解，其水解过程多在小肠中进行，或因亚麻糖体在烹煮过程中受到破坏而影响水解速度，故其中毒的潜伏期比无机氰化物长。

木薯水解以后产生糖和氢氰酸等物质，氰根离子进入人体后迅速与细胞色素氧化酶的三价铁结合，并阻碍其细胞色素的氧化作用，抑制细胞呼吸，导致细胞内窒息、组织缺氧。中枢神经系统对缺氧最为敏感，故脑神经首先受到损害。氢氰酸本身还可损害延脑的呼吸中枢及血管运动中枢，由于中枢神经系统的损害，中毒开始时，延脑的呕吐中枢和呼吸中枢、迷走神经、扩瞳肌及血管运动神经等均见兴奋，其后转为抑制、麻痹。如有极微量的氢氰酸在胃内放出，可有腐蚀作用，引起胃炎症状。

预防措施：应该加强宣传，千万不能生吃木薯；木薯加工首先必须去皮，然后洗涤薯肉，用水煮熟，煮木薯时一定要掀开锅盖，再将熟木薯用水浸泡16h，煮薯的汤及浸泡木薯的水应弃去；不能空腹吃木薯，一次也不能吃得太多，儿童、老人、孕妇及体弱的人均不宜吃。

3．芦荟

全株或叶汁及其干燥品均有毒。研究证明，芦荟全株汁液中含芦荟素约25%，树脂约12.6%，还含少量芦荟大黄素。其中主要有毒成分是芦荟素及芦荟大黄素。芦荟素中主要含芦荟苷（羟基蒽醌衍生物）及少量的异芦荟苷、卢一芦荟苷（可能非芦荟中原有，而是在提取过程中由芦荟苷转变而成）。其主要的毒作用是对肠黏膜有较强的刺激作用，可引起明显的腹痛及盆腔充血，严重时造成肾脏损害。芦荟的泻下作用很强，其汁液干燥品口服0.1～0.2g即可引起轻泻，0.25～0.5g可引起剧烈腹泻。

4．皂葵

皂葵的有毒成分是皂苷。皂苷具有溶血作用，它不被胃肠道吸收，一般不发生吸收性中毒，但对胃肠有刺激作用，大量服用时可引起中枢神经系统紊乱，也可引起急性溶血性贫血。

5．桔梗

桔梗中的有毒成分为皂苷。桔梗皂苷具有强烈的黏膜刺激性，具有一般皂苷所具有的溶血作用，但口服溶血现象较少发生。

（二）含生物碱类植物

1．颠茄

颠茄常用作药物，因毒性较大，一般只作外用，不可内服，如果不慎误服将导致中毒。

颠茄中含有的生物碱——茄碱是有毒成分，以未成熟的果实中含量最多。

2. 发芽马铃薯

存在于发芽马铃薯幼芽与芽基部分，食用未成熟的绿色马铃薯或发芽马铃薯，会导致茄碱（龙葵素）中毒，出现胃肠道症状、中枢神经症状等临床症状。

预防茄碱中毒，首先应防止马铃薯变质，保藏于阴凉通风、干燥处或辐照处理。不食用发芽较多或皮肉变黑绿色的马铃薯。发芽少的，可剔除芽与芽基部，去皮后水浸30～60min，烹调时加少许醋煮透。

3. 黄花菜

主要存在于黄花菜中，食用未经处理的鲜黄花菜即可引起中毒。秋水仙碱、二秋水仙碱对胃肠道、泌尿系统有刺激性。预防措施是不吃鲜黄花菜，食用时科学烹调，控制摄入量。

4. 蜂蜜

正常蜂蜜对人有益无害。但是在每年初夏和入秋，一般蜜源植物很少，雷公藤属植物正值开花期，由此酿成的蜂蜜就含有雷公藤碱及其他生物碱，食后会中毒。

（三）含酚类植物

棉花全株有毒，所含棉酚有游离和结合两种。游离棉酚是一种含酚毒苷，或为血浆毒和细胞原浆毒，对神经、血管、实质性脏器细胞等都有毒性，中毒者表现为中枢神经、心、肝、肾等损害。

预防措施：在产棉区要宣传棉籽油的毒性，不要食用粗制生棉籽油。榨油前，必须将棉籽粉碎，经蒸炒加热脱毒后再榨油。榨出的毛油再加碱精炼，可使棉酚逐渐分解破坏。棉籽油中游离棉酚不得超过0.02%，棉酚超标的棉籽油严禁食用。

（四）含内酯类和萜类植物

1. 莽草

莽草含一种惊厥毒素莽草亭，是一种苦味内酯类化合物，可以兴奋延脑、间脑及神经末梢，作用于呼吸及血管运动中枢，大剂量时也能作用于大脑及脊髓，先是兴奋而后麻痹。生吃5～8个莽草籽即能使人中毒。

2. 苦楝

苦楝全株有毒，以果实毒性最烈，叶子最弱，有毒成分主要是苦楝碱、苦楝萜酮内酯等物质。其所含毒素能使大脑皮质麻痹，而致皮质下中枢的抑制解除，因而引起中枢神经兴奋，继而麻痹。苦楝皮及其果实对胃肠道有刺激作用，对心肌、肝、肾有不同程度的毒害作用，可引起中毒性肝病等。其所引起的肝、肾、肠道等内脏出血，可能是药物中某种毒素的作用，或与机体的敏感性增高有关。

三、含天然有毒物质的动物

动物是人类膳食的重要来源之一，由于其味道鲜美、营养丰富，深受消费者的喜爱。但是某些动物体内含有天然有毒物质，人食用后可引起食物中毒。下面介绍几种常见的含天然有毒物质的动物。

（一）有毒鱼类

1. 河豚

河豚是无鳞鱼的一种，全球有200多种，中国有70多种。它主要生活于海水中，但在每年清明节前后多由海中逆游至海口的河中产卵。河豚肉质鲜美诱人，但含有剧毒物质，可引起世界上最严重的动物性食物中毒。

河豚的内脏含毒素，毒量的多少因部位及季节而异。河豚的卵巢和肝脏有剧毒，其次为肾脏、血液、眼睛、鳃和皮肤。一般精巢和肉无毒，但个别种类河豚的肠、精巢和肌肉也有毒性。每年2～5月是河豚的卵巢发育期，毒性较强，6～7月产卵后，卵巢退化，毒性减弱。引起人们中毒的河豚毒素有河豚素、河豚酸、河豚卵巢毒素及河豚肝毒素等。

河豚毒素为无色针状结晶体，是一种毒性强烈的非蛋白类神经毒素。河豚毒素的理化性质比较稳定，加热和用盐腌制均不能破坏其毒性。河豚毒素的毒理作用现已证明主要是阻碍神经和肌肉的传导，使骨骼肌、横膈肌及呼吸神经中枢麻痹，引起呼吸停止。其毒性比氰化钠大1000倍，0.5mg即可使人中毒死亡。

河豚中毒的临床表现分为4个阶段。中毒的初期阶段，首先感到发热，接着便是嘴唇和舌间发麻，头痛、腹痛、步态不稳，同时出现呕吐。第二阶段，出现不完全运动麻痹。运动麻痹是河豚中毒的一个重要特征之一。呕吐后病情的严重程度和发展速度加快，不能运动，知觉麻痹，语言障碍，出现呼吸困难和血压下降。第三阶段，运动中枢完全受到抑制，运动完全麻痹，生理反射降低。由于缺氧，呼吸困难加剧，各项反射渐渐消失。第四阶段，意识消失。河豚中毒的另一个特征是患者死亡前意识清楚，当意识消失后，呼吸停止，心脏也很快停止跳动。

防止河豚毒素中毒的措施：

（1）掌握河豚的特征，学会识别河豚的方法，不食用河豚。

（2）发现中毒者，以催吐、洗胃和导泻为主，尽快使食入的有毒食物及时排出体外。

2. 肉毒鱼类

肉毒鱼类的主要有毒成分是一种称作“雪卡”的毒素，它常存在于鱼体肌肉、内脏和生殖腺等组织或器官中，是不溶于水的脂溶性物质，对热十分稳定，是一种外源性和累积性的神经毒素，具有胆碱酯酶阻碍作用，类似于有机磷农药中毒的性质。

主要中毒症状：初期感觉口渴，唇舌和手指发麻，并伴有恶心、呕吐、头痛、腹痛、肌肉无力等症状，几周后可恢复。很少出现死亡，其死亡原因较复杂，患者大多死于心脏衰竭。

由于这种毒素不能在日常烹调、蒸煮或日晒干燥中去除，在食用前应以小鼠试验检查是否为毒鱼，确认无毒后才可以食用。

3. 鱼类引起的组胺中毒

引起此类中毒的鱼大多是含组氨酸高的鱼类，主要是海产鱼中的青皮红肉鱼类，如金枪鱼、秋刀鱼、竹荚鱼、沙丁鱼、青鳞鱼、金线鱼、鲐鱼等。当鱼不新鲜或腐败时，鱼体中游离组氨酸经脱羧酶作用产生组胺。当组胺积蓄至一定量时，食后便可引起中毒。

主要中毒表现：潜伏期一般为0.5～1h，最短为5min，最长达4h。以局部或全身毛细血管扩张、通透性增强、支气管收缩为主，主要症状有脸红、头晕、头痛、心慌、脉快、胸闷和呼吸窘迫等，部分患者出现眼结膜充血、瞳孔散大、视物模糊、脸发胀、唇水肿、口和舌及四肢发麻、恶心、呕吐、腹痛、荨麻疹（包括出血性荨麻疹）、全身潮红、血压下降等。

中毒特点是发病快、症状轻、恢复迅速，发病率可达50%左右，偶有死亡病例报道。

预防鱼类引起的组胺中毒的措施：

（1）不吃腐败变质及不新鲜的鱼，特别是青皮红肉的鱼类。市售鲜鱼等青皮红肉鱼类应冷藏或冷冻，要有较高的鲜度。根据GB 2733—2015《食品安全国家标准 鲜、冻动物性水产品卫生标准》的规定，高组胺鱼类的组胺含量应≤40mg/L，其他海水鱼类≤20mg/L。

（2）选购鲜鲐鱼等要特别注意其鲜度，如发现鱼眼变红、色泽不新鲜、鱼体无弹力，不应选购，也不得食用。购后应及时烹调，如盐腌，应劈开鱼背并加25%以上的食盐腌制。

（3）食用鲜、咸鲐鱼时，烹调前应去内脏、洗净，切成二寸段（约7cm），用水浸泡4～6h，可使组胺含量下降44%，烹调时加入适量雪里蕻或红果，组胺含量可下降65%。

（4）注意烹调方法，以红烧或清蒸、焖酥为宜，不宜油煎或油炸。

（5）有过敏性疾病患者，以不吃青皮红肉鱼为宜。

（二）有毒贝类

贝类是含动物性蛋白质食品的来源之一，它的种类很多，至今有记载的有十几万种。世界沿海国家常有贝类中毒的报告。世界上可作为食品的贝类约有几十种，已知的大多数贝类都含有一定数量的有毒物质，通常认为贝类食物中毒与贝类吸食浮游藻类有关。毒物在贝类体内蓄积和代谢，人们食用这些贝类后可造成食物中毒。常见的食品有鲍类、蛤类、海兔类等。

1．蛤类

蛤的种类很多，全世界有15000多种，多为无毒，有少数种类有毒。如果食量过多或吃法不当会引起中毒。中国蛤类资源丰富，常见的毒蛤有文蛤、四角蛤等。在蛤的肝脏和消化腺内有一种麻痹性贝类毒素，这种毒素来源于某些海藻。海水中有毒海藻的浓度和贝类的毒化有直接联系，海洋春夏季节出现的赤潮可以造成贝类的毒化。人摄食了被毒化的贝类可以引起麻痹性贝类中毒。麻痹性贝类毒素也称麻痹性海藻毒素。这类毒素中有一种毒素称为3,4,6-三烷基四氢嘌呤，易溶于水，热处理不被破坏，它对蛤本身无毒，但对人体有害。此种毒素具有河豚毒素的作用，可造成中枢神经组织麻痹、骨骼肌无力、瘫软，但降压作用较弱。

由于蛤类中毒一般是在特定的地区和季节出现，所以，有效的预防方法是加强卫生防疫监督。许多国家规定，每年5月到10月进行定期检查，如有毒藻类大量存在，则有发生中毒的危险，并对各类毒素含量进行测定，若超过规定标准，应做出禁止食用的决定和采取相应的措施。

2．鲍类

鲍鱼的肝、内脏中含有一种有毒化合物，称为鲍鱼毒素。鲍鱼毒素是一种有感光力的有毒色素，这种毒素来源于鲍鱼食饵海藻所含的外源性毒物。皱纹盘鲍毒素很耐热，煮沸30min不被破坏，冰冻（-20～-15℃）保存10个月不失去活性。这种毒素的提取物呈暗褐色，在紫外线和阳光下呈很强的荧光红色。人和动物食用鲍肝和内脏后不在阳光下暴露是不会致病的，如在阳光下暴露，就会得一种特殊的光过敏症。

3．海兔类

海兔又名海珠，是生活在浅海中的贝类。它的种类很多，其卵含有丰富的营养，是中国东南沿海地区人们喜爱的食品，并可入药。

海兔主要生活在浅海，潮流较流畅、海水清澈的海湾，以各种海藻为食，其体色和花纹与栖息环境中的海藻相似。当它们食用某些海藻之后，身体能很快地变为这种海藻的颜色，并以此来保护自己。海兔体内的毒腺又称蛋白腺，能分泌一种酸性乳状液体，气味难闻。海兔的皮肤组织中含一种有毒性的挥发油，对神经系统有麻痹作用，大量食用会引起头痛，误食或接触海兔将发生中毒。

防止贝类毒素中毒的措施：

（1）食用贝类食品时，要反复清洗、浸泡，并采取适当的烹饪方法，以清除或减少食品中的毒素。

（2）制定该类毒素在食品中的限量标准。

（3）发现中毒者，以催吐、洗胃和导泻为主，尽快使食入的有毒食物及时排出体外。

（三）有毒昆虫

1. 蚂蚁

世界上的蚂蚁有6000种，蚂蚁的毒素主要是其用于防御和杀昆虫的分泌物，毒素因蚂蚁种类的不同而异。有刺的蚂蚁都含有毒素，它们的毒器是为杀死猎物而用的。对人畜来说，大多数蚂蚁的毒素是没有危险的，况且它们并不能刺透人畜的皮肤。目前发现能引起人畜中毒的蚂蚁主要有火蚁、南美火蚁等。

2. 蜘蛛

蜘蛛大多有毒螯及毒腺，用以捕食和自卫，一般对人类无重大危害，人及动物中毒，原因多是由于雌蛛在受到惊动时咬人或动物，此时蜘蛛体内的毒腺所分泌的毒液经被蜇者皮肤的伤处进入体内。在中国生存的对脊椎动物毒性较大的毒蜘蛛主要有以下几种：红斑蛛，又名黑寡妇蜘蛛，是世界上毒性最强的蜘蛛之一，在中国主要分布于海南、广东、广西等地；虎纹捕鸟蛛，分布于中国南方，为近年新鉴定的蜘蛛新种，该种蜘蛛穴居于地下，个体大，毒性强；台湾毒蛛，又名台湾毒蜘蛛，分布于中国台湾，一般居于石缝中，人被蜇伤后，局部疼痛，昏迷，有致死危险；红蜘蛛，又名大蜘蛛，主要分布于上海、南京、北京、东北等地，人被蜇伤后，局部灼痛，毒素扩散范围很大，疼痛可达两周左右，但一般无致死危险。蜘蛛的毒液中含有蜘蛛毒素，根据其化学结构上的特点可分为两大类，一类是分子质量较大的蛋白质与多肽类神经毒素，另一类是分子质量较小的非肽类神经毒素。

3. 毒蜂

蜂蜜浓甜可口，营养丰富，除含有葡萄糖、果糖之外，还含有多种人体必需氨基酸、维生素、酶类、有机酸、微量元素等营养物质，具有延年益寿、润肺、止咳、通便等作用。然而，有些毒蜂如大黄蜂所酿的蜜中含有乙酰胆碱、组胺、磷脂酶等，可使人平滑肌收缩、运动麻痹、血压下降、呼吸困难、局部疼痛、瘀血及水肿等。

一般来说，蜂蜜应该是无毒的，但有的蜂蜜却是有毒的，这是一种特殊情况，毒源不是来自蜜蜂本身，而是蜜源有毒。有毒蜂蜜实际上是由于蜜蜂采集了有毒的花粉酿蜜所致。这种蜂蜜被称为“毒蜜”或“醉蜜”。通常，蜜蜂采集花粉时，对毒性特强的花是有鉴别能力的，会主动避开，但对一些有毒却无特殊异味的花，常被蜜蜂误采而酿成有毒的蜂蜜。据目前所知，雷公藤、洋地黄、黄藤、断肠草等植物花粉都有一定毒性，被蜜蜂误采酿成蜂蜜可致人中毒。

4. 蜈蚣

蜈蚣又名百足虫、金头螺蚣，为雌雄异体，卵生，并有孵卵和育幼的习性。蜈蚣作为药用时用量过大可引起中毒。另外，人畜被其蜇伤时，毒液注入人畜体内，也会产生毒害作用。蜈蚣体内的有毒成分主要有组胺、羟色胺和溶血蛋白；此外还含有酪氨酸、亮氨酸、蚁酸、游离脂肪酸、胆固醇、甘油酯等。体内含有的酶主要有蛋白酶、酯酶、端肽酶、碱性磷酸单酯酶、磷酸二酯酶等。

5. 蝎子

蝎毒由蛋白质和一些非蛋白质小分子物质及水分组成。其中主要成分是多种碱性蛋白质，非蛋白质的小分子物质主要是一些脂类、有机酸、游离氨基酸等，有的还含有一些生物碱以及一些多糖类。蝎毒中的蛋白质以水溶性蛋白质含量最高，种类也最多。通常一种蝎毒中含有3～5种蛋白质。蝎毒中的这些蛋白质都具有不同程度的毒性和生理功能。这些内含碳、氧、氢、氮及硫等元素的有毒蛋白质是蝎毒的主要成分，是引起死亡和麻痹效应的活性物质，因而称蝎毒为蝎神经毒素或蝎毒蛋白。

由于蝎毒含蛋白质较多，因此较为黏稠，大多数新鲜的毒液呈中性或碱性。蝎毒素与蛇毒成分中的神经毒素化学性质类似，但其含量较高。有人认为这可能就是蝎毒较蛇毒剧烈的缘故之一。蝎毒素中除了蛋白质之外，还含有一些酶类和抑制剂。如透明质酸酶可以水解细胞壁多糖，促进毒素迅速扩散进入有机体。据悉，印度红蝎中还发现了一种膜蛋白酶抑制剂，它能抑制高级动物胰脏所分泌的蛋白质水解酶的活力，使蝎毒素的毒性作用受到保护。

（四）动物腺体的毒性

1. 甲状腺激素

甲状腺位于气管喉头的前下部，是一个椭圆形颗粒状肉质物，附着在气管上，如果食用未摘除甲状腺的家畜的血脖肉，即可引起中毒，以猪（或牛、羊）的甲状腺中毒较常见。误食动物甲状腺中毒，扰乱正常内分泌活动，严重影响下丘脑功能，类似甲状腺功能亢进症状。潜伏期1～10d，病程短者3～5d，长者可达数月。食用甲状腺发生中毒，可用抗甲状腺素药及促肾上腺皮质激素急救，并对症治疗。

2. 肾上腺

肾上腺（小腰子）误食后多在15～30min发病，主要症状是心窝部疼痛、恶心、腹泻、手麻、舌麻、心动过速、颜面苍白、瞳孔散大、恶寒等。

3. 淋巴结

淋巴结，兽医称其为花子肉。淋巴系统是机体免疫功能的重要部分，每个淋巴结管辖一定部位的淋巴管，当某一部位受病原体侵袭时，淋巴结会通过淋巴管把带来的病原体阻留下来。误食淋巴结可引起感染性疾病。如吃了猪的淋巴结后出现头痛、腹痛、四肢疼痛等症状。

4. 预防措施

屠宰过程中要清除动物三腺；防止三腺混入肉糜中；不买、不吃无安全保障的肉糜、碎肉。

第五节

餐饮服务中的卫生及安全

一、餐饮服务的形式与卫生要求

餐饮业餐厅服务形式不同，卫生要求也有区别。传统的服务形式有端盘服务、分菜服务、桌旁服务、宴会服务等形式。

（一）端盘服务的卫生要求

端盘服务是指把在厨房里做好的所有菜肴都装好盘，直接送给顾客的服务形式。为了确保菜肴的温度适于顾客食用，就必须尽快地送给顾客。由于菜肴不可避免地暴露于空气中，对冷菜由于在厨房拼摆时间较长，应进行紫外线灭菌消毒，必要时可做加盖放置。对热制冷菜应迅速冷却，在出售前确保一直处于低温状态，以抑制污染菌生长。对热菜要趁热供应。如暂时不供应，则应有保温设施。

（二）分菜服务的卫生要求

分菜服务是指在厨房里把烧好的完整菜肴如整鸡、整鸭、整鱼、整乳猪等用大盘装上，端到餐桌上给顾客欣赏，然后由服务员给顾客分菜的服务方式。对分菜服务来说，虽然菜也是厨房里做成的，它能保证食品内部达到一定的温度，符合杀菌需要，但从厨房拿到餐厅时，较难维持原有温度。在服务员把菜肴向客人展示，以及从大盘分向小盘时，温度会继续下降。因此分菜应尽可能缩短时间。分菜服务是分餐制的一种具体形式。

（三）桌旁服务的卫生要求

桌旁服务是指由服务员在餐桌旁，当着顾客的面做菜的服务形式。如加工火锅食品、烧烤食品、拌腌生食食品就属这种形式。桌旁服务虽然省去了搬运环节，但服务员必须有许多烹调卫生知识。如服务员必须保证把食品内部的温度加热到合适的程度，防止半生不熟及食物中毒事故发生；拌腌食品要拌腌足够时间，且成品与原料容器严格分开、防止交叉污染。此外，餐厅的通风设备应能使热气、油和烧菜产生的气味排除。如使用电、气、火设备，还应注意安全操作。

（四）宴会服务的卫生要求

宴会服务是指把菜肴装在大碗、大盘或大盆中送上桌，由客人相互传递，从中自取所需分量的服务形式。它适用于大型宴会或晚间服务。由于菜肴传来传去，热菜很可能会变凉。也可能因为客人来回走动，意外的咳嗽或打喷嚏而使整盘菜受到污染。因此对大容器内盛放的菜肴如菜汤、大盆冷菜等均应加盖保护。为实施分餐制，同样应提供专用分餐用具。

二、服务用设备的卫生

顾客对企业的感受一般都在餐厅。餐厅设备设施的卫生状况对企业形象至关重要。在营业开始前，要对餐厅做常规性检查。重点检查地面、墙壁、天花板、菜单的清洁状况。对餐厅照明度进行调节，以制造合适的气氛。应调节通风，使客人不觉得闷和有烟雾。

（一）摆台用设备的卫生

1．台布的卫生

摆台时要检查台布是否清洁，有无破损现象。为确保台布卫生，一些企业常使用廉价的一次性塑料台布。为防止餐具与桌子碰撞发出噪声，桌子与台布之间应设一层垫布。

2．餐具摆置的卫生

桌面上的筷子在摆放时，与食物接触的细端应放在筷子架上。调羹放在汤碗内，如多人共餐，应设公筷、公勺，确保分餐卫生。

餐巾应放于杯子中或碟子上，放置前应叠好，不被弄脏。纸质餐巾只能一次性使用。尽管看上去还干净，在清洁桌面时也应全部废弃。布质的餐巾每次用后都要洗净。不能用餐巾去擦已经消毒的餐具。

3．其他物品的卫生

摆台时还要考虑放置适量的调味品、牙签、烟灰缸。餐桌上摆放的调味品常用的有酱油、辣酱、食醋、果酱等。盛装这些食品的容器其外部应定期清洁。可用湿布把瓶子外面的指印、食品溢出物擦净。这类瓶子不能洗涤，也不能向这些瓶子中倒入或补充调味品。如果顾客自行取用，容易造成污染和浪费。最好使用细口瓶，并严格控制调味品流出量。

（二）托盘的卫生

托盘有大、中、小型，方、圆型之分。一般大中型方盘用于装运菜肴、点心、饮料，收运餐具、盘碟等较重的器皿。小方盘和大小圆盘用于上菜肴、上饮料、上基酒、上毛巾。摆台、收台、端送食品饮料都要使用托盘，能否使用好托盘也是服务工作的一项基本技能。

在开始服务之前，应检查托盘的底部、面上、四周不应存在油污、食物或别的残渣。要检查托盘是否有裂缝、破损。装物品至托盘时，物品不能过多。各种物品都要小心轻放。为了防滑，可在盘内垫上垫布。

（三）设备的存放

在餐厅一般设有墙侧柜，用于服务设备的存放。服务员应在每次换班前把墙侧柜装满，在营业时随用随取。对所用餐具应防止污染。对用脏了的台布、盘碟、夹具都不得放进墙侧柜中保存，并防止其腐败变质。

三、服务过程中的食品卫生

（一）上菜

在餐厅服务过程中，食品可能暴露于室温条件下，导致微生物污染及生长繁殖。

上菜时，热菜应用经过加热的盘子盛装，冷菜应当用经过冷却的盘子盛装。不用抹布擦拭盘子。

菜肴装托盘时，不加盖的菜肴，应放在远离身体一侧的托盘内，以免送菜时落入头发。

热菜不能置于冷菜上。

（二）分菜

为了避免手与食品不必要的接触，服务员应使用分菜工具，或给客人配备分菜工具。如分菜工具暂时不用可以放置于食品中，要确保刀柄、叉柄露在外面；或放在循环水中；或将其洗净、擦干后存放在带盖的工具盒中。

（三）饮料供应

作为饮料供应的牛乳应为消毒乳。商业上的消毒只能杀灭非芽孢菌，因此消毒的瓶装乳必须在低温下存放。用乳粉冲制的乳茶，必须先煮沸后供应。饮料杯必须消毒。

冷冻饮品使用前必须处于冷冻状态。对清凉饮料必须低温存放。

给客人供应冰时，服务员应使用勺、夹子、冰铲等专用工具，禁止让客人自取，以免污染。冰、工具不用时均应放置在不受污染的地方。

（四）斟酒

中餐宴会一般用酒精含量较高的蒸馏酒和酒精含量较低的葡萄酒。其他饮料还有啤酒、汽水、矿泉水等。应当着客人的面将酒打开。斟酒之前需用洁净布将瓶口、瓶塞擦净、嗅一下瓶塞的味道，异味酒、变质酒不能使用，瓶如有裂纹也不能使用。

西餐宴会上用酒较多，供应的食品不同，搭配的饮料也有区别。供应开胃食品时搭配供应含气软饮料，并加入一些冰块，这些饮料应事先放在冰箱做冷却处理；供应鸡鱼菜肴时搭配供应白酒，其酒和酒杯均应提前冷却。斟酒前要将酒瓶擦干；供应牛排、烤肉、野味食品时搭配供应红葡萄酒，常在室温下饮用。红葡萄酒可能沉淀物较多，起酒时要避免摇动或振荡，也可先用纱布或滤纸过滤后再入瓶。

斟酒时，瓶口不要触及酒杯，但也不要过高，以免酒水溅出。如误碰翻酒杯时，应迅速铺上餐巾，将溢出的酒水吸干。瓶内酒越少时酒的出瓶速度越快，因此在倒半瓶的酒时，要掌握好酒瓶的倾斜度。斟啤酒时泡沫较多，倒的速度要慢些。斟酒完毕时，要使最后一滴酒均匀分布于瓶口，以免滴在桌上。斟酒后可用酒布擦干瓶口。

斟酒取杯时，对高脚杯要倒过来用手指夹住杯脚部分。对大玻璃杯则要拿住杯底部分。不能在杯口边缘留有指纹。

有些顾客饮酒过度不能节制，易导致醉酒，表现为呕吐、哭笑无常等。对醉酒者可在其额上敷湿毛巾，供醒酒菜，助其醒酒。

（五）剩余食品的处理

已经给客人送过的食品，如果剩下了，不能再送给别的客人食用。有的时候顾客确实是传染源，他们通过各种途径使食品受到污染。这些剩余食品即使再有利用价值，企业职工也不能盲目使用。

一些经过包装的、易腐性较低的食品，在包装完好的情况下，则可以再次食用，如顾客提出带走剩余食品，则应主动为顾客提供便利。如提供符合卫生要求的食品包装袋、方便饭盒等。

本章小结

本章系统地介绍了细菌性危害及其控制、病毒性危害及其控制、真菌性危害及其控制、动植物中的天然有毒物质及其控制、餐饮服务中的卫生及安全等知识，通过学习，使学生系统了解烹饪卫生与安全方面的知识，培养食品安全意识。

课后习题

1. “民以食为天，食以安为先”，你是怎样理解这一观点的？
2. 名词解释：清洁、卫生、卫生学、食品卫生、食品安全、食品污染、烹饪卫生与安全学。
3. 控制烹饪原料中农药和兽药残留的主要措施有哪些？
4. 烹饪中细菌性危害主要包括哪些？其控制措施有哪些？
5. 烹饪中病毒性危害主要包括哪些？其控制措施有哪些？
6. 烹饪中真菌性危害主要包括哪些？其控制措施有哪些？

参考文献

[1] 蒋云升. 烹饪卫生与安全学［M］. 2版. 北京：中国轻工业出版社，2008.
[2] 史贤明. 食品安全与卫生学［M］. 北京：中国农业出版社，2003.
[3] 孙长颢. 营养与食品卫生学［M］. 8版. 北京：人民卫生出版社，2022.

09 第九章 CHAPTER

合理烹饪与膳食健康

本章导学

合理的营养摄入和科学的膳食结构与人体健康息息相关。烹饪原料是制作各类食物的物质基础。烹饪原料的营养价值是指某种原料中所含的能量和营养素能满足人体需要的程度。如何选择合理的烹饪方式来保护烹饪原料的营养？吃什么？如何吃？吃多少？本章将带同学们学习相关内容，以此指导日常饮食，从而保持身体健康。

学习目标

◎知识目标

1. 掌握烹饪对食品常见成分的影响；掌握膳食结构与人体健康的关系。
2. 熟悉烹饪过程中营养素的保护和《中国居民膳食指南（2022）》。
3. 了解科学配餐与食谱制定的方法。

◎能力目标

1. 能够根据原料的特点选择合理的烹饪方式。
2. 能够根据人群的特点科学配餐和制定食谱。
3. 能够通过学习和训练培养学生开发创新的意识

◎素质目标

1. 培养学生的烹饪营养意识。
2. 培养学生的膳食健康意识。
3. 培养学生的科学配餐职业素养。

知识结构图

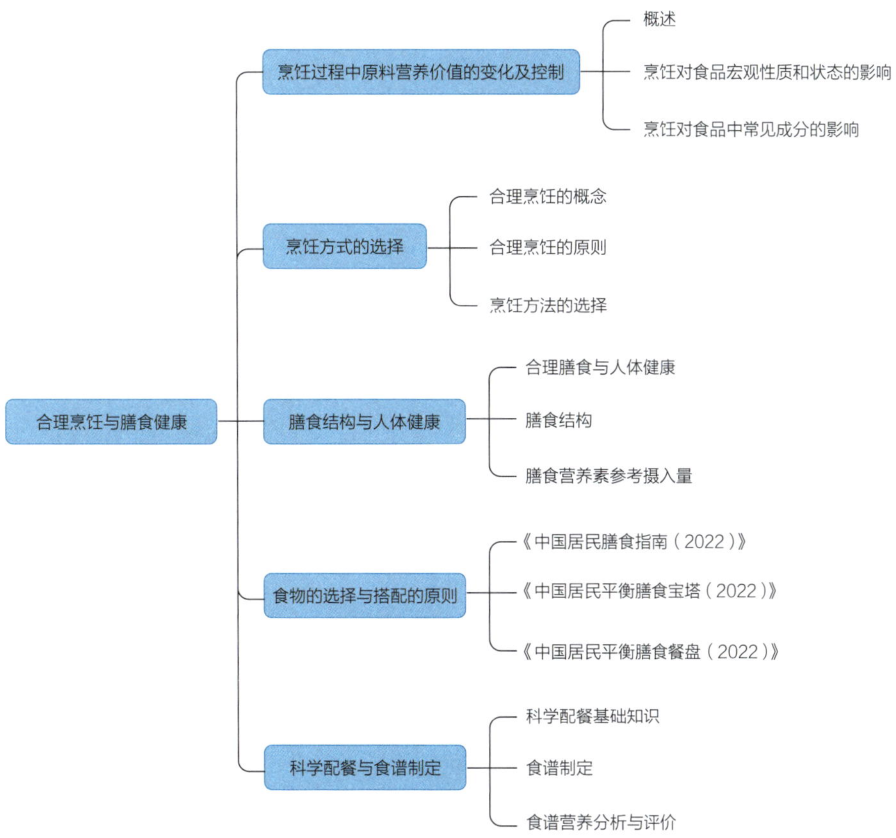

第一节 烹饪过程中原料营养价值的变化及控制

一、概述

烹饪过程中食品成分发生的物理变化、化学变化和生物化学变化最终形成菜肴的色、香、味、型、质等品质，这就是烹饪的科学基础和加工原理。表9-1总结了烹饪过程中一些食品成分的相关变化。

表9-1 烹饪中重要的物理、化学和生物化学变化及对食品成分的影响

成分	变化或产物	主要条件	加工中发生环节或举例	影响				
				营养性	安全性	感官性		
						色泽	风味	质构
蛋白质	变性形成变性蛋白质	加热、强酸或强碱	各种加热熟制加工，如煮饭、炒菜	++	++	+或×	+	++或×
	水解生成胨、肽和氨基酸	酸、酶	长时间加热食品，如炖菜	+	+	0	++	++或×
	分子交联	热、氧、碱	高温加热，如烤肉	×	×	0或×	0	++或×
氨基酸	异构化	热、强碱	碱处理，如碱发干货	××	×	0	0	0
	裂解	强热、强碱	高温加热、炸、烤	××	×	0	+或×	×
	环化等转化	高温加热	烧焦食品	××	××	0或×	×	×
	碱劣化	碱	如粮食中加碱	××	××	0或×	××	×
	微生物腐败	细菌、霉菌	食物变馊臭	×	××	0或×	××	0或×
脂肪	乳化与破乳化	水、乳化剂	广泛存在	+	0	+或×	+×	+×
	水解	酸、碱、酶	广泛存在	+或×	×	0或×	××	×
	自动氧化	光、氧	广泛存在	××	××	××	××	××
	热化学反应	高温	炸、爆、烤制品	××	××	××	+或××	××
淀粉	糊化	加热、水	煮制加工，如煮饭	++	+	0	0	++或×
	老化	低温	熟食贮存	×	0或×	0	0	××或+
	水解和发酵	热、酶、酸	长时间加热，如粥	+	+	0	0	+或×
果胶	水解和凝胶	酶	果蔬软化、果冻	0或×	0	0	0	++或×
寡糖	焦糖化、糖色	热、强热	制糖色工艺	0或×	0或×	++	++	+或×
	蔗糖水解	酶、酸	转化糖	+	0	0	+	+或×
	糖精酸	加热、强碱	碱处理糖	×	×	0	×	0
糖苷	水解	酶、加热	植物如甘蓝硫苷分解	0或+	++	+或×	+或×	0
维生素	各种反应	许多因素	广泛存在	××	×	+或×	+或×	0

续表

成分	变化或产物	主要条件	加工中发生环节或举例	影响				
				营养性	安全性	感官性		
						色泽	风味	质构
无机盐	流失	加热、水	广泛存在	×	0	0	+或×	+或×
氨基酸+糖	羰氨反应产生类黑精等	加热、碱	广泛存在，可以在非加热下发生	××	×	++或×	++或×	+或×
水	物理变化、参与水解反应	加热或降温	广泛存在	+	+	+或×	+或×	++或××

注：+积极作用；×消极作用；0无作用

二、烹饪对食品宏观性质和状态的影响

烹饪过程还会对整个物料的宏观性质和状态产生影响。这些影响是食品中各种成分的理化变化和物料组织结构变化的结果。主要表现有以下几方面。

（一）热收缩和热膨胀

对于大多数生鲜原料，加热会破坏其生物组织结构，导致水分流失、组织萎缩。如蛋白质含量高、特别是胶原蛋白含量高的肉类在短时加热时严重收缩。相反，对于一些低水分原料，加热会使之膨胀，如在水中长时间加热干蹄筋等。热收缩和热膨胀是食品在烹饪时的基本变化。

（二）凝集、黏结和热凝固

对于一些液体或半固体凝胶状物料，加热会导致液体凝集，物料之间会黏结，或者凝固成一个整块。如烹调制作鱼丸、年糕等。

（三）溶解和扩散

粉状食品在水中加热时会出现溶解现象，导致食品成分的扩散和迁移。如淀粉类原料和高糖分原料等。

（四）软化、断裂、崩解和混合

对于一些固体物料，加热会使之软化，如冷冻类食品；而脆度和硬度较高的原料则会出现断裂、崩解，导致物料之间的混合。如茎菜类、干果和种子类原料烹调时都会出现这些现象。

三、烹饪对食品中常见成分的影响

烹饪过程中，随着温度的升高，食品成分的稳定性降低，研究显示，引起食品营养素被破坏的化学反应速度在高温下（大于150℃）比在较低温下（100～150℃）快10倍以上。现将烹饪对食品中主要成分的影响及相应的保护措施总结如下。

（一）对水分的影响

1．烹饪加热对水分的影响

烹调加热能使食品水分含量和状态发生变化。以油炸为例，油炸食品香、脆的特点离不开油炸过程中原料水分的变化：一是水分的迁移，油炸过程中食品脱水并吸附一定的油料，形成油炸食品特殊的酥脆质感，与此同时，热油中的水产生水汽蒸馏作用，将油中挥发性氧化物质赶走，把难挥发成分挥发出来，形成加热油脂的香气；二是较高的油温，可导致食品及油脂本身发生油脂水解和氧化、美拉德和焦糖化等反应，产生色泽、香气。其过程可分为三个阶段。

（1）自由水挥发阶段　当食品在油中加热时，由于原料的加入致使油温下降，原料表面的温度在100℃以下时表面的水分开始蒸发，同时内部的水分向表面扩散，导致表面的高分子化合物吸水膨润。继续加热，可见油面泛着含有水分的大气泡，原料表面的水分继续挥发，内部的水分仍向外渗透，外面的油向里扩散、渗透被原料所吸收（吸油量可以高达食品自重的40%）。当原料表面的水基本失去后，诸如淀粉的糊化、蛋白质变性凝固等反应也已完成，这时原料基本定形，随即淀粉和蛋白质开始水解成低分子物质。

（2）脱水分解阶段　原料表面的自由水失去后再继续加热，原料表面的温度会升高到100℃以上，此时结合水也开始失去，进入脱水分解阶段。由于温度升高，化学反应开始明显加快，挥发性物质产生，有些进一步反应生成更多的风味物质和中间产物，食品香气产生。随着脱水过程的进行，原料表面形成干燥的外壳。与此同时，脱水过程逐渐向原料内部延伸。

（3）脱水缩合、聚合生色阶段　原料表面形成干燥的硬壳后，油温继续升高，当原料表面的温度升高至170℃以上时，开始发生明显的羰氨反应及焦糖化反应，使食品表面形成悦目的黄色和硬壳。与此同时，由于油的导热与渗透，这些反应逐渐向原料内部深入，产生复杂的色泽和风味物质。以上三个失水阶段的反应与温度的高低和加热时间成正比。加热时控制好油温和时间，使失水反应和聚合反应控制得恰到好处，就可以得到外酥里嫩的成品，如烹调中软炸的鱼丸。如果原料比较小，加热时间长，失水多，则可以得到如干煸肉丝一样的菜肴质感。

2．烹饪过程中水分的控制

（1）合理进行低温烹饪　有些烹饪原料在基本符合卫生条件的情况下，应考虑采用低温烹饪的方式，因为在高温条件下进行烹调，由于蛋白质变性、自由水剧烈汽化等原因而使原料的持水能力下降。如白斩鸡的制作采用了“浸”的烹饪方法，目的就是在90℃左右的低温下慢慢地成熟，同时又能保持鸡肉良好的持水性。否则温度过高，鸡肉蛋白质随着温度的上升变性程度增大，持水能力变弱，肉质由嫩变老，导致菜肴的口感粗糙。

（2）上浆、挂糊和勾芡　将淀粉加入水或鸡蛋等其他原料中搅拌成糊状，可用于原料的上浆、挂糊。原料表面上浆或挂糊后，在高温下可形成一种保护膜，使得原料内部营养成分及水分不易丢失，从而保持菜肴的鲜嫩脆香。

菜肴在烹调过程中，由于蛋白质的变性、高渗透压和蒸发等多种因素的作用而导致烹饪原料的失水现象，在菜肴中往往以汤汁的形式体现出来，这些汤汁中含有许多营养物质和风味物质。而所谓“勾芡”，就是在菜肴成熟或接近成熟时，将调好的芡汁投入菜肴中，使菜肴汁液浓稠，全部或部分黏附于菜肴之上。通过勾芡，一方面可以使食物原料在烹调中外溢的水分充分黏附于菜肴之上，既有营养，又不失风味，而且还可以解决因为汤汁而影响菜肴感官性状的问题；另一方面通过淀粉的糊化、增稠，可以为菜肴起到在短时间内保温的作用；如果在勾芡的过程中再结合点油脂，还可以增加菜肴的光泽度。勾芡这种方法，在菜肴烹制中的使用极为广泛，例如在使用“爆”“炒”“熘”“扒”等烹调方法来烹制菜肴时，一般都要用到勾芡的方法。

（3）原料吃水　烹饪原料的吃水或失水也是常见的现象，其原因大部分来自渗透压，这种现象的一般规律为，自由水总是向着高渗透压的一方流动。新鲜的肉类、果蔬等在常温下浸泡时通常都会吸水，原因是原料内部的渗透压较水大。肉丸子是烹饪上原料吃水的典型例子：首先，剁碎的肉吸水的表面积增大；其次，搅拌使蛋白质的亲水基团暴露，吸水更多；最后，加入少量的盐，增加了蛋白质的表面电荷及肉糜的渗透压，吸水性进一步增加。肉丸子经过以上处理后，吸收了大量的水分，入水熟后，质感特别滑嫩有弹性。

（4）旺火速成　烹饪加热时，原料的水分散失速度与其温度的高低、加热时间密切相关。初始加热时，原料表面水分蒸发，然后内部的水分向外扩散，而扩散过程需要时间。旺火速成的烹调方法就是通过高温烹制菜肴，使菜肴在短时间内成熟。虽然这种瞬时高温提高了渗透和扩散的速度，加快了水分的蒸发，但是水分扩散的时间明显缩短。实践证明，旺火速成的菜肴较小火长时间加热的菜肴来说，水分的流失要少得多。因此，针对含水量较多的烹饪原料，如蔬菜、海鲜等，为保持其特有的水分尽可能少地流失，大多可采用旺火速成的烹调方法。如爆、炒、汆等，使水分来不及扩散就成熟了，从而保证菜肴鲜嫩可口的质感。

（二）对糖类的影响

烹调加热对原料中糖类的影响包括淀粉糊化、其他多糖（纤维素、果胶等）溶胀吸水和软化、低分子糖的热分解和焦糖化作用、糖苷和多糖类的水解等变化。

1．淀粉的糊化

淀粉在常温下不溶于水，但在适当温度下（各种来源的淀粉所需温度不同，一般在60～80℃），能够在水中溶胀、分裂形成均匀糊状溶液，这种特性称为淀粉的糊化。糊化作用的本质是淀粉粒中有序及无序态的淀粉分子间的氢键断开，分散在水中形成胶体溶液的过程。糊化后的淀粉失去晶体结构，分子之间存在大量的水，淀粉分子呈零散的、扩张的状态，易受淀粉酶的作用，更有利于人体的消化吸收。烹饪中用淀粉来挂糊上浆、勾芡，以及煮饭、蒸馒头、烤面包等加工过程，都有淀粉糊化的作用。

2．糖的热分解和焦糖化作用

糖的热分解产物主要是各种呋喃衍生物，如5-甲基糠醛、甲基糠醛等。糖类在没有氨基化合物存在的情况下，加热至其熔点以上时，会变为黑褐色的深色物质，这种作用称为焦糖化作用。焦糖化作用使食品颜色变深，是食品褐变的主要原因之一。烹饪中通过提高加热温度来为菜肴增色便有这方面的原因，焙烤、油炸、煎炒中食品的颜色变化也与之有关，给焙烤制品涂糖液、烹饪中的走红等更是直接利用焦糖化作用。糖色已成为食品的一种着色剂被广泛使用，同时焦糖化也产生焦糖香味，对改善食品风味起重要作用。另外，焦糖化作用能改善食品质构，减少水分，增强食品抗氧化性和防腐能力。不过，焦糖化作用控制不好可能对食品营养卫生有影响，淀粉的高温热分解产物中也会产生丙烯酰胺类物质，应避免这种情况的出现。

3．多糖和糖苷的水解

低聚糖、多糖、糖苷中均含有糖苷键，在酸或糖水解酶的催化作用下，可以分解成单糖，这一过程称为水解。例如，在人体消化液中含有α–淀粉酶、蔗糖酶等，当馒头在口中咀嚼较长时间时，即可品出甜味，就是由于唾液中的α–淀粉酶使淀粉部分水解，形成具有甜味的麦芽糖、葡萄糖的缘故。多糖和低聚糖的水解是消化过程的基础，也是制备面团和发酵面团的基础。

淀粉与水一起加热时会部分水解，形成糊精和葡萄糖等，这些产物都容易溶解在水中，有利于消化吸收。通过加热炖煮可使植物食品软化，这与果胶、纤维素等多糖水解有关。

有一些食品原料中含有有毒糖苷，在烹调加工中利用加热水解作用可使其变得无害。例如，苦杏仁、木薯、高粱、竹笋、利马豆中含有生氰糖苷，在体内降解即产生氢氰酸，会引起氰化物中毒。所以木薯和某些菜豆要充分炖煮后方可食用。

（三）对蛋白质的影响

1．烹饪加工中蛋白质的重要反应

氨基酸和蛋白质的化学性质主要是由其氨基、羧基、侧链基团三者决定的，例如酸碱性、氧化还原性等。烹饪加工中，它们的化学变化很多，从而直接影响着食品品质。蛋白质在烹饪加工中的重要反应主要有以下几种。

（1）蛋白质变性　蛋白质变性将直接影响食品的溶解性、凝固性、安全性和营养性等。由于变性蛋白质分子结构展开，使原来被掩蔽的氨基酸残基暴露，使得蛋白酶能更迅速地起作用，从而促进蛋白质的消化吸收（表9–2）。

表9–2　蛋白质消化率与烹调加工的关系

鸡蛋熟制类型	生食	半熟	炒食	低温油炸	带壳煮熟
消化率	30%～50%	82.5	97%	98.5%	100%

（2）蛋白质水解　蛋白质水解是烹饪加工中重要的化学变化。构成蛋白质的肽键因水分子的作用而断裂，这就是蛋白质的水解。变性蛋白质更易发生水解反应。蛋白质水解在加热、酸、碱或酶（蛋白酶）作用下易进行。水解过程如下：

蛋白质→蛋白朊→蛋白胨→多肽→短肽→α–氨基酸
↓
非蛋白辅基

蛋白质完全水解生成相应的氨基酸，其最终产物除了α–氨基酸外，还有相应的非蛋白物质，如糖类、色素、脂肪等，人体消化蛋白质时就是发生上述反应。所以，烹调加工使蛋白质水解可提高蛋白质的消化率。但要注意，碱性条件下的水解产物中有人体不能利用的D–型氨基酸，对蛋白质营养价值有影响。酶催化下的水解在烹饪中常见，如在新鲜原料贮藏中，尤其是在肉的成熟中可见到。另外，烹饪原料经初步加工后的码味阶段，其自身的酶也在发生作用，甚至可在码味过程中加入一些酶制剂（如嫩肉剂）或别的含酶多的原料（如生姜）；以及加少量碱来部分水解蛋白质，以增加原料的水溶性成分，达到增加嫩度和提高风味的目的。在食品加工中，蛋白质一般都不能完全水解，也不需要完全水解，甚至水解程度很轻微。蛋白胨及之前的产物是轻微水解的产物，它们仍具高分子特性，如黏度大、溶解度低、加热可凝固；蛋白肽是较小分子的产物，易溶于水，胶体性弱。蛋白质适当水解，既能增强食品的风味，又能改善食品的口感。例如，烹饪吊汤和炖肉时，原料蛋白质就要发生水解反应，让不溶蛋白变成低分子可溶成分，从而产生鲜味。

（3）蛋白质分子交联　蛋白质分子间可以通过其侧链上的特定基团在一定条件下联结在一起形成更大的分子，使蛋白质凝固，即分子交联。这种反应一般主要发生在剧烈条件下，如时间长、温度高的烹调加热处理时。蛋白质分子交联主要有：二硫键型交联、脱水缩合型交联、脱氢丙氨酸型交联。例如在鸡蛋加热后的凝固、面粉揉制成面团等操作过程中，蛋白质分子可发生巯基与巯基的氧化型交联生成二硫键—S—S—，这种分子交联比较弱，对蛋白质的营养价值影响不大，却能够改善原料的品质；但在强热下，蛋白质分子可通过氨基酸残基上的羟基、氨基、羧基之间的脱水缩合而交联，这些交联在多数情况下对食品蛋白质的消化是不利的；蛋白质在碱性条件下，其中的半胱氨酸（胱氨酸），可发生消去反应，脱去硫化氢（H_2S）、水（H_2O）等，产生脱氢丙氨酸残基（DHA）。DHA这种物质还可与别的氨基酸，尤其是与赖氨酸的ε-氨基反应，生成对人体不利的赖丙氨酸，使两个氨基酸残基所在的蛋白质分子连在一起，影响蛋白质消化。同时使可利用的赖氨酸含量降低，严重降低食品蛋白质的营养价值，所以，该反应又称为“碱劣化反应”。

（4）氨基酸异构化和裂解反应　蛋白质中的氨基酸残基和游离氨基酸在100℃以上强热，或在强氧化剂、强碱条件下，会发生裂解反应（表9-3）。如α-氨基、羧基分别脱去，产生二氧化碳（CO_2）、氨（NH_3）、胺、醛和酮酸等，侧链上的各种官能团也会脱去，如巯基以H_2S方式脱去，或产生其他含硫有机物（硫醇和硫醚）。烹调中的煸、爆等强热加工中会有这种反应，造成食品的气味浓烈。不过这种强热会为食品营养卫生带来问题，如在200℃以上煎炸、烧烤食品，特别是畜禽肉、鱼等高蛋白食品，氨基酸可发生环化反应生成复杂的芳香杂环化合物，其中的杂环胺是一类有强致突变作用的化合物。所以，烹调中应注意加热温度不能过高、时间不宜过长。

表9-3　几种氨基酸热分解的产物

氨基酸	分解产物
半胱氨酸	硫化氢、氨、乙醛、巯基乙胺、巯基乙醇、甲硫醇、2-甲基噻唑等
丝氨酸	乙胺、氨、乙醛、甲基吡嗪、2,6-二乙基吡嗪等
苏氨酸	氨、乙醛、丙醛、吡嗪、2-甲基吡嗪、3-甲基吡嗪、2,5-二甲基吡嗪等
赖氨酸	氨、戊二胺、吡啶、六氢吡啶、吡嗪、δ-氨基戊醛、内酰胺等

（5）其他反应　食品中的蛋白质和氨基酸在烹饪加工中还能与其他食品成分发生很多反应，重要的有羰氨反应、由脂肪自动氧化产生的脂—蛋白质自由基导致的蛋白质聚合反应、蛋白质—醌反应，以及烹饪加工中添加的亚硝酸盐、亚硫酸盐等与蛋白质发生的反应。其中，羰氨反应是烹饪加工中的常见化学反应，羰氨反应能使食品上色、增香，是烹调过程中食品良好感官性状的主要来源，但同时它对食品营养价值、安全性也有重大影响。应该认识到食品加热时发生色、香、味、型的改善往往与食品营养卫生水平的降低相联系。特别是羰氨反应对必需氨基酸中的赖氨酸、色氨酸等有很大的破坏作用，降低食品的营养价值。羰氨

反应生成的各种产物或中间产物，对人体也可能有慢性毒性，如具致突变作用的杂环胺、具遗传毒性和致癌性的丙烯酰胺的生成都与羰氨反应直接相关。

2．烹饪加工对蛋白质的影响

（1）低温处理对蛋白质的影响　食品的低温储藏可延缓或阻止微生物的生长，并抑制酶的活性及化学反应。低温处理有两种方法。一是冷却，即将温度控制在稍高于冻结温度之上，蛋白质较稳定，微生物生长也受到抑制。二是冷冻及冻藏，若控制得好，对蛋白质的营养价值影响较小。如肉类食品经冷冻与解冻，组织及细胞膜破坏，酶被释放出来，活性增加，致使蛋白质分解，而且蛋白质之间发生不可逆结合，代替了水和蛋白质间的结合，使蛋白质的组织质地发生变化，保水性降低。但冷冻对蛋白质的营养价值损失很少。鱼肉蛋白很不稳定，经冻藏后，组织非常容易发生变化。此时肌球蛋白变性，与肌动蛋白反应，使肌肉变硬，持水性降低，因此解冻后鱼肉变得干而坚硬，风味破坏。且鱼中的脂肪在冻藏期会自动氧化，生成过氧化物和自由基，再与肌肉作用，使蛋白质聚合，氨基酸被破坏。因此，鲜鱼烹饪后，风味、口感及营养价值都比冻藏的鱼要好。蛋黄冷冻并贮于-6℃，解冻后呈胶体状态，黏度也增大，但在冷冻前加10%的糖或盐则可防止此现象。

此外，蛋白质在冷冻条件下的变性程度与冻结速度有关。一般说来，冻结速度越快，冰晶越小、挤压作用也越小，变性程度就越小。食品工业就是根据这个原理采用快速冷冻法，以避免蛋白质变性，最大程度保持食品原有的风味。

（2）脱水的影响　蛋白质食品脱水后质量减少，稳定性增加，利于保藏，但也有许多不利的变化。脱水方法主要有以下几种。

①传统脱水法。即自然温热空气干燥，该法脱水后的肉类、鱼类会变得坚硬、萎缩且回复性差，烹调后质地坚韧且原有风味丧失。

②真空干燥。这种方法对肉类的损害较小，因无氧气，所以氧化反应较慢，而且在低温下还可减少非酶褐变及其他化学反应。

③冷冻干燥。冷冻干燥的食品可保持原形及大小，具有多孔性，有较好的回复性。它是肉类脱水最好的方法，经冷冻干燥的肉类，必需氨基酸含量及消化率与新鲜肉类的差异不大。不过这种方法仍会使部分蛋白质变性，肉质坚韧，保水性差。

④喷雾干燥。蛋、乳的脱水常用喷雾干燥法，即将液体以雾状快速喷入热空气流中，产生微小颗粒。这种方法对蛋白质损害较小。

⑤薄膜干燥。它是将原料置于蒸汽加热的旋转鼓表面，脱水而成薄膜。这种方法往往不易控制，控制不当会使产品略有焦味，蛋白质的溶解度也降低。

（3）碱处理的影响　蛋白质加工中如果应用碱处理，则会降低蛋白质的营养价值，尤其在加热过程中更为严重。例如蛋白质的分离、浓缩常以碱处理。而将蛋白质改变使其具有或增强某种特殊功能，如起泡、乳化或使溶液中的蛋白质交联成纤维状，也要靠碱处理。碱处理导致某些必需氨基酸损失，因此使得蛋白质营养价值降低。

3．烹饪加工中蛋白质变化的控制

烹饪加工对蛋白质的影响较大，通常也会采取一定的措施来对其进行控制。例如，烹饪中防止肉收缩、凝固，以提高嫩度，主要是通过保水、控制烹调温度和时间来达到目的。

肉的保水性，直接关系肉类制品的质地、风味和组织状态，如肉馅的组织状态、结构等，它是由肌原纤维蛋白水化作用和肉蛋白质形成的凝胶网状结构单位以物理状态所捕获的水量的反映，捕获水量越多，保水性越好。因此，蛋白质凝胶的结构不同必然会影响到肉的保水性，如经腌制之后的肉，其保水性会改变。在肌肉组织凝胶的膨润状态下，结构比较松软时，保水性好；若蛋白质变性或凝胶结构崩解，分子间键断裂，而成为分散状态，则保水性变差。如经冻结之后的肉类，蛋白质变性，所以冻肉的保水性比未冻结的鲜肉的保水性差。另外，蛋白质分子的净电荷对蛋白质的保水性具有两方面的作用：一是净电荷使蛋白质吸水中心增多，保水性增强；二是由于净电荷使蛋白质分子间有静电排斥力，结构松软，增强保水性。因此调节好肉的pH对肉的嫩度有重要作用。码味时可加碱或加少量盐来处理原料，增强水化作用，提高持水能力。

烹调中掌握好“火候”，即控制加热温度高低和时间长短，对肉蛋白质的变性影响很大。一般肌纤维蛋白最先变性凝固，肌浆可溶蛋白凝固之后，原料温度为50～60℃，此时胶原蛋白还没有明显热收缩，所以快炒时，控制好火候能让肌纤维蛋白和肌浆可溶蛋白刚好变性而胶原纤维收缩不明显，做到菜肴鲜嫩软和。特别是添加水后，因胶原蛋白是不溶蛋白，其变性收缩温度变化并不大，但肌纤维蛋白和肌浆可溶蛋白的变性温度会下降。变性温度下降程度与加水量有关，甚至下降幅度可达15～20℃，这样可以在更大温度范围内控制“火候”，在更低的温度下将肉制熟；而且在这样的条件下肉的收缩、失水不严重。这是烹饪中能通过上浆滑炒来保嫩的基本原理。

对于含胶原蛋白多的原料，通过刀工处理时选择好刀路，将肉的某些筋膜切断，以减少因各个方向纤维收缩不一带来的变形，对菜肴定形有好处。还可采用如烧、炖等长时间加热方式达到使原料酥软的目的。因为胶原蛋白能在热水中溶胀（超过70℃），长时间还能发生部分水解，生成可溶于热水的明胶，这个变化称为明胶化。

（四）对脂肪的影响

1．加热油脂的化学变化及在烹饪中的应用和控制

烹饪实践中，油脂常常是在加热情况下使用的。油脂加热后温度很容易升高，受热温度变化范围也很大，所以可适应多种烹调技法。但由于加热后油温较高，油脂会发生一些物理和化学性质上的变化。油脂在150℃以上高温时会发生氧化、分解、聚合、缩合等反应，生成小分子的脂肪酸、氨基酸、酯、醛，还可以产生相对分子质量大的二聚体、三聚体。这些都将使脂类的品质下降，如色泽加深，黏度增大，碘值降低，发烟点降低，酸价升高，还会产生刺激性气味。这些变化对烹调中的食物也会带来一定的不利影响。为此，有必要讨论在加热过程中油脂性质所发生的变化。

（1）热分解　在高温下，油脂的热分解对油脂质量的影响很大。油脂热分解的程度与加热温度有关。在150℃以下加热，热分解程度轻，分解产物也较少；在150～200℃时，油脂的热分解并不十分明显；加热至250～300℃时，分解作用加剧，反应明显加快，分解产物的种类增多。油脂达到一定温度就开始分解并挥发，这个温度称为分解温度（即发烟点）。各种油脂的分解温度是不同的。常用油脂的热分解温度一般为250～290℃。牛脂、猪脂和多种植物油的分解温度均在180～250℃；人造黄油的分解温度为140～180℃。油脂的热分解产物为游离的脂肪酸、不饱和烃以及一些挥发性的低分子化合物。油脂的热分解将会严重影响油脂的内在质量，不仅使油脂的营养价值下降，而且还将对人体健康产生一定的危害。因此，我们应该熟悉油脂的热分解温度，尽可能减少油脂的热分解。根据油脂分解温度的不同，在煎炸食物时，只要不超过它们的分解温度，既可减轻油脂的热分解，还可以降低油脂消耗，产品的口味、质量及营养价值都可以有保证。加工一般食物时，使用的油温以控制在150℃

左右为佳，最好不要超过分解温度。这样既可以保证质量，还能防止高温时产生有毒物质。从理论上讲，油脂的加热温度不宜过高，一般把油温控制在200℃以下，尤以150℃左右较为合适。

（2）热聚合　油脂加热到300℃以上或长时间加热时，不仅会发生热分解反应，还会发生热聚合反应。其结果是油脂的色泽加深，黏度增加，并且常常会产生较多的泡沫，严重时油脂冷却后会发生凝固现象，这些现象都和油脂的热聚合有关。在烹饪中，高温下油炸原料时最容易发生热聚合反应。油脂中双键的聚合作用既可以发生在同一个甘油三酯的两个脂肪酸残基之间，也可以发生在不同甘油三酯的脂肪酸残基之间。聚合作用越快，油脂增稠和变黑的速度也越快。特别是在300℃以上的高温下，聚合作用急速增加。反应生成环状的、有毒的、带有不饱和双键的低级聚合物，使油脂黏度增加，颜色变黑，经测定得知，分子间的聚合产物比分子内的聚合物多得多，前者相对分子质量增加，后者相对分子质量不增加。油脂热聚合后的黏稠度增加主要与前者有关。当油脂在高温下发生分解而生成甘油二酯和脂肪酸后，二分子甘油二酯的基之间可以发生脱水缩合成为醚类化合物。高温下生成的醚类化合物其相对分子质量比原来的甘油三酯更大，油脂的黏稠度会显著增加。即油脂的黏稠度在长时间的高温下明显增加就是由于上面所述的几种热聚合作用所致。

（3）高温氧化　烹饪中，油脂往往是在有空气存在，并且高温下连续反复多次使用的。在这种状态下，油脂与空气中的氧在高温下直接接触，所发生的氧化作用主要是高温氧化反应，这与油脂在常温下发生的自动氧化有一定的区别。在高温条件下，油脂的氧化也与大多数化学反应一样。氧化的反应机理与常温下的自动氧化一样，就是游离基反应。只是在高温氧化中形成过氧化物的过程占很大的优势，并且以过氧化物变化的过程为主。因为高温既能促进氧化过程中游离基的产生，也能促进游离基的消失，所以高温下产生的过氧化物分解得仍比较快，在油中剩余无几。油脂的高温氧化除了生成过氧化物外，还能生成少量的醛、醇、酸类。烹饪中常用的油脂因种类不同，在高温条件下发生氧化的难易也不同。加入一些抗氧化剂，可以有效地延缓油脂的高温氧化作用。

烹调加热可以促进油脂及脂溶性成分的挥发，从而对菜肴风味有提升作用；加热还可熔化固体油脂，使液体油脂的黏稠性减小，从而改善食品的质构；加热还可能促进油脂和水的乳化状态的改变，如乳化、反相和破乳等，从而改变食品的许多感官性能和工艺性能。而加热不当又会产生危害作用，例如加热促进了油脂酸败，从而影响食品的安全、营养及感官和加工性能。油的温度不超过200℃时，不会出现过热劣变；200℃以上则会产生有害的热聚合物、过氧化物、环氧化合物、二聚甘油酯和烃，其中的烃（油烟的主要成分）、环状化合物（如已二烯环状化合物、多环芳烃等）、二聚甘油酯毒性强，对人体有害。所以烹调时应控制油温不要过高，油脂不要反复加热使用。特别是炙烤和烧烤的温度可高达400℃，应该尽量避免。其次，应避免刚油炸好的食品大量堆积在一起，尤其是在制作一些不易散热的食品时更要注意。

2. 油脂在油炸条件下的化学变化

油炸是一种重要的烹饪加工技术。在有氧存在和约180℃油温的油炸过程中，因与热的油脂接触时间长短不同，食物通常可以吸收5%～40%的油脂。油炸是最易导致脂肪产生化学变化的烹饪方法，在油炸过程中，脂肪将会产生一系列的化学变化。

（1）油炸过程中油脂的特性　油脂在油炸过程中产生的化合物有以下几类。

①挥发性化合物。油脂在油炸过程中可产生饱和与不饱和醛、酮、烃、内酯、醇、酸和

酯等化合物。油脂在空气中于180℃下加热30min以后，所形成的主要挥发性氧化产物可用气相色谱法测定。虽然各种挥发性化合物的数量大不相同，但都会出现一个平稳值（平稳值是指挥发物的生成与蒸发或分解之间达到平衡时的数值），挥发性物质的含量取决于油脂和食物的种类以及油炸条件。

②中等挥发性非聚合的极性化合物。这些是经各种不同氧化途径形成的化合物，包括烷氧基、羟基酸和环氧酸等。

③二聚和多聚酸、二聚和多聚甘油酯。由于自由基的热氧化作用、聚合作用而产生的，可使油脂黏度增大。

④游离脂肪酸。在有水和加热条件下，甘油三酯水解产生游离脂肪酸。

（2）食物在油炸中的特性　在油炸过程中，食物原料不断向高温油脂中释放水，起到搅拌油脂的作用，并促使油脂水解，产生更多的游离脂肪酸，同时产生水蒸气，将油中挥发性氧化产物从体系中带走。油脂表面形成的水蒸气可减少油脂与空气中氧的接触，因而对油脂起保护作用。油炸过程中，食物本身或食物与油脂相互作用均可产生挥发性物质，例如马铃薯产生含硫化合物和吡嗪衍生物。在高温油炸过程中，食物对油脂的吸收量因食物种类而异。一般说来，淀粉类食物吸收的脂肪量最多，因此，需要经常或连续向油炸容器中补充新鲜油脂，以利于使油脂在油炸条件下迅速达到稳定状态。另一方面，食物本身的内源脂类也不断进入油脂中，这两种油脂混合后的氧化稳定性与原来经过油炸过程的油脂是不相同的。

（3）物理和化学变化　在油炸过程中无论油脂或食物都会发生多种物理和化学变化，这些变化有的可以使油炸食物具有特征的感官品质。但是，如果对油炸过程的条件控制不适当而引起油脂和食物大量分解，不仅会损害油炸食物的感官品质，而且也会使营养价值降低和给安全方面带来不利影响。油炸过程中很多参数对脂肪的物理和化学变化影响很大，所形成的化合物种类取决于油脂和油炸食物的化学组成、油炸容器的种类、油炸方式、油炸时间、金属污染物、油脂的翻动速率和有无抗氧化剂存在等。油脂在加热时的热分解反应也不一定都是负面的。油炸食物的香气形成与油脂在高温条件下的某些产物有关，如羰基化合物（烯醛类）。

（五）对维生素的影响

1. 烹饪加工中维生素的反应

食物在烹饪加工时，损失最大的是维生素。水溶性维生素较脂溶性维生素易损失。在各种维生素中又以维生素C最易损失。维生素的种类及其在烹饪加工中损失大小的顺序如下：维生素C＞维生素B_1＞维生素B_2＞其他B族维生素＞维生素A＞维生素E＞维生素D，维生素在烹饪加工中的损失，主要是由于维生素在原料中存在部位的改变和理化因素的变化，导致维生素的化学结构发生变化而引起的。

（1）溶解性　水溶性维生素易通过扩散或渗透作用从原料中浸析出来。因此，原料的表面积增大、所处环境水流速度加快、水量大和水温升高等因素，都会使原料中的水溶性维生素由于浸出而损失加大，尤其是对叶菜影响更大。因维生素C会通过表面积较大的叶子引起损失，如果将切好的叶菜完全浸在水中后再烹制，菜中的维生素C可损失80%以上。

水溶性维生素在烹制过程中会因加水量或从原料组织中溢出而溶于菜肴汤汁中。原料组织中水溶性维生素的溢出程度与烹调方法有关。一般采用蒸、煮、烧等烹制方法，原料组织中水溶性维生素的溢出量可达50%，因此，水溶性维生素在汤汁中含量较大；而采用炒、滑、增等烹调方法，因成菜时间短，尤其是原料经上浆挂糊后再烹调，原料组织中的水溶性维生素溢出较少，因此，在菜肴汤汁中的析出量也不会增多。

脂溶性维生素只能溶解于脂肪中。因此，原料用水冲洗的过程和以水作传热介质时，一般不易流失；但用脂肪作传热介质时，部分脂溶性维生素会溶于油脂中。通常烹调中维生素A较稳定，几乎没有损失。当用水加热时，一般损失最多也不超过30%；短时间烹调食物，菜肴中的维生素A损失率不超过10%。由于维生素A易溶于脂肪中，因此，当油炸食物时，可使部分维生素A溶解而损失。然而，与脂肪一起烹调可大大提高维生素A的吸收利用率。凉拌菜中，加入食用油不但可以增加其风味，还能增加人体对凉拌菜中脂溶性维生素的吸收。

（2）氧化反应　对氧敏感的维生素有维生素A、维生素E、维生素K、维生素B_1、维生素B_2、维生素B_{12}、维生素C等。它们在食物的贮存和烹调加工过程中，特别容易被氧化破坏。因此，在烹饪时可采取上浆挂糊、加盖锅盖等方法，以减少原料与空气接触的机会，从而减少这些维生素的损失。

（3）热分解反应　一般脂溶性维生素对热较稳定，但易氧化的例外。如果把含维生素A的食物隔绝空气进行加热，则在高温下也比较稳定。维生素B_1在酸性溶液中对热较稳定，但在碱性溶液中，加热使它极不稳定。维生素C是维生素中最不稳定的一种维生素。维生素C不耐热，加热可促进维生素C的氧化作用及增大其水溶性。因此，对富含维生素C的原料，加热时间不宜过长，否则维生素C会遭到严重破坏。如蔬菜煮5～10min，维生素C的损失率可达70%～90%，如果挤去原汁再浸泡1h以上，维生素C可损失90%以上。

（4）光分解反应　光对维生素的稳定性也有影响，因为光能促使维生素的氧化和分解。对光敏感的维生素有维生素A、维生素E、维生素B_1、维生素B_2、维生素B_6、维生素B_{12}、维生素C等。维生素B_2在碱性条件下，阳光照射易被破坏。例如在夏季，牛乳在日光下暴露2h，其维生素B_2损失率可达90%；阴天损失率为45%；处在完全阴暗处损失率仅为10%。另外即使在室内普通光照24h，也仍有30%的维生素B_2被破坏。

（5）酶的作用　天然原料中存在多种酶，它们对维生素具有分解作用。如贝类、淡水鱼中的硫胺素酶能分解硫胺素；蛋清中的抗生物素酶能分解生物素；水果蔬菜中的维生素C氧化酶能加速维生素C的氧化作用。这些酶在90～100℃下经10～15min的热处理，即可失去活性。

植物组织中的抗坏血酸氧化酶，在组织完整时，其催化作用不明显，可是当组织被破坏并与空气接触时，就能迅速催化维生素C的氧化。如小白菜切成段炒，损失约30%；而切成细丝炒，损失51%。切得越细，有更多的细胞膜被破坏，氧化酶释出增加，同时增加与空气的接触，则维生素C的氧化也越快。相对而言，维生素C较氧化酶对热稳定，利用这一性质，在蔬菜水果加工中，进行高温瞬时烫漂处理，可以减少维生素C的损失。但维生素C氧化酶在60～80℃时活性最高，如果把蔬菜和水果放到冷水中，逐渐加温，这种温度条件适合氧化酶的作用，同时水中又溶解大量的氧，维生素C的破坏反而因氧化加速而损失加大。因此，应该把蔬菜和水果放到沸腾的水中烫漂，这样水中几乎不含溶解的氧，而且在100℃下氧化酶很快失去活性。用这种方法烹制的马铃薯，其维生素C的损失要比用普通方法减少50%。

2. 烹饪加工中维生素的变化

（1）原料中维生素含量的变化　水果与蔬菜中的维生素随成熟期、生长地及气候不同而变化。以植物为原料的食物中的维生素含量常常受到农业环境条件的影响较多。例如，地域对水果和蔬菜中维生素C和维生素A（类胡萝卜素）的影响特别大。动物制品中的维生素含量与物种和动物的食物结构有关。以B族维生素为例，在肌肉中B族维生素的浓度，取决于肌肉从血液中吸取B族维生素并将其转化为辅酶形式的能力。若在饲料中补充水溶性维生素，可使其在肌肉中的含量迅速增加。

此外，水果、蔬菜和动物肌肉中留存的酶，导致收获后维生素含量会发生变化。细胞受损后释放出来的氧化酶和水解酶，会改变维生素活性和不同化学构型之间的比例。脂肪氧化酶的氧化作用会降低很多维生素的浓度，而维生素C氧化酶只减少维生素C的含量。若采收后能够采取合适的处理方法，如科学的包装、冷链运输等措施，果蔬和动物制品中维生素含量的变化会很小。

（2）预加工对维生素的影响　水果和蔬菜的去皮和修整造成茎皮中的维生素的损失，这是不可避免的。去皮前的碱处理增加了叶酸、维生素C和硫胺素等不稳定维生素的损失，但与总量相比，这些损失并不严重。清洗时，水溶性维生素容易从植物或动物产品的切口或损伤的组织中流出。烹饪前对肌肉的切分、焯水等处理使肉汁流失，从而造成肉中B族维生素的损失。此外，磨粉时去除麸皮和胚芽，会造成谷物中烟酸、视黄醇、硫胺素等维生素的损失；淘米过程中，大米搓洗次数越多，浸泡时间越长，淘米水温越高，各种营养素损失也越多。

（3）加工阶段维生素的损失　采用烧、煮、炖的方法烹饪时，食物中的水溶性维生素容易从组织流出而丢失。与空气的接触状态（氧量）、起催化作用的痕量金属离子的浓度、加入的物质（如酸、碱）等都会影响维生素的稳定性。经过碱处理会大大增加叶酸、维生素C和硫胺素等维生素的损失，加酸会提高其稳定性，因此烹饪中有“宁加酸、不加碱”之说。

动物性食品一般有多种烹调方法，加热的温度和时间对其有很大的差别，所以一些营养素在不同的烹调方法中被破坏的程度不同。为了减少肉类或其他动物性食物中维生素的损失，最好用急火快炒的烹调方法。例如爆炒肉丝和爆炒猪肝时，维生素B_1和维生素B_2损失较少；煮鸡蛋比油煎、炒鸡蛋维生素损失少得多。烹调时加入适量淀粉，如挂糊上浆、勾芡浇汁，除使汤汁稠浓外，既可保护各种营养素不受损失，又能使色、香、味、形俱佳，增进食欲，增加营养价值。

食品的过分干燥会造成对氧敏感的维生素的明显损失。在无氧化脂类存在时，低水分食品中水分活度是影响维生素稳定的首要因素。食品中水分活度若低于0.3（相当于单分子水合状态），水溶性维生素一般只有少量分解。若水分活度上升则维生素分解的量增加。在相当于单分子层水分的水分活度时，脂溶性维生素的降解速度达到最低，而无论水分活度升高或降低都会加快此类维生素的降解。

食品储存过程中，特别是生鲜食物储存时，由于酶的催化作用，维生素会不断地损失。采取科学的储藏方法可以大大减少维生素的损失。主要方法有：①低温储藏，在低温条件下化学一级反应速率降低，食品中酶的活性也降低；②自发气调包装储藏，氧气浓度降低，其氧化作用减弱；③加热或浓缩（干燥或冷冻）导致酶的活性降低；④pH下降也有利于硫胺素、维生素C等的稳定。

3．烹饪加工中减少维生素损失的措施

水溶性维生素容易通过渗透和扩张两种形式从食物中析出，食物的表面积大、水流速度快、水温高、浸泡时间长、挤汁、烹饪时间长均能使维生素损失增加。所以，在冲洗和加水烹煮含这类维生素丰富的食品时，应注意这些因素，尤其是含维生素C丰富的菠菜，应注意先洗后切、短时间烧煮、加盐不宜过早等。

含脂溶性维生素的食品，做菜时应添加食用油，增加人体对这些维生素的吸收。例如胡

萝卜炖肉，可使人体对胡萝卜的吸收率比生吃提高几倍。

烹调含对热敏感的维生素的食物，应避免在较高温度下加热，最好做凉菜，或者缩短加热时间及上浆、挂糊，以尽量减少维生素损失量。

对氧敏感的维生素在贮存、运输和加工过程中容易损失，特别是有的维生素在有氧加热时损失更大，如视黄醇、维生素C和叶酸在敞开锅烹制时更易受损失。对含这类维生素的食品应密封保存或用高压锅烹制，原料现切现烹、上浆挂糊，吃多少做多少，避免剩下。

对酸敏感的视黄醇、胆钙化醇和泛酸等在加醋烹制时会受到破坏，烹制含这些维生素的食物时应避免酸性环境，如少加醋，不要与番茄、水果等有机酸含量较高的食物搭配。含维生素C多的食品可通过加醋来进行保护，例如醋熘白菜、醋熘银芽等既能缩短加热时间，又可避免高温对维生素C的破坏，减少损失。加碱可破坏对碱敏感的生育酚、硫胺素、维生素C和泛酸等，如松花蛋中的B族维生素已基本被破坏殆尽。

铜制和铁制的加热容器也可使维生素C受到损失。目前，微波炉、远红外烤箱等逐渐被采用，用这些设备烹制，由于加热时间短，维生素的损失远低于用其他热源烹制的食品。

综上所述，维生素C最易在烹饪中受到损失，视黄醇、硫胺素、泛酸的损失也较多，除了注意合理烹饪外，在日常膳食中应注意这些维生素的补给。

（六）对矿物质的影响

1. 烹饪加工对矿物质的影响

矿物质元素在食物中的含量在很大程度上受到环境因素的影响。例如，原料中的矿物质含量可受土壤中金属含量、地区分布、季节、水源、施用肥料以及膳食特点的影响。此外，加工过程中矿物质元素也可直接或间接地进入食物中（例如水或设备），因此食物中矿物质的含量经烹调可能变化很大。

食物中矿物质的损失常常不是由化学反应引起的，而是通过矿物质的丢失或与其他物质形成一种不适宜人和动物体吸收利用的化学形态而损失。食物在加工中，原料最初的淋洗、整理、除去下脚料等过程是食物中矿物质损失的主要途径。在烹调或热烫中也会由于在水中的溶解而使矿物质有大量损失，表9–4给出了菠菜焯水处理对矿物质损失的影响，从中可见矿物质损失的程度与它的溶解度有关。

表9–4 菠菜焯水处理对矿物质损失的影响

元素	矿物质元素含量/（g/100g）		损失率/%
	未焯水	焯水	
K	6.9	3.0	56
Na	0.5	0.3	43
Ca	2.2	2.3	0
Mg	0.3	0.2	36
P	0.6	0.4	36

有时在加工过程中矿物质的含量反而有所增加。这可能是由于加工用水的加入而导致，或接触金属容器和包装材料而造成的。如罐头食物中锡含量的增加就与食物罐头镀锡有关，

而牛乳中的镍含量的增加则主要是由于加工过程中所用的不锈钢容器所引起的。一些食物的加工方法（工艺）不同可以明显地影响终产品中某些矿物质的含量水平。

谷物是人体获得矿物质的一个重要来源。在谷物的胚芽和表皮中富含矿物质，所以谷物在碾磨时会损失大量矿物质，并且谷物原料碾磨得越细，微量元素损失就越多。因此通常要在谷物食物中添加一些微量元素来弥补加工过程中一些矿物质的损失。碾磨加工中小麦粉的一些矿物质损失情况见表9-5。由表可见几种对人体有重要作用的矿物质在小麦的碾磨加工中损失很明显。

表9-5　研磨加工中小麦粉的矿物质损失情况

矿物质元素	矿物质元素含量/（mg/kg）				相对全麦损失率/%
	全麦	小麦粉	麦胚	麦麸	
Fe	43	10.5	67	47～78	76
Zn	35	8	101	54～130	77
Mn	46	6.5	137	64～119	86
Cu	5	2	7	7～17	60
Se	0.6	0.5	1.1	0.5～0.8	16

矿物质与食物中其他成分的相互作用导致生物利用率的下降，是食物营养质量下降的另外一个重要原因。一些多价阴离子，如广泛存在于植物食物中的草酸根离子、植酸根离子等就能与二价金属离子如铁、钙等形成相应的盐。这些盐是非常难溶解的，在消化道中被机体吸收利用的程度很低，因此，它们对矿物质的生物效价有很大的影响。

2. 合理烹调促进矿物质的吸收

根据矿物质的性质，在实际烹调加工过程中，应采取合理的方法以保护原料中的矿物质不被破坏，并有利于增进人体对矿物质的吸收。

（1）合理加工　清洗时间不宜过长，原料应先洗后切，不要切后再洗，避免矿物质的流失。

植物性原料含有大量草酸和植酸，烹饪上常用焯水的措施去除原料中的草酸和植酸（约60%），提高钙、铁、锌等的吸收率。烹调时会有很多矿物质流失，所以要尽量缩短烹制时间，不要长时间加热。

（2）合理搭配，维持人体酸碱平衡　配膳时应注意碱性食物和酸性食物的合理搭配，以维持人体内的酸碱平衡。例如在设计宴席时要注意荤素搭配，这样既可保证营养，又可保持酸碱平衡。

饮食中各种食物如果搭配不当，容易引起人体生理上酸碱平衡失调。一般情况下，在饮食中酸性食物容易超过需要，导致血液偏酸。这不仅会增加钙、镁等碱性元素的消耗引起人体缺钙症等，而且会使血液的色泽加深，黏度增大，引起酸中毒。儿童发生中毒时，容易患皮肤病、神经衰弱、疲劳倦怠、胃酸过多、便秘、软骨病、龋齿等病症。中、老年人发生酸中毒时，容易患神经痛、血压增高和动脉硬化、胃溃疡、脑出血等病症。所以，在饮食中必须注意酸性食品和碱性食物的适当搭配，尤其应该控制酸性食物的比例。这样，才能保持生理上的酸碱平衡，防止酸中毒。同时，也有利于食物中各种营养成分的充分利用，达到提高食物营养价值的目的。例如，猪肉是含硫、磷、氯较高的食物，在体内代谢产生酸性物质。

因此，食用时要配以含钙、钾、钠、镁等较高的蔬菜，如韭菜、萝卜、芹菜、白菜和菠菜等。这样可以达到食物酸碱平衡，如若配以坚果食品，如花生、核桃、黑枣等，酸性食物和猪肉一起进入体内，会对人体健康不利。

（3）避免不利的化学反应　烹饪时应避免食物中所含的各种成分之间的化学反应，以免影响矿物质的吸收，特别应注意各种物质间的沉淀反应。例如菠菜烧豆腐，由于菠菜中的草酸要与豆腐中的钙生成草酸钙沉淀，妨碍了人体对钙的吸收，故制作时应先将菠菜焯一下水以除去菠菜中的草酸，这样钙就可以得到很好的吸收了。

（4）利用有利的化学反应　烹饪时可以利用各种有利的化学反应，生成可溶性盐以促进人体对矿物质的吸收。例如乳酸能与钙生成可溶性盐，可促进钙的吸收。植物性原料中的铁可以与肉中的半胱氨酸反应，有利于铁的吸收，所以将肉与含铁的植物性原料搭配，可促进铁的吸收。肉中的无机盐，如钙、铁、锌等在酸性条件下较易溶出，在烹调时使用醋可明显提高钙、铁、锌的吸收率。制作面食时要尽量使用鲜酵母发酵面团。由于发酵时产热可提高植酸酶的活性，使面粉中的植酸盐释放出游离的钙和磷，增加钙、磷的利用率。植酸的减少也可消除其对铁、锌、铜等元素吸收的影响。

第二节 烹饪方式的选择

一、合理烹饪的概念

合理烹饪就是对食物原料进行合理的选择搭配、整理清洗，采用合理的刀工和烹调方法，使制成的饮食成品尽可能多地保存原有的营养素，合乎卫生要求，具有色、香、味、形都良好的感官性状，以维持或提高食物的营养价值和食用价值，达到刺激食欲，促进消化吸收，使食用者的生理需求和心理需求都得到合理满足的目的。概括地说，就是通过烹调使食物满足卫生、营养、美感三方面的要求。

烹饪的目标不仅是要保证食物加工后的色、香、味俱全，而且更重要的是要确保食物的营养价值和安全性。在烹饪过程中，某些环节产生有害物质的可能性很大，比如油温过高、使用香辛佐料及劣质调料、味精放法不当、熏或烤制食品。合理的烹饪加工过程可以有效控制或消除食物的不安全因素，而不科学的烹饪操作不仅不能降低食物的危害因素，甚至还会成为食物污染的途径，使食物中的有害物质增多，影响食物的安全质量。所以，倡导合理、健康的烹饪非常必要，这也符合现代人健康饮食的理念。

二、合理烹饪的原则

由于影响食物营养的因素是多方面的，因此要综合考虑各种因素，选用最有效的方法，所选用的方法往往不是单一的，而是综合的，是多种方法结合起来实施的。

（一）初加工要合理

在初步加工时要尽可能地保存原料的营养成分，避免浪费。如一般的鱼初加工时须刮净鱼鳞，但新鲜的鲥鱼和白鳞鱼则不可刮去鱼鳞，因为，它们的鳞片中含有一定量的脂肪，加热后熔化，可增加鱼的鲜美滋味，鳞片柔软且可食用。

对未被霉菌污染的粮食或没有农药残留的粮食，在淘洗时，要尽量减少淘洗次数，一般淘洗2～3次即可，不要用流水冲洗或用热水淘洗，也不要用力搓洗。需要切配处理的原料，应在切配前清洗，不要在水中浸泡（除非此原料如叶菜类蔬菜中农药残留较大，宜浸泡去除部分农药），洗的次数不宜过多，以洗去泥沙即可。这样可减少原料中某些水溶性营养素因溶于水而流失。

（二）切配要科学

各种原料在烹调工艺允许的条件下，切配时应稍大，防止原料中易氧化的营养素有较大损失。进行刀工处理后不要再用水冲洗或在水中浸泡，也不应长时间放置或切后加盐弃汁，这样可避免维生素和无机盐随水流失并减少氧气对易氧化的营养素的破坏。另外，需要注意的是，尽量做到现切现烹现吃，以保护维生素少受氧化而损失。

（三）焯水要适时

食物原料在焯水处理时，一定要控制好时间，掌握好成熟度，一般选用大火沸水，加热时间宜短，操作宜快，原料分次下锅，沸进沸出的方法。这样不仅能减轻原料色泽的改变，同时可减少维生素的损失。如蔬菜原料含有某些氧化酶易使维生素C被氧化破坏，而氧化酶仅在50～60℃时活性最强，温度在80℃以上时则活性减弱或被破坏。焯水时加少量油脂，油脂会在蔬菜表面形成一层保护膜，减少原料内部的水分外溢，同时又可减少蔬菜与氧的接触，使叶绿素不致脱镁变黄，起到保色保鲜的作用。动物性原料也需用旺火沸水焯水法，因原料表面遇到高温，会使表面蛋白质凝固，从而保护营养素不致外溢。原料焯水后切勿挤去汁水，否则会使水溶性维生素大量流失。如白菜切后煮2min，挤去汁水，可使水溶性维生素损失77%。

（四）上浆、挂糊和勾芡

上浆、挂糊是将经过刀工处理的原料表面裹上一层黏性的半液体或糊（如蛋清、淀粉水），经过加热后，淀粉糊化而后胶凝，蛋清中的蛋白质受热变性直接胶凝，因而形成一层有一定强度的保护膜。保护膜可以保护原料的形态，减少原料中水分、营养素等物质的溢出，避免了一些水溶性营养素随水分进入汤汁；使原料不直接和高温油接触，油也不易侵入原料内部，因是间接传热，原料中的蛋白质不会过度变性，维生素受高温分解破坏减少，同时可减少原料中容易氧化分解的营养素与空气直接接触的机会，对一些易被氧化的营养素如维生素C、维生素A等，可起到保护作用，使原料内部受热均匀稳定，这样烹制出来的菜肴不仅色泽好、味道鲜嫩，营养素损失少，而且易被消化吸收。

勾芡是在菜肴即将出锅时，将已经提前调好的水淀粉淋入锅中，使菜肴的汤汁达到一定的稠度，增加汤汁对原料的附着力。勾芡后汤汁变稠并包在菜肴原料的表面，与菜肴融合，既保护了营养素且味道鲜美，特别是淀粉中含有谷胱甘肽可保护维生素C不被氧化。有些动物性原料如畜肉类也含有谷胱甘肽，所以肉类和蔬菜在一起烹调也有同样的效果。

（五）适当加醋、适时加盐

很多维生素在碱性条件下易被破坏造成损失，而在酸性环境中比较稳定。凉拌蔬菜可适当加醋；吃面条、饺子等，也可适当加些醋，既有利于保存维生素，又有利于增加风味；有些菜肴在烹调过程中也可适当加醋，促使原料中的钙游离，易于人体的吸收，如鱼头豆腐、糖醋排骨。

食盐溶于汤汁中能使汤汁具有较高的渗透压，使细胞内水分大量渗出，原料发生收缩，这样还可使食盐不易渗入内部，不仅影响菜肴的感官，而且风味也欠佳。由于食盐能使蛋白质凝固脱水，对于富含蛋白质、肌纤维，以及质地较老的原料，如老母鸡、鸭、鹅、牛肉、豆类等，不宜过早放盐。如果先放盐，可使原料表面蛋白质快速凝固，内层蛋白质吸水难，不易煮烂，不但延长加热时间，而且影响人体的消化吸收。但在调制肉馅时，则应先加入少量食盐，促进肉中蛋白质的水化作用，使水与蛋白质结合，肉馅越搅黏度越大，加热后的菜肴质地松软鲜嫩。

（六）酵母发酵

制作发面面食时，尽量采用鲜酵母或干酵母，而少用碱。加碱会破坏面团中的大量维生素。采用鲜酵母、活性干酵母等优质酵母发酵，使酵母在面团中大量繁殖，酵母繁殖时会产生B族维生素，导致B族维生素的含量增加，同时又可分解面团中所含的植酸盐，有利于人体对无机盐如钙、铁的吸收。

（七）烹调方法要得当

由于烹调方法众多，为使原料中营养成分少受损失，应尽量选用较科学的方法，如蒸、煮、熘、炒、爆等。因这些烹调方法加热时间短，可使原料中营养素损失大大降低。如猪肉切成丝，旺火急炒，其维生素B_1的损失率为13%、维生素B_2的损失率为21%、烟酸的损失率为45%。而切成块用文火炖，则维生素B_1损失率为65%、维生素B_2的损失率为41%、烟酸的损失率为75%。特别是叶菜类蔬菜用旺火急炒的方法，可使维生素C的平均保存率为60%～70%；若用小火烹调，其营养素就会受到氧化而大量流失。

三、烹饪方法的选择

从烹饪营养学的角度出发，应尽量选择那些符合营养学观点的烹饪方法，尽量使原料中的营养素不被破坏，不产生有害物质，并能促进食欲，使食物中的营养素易被人体所消化、吸收。选择具体的烹调方法时，不仅要考虑到烹调方法对营养素的影响及保护措施，还要考虑到以下三个方面。

（一）根据烹饪原料的营养素分布特点选择

不同烹饪原料在营养素的种类和含量上各有其特点，如肉类原料的蛋白质、脂肪含量较高，无机盐及一些脂溶性维生素占有一定比例，而缺乏糖类、水溶性维生素；植物性原料正好相反，含有丰富的无机盐、水溶性维生素、部分脂溶性维生素、纤维素和果胶类物质，有些蔬菜中含有丰富的可消化的糖类；内脏类原料含有丰富的维生素、无机盐、蛋白质、脂肪等营养素。根据各类烹饪原料在营养素种类和分布上的特点，若烹调方法选择得当，则会使原料中的各种营养素充分地被人体消化、吸收。相反，若烹调方法选择不适当，不但会影响食物的消化吸收过程，还会对人体产生不良后果。

例如，“清炖鸡”选用活的老母鸡，宰杀、洗净，配以一定的辅料，在微火上炖焖，直至酥烂。这种烹调方法可使鸡肉蛋白质发生部分水解，部分蛋白胨及二肽、三肽和氨基酸溶解于汤汁中，脂肪组织也部分分解，汤汁中出现游离的脂肪酸，另外部分脂溶性维生素和无机盐也溶解于汤汁中。所以，对于老母鸡这种烹饪原料来说，“炖”是一种较好的烹调方法。因为这种烹调方法使母鸡的主要营养素蛋白质、脂肪利于被人体吸收、利用，从而显示了母鸡这一原料的营养特点及对人体的作用。

再如“鱼头豆腐”，在制作过程中加入少许醋，可促使鱼头中的钙离子析出，便于吸收。鱼头豆腐用这种烹调方法制作，充分发挥了鱼头、豆腐含钙量高的优势，而且荤素搭配，更易消化吸收，适合正处于生长发育期的青少年及儿童。又如“清蒸鳜鱼”，鱼肉本身水分含量较高，采用“蒸”这种烹调方法，保持了鱼肉中的水分，使鱼肉肉质保持细嫩，便于消化、吸收。但若选用油炸的方法来烹调鳜鱼，则鳜鱼肉水分蒸发，失去其鲜嫩的口感，而且鳜鱼中脂肪组织以不饱和脂肪酸为主，高温烹调鳜鱼会使不饱和脂肪酸对人体产生毒副作用。

（二）根据烹饪原料在宴席中的特殊作用选择

烹饪原料在宴席中的特殊作用主要是指烹饪营养学方面的作用。有些烹饪原料的选择是为了弥补不良的烹饪方法造成的营养素的缺乏，或者降低一些有害物质对人体的不利影响。所选用的烹调方法，首先必须保证营养素不被破坏，另外还应使其尽量被人体吸收。

例如选择蔬菜中维生素C含量最高的原料——柿子椒，以弥补宴席中人们有可能对维生素C的摄取不足，还应选择相适应的烹调方法以避免维生素的破坏。“糖醋柿子椒”可达到这一目的。先用旺火炒柿子椒，旺火急炒对维生素C的破坏不大，然后再加糖、醋。在酸性环境中维生素C可免遭破坏。这样既达到了选择柿子椒这一烹饪原料的目的，又增加了宴席中维生素C的供给量。

在宴席原料中选择有色蔬菜，主要是为增加胡萝卜素的供给。胡萝卜素在有脂肪存在的情况下易被人体吸收，所以对这类蔬菜选用烹调方法应用油脂烹制，如奶油西蓝花、胡萝卜炖羊肉等。

（三）根据就餐者的生理特点和健康状况选择

此外，不同生理状况的就餐者应食用不同烹调方法烹制的食物。

对老年人来说，可选用清蒸、炖、煮等烹调方法，这样烹调出来的食物清淡、酥烂，水分含量高，适合于老年人口腔咀嚼功能下降、唾液分泌量和消化液分泌量减少以及消化吸收功能退化的生理特点。例如，糖醋排骨含钙量高，可能适合青少年食用，但老年人口腔咀嚼能力下降，含钙高的糖醋排骨很难咀嚼，而鱼头豆腐采用炖的方法口感松软滑嫩，对老年人非常适合，这样可以使老年人钙吸收量得以改善，对预防老年性骨质疏松症有一定的意义。

对孕妇特别是妊娠早期、妊娠反应严重的孕妇，烹调方法要根据孕妇的喜好选择，这样可避免妊娠反应给孕妇和胎儿造成的营养不良。对乳母来讲，为促进和增加乳汁的分泌，烹调方法可选择炖、煮等，这样烹制出来的食物含有较多的汤汁，较适合乳母分泌乳汁的需要。对不同健康状况的就餐者，在选择烹调方法时更应注意。

肝脏疾病的患者应选择使食物清淡、易消化的烹调方法，这样可使患者食欲加强。肝脏疾病特别是肝炎病人不宜食用过分油腻的食物，如脂肪肝病人则不宜吃油炸食物。对慢性肝炎和肝硬化的病人，应食用较软的食物，这样可避免患者发生意外的出血症状，因为慢性肝炎特别是肝硬化病人，往往会有食管静脉曲张，而且机体的凝血机制受影响，凝血功能下降。若食用油炸等较硬的食物，则可能会使食管静脉破裂，引起消化道大出血，对于患消化道疾病的人，应采用易于消化、刺激性小的烹调方法烹制食物，如避免使用油炸等使菜肴中油脂量增加的烹调方法，烹调中避免使用某些易刺激胃液分泌的调味料，如芥末、干辣椒、胡椒粉、咖喱粉等。对于患有心血管疾病的人，如高血压病人，在烹调上要减少食盐的使用，多采用一些具有鲜味的非动物性原料搭配烹饪而减少用盐量，如香菇、番茄等。

第三节 膳食结构与人体健康

世界卫生组织认为，健康是一种身体上、精神上和社会适应上的完好状态。身体健康在很大程度上取决于平衡营养与合理膳食，无论营养缺乏或过剩都会导致营养失调，从而引发各种疾病。

一、合理膳食与人体健康

食物所含营养素各不相同，任何单一食物都不能满足人体营养的全部需要，必须通过各种食物相互搭配才能达到平衡营养的要求，我们将这种能达到全面营养要求的膳食称为合理膳食。

合理膳食是平衡营养的基础，合理膳食不仅要提供足够的能量和所需的各种营养素，以满足人体正常的生理需要，还要保持各种营养素之间的比例平衡和多样化的食物来源，以促进各种营养素的吸收和利用，达到平衡营养的目的。

当人们的膳食结构合理、营养平衡时，才能满足机体对各种营养素的需求，促进机体的抗病能力，提高工作与劳动效率，预防和治疗某些疾病。当膳食结构不合理，摄入的产能营养素不平衡时，就会导致营养失调。营养失调包括营养缺乏、营养不足和营养过剩。

（一）营养缺乏

由于机体所摄取的营养素不能满足自身需要而出现各种营养素缺乏所特有的症状与体征，即营养缺乏病（症）。一般将营养缺乏病分为原发性与继发性两大类。

由于膳食中营养缺乏或摄入不足而引起的营养障碍性疾病称为原发性营养缺乏病。如营养性贫血、眼干燥症等都是原发性营养缺乏病，只要补充足够的相应营养素即可痊愈。其致病原因有以下几种。

1. 不良的饮食习惯

如不合理的烹调，使营养素大量破坏或丢失；因偏食、挑食、禁食、忌食等原因，使营养素的摄入量减少，从而造成机体营养素缺乏。

2. 过多食用精白米、精白面

由于粮谷类的过度加工，可使其中的硫胺素（维生素B_1）损失90%，核黄素（维生素B_2）、烟酸（维生素PP）和铁损失70%～85%，因为这些营养素在麸皮与胚芽中分布较多。

3．经济原因

在欠发达地区，人们生活水平较低，副食摄入较少，主要以主食提供能量与各种营养素，往往造成营养缺乏病的发生。

由于体内体外的各种原因，妨碍营养素的吸收与利用，或因病理、生理需要量增多而不能及时供应，或由某种原因使营养素在体内的破坏和排泄过多而造成的营养缺乏病称为继发性营养缺乏病。继发性营养缺乏病，首先表现为机体组织储存减少，进一步出现病理形态学的改变。常见的营养缺乏病有：蛋白质—能量营养不良，维生素A、维生素D、维生素B_1、维生素B_2、烟酸、维生素C等的缺乏病，营养不良性贫血及其他营养缺乏病等。

（二）营养不足

体内某种营养素含量不足，但尚未达到缺乏的程度，可毫无症状或仅有轻微症状，处于亚临床表现状态。若能在这种状态下通过生化检验及时发现，及时给予补充相应的营养素，可以得到纠正，防止营养缺乏症的发生。

（三）营养过剩

当摄入的营养素超过机体的需要时，除增加机体代谢负担外，多余的营养素将储存在体内，导致营养过剩，有时还可引起中毒。例如，摄入过多的能量可导致肥胖，摄入过多的维生素A、维生素D可引起中毒，摄入过多的碘可致甲状腺肿大等。此外，暴饮暴食、一次大量摄入油腻食物或大量饮酒可使胰腺分泌增加，体内代谢紊乱，胰腺可发生出血、坏死。糖尿病以体内碳水化合物、脂类及蛋白质代谢紊乱为特征。心血管疾病、癌症也与膳食不合理有关。

总之，营养不足会出现相应的病理性改变，继而发生临床上可见的营养缺乏病。反之，过量摄入能量和某些营养素，则可导致肥胖、心血管疾病、肿瘤等发生，或因某些营养素过量而发生中毒，有碍于健康。因此，合理膳食、平衡营养是维持人体健康与生存的重要条件。

（四）平衡营养与人体健康

平衡营养是指膳食所提供的能量和营养素与人体所需的一致，即人体消耗的营养物质与从食物获得的营养素达成平衡。

平衡营养，必须在人体的生理需要和膳食营养素供给之间建立几个平衡：产能营养素构成平衡、氨基酸平衡、各种营养素摄入量的平衡、动物性食物和植物性食物的平衡等。否则，就会影响身体健康，甚至导致某些疾病发生。

1．产能营养素构成平衡

在产能营养素提供的总热量与机体消耗的能量平衡的情况下，建议摄入三种产能营养素比例分别为：碳水化合物占50%～65%，脂肪占20%～30%，蛋白质占10%～20%，发挥各自的特殊作用并互相起到促进和保护作用，这种总热量平衡、热量比例（或产能营养素摄入量的比例）也平衡的情况称为产能营养素构成平衡。产能营养素供给过多，将引起肥胖、高脂血症和心脏病等；过少则造成营养不良，同样可诱发多种疾病，如贫血、结核病、癌症等。三种产能营养素是相互影响的，总能量平衡，但比例不平衡，也会影响健康。碳水化合物摄入量过多时，会增加消化系统和肾脏负担，减少摄入其他产能营养素的机会。蛋白质能量过多时，则影响蛋白质正常功能发挥，造成蛋白质消耗，影响体内氮平衡。当碳水化合物和脂肪热量供给不足时，就会削弱对蛋白质的保护作用。

2. 氨基酸平衡

食物中蛋白质的营养价值，基本上取决于食物中所含有的8种必需氨基酸的数量和比例。只有食物中所提供的8种必需氨基酸的比例与人体所需要的比例接近时，才能有效地合成人体的组织蛋白。比例越接近，生物价值越高。生物价值接近100时，即100%被吸收，称为氨基酸平衡食品。除人乳和鸡蛋之外，多数食品都是氨基酸不平衡食品。所以，要提倡食物的合理搭配，纠正氨基酸构成比例的不平衡，提高蛋白质的利用率和营养价值。

3. 各种营养素摄入量的平衡

不同的生理需要，不同的活动强度，营养素的需要量不同，加之各种营养素之间存在着错综复杂的关系，造成各种营养素摄入量的平衡难以把握。中国营养学会制定了各种营养素的每日供给量，只要各种营养素在一定的周期内，保持在标准供给量误差不超过10%，营养素摄入量之间的平衡就算达到了。

4. 动物性食物和植物性食物的平衡

植物性食物含纤维素多，会抑制锌、铁、铜等重要微量元素的吸收，如果只吃素食，易患贫血，还会影响儿童发育（特别是脑发育），也可能引起老人胆固醇水平过低而遭受癌症的侵袭。荤食可弥补素食的不足，但荤食也不可过量，否则容易出现由高脂肪引起的心脏病、乳腺癌、脑卒中等病症。荤素平衡的关键是控制脂肪的摄入，脂肪在三餐热量中占20%～30%为宜。

二、膳食结构

膳食结构是指膳食中各类食物的数量及其在膳食中所占的比重。我国目前的膳食结构属于以植物性食品为主，动物性食品为辅的膳食类型。我国烹饪文化源远流长，饮食营养古已有之，“五谷为养，五果为助，五畜为益，五菜为充”的传统饮食思想一直影响着我国居民的膳食。

（一）中国居民膳食结构状况

由于我国人口众多，幅员辽阔，不同地区经济、文化发展不平衡，食物消费现状也存在相当大的差异，即“营养不良与营养过剩同在，贫困病与富裕病并存”。我国居民长期以来形成的以粮为主，适量搭配肉类和蔬菜、水果的膳食结构，还将在今后较长时期存在下去。植物性食物为主，动物性食物为辅，荤素搭配的膳食结构，各种营养素的比例较为适宜，膳食纤维含量丰富，降低了肠道疾病的发生率。

近年来，随着社会经济的发展，中国居民膳食结构逐渐由“粮菜为主”向“多元化消费”转变，膳食质量普遍提高的同时动物源食品摄入量大幅增加。中国城镇化进程的推进，使得城乡居民膳食结构发生了巨大变迁，城镇居民膳食结构稳步趋于多样化、农村居民膳食结构得到较大改善，但城乡发展不平衡导致中国城乡居民膳食结构差异显著。一些欠发达地区应的肉、禽、蛋、乳等动物源食品的消费比例仍有待提高。

（二）国外的膳食结构

1．以美国、欧洲发达国家为代表的三高型膳食结构

三高型膳食结构，即“高能量、高脂肪、高蛋白”。他们的食物种类主要是：人均年粮食消费量仅为60～75kg，年消费肉类100kg左右、乳类100～150kg、蛋类15kg。此外，其人均日摄入脂肪130～150g，能量高达3300～3500kcal。此类膳食结构优势明显，即营养丰富、食物品种多样、蛋白质含量高、矿物质利用率高及脂溶性营养素和B族维生素供给充足，这使得欧美国家的人通常体能较好。但是，由于营养过剩所引发的心脏病、脑血管病和恶性肿瘤却也逐渐成为导致这些国家死亡率较高的三大疾病，尤其是心脏病死亡率明显高于发展中国家。

2．日本的膳食结构

日本的膳食结构比较合理，它融合东西方膳食精华，取长补短。其中，植物性食物占较大比例，但动物性食品仍有适当的数量，膳食中的植物蛋白与动物蛋白搭配得较为合理，动物蛋白质约占蛋白质总量的50%。平均每人每天摄入能量约2600kcal，蛋白质和脂肪均达到了80g以上。比较符合人体的正常需要。但日本人喜欢吃精米面和咸鱼的习惯不应借鉴。

3．地中海式膳食结构

“地中海式膳食结构”主要由淀粉类食品和菜糊状调料，少量肉食，加上大量的绿叶蔬菜和新鲜水果组成。他们常用的食物是：橄榄油、大蒜、鱼、蔬菜、野菜、谷物、水果、红葡萄酒等。

从以上膳食结构中我们可以总结出：人类的食物多种多样，各种食物所含的营养成分不尽相同。除母乳外，任何一种食物都不能提供人体所需的全部营养素。平衡的膳食必须由多种食物构成，才能满足人体营养所需，以达到营养均衡、促进身体健康的目的。

三、膳食营养素参考摄入量

（一）平均需要量（EAR）

EAR是推荐摄入量（RNI）的基础，如果个体摄入量呈常态分布，一个人群的RNI=EAR+2SD（SD即标准差）。对于人群，EAR可以用于评估群体中摄入不足的发生率。对于个体，可以检查其摄入不足的可能性。

（二）推荐摄入量（RNI）

RNI是健康个体膳食营养素摄入量目标，但当某个体的营养素摄入量低于其RNI时，并不一定表明该个体未达到适宜的营养状态。如果某个体的平均摄入量达到或超过了RNI，可以认为该个体没有摄入不足的危险。摄入量经常低于RNI可能提示需要进一步用生化试验或临床检查来评价其营养状况。

（三）适宜摄入量（AI）

AI主要用作个体的营养素摄入目标，同时用作限制过多摄入的标准。当健康个体摄入量达到AI时，出现营养缺乏的危险性很小。如长期摄入超过AI值，则有可能产生毒副作用。

（四）可耐受最高摄入量（UL）

UL的主要用途是检查个体摄入量过高的可能，避免发生中毒。当摄入量超过UL时，发生毒副作用的危险性增加。在大多数情况下，UL包括膳食、强化食物和添加剂等各种来源的营养素之和。

第四节 食物的选择与搭配的原则

一、中国居民膳食指南

膳食指南是根据营养科学原则和人体营养需要，结合当地食物生产供应情况及人群生活实践，提出的食物选择和身体活动的指导意见。《中国居民膳食指南》是根据营养学原理，紧密结合我国居民膳食消费和营养状况的实际情况制定的，指导广大居民实践平衡膳食，帮助我国居民合理选择食物，并进行适量的身体活动，以改善人们的营养和健康状况，减少或预防慢性疾病的发生，提高国民健康素质。《中国居民膳食指南》修订专家委员会在分析我国应用问题和挑战，系统综述和综合分析科学证据基础上，提炼出了8条平衡膳食准则。

准则一 食物多样，合理搭配

· 坚持谷类为主的平衡膳食模式。

· 每天的膳食应包括谷薯类、蔬菜水果、畜禽鱼蛋乳和豆类食物。

· 平均每天摄入12种以上食物，每周25种以上，合理搭配。

· 每天摄入谷类食物200～300g，其中包含全谷物和杂豆类50～150g，薯类50～100g。

准则二 吃动平衡，健康体重

· 各年龄段人群都应天天进行身体活动，保持健康体重。

· 食不过量，保持能量平衡。

· 坚持日常身体活动，每周至少进行5d中等强度身体活动，累计150min以上；主动身体活动最好每天6000步。

· 鼓励适当进行高强度有氧运动，加强抗阻运动，每周2～3d。

· 减少久坐时间，每小时起来动一动。

准则三 多吃蔬果、乳类、全谷、大豆

· 蔬菜水果、全谷物和乳制品是平衡膳食的重要组成部分。

· 餐餐有蔬菜，保证每天摄入不少于300g的新鲜蔬菜，深色蔬菜应占1/2。

· 天天吃水果，保证每天摄入200～350g的新鲜水果，果汁不能代替鲜果。

· 吃各种各样的乳制品，摄入量相当于每天300mL以上液态乳。

· 经常吃全谷物、大豆制品，适量吃坚果。

准则四 适量吃鱼、禽、蛋、瘦肉

· 鱼、禽、蛋类和瘦肉摄入要适量，动物性食物平均每天摄入总量120～200g。

· 每周最好吃鱼2次或300～500g，畜禽肉300～500g，蛋类300～350g。

· 鸡蛋营养丰富，吃鸡蛋不弃蛋黄。

· 优先选择鱼，少吃肥肉、烟熏和腌制肉制品。

准则五　少盐少油，控糖限酒

· 培养清淡饮食习惯，少吃高盐和油炸食品。成年人每天摄入食盐不超过5g、烹调油25 ~ 30g。

· 控制添加糖的摄入量，每天不超过50g，最好控制在25g以下。

· 反式脂肪酸每天摄入量不超过2g。

· 不喝或少喝含糖饮料。

· 儿童青少年、孕妇、乳母以及慢性病患者不应饮酒。成年人如饮酒，一天饮用的酒精量不超过15g。

准则六　规律进餐，足量饮水

· 合理安排一日三餐，定时定量，不漏餐，每天吃早餐。

· 规律进餐、饮食适度，不暴饮暴食、不偏食挑食、不过度节食。

· 足量饮水，少量多次。在温和气候条件下，低身体活动水平成年男性每天喝水1700mL，成年女性每天喝水1500mL。

· 推荐喝白水或茶水，少喝或不喝含糖饮料，不用饮料代替白水。

准则七　会烹会选，会看标签

· 在生命的各个阶段都应做好健康膳食规划。

· 认识食物，选择新鲜的、营养素密度高的食物。

· 学会阅读食品标签，合理选择包装食品。

· 学习烹饪、传承传统饮食，享受食物天然美味。

· 在外就餐，不忘适量与平衡。

准则八　公筷分餐，杜绝浪费

· 选择新鲜卫生的食物，不食用野生动物。

· 食物制备生熟分开，熟食二次加热要热透。

· 讲究卫生，从分餐公筷做起。

· 珍惜食物，按需备餐，提倡分餐不浪费。

· 做可持续食物系统发展的践行者。

二、中国居民平衡膳食宝塔

中国居民平衡膳食宝塔（以下简称“宝塔”）是根据《中国居民膳食指南（2022）》（以下简称“膳食指南”）的准则和核心推荐，把平衡膳食原则转化为各类食物的数量和所占比例的图形化表示。

中国居民平衡膳食宝塔（图9–1）形象化的组合，遵循了平衡膳食的原则，体现了在营养上比较理想的基本食物构成。宝塔共分五层，各层面积大小不同，体现了五大类食物和食物量的多少。五大类食物包括谷薯类、蔬菜水果、畜禽鱼蛋乳类、大豆和坚果类以及烹调用油盐。食物量是根据不同能量需要量水平设计，宝塔旁边的文字注释，标明了在1600 ~ 2400kcal能量需要量水平时，一段时间内成年人每人每天各类食物摄入量的建议值范围。

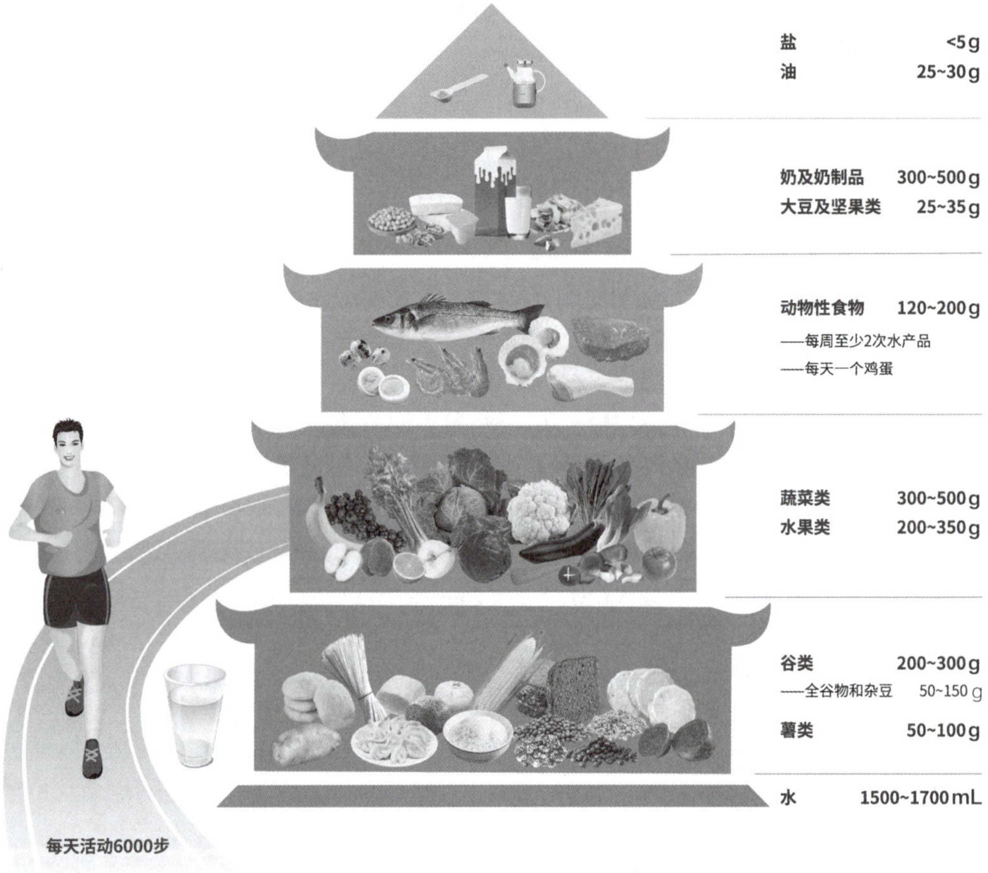

图9-1 中国居民平衡膳食宝塔（2022）

1．第一层：谷薯类食物

谷薯类是膳食能量的主要来源（碳水化合物提供总能量的50%～65%），也是多种微量营养素和膳食纤维的良好来源。膳食指南中推荐2岁以上健康人群的膳食应做到食物多样、合理搭配。谷类为主是合理膳食的重要特征。在1600～2400kcal能量需要量水平下的一段时间内，建议成年人每人每天摄入谷类200～300g，其中包含全谷物和杂豆类50～150g；另外，薯类50～100g，从能量角度，相当于15～35g大米。

谷类、薯类和杂豆类是碳水化合物的主要来源。谷类包括小麦、稻米、玉米、高粱等及其制品，如米饭、馒头、烙饼、面包、饼干、麦片等。全谷物保留了天然谷物的全部成分，是理想膳食模式的重要组成，也是膳食纤维和其他营养素的来源。杂豆包括大豆以外的其他干豆类，如红小豆、绿豆、芸豆等。我国传统膳食中整粒的食物常见的有小米、玉米、绿豆、红豆、荞麦等，现代加工产品有燕麦片等，因此把杂豆与全谷物归为一类。2岁以上人群都应保证全谷物的摄入量，以此获得更多营养素、膳食纤维和健康益处。薯类包括马铃薯、红薯等，可替代部分主食。

2．第二层：蔬菜水果

蔬菜水果是膳食指南中鼓励多摄入的两类食物。在1600～2400kcal能量需要量水平下，推荐成年人每天蔬菜摄入量至少达到300g，水果200～350g。蔬菜水果是膳食纤维、微量营养素和植物化学物的良好来源。蔬菜包括嫩茎、叶、花菜类、根菜类、鲜豆类、茄果瓜菜类、葱蒜类、菌藻类及水生蔬菜类等。深色蔬菜是指深绿色、深黄色、紫色、红色等有颜色的蔬菜，每类蔬菜提供的营养素略有不同，深色蔬菜一般富含维生素、植物化学物和膳食纤维，推荐每天占总体蔬菜摄入量的1/2以上。

水果多种多样，包括仁果、浆果、核果、柑橘类、瓜果及热带水果等。推荐吃新鲜水果，在鲜果供应不足时可选择一些含糖量低的干果制品和纯果汁。

3．第三层：鱼、禽、肉、蛋等动物性食物

鱼、禽、肉、蛋等动物性食物是膳食指南推荐适量食用的食物。在1600～2400kcal能量需要量水平下，推荐每天鱼、禽、肉、蛋摄入量共计120～200g。

新鲜的动物性食物是优质蛋白质、脂肪和脂溶性维生素的良好来源，建议每天畜禽肉的摄入量为40～75g，少吃加工类肉制品。目前我国汉族居民的肉类摄入以猪肉为主，且增长趋势明显。猪肉含脂肪较高，应尽量选择瘦肉或禽肉。常见的水产品包括鱼、虾、蟹和贝类，此类食物富含优质蛋白质、脂类、维生素和矿物质，推荐每天摄入量为40～75g，有条件可以优先选择。蛋类包括鸡蛋、鸭蛋、鹅蛋、鹌鹑蛋、鸽子蛋及其加工制品，蛋类的营养价值较高，推荐每天1个鸡蛋（相当于50g左右），吃鸡蛋不能丢弃蛋黄，蛋黄含有丰富的营养成分，如胆碱、卵磷脂、胆固醇、维生素A、叶黄素、锌、B族维生素等，无论对多大年龄人群都具有健康益处。

4．第四层：乳类、大豆和坚果

乳类和豆类是鼓励多摄入的食物。乳类、大豆和坚果是蛋白质和钙的良好来源，营养素密度高。在1600～2400kcal能量需要量水平下，推荐每天应摄入至少相当于鲜乳300g的乳类及乳制品。在全球乳制品消费中，我国居民摄入量一直很低，多吃各种各样的乳制品，有利于提高乳类摄入量。

大豆包括黄豆、黑豆、青豆，其常见的制品如豆腐、豆浆、豆腐干及千张等。坚果包括花生、葵花籽、核桃、杏仁、榛子等，部分坚果的营养价值与大豆相似，富含必需脂肪酸和必需氨基酸。推荐大豆和坚果摄入量共25～35g，其他豆制品摄入量需按蛋白质含量与大豆进行折算。坚果无论作为菜肴还是零食，都是食物多样化的良好选择，建议每周摄入70g左右（相当于每天10g左右）。

5．第五层：烹调油和盐

油盐作为烹饪调料必不可少，但建议尽量少用。推荐成年人平均每天烹调油不超过25～30g，食盐摄入量不超过5g。按照《中国居民膳食营养素参考摄入量（2023版）》的建议，1～3岁人群膳食脂肪供能比应占膳食总能量35%；4岁以上人群占20%～30%。在1600～2400kcal能量需要量水平下脂肪的摄入量为36～80g。其他食物中也含有脂肪，在满足平衡膳食模式中其他食物建议量的前提下，烹调油需要限量。按照25～30g计算，烹调油提供10%左右的膳食能量。烹调油包括各种动植物油，植物油如花生油、大豆油、菜籽油、葵花籽油等，动物油如猪油、牛油、黄油等。烹调油也要多样化，应经常更换种类，以满足人体对各种脂肪酸的需要。

我国居民食盐用量普遍较高，盐与高血压关系密切，限制食盐摄入量是我国长期行动目标。除了少用食盐外，也需要控制隐形高盐食品的摄入量。

酒和添加糖不是膳食组成的基本食物，烹饪使用和单独食用时也都应尽量避免。

6. 身体活动和饮水

身体活动和水的图示仍包含在可视化图形中，强调增加身体活动和足量饮水的重要性。水是膳食的重要组成部分，是一切生命活动必需的物质，其需要量主要受年龄、身体活动、环境温度等因素的影响。低身体活动水平的成年人每天至少饮水1500～1700mL（7～8杯）。在高温或高身体活动水平的条件下，应适当增加饮水量。饮水过少或过多都会对人体健康带来危害。来自食物中水分和膳食汤水大约占1/2，推荐一天中饮水和整体膳食（包括食物中的水，汤、粥、乳等）水摄入共计2700～3000mL。

身体活动是维持能量平衡和保持身体健康的重要手段。运动或身体活动能有效地消耗能量，保持精神和机体代谢的活跃性。鼓励养成天天运动的习惯，坚持每天多做一些消耗能量的活动。推荐成年人每天进行至少相当于快步走6000步的身体活动，每周最好进行150min中等强度的运动，如骑车、跑步、庭院或农田的劳动等。一般而言，低身体活动水平的能量消耗通常占总能量消耗的1/3左右，而高身体活动水平者可高达1/2。加强和保持能量平衡，需要通过不断摸索，关注体重变化，找到食物摄入量和运动消耗量之间的平衡点。

三、中国居民平衡膳食餐盘

中国居民平衡膳食餐盘（以下简称“餐盘”）是按照平衡膳食原则，描述了一个人一餐中膳食的食物组成和大致比例（图9–2）。餐盘更加直观，一餐膳食的食物组合搭配轮廓清晰明了。

餐盘分成四部分，分别是谷薯类、动物性食物和富含蛋白质的大豆及其制品、蔬菜和水果，餐盘旁的一杯牛乳提示其重要性。此餐盘适用于2岁以上人群，是一餐中食物基本构成的描述。

与膳食平衡宝塔相比，平衡膳食餐盘更加简明，给大家一个框架性认识，用传统文化中的基本符号，表达阴阳形态和万物演变过程中的最基本平衡，一方面更容易记忆和理解，另一方面也预示着一生中天天饮食，错综交变，此消彼长，相辅相成的健康生成自然之理。2岁以上人群都可参照此结构计划膳食，即便是对素食者而言，也很容易将肉类替换为豆类，以获得充足的蛋白质。

图9–2 中国居民平衡膳食餐盘（2022）

第五节
科学配餐与食谱制定

一、科学配餐基础知识

（一）能量单位

营养学以往常用卡（cal）、千卡（kcal）作为能量单位，1kcal能量等于1kg纯水从15℃上升至16℃所需要的能量。能量的计量单位在国际上通常为焦耳（J），1J相当于1牛（N）的力使1kg的物体移动1m的距离所消耗的能量。由于焦耳的数值较小，因此营养学现在常用千焦（kJ）、兆焦（MJ）作为能量单位。为了计算方便，结合使用者的习惯，本书仍沿用kcal作为能量单位。两种能量单位的换算关系为：

1cal=4.184J，1kcal=4.184kJ，1000kcal=4.184MJ，

1J=0.239cal，1kJ=0.239kcal，1MJ=239kcal。

（二）营养素的产热系数

产热系数，即1g碳水化合物、蛋白质、脂肪在体内氧化产生的能量值，也称为产能系数或生热系数（表9-6）。由于食物中的无机盐和维生素不供给能量，人体所需的能量来源于食物中的蛋白质、脂肪和碳水化合物，因此这三大营养素被称为产能营养素。

1g碳水化合物、蛋白质和脂肪在体外燃烧时分别释放17.16kJ（4.10kcal），23.64kJ（5.65kcal）和39.54kJ（9.45kcal）的能量。碳水化合物和脂肪在体内完全氧化成H_2O和CO_2，所产生的能量与体外燃烧放出的能量相近。而1g蛋白质在体内氧化释放的能量只有18.2kJ（4.35kcal），为体外燃烧释放能量的77%。这是因为，体内蛋白质不能完全氧化，除H_2O和CO_2等产物外，还有尿素、尿酸等含氮有机物。由于消化道不能完全消化吸收产能营养素，按碳水化合物、脂肪、蛋白质三者的消化率分别为98%、95%、92%计算（表9-6），因此，三种产能营养素的产热系数分别为：

碳水化合物：16.84kJ（4kcal）/g；

脂肪：37.56kJ（9kcal）/g；

蛋白质：16.74kJ（4kcal）/g；

1g纯酒精产能约为29.29kJ（7kcal）/g。

表9-6　三大产能营养素产热系数

营养素（1g）	食物能值（体外燃烧）	消化吸收率	生理能值（体内氧化）
碳水化合物	17.16 kJ（4.10 kcal）	98%	16.84 kJ（4 kcal）
脂肪	39.54 kJ（9.45 kcal）	95%	37.56 kJ（9kcal）
蛋白质	23.64 kJ（5.65 kcal）	92%	16.74 kJ（4kcal）
乙醇	29.29 kJ（7 kcal）	100%	29.29 kJ（7 kcal）

（三）人体能量的来源及消耗

能量是指维持人体生命活动及各种劳动所需要的热量。它是维持生命活动正常进行的基

本保证，能量不足，人体血糖下降，就会感觉疲乏无力，进而影响工作、学习的效率。另一方面，能量若摄入过多，则会在体内储存，使人体发胖，也会引起多种疾病。人体需要的能量，来自食物中的三大营养素：蛋白质、脂类、碳水化合物。经过消化吸收后，在组织细胞内进行生物氧化反应，释放出能量，再转变成机体所需要的各种“能”。其中，50%以上变成维持体温的能量，其余50%转变为化学能、分泌能、神经传导能等，这些统称为“生理氧化能”。人体的生理活动，如呼吸、心跳以及各种活动等都要消耗能量，主要消耗途径有以下几种。

1. 基础代谢

基础能量消耗是指维持人体最基本生命活动所必需的能量消耗；即在18～25℃的环境中，人体在清醒状态下，神经、肌肉完全安静与空腹（12h前停止进食）时，维持生命所必需的最低能量需要量。基础能量消耗占总能量消耗的60%～75%，它是总能量消耗的主要部分。

2. 活动消耗

劳动所消耗的能量与活动强度、持续时间以及工作熟练程度有关，活动强度越大，持续时间越长，消耗的能量就越多，由于体力劳动的能量消耗一般占总能量的30%，世界卫生组织将成人职业劳动分为轻、中、重三个等级。

（1）轻度　以站或坐为主，少部分时间从事活动，如办公室文员、售货员、教师等。

（2）中度　站或坐的时间较短，大部分时间从事特殊职业活动，车床操作、机动车驾驶、电工安装、一般农田劳动等。

（3）重度　非机械化搬运装卸工作、炼钢、体育活动、采矿、舞蹈等。

3. 食物的特殊动力作用

由于机体摄入食物引起机体能量代谢的额外增高称为食物特殊动力作用。食物特殊动力作用所引起的能量额外消耗为150～200kcal，相当于总能量的10%。

（四）人体每日所需能量

人体能量的供给量可参照《中国居民膳食营养素参考摄入量（2023版）》（DRIs）中能量的推荐摄入量（RNI），根据用餐对象的劳动强度、年龄、性别等确定。例如，29岁办公室男性职员按轻体力劳动计，其能量供给量为9.00MJ（2151kcal）。集体就餐对象的能量供给量标准可以以就餐人群的基本情况或平均数值为依据，包括人员的平均年龄、平均体重，以及80%以上就餐人员的活动强度。能量供给量标准只是提供了一个参考的目标，实际应用中还需参照用餐人员的具体情况加以调整。

每日总能量=标准体重（kg）×单位标准体重每日所需能量（kcal/kg）。

二、食谱制定

食谱的设计就是按照食物结构、膳食指南等要求，根据食用者的年龄、性别、工作性质、经济状况和饮食习惯等，结合食物供给的种类、数量和价格，编制出一周或数日内一日三餐的食谱。完整食谱的内容应包括食物名称、数量、营养素标准、烹调方法和膳食制度。食谱根据编制的周期可分为一餐食谱、一日食谱、一周食谱和一月食谱等。另外根据食谱是否标示出各种原料的用量，也可分为带量食谱和不带量食谱，其中带量食谱既有烹饪原料的种类要求，又有食用量的要求，通常认为可以较好地达到食谱的营养效果。食谱编制是合理营养的具体实施，只有将平衡膳食的要求落实到一日三餐中，才能达到增进人民健康的目的。

对于营养食谱的设计，要遵循以下原则：第一，要保证营养平衡与卫生，围绕平衡膳食理论进行设计；第二，还要照顾食用者的饮食习惯和口味，尽可能达到个性化配餐，让食用者享受进食过程，从而提高膳食的利用率；第三，在选择配餐原料时要考虑季节和市场供应情况，尽量选择当季、当地且种植广泛的原料，让原料的营养价值发挥到最大；第四，在食谱设计的时候还要考虑可行性，要兼顾经济因素。

（一）计算法

1．计算法的方法步骤

（1）确定食谱营养标准　食谱设计中首先要确定的就是进餐者每日的能量供给量，再确定三大产能营养素的供给量，最后确定其他营养素的供给量。

（2）确定食物　根据营养素的需求量，结合中国居民平衡膳食宝塔初步确定食物种类和数量。

（3）计算、比较、调整　计算食谱的总能量和各种营养素的供给量，与食谱的能量与营养素供给量标准进行比较，对不适当处做出调整。

（4）合理分配食物，形成食谱　将食谱的种类、数量、菜肴名称和膳食制度都标注于食谱中。

2．计算法的实例

要求：为身高年龄29岁，从事轻体力活动的成年男士设计一日食谱。

（1）确定标准。

①确定食谱的能量供给量。根据食用者的年龄、性别和劳动强度等，查询《中国居民膳食营养素参考摄入量（2023版）》（DRIs），确定其每日的能量需要量，此例中得知该男士每日所需总能量为9.00MJ，即2151kcal左右。

②确定食谱中三大营养素的供给量。根据确定的总能量需要量，按照蛋白质10%～20%、脂肪20%～30%、碳水化合物50%～65%的能量分配计算，得到该男子一日三大营养素的供给量如下。

蛋白质：2151kcal×（10%～15%）÷4kcal/g，此处取65g。

脂肪：2151kcal×（20%～30%）÷9kcal/g，此处取71g。

碳水化合物：2151kcal×（50%～65%）÷4kcal/g，此处取338g。

③确定其他营养素的供给量参照DRIs标准确定其他营养素的供给量。确定的能量和各营养素供给量标准填入表9–7中。

表9–7　食谱的能量和各营养素供给量标准

项目	能量/kcal	蛋白质/g	脂肪/g	碳水化合物/g	维生素A/μgRAE	维生素B_1/mg	维生素B_2/mg	维生素C/mg	钙/mg	铁/mg	锌/mg
供给量标准	2151	65	71	338	770	1.4	1.4	100	800	12	12.5

（2）确定食物的品种和数量。

①确定主食的品种和数量。按照我国居民的日常饮食习惯，作为主食的谷物以米、面为

主，配以1～2种粗杂粮为宜，数量以食谱碳水化合物的供给量标准为依据计算。上面已将食用者的碳水化合物的一日摄入量确定为338g，可选择大米210g，小麦100g，加上麦片28g，则得到表9-8。

表9-8 主食的能量和营养素供给量

食物名称	能量/kcal	蛋白质/g	脂肪/g	碳水化合物/g	维生素A/μgRAE	维生素B_1/mg	维生素B_2/mg	维生素C/mg	钙/mg	铁/mg	锌/mg
大米	728.7	15.5	1.7	163.6	—	0.23	0.11	—	27.3	4.83	3.57
小麦	349.0	11.2	1.5	73.6	—	0.28	0.08	—	31.0	3.50	1.64
麦片	105.6	4.2	1.9	18.7	—	0.08	0.04	—	52.1	1.96	0.73
合计	1183.3	30.9	5.1	255.9	—	0.59	0.23	—	110.4	10.29	5.94

将主食所提供的能量和营养素与所确定的标准进行对比，得到表9-9。

表9-9 主食的能量和营养素供给量与标准

来源	能量/kcal	蛋白质/g	脂肪/g	碳水化合物/g	维生素A/μgRAE	维生素B_1/mg	维生素B_2/mg	维生素C/mg	钙/mg	铁/mg	锌/mg
主食	1183.3	30.9	5.1	255.9	—	0.59	0.23	—	110.4	10.3	5.94
副食											
纯能量											
合计											
供给量标准	2151.0	65.0	71.0	338.0	770.0	1.40	1.40	100	800	12	12.5
占标准的比例/%											

②确定副食的品种和数量。先确定蛋白质类食物。按照我国居民的日常饮食习惯，兼顾蛋白质类食物的品种多样化，同时保证优质蛋白质的摄入量，将蛋白质类食物品种确定为肉、禽、鱼、乳、蛋、豆。数量即为将蛋白质供给量标准减去主食中蛋白质提供量。经过计算，本例中主食提供蛋白质为30.9g，则副食应提供蛋白质为65-30.9=34.1g。种类的选择可以有多种，此处可选牛肉60g（供蛋白质12.1g）、牛乳1瓶（约250g，供蛋白质7.5g）、鸡蛋1个（供蛋白质6.65g）、豆干50g（可供蛋白质8.1g）。

再确定果蔬类食物。结合季节和时令的因素，同时也可考虑到食用者的个人喜好、营养特点等，以确定果蔬类食物。按照《中国居民膳食指南（2022）》的建议，蔬菜的摄入量为300～500g、水果为200～350g。在此例中，蔬菜、水果种类和数量的选择为番茄150g、蘑菇100g、宽菜150g、芹菜100g、香蕉150g、桃子100g。

将选定的副食填入表9-10内。

表9-10 副食的能量和营养素供给量

食物名称	能量/kcal	蛋白质/g	脂肪/g	碳水化合物/g	维生素A/μgRAE	维生素B_1/mg	维生素B_2/mg	维生素C/mg	钙/mg	铁/mg	锌/mg
牛肉	63.6	12.10	1.4	0.7	3.60	0.04	0.08	—	5.4	1.68	2.23
牛乳	135.0	7.50	8.0	8.5	60.0	0.08	0.35	2.5	260.0	0.75	1.05
鸡蛋	72.0	6.65	4.4	1.4	117.0	0.06	0.14	—	28.0	1.00	0.55
豆干	70.0	8.10	1.8	5.8	—	0.02	0.04	—	154.0	2.45	0.88
番茄	28.5	1.35	0.3	6.0	138.0	0.05	0.05	28.5	15.0	0.60	0.20
蘑菇	20.0	2.70	0.1	4.1	2.0	0.08	0.35	2.0	6.0	1.20	0.92
苋菜	46.5	4.20	0.6	8.4	372.0	0.05	0.15	45.0	267.0	4.35	1.05
芹菜	14.0	0. 80	0.1	3.9	10.0	0.01	0.08	12.0	48.0	0.80	0.46
香蕉	136.5	2.10	0.3	33.0	15.0	0.03	0.06	12.0	10.5	0.60	0.27
桃子	48.0	0.90	0.1	12.2	3.0	0.01	0.03	7.0	6.0	0.80	0.34
合计	634.1	46.40	17.1	84.0	720.6	0.43	1.33	109.0	799.9	14.23	7.95

根据所选定的副食种类和数量，查表计算副食的各营养素含量，将所得数据补充到表9-9后得到表9-11。

表9-11 主副食的能量和营养素供给量与标准

来源	能量/kcal	蛋白质/g	脂肪/g	碳水化合物/g	维生素A/μgRAE	维生素B_1/mg	维生素B_2/mg	维生素C /mg	钙/mg	铁/mg	锌/mg
主食	1183.3	30.9	5.1	255.9	—	0.59	0.23	—	110.4	10.3	5.94
副食	634.1	46.4	17.1	84.0	720.6	0.43	1.33	109.0	799.0	14.2	7.95
纯能量											
合计											
供给量标准	2151.0	65.0	71.0	338.0	770.0	1.40	1.40	100	800	12	12.5
占标准的比例/%											

③确定纯能量食物。纯能量食物包括植物烹饪油和食糖，数量的确定是依据脂肪和碳水化合物的能量系数来完成的。此例中，脂肪供给量标准与主副食脂肪供给量之差约为49g，可确定烹饪油脂的能量供给量为49g × 9kcal/g= 441（kcal）；因主副食中碳水化合物之和为339.9g，已能够满足标准所需，故可不用食糖。将选定的食物填入表9-12中。

表9-12 主副食、纯能量食物的能量和营养素供给量与标准

来源	能量/kcal	蛋白质/g	脂肪/g	碳水化合物/g	维生素A/μgRAE	维生素B_1/mg	维生素B_2/mg	维生素C/mg	钙/mg	铁/mg	锌/mg
主食	1183.3	30.9	5.1	255.9	—	0.59	0.23	—	110.4	10.3	5.94
副食	634.1	46.4	17.1	84.0	720.6	0.43	1.33	109.0	799.0	14.2	7.95
纯能量	441.0	—	49.0	—	—	—	—	—	—	—	—
合计	2258.4	77.3	71.2	339.9	720.6	1.02	1.56	109	910.3	24.5	13.9
供给量标准	2151.0	65.0	71.0	338.0	770.0	1.40	1.40	100	800	12	12.5
占标准的比例/%	105	118.9	100.3	100.6	93.6	72.9	111.4	109.0	113.8	204.3	111.2

（3）计算、比较、调整。

①计算。计算既得食谱的主副食、纯能量食物的总能量和各种营养素的总供给量，与食谱的能量与营养素供给量标准进行比较，将结果填入表9-13中。

②比较。表9-13的结果显示，除了维生素B_1，其他各种能量和营养素的供给量都能满足标准供给量的需求，故只对食谱中维生素B_1含量低的食物进行调整即可。

③调整。60g牛肉调整为50g猪肉（猪瘦肉中维生素B_1含量为0.54mg/100g，而瘦牛肉中只有0.07mg/100g）；增加坚果，如增加松子仁20g；油脂减少17g。将调整后的食物重新进行计算、比较，结果填入表9-13和表9-14中。

表9-13 调整后副食的能量与营养素供给量

食物名称	能量/kcal	蛋白质/g	脂肪/g	碳水化合物/g	维生素A/μgRAE	维生素B_1/mg	维生素B_2/mg	维生素C/mg	钙/mg	铁/mg	锌/mg
猪肉	72.0	10.20	3.20	0.75	22.0	0.27	0.05	—	3.0	1.5	1.5
牛乳	135.0	7.50	8.00	8.50	60.0	0.08	0.35	2.5	260.0	0.75	1.05
鸡蛋	72.0	6.65	4.40	1.40	117.0	0.06	0.14	—	28.0	1.00	0.55
豆干	70.0	8.10	1.80	5.75	—	0.02	0.04	—	154.0	2.45	0.88
番茄	28.5	1.35	0.30	6.00	138.0	0.05	0.05	28.5	15.0	0.60	0.20
蘑菇	20.0	2.70	0.10	4.10	2.0	0.08	0.35	2.0	6.0	1.20	0.92
苋菜	46.5	4.20	0.60	8.40	372.0	0.05	0.15	45.0	267.0	4.35	1.05
芹菜	14.0	0.80	0.10	3.90	10.0	0.01	0.08	12.0	48.0	0.80	0.46
香蕉	136.5	2.10	0.30	33.00	15.0	0.03	0.06	12.0	10.5	0.60	0.27
桃子	48.0	0.90	0.10	12.2	3.0	0.01	0.03	7.0	6.0	0.80	0.34
松子仁	139.6	2.68	14.12	2.44	0.4	0.04	0.05	—	15.6	0.86	0.92
合计	782.1	47.18	33.02	86.44	739.4	0.70	1.35	109.0	813.1	14.91	8.14

表9-14 调整后食谱中能量和营养素供给量与标准

来源	能量/kcal	蛋白质/g	脂肪/g	碳水化合物/g	维生素A/μgRAE	维生素B_1/mg	维生素B_2/mg	维生素C/mg	钙/mg	铁/mg	锌/mg
主食	1183.3	30.9	5.1	255.9	—	0.59	0.23	—	110.4	10.3	5.94
副食	728.1	47.18	33.02	86.44	739.4	0.70	1.35	109	813.1	14.91	8.14
纯能量	228.0	—	32	—	—	—	—	—	—	—	—
合计	2253.4	78.08	70.12	342.34	739.4	1.29	1.58	109	923.5	25.20	14.08
供给量标准	2151.0	65.0	71.0	338.0	770.0	1.40	1.40	100	800	12	12.5
占标准的比例/%	104.8	120.1	98.8	101.28	96.0	92.1	112.9	109.0	115.4	210.0	112.6

由表9-14可知，食谱中每种能量或营养素都提供了标准供给量所要求的数量，并不超过可耐受最大摄入量。

（4）合理分配各餐食物，形成食谱 所形成营养食谱见表9-15。

表9-15 营养食谱示例一

餐次	食物名称	原料组成	能量/kcal	能量百分比/%
早餐	牛乳麦片粥	麦片28g，牛乳1瓶	240.6	31.5
	花卷	小麦80g	279.2	
	番茄炒鸡蛋	番茄150g，鸡蛋1个，油10g	190.5	
中餐	米饭	大米135g	468.5	39.8
	蘑菇肉片	瘦肉50g，蘑菇100g，油7g	155.0	
	清炒苋菜	苋菜150g，油10g	136.5	
	香蕉	香蕉150g	136.5	
晚餐	米饭	大米75g	260.2	28.7
	小馒头	小麦20g	69.8	
	松仁芹菜炒香干	松子仁20g，芹菜100g，豆干50g，油5g	268.6	
	桃子	桃子100g	48	

食谱应根据本地区的主副食品的资源、市场供应情况，就餐人员的营养需求与消费水平、饮食习惯与口味爱好以及技术条件和加工能力等情况来制定。食谱对健康人来说，是保证其合理营养的具体措施；对营养性疾病患者来说，是一项基本的辅助治疗的措施；同时，也是烹饪工作者配餐的依据。为了使编制的食谱除了符合平衡膳食的要求，还要更能被就餐者接受，要注意以下几个方面。

第一，早餐时，许多人因为时间比较紧张，往往食欲不佳，因此食物的量不宜过多，一般情况下，主食以1～2种为宜；我国居民早餐往往蛋白质的供给不足，因此，早餐中最好有鸡蛋或牛乳；另外，蔬菜也是不可少的，考虑到我国居民的生活习惯，可以用凉拌的方法供给，要逐步改变每天吃咸菜的习惯；早餐时身体内比较缺水，因此要有一定的水分供给，但也要注意胃容量，水分含量不宜太多。

第二，中餐在一天的食物和营养素供给中起着承上启下的作用，主食可以有1～2种，副食的品种可略多于晚餐，可以两荤两素再加汤。

第三，晚餐要尽量清淡。主食仍为1～2种，副食仍可以两荤两素，但在原料选择上应避免过多的畜禽肉类，可以鱼、虾为主。

第四，主食选择时，尽量选标准米、标准面，少选精白米、精白面；同时每周以吃3～4次粗粮、杂粮为宜。

编制一周食谱时，用同样的方法与步骤，应根据就餐者的膳食习惯，并了解与掌握本地区的食物资源，如对商店和集贸市场各种主副食的供应情况、价格变化状况等，都需要调查清楚。选择食物品种应注意来源和品种的多样性，做到有主有副、有精有粗、有荤有素、有干有稀，保证人体的各种营养需要。食物调整的基本原则是主食粗细合理安排，合理选择食物原料和烹调方法，菜肴品种、色、香、味、形要经常变化，尽量做到一周内没有过多的重复。

制定食谱的过程中要控制动物性食物的用量，应尽量增加蔬菜与豆类及其制品的使用量，以达到平衡膳食的要求。随着植物油和动物性食物的消费量增加，粮食消费量逐渐下降。瓜果类食物的摄入量增加，也会使蔬菜的摄入量降低。动物性食物每人每日总量可按200g（牛乳等流质动物性食物除外）计划配餐。午餐食用动物性食物不少于100g，但也不宜超过250g，否则会引起动物性油脂摄入过多。蔬菜每日摄入量可按500g（其中300g以上为绿叶蔬菜）计划配餐，早餐食用少量，午餐、晚餐约各占一半。豆制品在各餐均可分配食用。油脂以每日25g左右为宜，不应低于15g，最高不宜超过50g。膳食中不宜食用过多的甜食，菜肴中也不宜用过多的食糖调味。每日糖的用量不应超过50g，包括零食糖果及牛乳、豆浆、糕点、烹调中的糖等。每日食盐用量不应超过6g。

一些贫困地区的居民，膳食中的蛋白质，尤其是动物性蛋白质和大豆蛋白质等优质蛋白质往往供给不足；钙、铁等矿物质、维生素A、维生素B_2也容易缺乏。食谱中的这些营养物质如果不能达到供给量标准的80%～90%，就需要设法弥补。合理利用大豆及其制品，优质蛋白质可以得到补充，而且钙和维生素的供给量也会相应增加。蛋类和动物内脏是蛋白质、钙、维生素A和B族维生素的重要食物来源。胡萝卜、绿色蔬菜及有色根茎类蔬菜含有丰富的胡萝卜素和维生素C。有时食谱中动物性食物数量较多，费用也较高，但蛋白质及其他营养素的供给可能并不能完全满足人体的需要，这主要是由于食谱中猪肉的比例过大造成的。若降低猪肉比例，增加蛋类、动物内脏、鱼类和其他肉类，合理利用豆制品，增加新鲜的绿色蔬菜，可以较好地改善营养素的供给状况。

对一些营养素不够合理的食谱，经过对品种和数量进行适当调整以后，将营养素供给量再次核定。如果仍不能满足要求，则应继续调整，直至符合要求为止。

三、食谱营养分析与评价

食谱编制完成以后一般会对其进行营养分析与评价，主要从以下五个方面进行：食物组成、营养供给水平、三大营养素比例、优质蛋白质供给水平和各餐能量分配。以上述食谱为例，进行食谱的营养分析与评价。

（一）食谱的食物组成

谷薯类：大米210g，小麦100g，麦片28g。

动物类食物：猪肉50g，牛乳1瓶，鸡蛋1个。

豆类及坚果：豆干50g，松子仁20g。

蔬菜水果类：番茄150g，蘑菇100g，苋菜150g，芹菜100g，香蕉150g，桃子100g。

纯能量食物：植物油32g。

根据以上分析，该食谱包含五大类食物，种类齐全。

（二）食谱营养供给水平

由表9-14可知，食谱供给的能量和营养素均已达到供给量标准，超过标准的营养素供给量在安全范围内。

（三）三大产能营养素的供能比例

蛋白质：78.08g × 4kcal/g ÷ 2253.4kcal × 100%=13.9%。

脂肪：70.12g × 9kcal/g ÷ 2253.4kcal × 100%=28.0%。

碳水化合物：342.34g × 4kcal/g ÷ 2253.4kcal × 100%=60.8%。

从以上分析可见，食谱中三大营养素的供能比符合平衡膳食要求。

（四）优质蛋白质占总蛋白质的比例

动物蛋白质供给量为24.35g，豆类蛋白质供给量为8.1g，则优质蛋白质占总蛋白质比例=（24.35g+8.1g）÷ 78.08g × 100%=41.6%。

从以上分析可见食谱中优质蛋白质比例占总蛋白质的比例接近40%，符合平衡膳食要求。

（五）各餐能量分配比

食谱中早、中、晚餐能量分配比如下。

早餐：710.3kcal ÷ 2253.4kcal × 100%=31.5%。

中餐：896.5kcal ÷ 2253.4kcal × 100%=39.8%。

晚餐：646.6kcal ÷ 2253.4kcal × 100%=28.7%。

可见食谱三餐能量分配比较适宜。

本章小结

本章学习了烹饪过程中原料营养价值的变化及保护，合理烹饪方式的选择，合理膳食与人体健康，食物选择与搭配的原则以及科学配餐和食谱制定。通过本章内容的学习可以帮助大家指导日常饮食，保持身体健康。

课后习题

1. 在日常烹饪加工中，如何避免各类食物原料营养素的损失？
2. 结合所学知识，谈谈烹饪过程中何时加入盐、醋等调味料较为合理。
3. 自己的每日能量及营养素摄入是否符合要求？
4. 你周围人们的膳食结构和家庭烹饪方式合理么？你能为他们提出什么合理化的建议？
5. 如何在实际生活中应用本课所学内容？

参考文献

[1] 倪晓娟，刘锡寿．烹饪化学与食品安全［M］．北京：中国商业出版社，2006.
[2] 黄刚平，烹饪化学［M］．上海：复旦大学出版社，2011.
[3] 孙翠华，烹饪基础化学［M］．大连：东北财经大学出版社，2003.
[4] 陈小宏，烹饪化学［M］．北京：中国轻工业出版社，2001.
[5] 毛羽扬，烹饪化学［M］．北京：中国轻工业出版社，2010.
[6] 严祥和，烹饪化学［M］．杭州：浙江大学出版社，2009.
[7] 杜立华．烹饪营养与配餐［M］．重庆：重庆大学出版社，2021.
[8] 眭红卫．烹饪营养学［M］．武汉：华中科技大学出版社，2017.